Terence Tao
Analysis I

TAO 해석학 I

4판

지은이 **Terence Tao**

호주와 미국의 수학자로 국제수학올림피아드에서 금, 은, 동메달을 모두 획득한 최연소 수상자이다. 16세에 플린더스대학교에서 학사 및 석사 학위를 받은 뒤 21세에 캘리포니아대학교 로스엔젤레스(UCLA)에서 박사 학위를 받았다. 지도교수는 Elias M. Stein이다. 1999년부터 UCLA의 수학과 교수로 재직 중이다. 2000년 살렘 상, 2002년 보처 기념상, 2006년 필즈 상, 2007년 맥아더 펠로우십, 2008년 앨런 T. 워터맨 상, 2010년 네머스 상, 2012년 크라포르드 상, 2015년 브레이크스루 상 등 다양한 상을 수상하였다. 관심 분야는 조화해석학, 편미분방정식, 조합론, 정수론 등이다.

옮긴이 **한빛수학교재연구소**

한빛수학교재연구소에서는 이공계열 공통 수학 및 수학 관련 학과 전공 교재에 적합한 번역서와 집필서를 기획하여 출간하고 있다.

감수 **권순식**

서울대학교 수학과 및 물리학과를 졸업한 뒤 UCLA에서 박사 학위를 받았다. 프린스턴대학교에서 박사후 연구원을 지낸 뒤 한국과학기술원(KAIST) 수리과학과 교수로 재직 중이다. 주요 연구 분야는 편미분방정식이다.

TAO 해석학 I 4판

초판발행 2023년 7월 9일

지은이 Terence Tao / **옮긴이** 한빛수학교재연구소 / **감수** 권순식 / **펴낸이** 전태호
펴낸곳 한빛아카데미(주) / **주소** 서울시 서대문구 연희로2길 62 한빛아카데미(주) 2층
전화 02-336-7112 / **팩스** 02-336-7199
등록 2013년 1월 14일 제2017-000063호 / **ISBN** 979-11-5664-666-2 93410

총괄 김현용 / **책임편집** 김은정 / **기획·편집** 윤세은 / **교정** 강정아
디자인 박정우 / **전산편집** 김강수, 이소연 / **제작** 박성우, 김정우
영업 김태진, 김성삼, 이정훈, 임현기, 이성훈, 김주성 / **마케팅** 길진철, 김호철, 심지연

이 책에 대한 의견이나 오탈자 및 잘못된 내용에 대한 수정 정보는 아래 이메일로 알려주십시오.
잘못된 책은 구입하신 서점에서 교환해 드립니다. 책값은 뒤표지에 표시되어 있습니다.
홈페이지 www.hanbit.co.kr / 이메일 question@hanbit.co.kr

Fourth edition published in English under the title Analysis I

By Terence Tao edition:4

이 책은 LaTeX으로 조판되었으며, LaTeX 판면권은 한빛아카데미(주)에 있습니다.

Terence Tao
Analysis I

TAO 해석학 I

4판

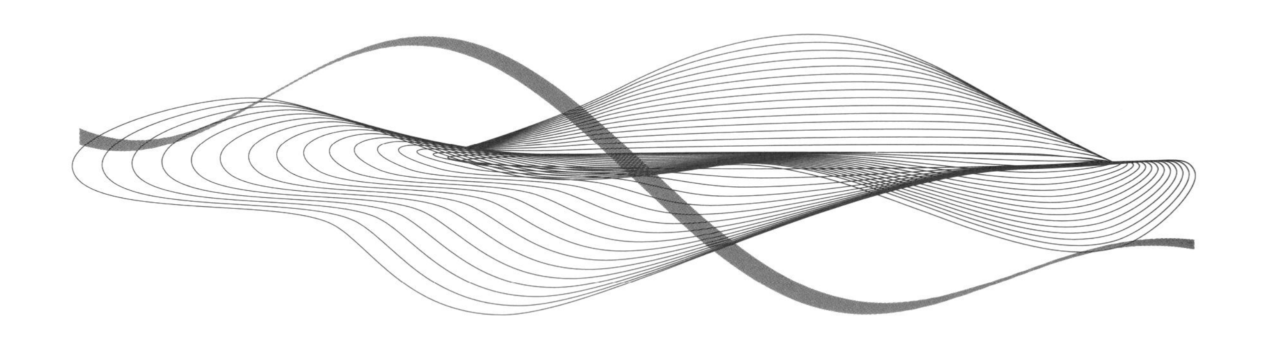

Terence Tao 지음

한빛수학교재연구소 옮김 권순식 감수

한빛아카데미
Hanbit Academy, Inc.

지은이 머리말

이 책은 2003년에 UCLA에서 학부 우등생을 대상으로 진행한 고급 해석학(honors real analysis) 강의에서 아이디어를 얻어 집필했다. 당시 UCLA 학부생 사이에서 해석학은 학습하기 매우 까다로운 과목 중 하나로 여겨졌다. 위상이나 극한, 측도가능성 등 추상적인 개념이 처음으로 나온 데다 해석학이 요구하는 엄밀한 정도와 증명 수준이 높았기 때문이다. 이러한 어려움 때문에 교수자들은 해석학을 쉽게 가르치기 위해 엄밀한 수준을 대폭 낮추거나, 아니면 엄밀함을 유지해서 똑똑하고 열정적인 학생들마저도 어려워할 수준으로 가르쳐야 하는 상황에 맞닥뜨렸다.

일반적으로 해석학 입문 강의에서는 학생들이 실수, 수학적 귀납법, 기초 미분적분학 및 집합론에 익숙하다고 가정하고 극한의 개념 같은 해석학의 핵심 주제로 빠르게 진입한다. 그러나 학생들은 해석학의 선행 개념을 알고는 있지만, 해당 내용을 철저하게 학습하지 않는 편이다. 대부분 실수나 정수를 직관적으로 시각화하고 대수적으로 조작할 수는 있어도, 실수(혹은 심지어 정수)를 제대로 **정의**할 수 있는 학생은 거의 없다. 해석학을 어떻게 가르칠지 고민하던 필자에게는 이러한 문제가 해석학을 제대로 가르칠 좋은 기회로 여겨졌다. 해석학은 선형대수학 및 추상대수학과 함께 수학 전공에서 처음 접하는 과목으로, 진정으로 엄밀한 수학적 증명의 미묘함과 씨름해야 한다. 그러므로 해석학을 학습하면 수학의 기초로 돌아갈 기회, 특히 실수를 정확하고 철저하게 구성할 기회를 잡을 수 있다. 이에 따라 UCLA에서 해석학을 강의할 때 독특한 강의계획을 세웠다.

1주차 강의는 해석학의 표준 법칙을 엄밀히 적용하지 않으면 발생하는 대표적인 '역설'을 다루기로 했다. 극한이나 급수, 적분 순서의 교환에 관한 문제를 소개한 뒤 법칙을 잘못 적용하면 $0 = 1$처럼 잘못된 결론으로 이어질 수 있음을 보여주었다. 이로써 자연수 정의부터 시작하여 수학의 기초를 처음부터 확인해야 할 필요성을 제기했다. 학생들에게는 첫 번째로 페아노 공리만 사용하여 자연수 덧셈에 대해 결합법칙이 성립(모든 자연수 a, b, c에 대해 $(a + b) + c = a + (b + c)$이다. 명제 2.2.5 참고)함을 보이라는 과제를 내주었다. 그래서 학생들은 1주차부터 수학적 귀납법으로 엄밀한 증명을 작성해야만 했다.

자연수의 기본 성질을 유도한 다음, (처음에는 자연수의 형식적 차로 정의한) 정수로 넘어가서 기본 성질을 확인했다. 다음에는 (처음에는 정수의 형식적 몫으로 정의한) 유리수로 넘어간 뒤, 다시 (코시 수열의 형식적 극한을 통해) 실수를 도입한다. 동시에 실수의 비가산성을 증명하는 등 집합론의 기초를 다졌다. 강의를 10회 정도 하고 나서야 해석학의 핵심인 극한, 연속, 미분가능성을 다룰 수 있었다.

학생들은 이 강의에 흥미로운 반응을 보였다. 처음 몇 주 동안은 표준 수체계의 기본 성질만 다루었으므로 강의자료가 개념적으로는 매우 쉽다고 생각했다. 그러나 원칙적으로 수체계를 분석하고 원시적인 수체계에서 발전된 사실을 엄밀하게 도출해야 하므로 지적 수준으로는 어려웠다. 어떤 학생은 다른 해석학 강의를 듣는 친구에게 다음 두 가지를 설명하기 힘들다고 말한 적도 있었다.

(a) 일반 해석학 강의에서는 이미 급수의 절대수렴과 수렴을 구별하는 데까지 진도를 나갔는데, 자신은 왜 여전히 모든 유리수가 양수인지, 음수인지, 0인지 구분하는 법을(4.2절 연습문제 4 참고) 학습하고 있을까?

(b) 그런데도 왜 다른 친구들보다 과제가 훨씬 더 어렵다고 생각할까?

또 다른 학생은 자연수 n을 양의 정수 q로 나누어 몫 a와 나머지 r(단, $0 \leq r < q$)을 얻는 이유를 분명히 **알 수 있지만**(2.3절 연습문제 5 참고), 아직도 이에 관한 증명을 쓰는 것은 너무 어렵다고 서글프게 말했다 (강의 후반부에는 참 또는 거짓이 명확하지 않은 명제도 증명해야 한다며 위로했지만, 그렇다고 위안을 얻은 것 같진 않았다).

각종 어려움이 있었지만, 학생들은 과제를 즐겁게 했다. 인내심을 가지고 직관적인 사실에 관해 엄밀한 증명을 완성하면, 형식적 수학의 추상적 조작과 수학(및 실생활)의 비형식적인 직관 사이의 연결 고리가 굳건해짐을 느끼고 크게 만족했기 때문이다. 해석학에서 악명이 높은 '엡실론–델타' 논법을 증명하는 과제를 받을 때, 학생들은 이미 직관을 형식화하고 ('모든'과 '존재한다'와 같은 한정기호를 구분하는 것처럼) 수리논리학의 미묘한 차이를 식별한 경험이 충분한 상태였다. 그래서 아주 순조롭게 '엡실론–델타' 논법으로 전환할 수 있었으며 강의자료를 빠르면서도 충실하게 다룰 수 있었다.

10주차에는 일반 해석학 강의의 진도를 따라잡았다. 학생들은 리만–스틸체스 적분에서 치환적분을 확인하고, 조각마다 연속인 함수가 리만 적분가능함을 보였다. 20주차까지는 강의와 과제를 통해 테일러 급수와 푸리에 급수의 수렴을 비롯해, 연속미분가능한 다변수함수의 역함수정리와 음함수정리를 다뤘다. 또한 르베그 적분에서 지배수렴정리까지 증명했다. 이렇게 많은 내용을 다루기 위해, 핵심적인 기초 결과 중 상당수를 과제로 증명하도록 했다. 증명하다 보면 학생들이 개념을 진정으로 이해할 수 있으므로 증명 과제는 해석학 강의의 필수 요소가 되었다. 그래서 이 책에도 증명 과제를 수록하였다. 연습문제는 대부분 본문의 보조정리, 명제, 정리를 증명하는 문제로 이루어져 있다. 실제로 이 책으로 해석학을 학습한다면, 가능한 한 많은 연습문제를 풀어보기를 강력히 권한다. 교재를 수동적으로 읽기만 하면 해석학에 나오는 개념 사이의 미묘한 차이를 쉽게 이해할 수 없기 때문이다. '명백한' 명제를 증명하는 문제도 꼭 풀어보길 바란다.

프로 수학자는 이 책의 진도가 느리다고 생각할 수 있다. 특히 앞부분에서는 ('간단하게 이해하기'라고 표기한 부분을 제외하면) 엄밀성을 크게 강조하며, 보통은 자명하다고 생각해서 금방 지나치는 많은 단계를 하나하나 설명하기 때문이다. 처음 몇 개 장에서는 표준 수체계의 '명백한' 여러 가지 성질을 (고통스러울 정도로) 상세하게 전개한다. 두 양의 실수의 합은 양수임을 증명(5.4절 연습문제 1 참고)하거나, 서로 다른 두 실수가 임의로 주어지면 두 실수 사이에 있는 유리수를 찾을 수 있음(5.4절 연습문제 5 참고)을 보이기도 한다. 이렇게 수학 기초를 다지는 장에서는 **순환 논리**(circularity)를 피하라고 강조한다. 즉 어떤 근원적인 사실을 증명하기 위해 더 발전된 형태의 사실을 이용하지 않는다. 특히 대수학 규칙은 증명하기 전까지는 사용하지 않으며, 심지어 자연수, 정수, 유리수, 실수 각각에 대해 따로 증명한다. 왜냐하면 수체계라는 친숙하고 직관적인 환경에서 제한된 가정만 이용하여 참된 사실을 도출하면서 추상적인 추론의 아름다움을 깨닫길 바라기 때문이다. 그러면 추후 동일 유형의 추론 기술을 활용하여 (르베그 적분과 같은) 고급 개념과 씨름할 때 여기에서 훈련한 성과를 확인할 수 있을 것이다.

교수자를 위한 안내

이 책은 앞서 말했듯이 해석학 강의록을 기반으로 집필했으며, 교육학적 관점을 지향한다. 강의자료의 핵심 내용은 대부분 연습문제에 수록했다. 많은 경우에는 매끄럽고 추상적인 증명을 제공하는 대신에 길고 지루해도 학생에게 유익한 증명을 제공하기로 했다. 고급 수준의 교재는 이러한 내용을 짧고 개념적으로 일관성 있게 다루며 엄밀성보다 직관에 더 중점을 둔다. 그러나 대학원 이후 과정에서 해석학을 다루는 접근 방식, 즉 현대적이고 직관적이며 추상적인 방식을 제대로 이해하고 사용하려면 먼저 해석학을 엄밀하게 '직접' 해보는 경험이 필요하다.

이 책이 엄밀성과 형식주의를 강조한다고 해서 강의에서도 엄밀성과 형식주의를 강조할 필요는 없다. 실제 강의에서는 개념을 간단하게 이해하기 좋게 그림을 그리고 예를 보여주면서 직관을 제시하였고, 본문의 형식적인 설명과 상호 보완할 수 있도록 했다. 과제로 낸 연습문제는 직관과 형식적인 설명을 연결하도록 요구하므로, 학생들은 이를 결합하여 문제에 대한 올바른 증명을 찾아야 한다. 이 과제는 단순히 개념을 외우거나 막연히 집중만 하는 게 아니라 진정으로 이해하고 배워야 해서 학생들에게 가장 어렵게 느껴졌을 것이다. 그런데도 학생들은 과제를 해결하는 것이 매우 보람찼다고 후기를 남겼다. 과제가 매우 까다롭긴 했어도 형식적인 수학의 추상적 조작과 수, 집합, 함수 같은 기본 개념에 관한 직관을 연결할 수 있었기 때문이다. 물론 훌륭한 조교의 도움을 받는다면 이를 더욱 잘 해낼 수 있었을 것이다.

이 책으로 강의를 진행한다면 본문의 연습문제와 유사한 문제로 구성하여 오픈 북 시험을 치르거나(특별한 요령 없이 짧은 시간에 볼 수 있다) 본문보다 더 복잡한 연습문제와 유사한 문제를 포함하는 테이크홈 시험(시험지를 받고 일정 시간 안에 답안지를 제출하는 시험)을 치르기를 추천한다. 해석학은 주제가 너무 방대해서 학생들에게 모든 정의와 정리를 외우라고 강요할 수 없다. 그래서 일반적인 시험 또는 책에서 발췌한 내용을 반복하는 시험을 권장하지 않는다(필자는 실제로 문제와 관련 있는 핵심 정의와 정리를 프린트로 제공했다). 시험문제를 강의에서 과제로 낸 문제와 유사하게 만든다면 학생들은 암기카드 등으로 내용을 외우는 대신 문제를 이해하고 최대한 철저하게 풀 것이다. 그렇다면 시험만이 아니라 수학을 학습할 때 전반적으로 도움이 될 것이다.

이 책의 일부 내용은 해석학의 핵심 주제와 연관성이 약하므로, 강의 시간에 제약이 있다면 생략할 수 있다. 집합론은 수체계만큼이나 해석학의 기본이 되지는 않으므로 3장이나 8장은 짧게 다루거나 학생들에게 읽기 과제로 제공해도 좋다. 수리논리학과 십진법을 다루는 부록은 선택적으로 다루거나 보충자료로 사용할 수 있도록 구성하였다. 아마도 해석학 강의에서 부록을 직접 다루진 않을 것이다. 그렇지만 [부록 A]의 수리논리학은 처음 몇 개 장과 같이 읽어도 좋다. 또한 푸리에 급수를 다루는 『TAO 해석학 Ⅱ』의 5장은 본문의 다른 내용과 관련이 크게 없으므로 생략할 수도 있다.

이 책은 분량을 고려하여 두 권으로 나누었다. 『TAO 해석학 Ⅰ』은 내용이 조금 더 많지만, 몇몇 내용을 생략한다면 30시간 분량의 강의에 적합하다. 『TAO 해석학 Ⅱ』는 『TAO 해석학 Ⅰ』을 자주 언급하지만 다른 책으로 학습한 학생들에게도 강의할 수 있다. 이 내용도 역시 30시간 분량의 강의에 적합하다.

2판, 3판, 4판에 관하여

2판 초판이 출간된 뒤, 많은 학생들과 교수들이 여러 오탈자와 기타 수정사항을 알려주었다. 2판에서 레이아웃을 비롯해 쪽번호 등 여러 색인이 바뀌었다. 특히 『Anlalysis Ⅰ』과 『Analysis Ⅱ』의 색인 번호를 분리하여 각각 표기하기로 했다. 그러나 책에서 다루는 내용과 연습문제 번호는 초판과 동일하므로 초판과 혼용하여 보아도 좋다.

3판 제보받은 오탈자를 수정하고 몇 가지 연습문제를 포함했지만, 본질적으로는 2판과 동일하다.

4판 제보받은 여러 오탈자를 수정하고 몇 가지 연습문제를 추가했다.

감사의 말

우선 해석학 강의를 진행할 때 강의록의 오류를 수정하고 귀중한 피드백을 전달해준 학생들에게 깊은 감사를 표한다. 덕분에 이 책을 집필할 수 있었다. 또한 이 책의 여러 오류를 바로잡고 개선이 필요한 부분을 제안한 익명의 검토자 및 여러 동료들에게 감사를 전하고 싶다.

마지막으로 뉴멕시코대학교(university of New Mexico)에서 Math 401/501 강의와 Math 402/502 강의를 수강한 학생들이 초판, 2판, 3판의 오탈자를 잡아주었다. 덕분에 4판을 무사히 출간할 수 있었다.

Terence Tao

미리보기

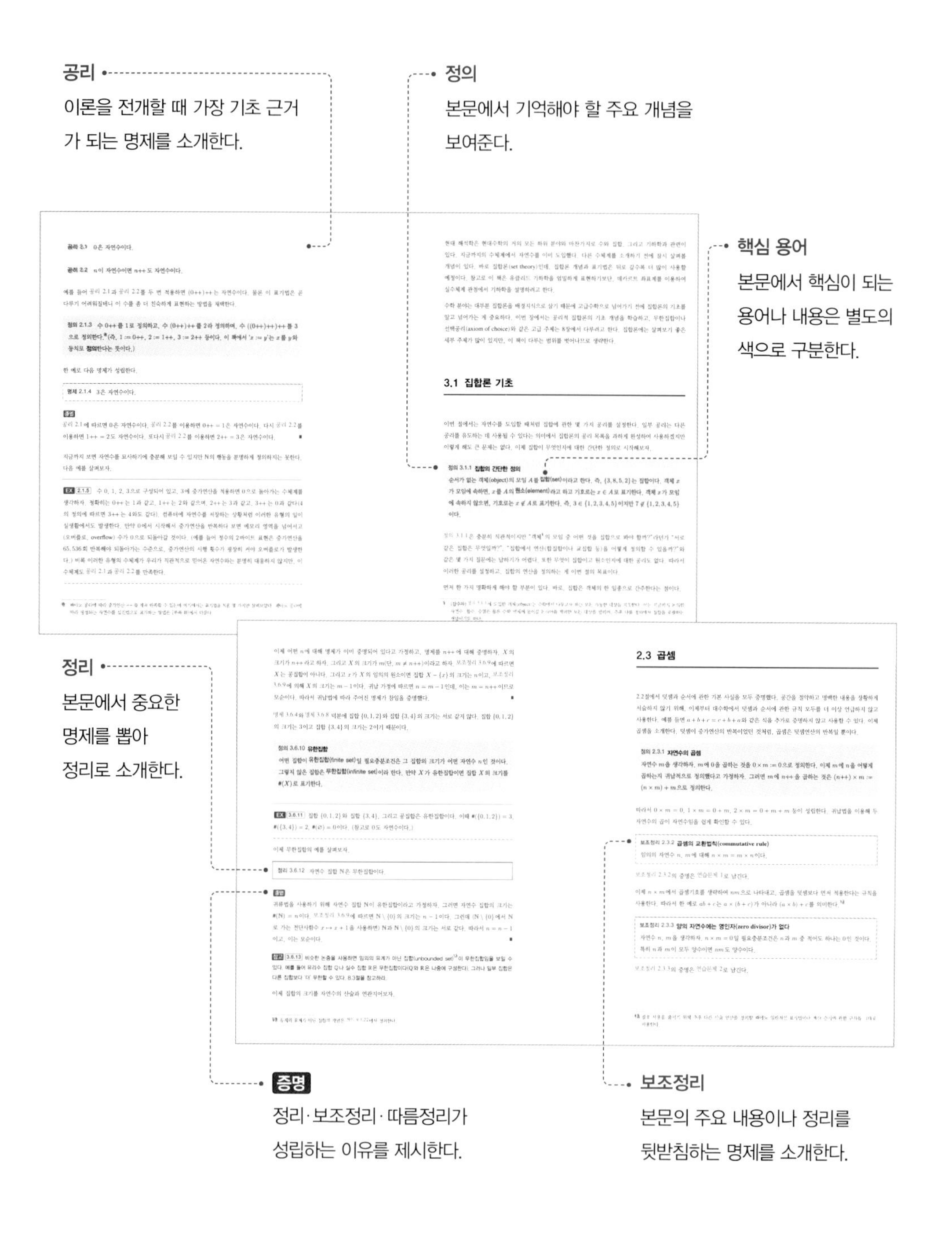
공리
이론을 전개할 때 가장 기초 근거가 되는 명제를 소개한다.
정의
본문에서 기억해야 할 주요 개념을 보여준다.
핵심 용어
본문에서 핵심이 되는 용어나 내용은 별도의 색으로 구분한다.
정리
본문에서 중요한 명제를 뽑아 정리로 소개한다.
증명
정리·보조정리·따름정리가 성립하는 이유를 제시한다.
보조정리
본문의 주요 내용이나 정리를 뒷받침하는 명제를 소개한다.

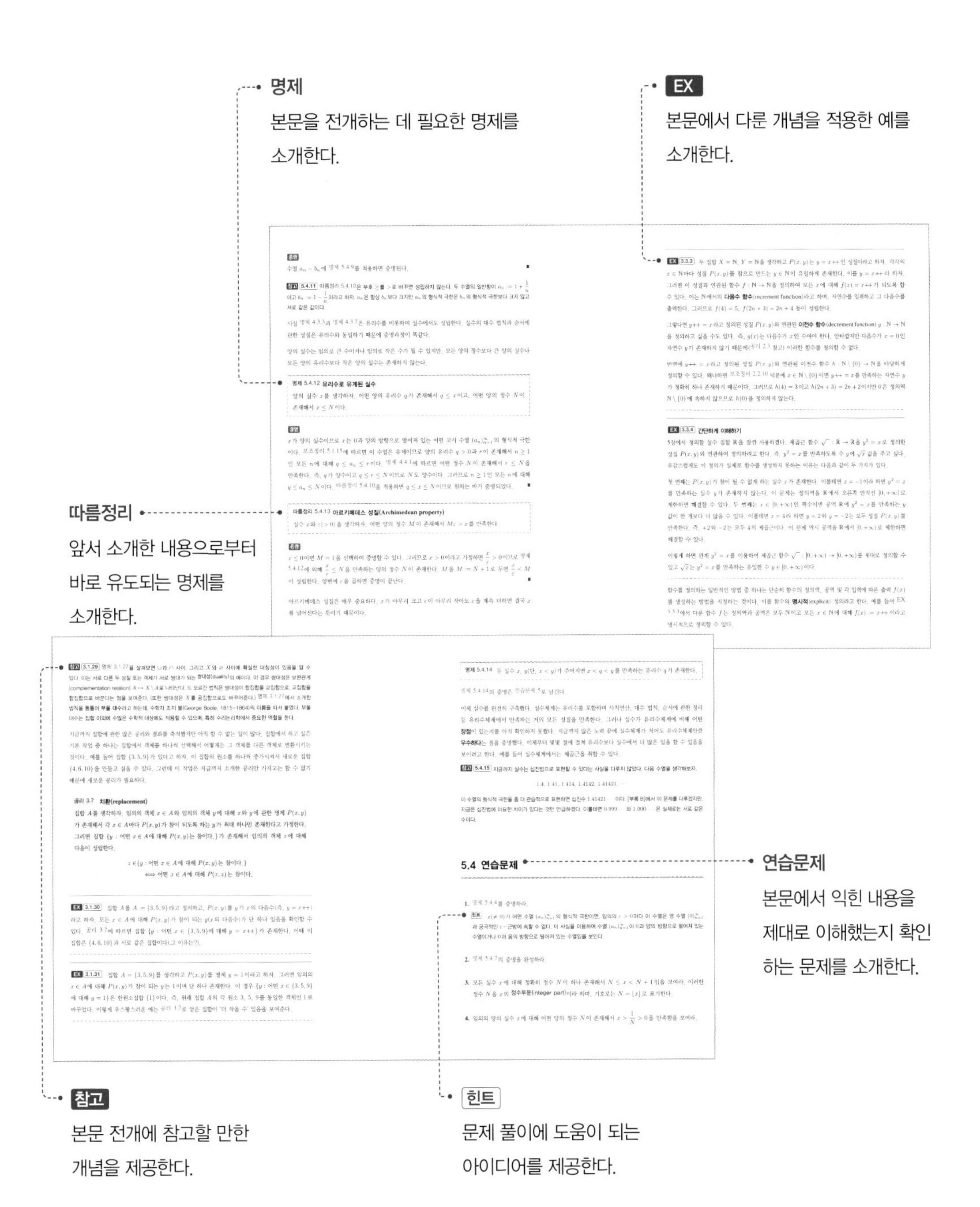

- 강의자용 : **강의보조자료 다운로드**
  한빛출판네트워크 접속(http://www.hanbit.co.kr) → [교수전용] 클릭 → [강의자료] 클릭
- 학습자용 : 학습자의 자학자습을 위해 저작권자의 요청에 따라 별도 자료를 제공하지 않는다.

감수자 머리말

이 책은 학부 수학과 2학년 전공인 '해석학' 교재이다. 해석학은 고등학교와 대학교 1학년 때 배운 미분적분학을 엄밀한 수학 언어로 다시 소개하며, 수학과에 진학하면 처음으로 만나는 전공 과목이기도 하다. 즉 해석학은 배운 개념을 다시 학습한다는 인상이 있어 실망스러울 수도 있다. 하지만 해석학은 선형대수학과 함께 수학과에서 가장 중요하며 기초가 되는 전공 과목이다.

해석학은 크게 두 가지 측면에서 중요하다. 첫 번째는 해석학을 통해 엄밀한 수학 언어를 처음으로 접하고 익힌다는 점이다. 수학적 사실은 논리적으로 엄밀한 문장으로 기술해야 하고, 모든 용어가 정의되어야 한다. 또한 동일한 논리체계 안에서 증명할 수 있어야 의미가 있다. 현대 프로 수학자들이 논문을 쓸 때 이러한 기술을 사용하며, 이를 해석학에서 배울 수 있는 것이다. 게다가 여태까지 애매하게 다룬 극한을 포함하여 연속성, 미분가능성, 실수의 완비성 등의 개념을 해석학에서 엄밀하게 다루므로, 해석학을 학습한 학생들은 그간 완전히 이해하지 못했던 부분을 해소하고 찬사를 보내기도 한다.

두 번째 중요한 점은, 해석학은 이후에 다룰 실해석학, 복소해석학, 미분기하학, 확률론, 미분방정식, 위상수학 등에서 기초가 되는 개념을 다룬다는 점이다. 그러므로 허투루 넘길 부분이 없다. 해석학은 초심자에게 상당히 부담스러운 과목이라 저학년 학생들은 많이 힘들어한다. 보통은 4학년 정도가 되어야 해석학 기술과 아이디어에 익숙해지는데, 여기서 이 책의 장점이 돋보인다. 바로 toolkit을 중심으로 증명을 소개하고 다른 문제를 동일한 toolkit으로 증명하는 방식이다. 이 학습법은 꽤 효율적이다. 왜냐하면 해석학은 개념과 정리, 증명을 읽고 이해하는 데 그치지 않고 사용된 toolkit에 익숙해져야 하는 학문이기 때문이다.

이 책은 특이하게도 집합론이나 논리학에서 다룰 만한 수리논리, 집합, 자연수, 함수 등을 여러 지면에 할애하여 다룬다. 기초부터 정의하고 명제와 증명을 쓰는 법을 친절하게 설명함으로써 해석학의 특징을 강조한다. 엄밀한 수학 언어를 사용하려면 어떤 서술이 참인 명제이고 옳은 증명인지 알 수 있어야 하는데, 이 책의 연습문제까지 진지하게 풀어본다면 이를 자연스럽게 터득할 수 있을 것이다. 이 책으로 해석학의 중요한 특징을 이해하고 수학을 성공적으로 학습하는 첫걸음을 디디길 소망한다.

권순식

목차

목차

4장 정수와 유리수

5장 실수

6장 수열의 극한

7장 급수

8장 무한집합

목차

10장 함수의 미분

11장 리만 적분

목차

1

해석학 소개
Introduction

1.1 해석학이란

실해석학(real analysis)은 실수, 실수열과 급수, 실숫값함수(real-valued function)를 분석하는 학문으로 이 책은 최우등 학부생을 위한 실해석학 입문서이다. 실해석학은 **복소해석학(complex analysis)[1]**, **조화해석학(harmonic analysis)[2]**, **함수해석학(functional analysis)[3]** 등 여러 학문과 관련이 있지만 이들 학문과는 엄연한 차이가 있다. **해석학(analysis)**은 수학적 대상(object)의 질적 및 양적 행동을 정확하고 날카롭게 파악하는 데 중점을 두고 수학적 대상에 관해 엄밀한 연구를 하는 학문이며, 그중에서도 실해석학은 **미분적분학(calculus)[4]**의 기초가 되고 이론적 토대를 구성한다.

이 책은 수, 수열, 급수, 극한, 함수, 정적분, 도함수 등 미분적분학에서 이미 다뤄 본 친숙한 수학적 대상에 대해 학습한다. 여러분은 이미 이들을 다양하게 **계산**해봤을 것이다. 이제부터는 이 수학적 대상을 친숙하게 다룰 수 있는 이유, 즉 이론적 배경에 관심을 가지려고 한다. 앞으로 이 책은 다음과 같은 질문에 어떻게 답할 수 있을지 알아볼 것이다.

(a) 실수는 무엇일까? 가장 큰 실수가 존재할까? 0 바로 '다음'에 존재하는 실수는 무엇일까? 다시 말해, 가장 작은 양의 실수는 무엇일까? 실수를 무한정으로 자를 수 있을까? 2와 같은 수에는 제곱근이 존재하지만, −2와 같은 수에는 제곱근이 존재하지 않는 이유는 무엇일까? 실수와 유리수가 각각 무한하게 많이 존재한다면, 어째서 실수가 유리수보다 '더 많이' 존재할까?

(b) 실수열의 극한을 어떻게 이해해야 할까? 어떤 수열은 극한이 존재하고 어떤 수열은 극한이 존재하지 않을까? 수열이 무한대로 발산하는 것을 막을 수 있다면, 이는 수열이 결국 안정되고 수렴한다는 의미일까? 무한히 많은 실수를 더해서 유한한 실숫값을 얻을 수 있을까? 무한히 많은 유리수를 더해서 무리수를 얻을 수 있을까? 급수(infinite sum)의 원소를 재배열한다면 그 계산 결과는 처음 결과와 같을까?

(c) 함수는 무엇일까? 함수가 연속이라는 표현은 무엇을 의미할까? 미분가능성의 의미는? 적분가능성의 의미는? 유계의 의미는? 무한히 많은 함수를 더할 수 있을까? 함수열(sequence of function)에 극한을 취하면 어떻게 될까? 함수로 이루어진 무한급수를 미분할 수 있을까?

---

1 복소해석학은 복소수와 복소함수를 분석하는 학문이다.

2 조화해석학은 사인파동과 같은 조화함수(파동)를 분석하고, 푸리에 변환(Fourier transform)을 통해 다른 함수와 어떻게 합성하는지를 다루는 학문이다.

3 함수해석학은 함수를 더욱 심도 있게 연구하고, 함수가 벡터공간과 같은 대상을 어떻게 구성하는지를 다루는 학문이다.

4 미분적분학은 함수를 조작하는 데 사용하는 계산 알고리즘으로 구성된 학문이다.

적분할 수 있을까? 함수 $f(x)$에 대하여 $x = 0$일 때 함숫값이 3이고 $x = 1$일 때 함숫값이 5이면(즉 $f(0) = 3$, $f(1) = 5$이면), x가 0과 1 사이일 때 함수 $f(x)$는 3과 5 사이의 모든 중간값을 함숫값으로 택해야 할까? 그 이유는 무엇일까?

미분적분학을 학습했다면 이러한 질문 중 몇 가지는 어떻게 대답해야 하는지 알고 있을 것이다. 다만 미분적분학 수업에서는 $x = 0$부터 $x = 1$까지 $x \sin(x^2)$의 적분값을 구하는 등 계산 능력을 강조하는 바람에 이러한 종류의 질문은 후순위로 밀리곤 했다. 이제 여러분은 이러한 수학적 대상에 친숙해졌으며 계산도 익숙하게 할 수 있으므로 다시 이론으로 돌아가서 어떤 일이 일어나고 있는지 **진짜로** 이해해야 한다.

1.2 왜 해석학을 공부해야 할까

해석학을 처음 맞닥뜨린다면 당연히 '이걸 귀찮게 왜 공부할까?'라고 생각할 수 있다. 어떤 현상이 **왜** 일어나는지 앎으로써 분명 철학적으로 만족감을 느낄 것이다. 하지만 실용주의적인 사람은 실제 삶의 문제를 해결할 때 그 현상이 **어떻게** 일어나는지만 알면 된다고 주장하기도 한다. 입문 과정에서 연습한 미분적분학은 물리학, 화학, 생물학, 경제학, 컴퓨터 과학, 금융, 공학 등이라던가 아니면 여러분이 몸담을 분야의 많은 문제를 풀기 시작하는 데 적절하며, 연쇄법칙, 로피탈 법칙, 부분적분 등의 법칙은 왜 유효한지, 또는 언제 예외가 발생하는지 몰라도 사용할 수 있다. 그러나 이러한 법칙이 어디서 유도되었는지, 어떤 한계가 있으며 그 법칙이 성립할 수 있는 범위 등을 모른 채 사용한다면 문제가 발생할 수 있다. 이제 해석학 지식 없이 규칙을 맹목적으로 적용하면 어떤 문제가 생기는지 예를 들어 살펴보겠다.

EX 1.2.1 0으로 나누기

소거법칙(cancellation law) $ac = bc \Longrightarrow a = b$는 $c = 0$일 때 성립하지 않는다. 예를 들어 항등식 $1 \times 0 = 2 \times 0$은 참이다. 그러나 아무 생각 없이 이 식의 양변을 0으로 나누면 $1 = 2$라는 잘못된 식을 얻는다. 이 경우는 0으로 나누어서 문제가 발생했음을 알 수 있지만, 다른 경우는 이러한 문제점이 안 보이도록 숨어 있을 수도 있다.

EX 1.2.2 발산하는 급수

여러분은 다음 무한합과 같은 기하급수를 본 적이 있을 것이다.

$$S = 1 + \frac{1}{2} + \frac{1}{4} + \frac{1}{8} + \frac{1}{16} + \cdots$$

이 급수의 합을 구하기 위해 다음과 같은 트릭을 써보려고 한다. 급수의 합을 S라 두고 양변에 2를 곱하면 다음 등식을 얻는다.

$$2S = 2 + 1 + \frac{1}{2} + \frac{1}{4} + \frac{1}{8} + \cdots = 2 + S$$

식을 정리하면 $S = 2$이므로 급수의 합은 2이다. 이번에는 다음 급수의 합을 구해보자.

$$S = 1 + 2 + 4 + 8 + 16 + \cdots$$

방금 사용한 트릭을 위 식에 똑같이 적용한다면 다음처럼 터무니없는 결론을 얻을 것이다.

$$2S = 2 + 4 + 8 + 16 + \cdots = S - 1 \Longrightarrow S = -1$$

$1 + \frac{1}{2} + \frac{1}{4} + \frac{1}{8} + \frac{1}{16} + \cdots = 2$를 도출한 추론을 똑같이 적용했더니 $1 + 2 + 4 + 8 + 16 + \cdots = -1$이라는 결론도 얻었다. 첫 번째 등식은 믿을 수 있지만 두 번째 등식은 믿을 수 없는 이유가 무엇일까?

이번에는 다음과 같은 급수에서 비슷한 문제를 생각할 수 있다.

$$S = 1 - 1 + 1 - 1 + 1 - 1 + \cdots$$

위 급수를 다음과 같이 변형할 수 있다.

$$S = 1 - (1 - 1 + 1 - 1 + \cdots) = 1 - S$$

식을 정리하면 $S = \frac{1}{2}$이다. 아니면 위 급수를 다음과 같이 변형할 수도 있다.

$$S = (1 - 1) + (1 - 1) + (1 - 1) + \cdots = 0 + 0 + \cdots$$

이 식을 정리하면 $S = 0$이다. 위 급수를 다음과 같이 또다른 방법으로 변형할 수도 있다.

$$S = 1 + (-1 + 1) + (-1 + 1) + \cdots = 1 + 0 + 0 + \cdots$$

이번 식을 정리하면 $S = 1$이다. 그렇다면, 이 급수의 합은 무엇일까? 7.2절 연습문제 1을 참고하라.

EX 1.2.3 발산하는 수열

EX 1.2.2를 약간 변형한 사례를 살펴보겠다. 실수 x에 대하여 다음 식의 극한을 L이라 하자.

$$L = \lim_{n \to \infty} x^n$$

$n = m + 1$이라 두고 변수를 변환하면 이 식은 다음과 같다.

$$L = \lim_{m+1\to\infty} x^{m+1} = \lim_{m+1\to\infty} x \times x^m = x \lim_{m+1\to\infty} x^m$$

그런데 $m+1 \to \infty$ 이면 $m \to \infty$ 이므로 다음과 같이 전개할 수 있다.

$$\lim_{m+1\to\infty} x^m = \lim_{m\to\infty} x^m = \lim_{n\to\infty} x^n = L$$

따라서 $xL = L$ 이다.

여기서 양변의 L을 약분하면 임의의 실수 x에 대해 $x = 1$이라는, 말도 안 되는 결론을 내릴 수 있다. 식을 0으로 나눌 때 어떤 문제가 발생하는지 이미 알고 있으니 조금 더 똑똑하게 $x = 1$ 또는 $L = 0$이라고 할 수 있다. 특히 1이 아닌 모든 x에 대하여 $\lim_{n\to\infty} x^n = 0$임을 보였다고 할 수 있다. 하지만 여기에 특정한 x 값을 대입하면 엉뚱한 결과가 나온다. 예를 들어 $x = 2$를 대입하면 수열 $1, 2, 4, 8, \cdots$ 이 0으로 수렴하고, $x = -1$을 대입하면 수열 $1, -1, 1, -1, \cdots$ 이 0으로 수렴한다는 것이다. 위 주장에는 어떤 문제가 있을까? 6.3절 연습문제 4를 참고하라.

EX 1.2.4 함수의 극한값

극한 $\lim_{x\to\infty} \sin(x)$를 생각하자. $x = y + \pi$라 두고 삼각함수의 공식 중에서 $\sin(y+\pi) = -\sin(y)$를 이용하면 다음과 같이 극한의 변수를 변환할 수 있다.

$$\lim_{x\to\infty} \sin(x) = \lim_{y+\pi\to\infty} \sin(y+\pi) = \lim_{y\to\infty} (-\sin(y)) = -\lim_{y\to\infty} \sin(y)$$

여기서 $\lim_{x\to\infty} \sin(x) = \lim_{y\to\infty} \sin(y)$이므로 위 식을 다음과 같이 나타낼 수 있다.

$$\lim_{x\to\infty} \sin(x) = -\lim_{x\to\infty} \sin(x)$$

그러므로 $x \to \infty$일 때 사인함수의 극한은 다음과 같다.

$$\lim_{x\to\infty} \sin(x) = 0$$

만약 $x = \frac{\pi}{2} + z$라 하고 삼각함수의 공식 중 $\sin\left(\frac{\pi}{2} + z\right) = \cos(z)$를 이용하면 비슷한 방법으로 코사인함수의 극한을 구할 수 있다.

$$\lim_{x\to\infty} \cos(x) = 0$$

두 삼각함수의 극한값을 제곱하여 더하면 다음이 성립한다.

$$\lim_{x\to\infty} (\sin^2(x) + \cos^2(x)) = 0^2 + 0^2 = 0$$

반면에 삼각함수의 항등식을 이용하면 모든 x에 대해 $\sin^2(x) + \cos^2(x) = 1$이므로, $1 = 0$이라는 결론이 도출된다. 지금까지 전개한 내용 중에서 어디가 잘못된 걸까?

EX 1.2.5 급수 순서의 교환가능성

이번에는 산술에 대한 사실을 살펴보겠다. 모든 성분이 자연수인 임의의 행렬을 생각하자. 예를 들어 행렬이 다음과 같이 주어져 있다고 하자.

$$\begin{pmatrix} 1 & 2 & 3 \\ 4 & 5 & 6 \\ 7 & 8 & 9 \end{pmatrix}$$

각각의 행의 합을 계산한 뒤 그 합을 더하자. 이번에는 순서를 바꾸어 각각의 열의 합을 계산한 뒤 그 합을 더하자. 방법에 관계없이 같은 수가 나오는데, 이 수는 주어진 행렬의 모든 성분을 더한 값이다.

$$\begin{array}{c} \begin{pmatrix} 1 & 2 & 3 \\ 4 & 5 & 6 \\ 7 & 8 & 9 \end{pmatrix} \begin{array}{c} 6 \\ 15 \\ 24 \end{array} \\ \begin{array}{cccc} 12 & 15 & 18 & 45 \end{array} \end{array}$$

다시 말해, $m \times n$ 행렬의 모든 성분을 더하고 싶으면 행이나 열을 먼저 합산하는 순서와 관계없이 같은 답을 얻을 수 있다.[5] 이 사실을 급수 표현에 적용하려고 한다. 행렬의 i번째 행 j번째 열 성분을 a_{ij}라 하면 다음과 같은 사실이 성립한다.

$$\sum_{i=1}^{m}\sum_{j=1}^{n} a_{ij} = \sum_{j=1}^{n}\sum_{i=1}^{m} a_{ij}$$

그러면 이러한 규칙이 무한급수로 쉽게 확장된다고 생각할 수도 있다.

$$\sum_{i=1}^{\infty}\sum_{j=1}^{\infty} a_{ij} = \sum_{j=1}^{\infty}\sum_{i=1}^{\infty} a_{ij}$$

실제로 무한급수 관련 문제를 풀 때 이렇게 급수 순서를 자주 교환해봤을 것이다. 앞선 식은 무한행렬에서 행의 총합의 합이 열의 총합의 합과 같다고도 표현할 수 있다. 이 명제는 합리적으로 보여도 실제로는 거짓이다. 다음과 같은 반례가 존재하기 때문이다.

$$\begin{pmatrix} 1 & 0 & 0 & 0 & \cdots \\ -1 & 1 & 0 & 0 & \cdots \\ 0 & -1 & 1 & 0 & \cdots \\ 0 & 0 & -1 & 1 & \cdots \\ 0 & 0 & 0 & -1 & \cdots \\ \vdots & \vdots & \vdots & \vdots & \ddots \end{pmatrix}$$

이 행렬의 각 행을 더한 뒤 그 합을 모두 더하면 1이지만, 각 열을 더한 뒤 그 합을 다시 더하면 0이다! 그러면 이 반례는 무한급수에서 합의 기호($\sum$)를 교환할 수 없고, 합의 기호를 교환하는 그 어떤 논증도 신뢰할 수 없음을 의미할까? 정리 8.2.2를 참고하라.

5 컴퓨터가 발명되기 전, 회계사와 부기담당자는 장부를 결산할 때 실수를 막기 위해 이 사실을 이용했다.

EX 1.2.6 적분 순서의 교환가능성

적분 순서의 교환가능성은 수학에서 급수 순서의 교환가능성만큼이나 흔하게 발생하는 속임수이다. 곡면 $z = f(x,y)$ 아랫부분의 부피를 계산한다고 가정하자. 지금은 잠시 적분의 극한을 고려하지 않겠다. 첫 번째 방법은 곡면 아랫부분을 y를 고정한 채 x축에 평행하게 자르는 것이다. 즉 고정된 y 값마다 영역의 넓이 $\int f(x,y)dx$를 계산하고, 이 면적을 변수 y에 대해 적분함으로써 부피를 다음과 같이 구한다.

$$V = \iint f(x,y)\, dxdy$$

두 번째 방법은 x를 고정하고 곡면 아랫부분을 y축에 평행하게 자르는 것이다. 그 다음에 영역의 넓이 $\int f(x,y)dy$를 계산하고, 이 면적을 변수 x에 대해 적분하여 부피를 구한다.

$$V = \iint f(x,y)\, dydx$$

이러한 과정을 보고 어쩌면 여러분은 다음 식처럼 적분 기호를 항상 교환할 수 있다고 여길지도 모른다.

$$\iint f(x,y)\, dxdy = \iint f(x,y)\, dydx$$

실제로도 사람들은 적분 기호의 순서를 자주 교환하는데, 왜냐하면 어떤 변수는 다른 변수보다 더 적분하기 편리하기 때문이다. 그러나 때때로 무한합에서 합의 기호를 교환할 수 없듯이, 적분 기호도 순서를 바꾸면 가끔 문제가 발생할 수 있다. 함수 $e^{-xy} - xye^{-xy}$을 적분하는 예를 살펴보자.
식 (1.1)처럼 적분 기호의 순서를 바꿀 수 있다고 생각해보자.

$$\int_0^\infty \int_0^1 (e^{-xy} - xye^{-xy})\, dydx = \int_0^1 \int_0^\infty (e^{-xy} - xye^{-xy})\, dxdy \tag{1.1}$$

$e^{-xy} - xye^{-xy}$을 y에 대하여 적분하면 다음과 같다.

$$\int_0^1 (e^{-xy} - xye^{-xy})\, dy = ye^{-xy}\Big|_{y=0}^{y=1} = e^{-x}$$

따라서 식 (1.1)의 좌변은 $\int_0^\infty e^{-x}\, dx = -e^{-x}\big|_0^\infty = 1$이다.

한편, $e^{-xy} - xye^{-xy}$을 x에 대하여 적분하면 다음과 같다.

$$\int_0^\infty (e^{-xy} - xye^{-xy})\, dx = xe^{-xy}\Big|_{x=0}^{x=\infty} = 0$$

따라서 식 (1.1)의 우변은 $\int_0^1 0\, dx = 0$이다. 당연히 $1 \neq 0$이므로 논증 어딘가에 오류가 존재한다. 그런데 적분 순서를 교환한 단계를 제외하면 그 어디에서도 오류를 찾을 수 없다. 그렇다면 적분 순서를 언제 교환해도 되는지 어떻게 알 수 있을까? 『TAO 해석학 II』의 정리 8.5.1을 참고하면 답을 부분적으로 얻을 수 있다.

EX 1.2.7 극한 순서의 교환가능성

그럴듯하게 보이는 식 (1.2)로 시작해보자.

$$\lim_{x\to 0}\lim_{y\to 0}\frac{x^2}{x^2+y^2}=\lim_{y\to 0}\lim_{x\to 0}\frac{x^2}{x^2+y^2} \tag{1.2}$$

주어진 함수의 y에 대한 극한은 다음과 같다.

$$\lim_{y\to 0}\frac{x^2}{x^2+y^2}=\frac{x^2}{x^2+0^2}=1$$

따라서 식 (1.2)의 좌변은 1이다. 반면에 주어진 함수의 x에 대한 극한은 다음과 같다.

$$\lim_{x\to 0}\frac{x^2}{x^2+y^2}=\frac{0^2}{0^2+y^2}=0$$

따라서 식 (1.2)의 우변은 0이다. 1은 확실히 0과 다르기 때문에, 극한 순서를 무조건 교환하면 안 된다는 사실을 알 수 있다. 그렇다면 극한 순서를 교환해도 되는 다른 경우가 존재할까? 『TAO 해석학 II』의 2.2절 연습문제 9를 참고하면 답을 부분적으로 얻을 수 있다.

EX 1.2.8 극한 순서의 교환가능성

이번에도 그럴듯하게 보이는 다음 식으로 시작해보자.

$$\lim_{x\to 1^-}\lim_{n\to\infty}x^n=\lim_{n\to\infty}\lim_{x\to 1^-}x^n$$

이때 $x\to 1^-$는 x가 1의 왼쪽에서 다가간다는 뜻이다. x가 1보다 조금 작을 때, $\lim_{n\to\infty}x^n=0$이므로 주어진 식의 좌변은 0이다. 반면에 모든 n에 대하여 $\lim_{x\to 1^-}x^n=1$이므로 주어진 식의 우변은 1이다. 그렇다면 이러한 유형은 항상 극한 순서를 교환하면 안 되는 걸까? 『TAO 해석학 II』의 명제 3.3.3을 참고하라.

EX 1.2.9 극한과 적분 순서의 교환가능성

임의의 실수 y에 대하여 다음과 같이 x에 대한 적분을 생각할 수 있다.

$$\int_{-\infty}^{\infty}\frac{1}{1+(x-y)^2}\,dx=\arctan(x-y)\Big|_{x=-\infty}^{\infty}=\frac{\pi}{2}-\left(-\frac{\pi}{2}\right)=\pi$$

이때 $y\to\infty$로 극한을 취하고 다음과 같은 식을 얻을 수 있을 것이다.

$$\int_{-\infty}^{\infty}\lim_{y\to\infty}\frac{1}{1+(x-y)^2}\,dx=\lim_{y\to\infty}\int_{-\infty}^{\infty}\frac{1}{1+(x-y)^2}\,dx=\pi$$

그러나 모든 x에 대하여 $\lim_{y\to\infty} \frac{1}{1+(x-y)^2} = 0$이므로, $0 = \pi$가 성립한다. 위 논증에는 어떤 문제가 있을까? 극한과 적분 순서를 교환하는 (아주 유용한) 기법을 포기해야 할까? 『TAO 해석학 II』의 정리 3.6.1을 참고하면 답을 부분적으로 얻을 수 있다.

EX 1.2.10 극한과 도함수 순서의 교환가능성

$\varepsilon > 0$이면 다음 식과 같이 함수를 미분할 수 있다.

$$\frac{d}{dx}\left(\frac{x^3}{\varepsilon^2 + x^2}\right) = \frac{3x^2(\varepsilon^2 + x^2) - 2x^4}{(\varepsilon^2 + x^2)^2}$$

이 도함수에 대하여 다음이 성립한다.

$$\left.\frac{d}{dx}\left(\frac{x^3}{\varepsilon^2 + x^2}\right)\right|_{x=0} = 0$$

여기서 $\varepsilon \to 0$인 극한을 취하면 다음 식이 성립한다고 기대할 수 있을 것이다.

$$\left.\frac{d}{dx}\left(\frac{x^3}{0 + x^2}\right)\right|_{x=0} = 0$$

그러나 이 식의 우변은 $\frac{d}{dx}x = 1$이다. 이는 극한과 도함수의 순서를 항상 교환할 수 없다는 뜻일까? 『TAO 해석학 II』의 정리 3.7.1을 참고하라.

EX 1.2.11 도함수 순서의 교환가능성

함수 $f(x, y)$를 $f(x, y) := \frac{xy^3}{x^2 + y^2}$이라 정의하자.[6] 해석학에서는 보통 두 편미분을 교환하기 때문에, $\frac{\partial^2 f}{\partial x \partial y}(0, 0) = \frac{\partial^2 f}{\partial y \partial x}(0, 0)$이 성립한다고 기대할 수 있다.

몫의 미분법을 이용하면 y에 대한 편미분은 다음과 같다.

$$\frac{\partial f}{\partial y}(x, y) = \frac{3xy^2}{x^2 + y^2} - \frac{2xy^4}{(x^2 + y^2)^2}$$

특히 이 식에 $y = 0$을 대입하면 다음이 성립한다.

$$\frac{\partial f}{\partial y}(x, 0) = \frac{0}{x^2} - \frac{0}{x^4} = 0$$

따라서 처음 식의 좌변은 다음과 같다.

$$\frac{\partial^2 f}{\partial x \partial y}(0, 0) = 0$$

6 이 함수는 $(x, y) = (0, 0)$에서 정의되지 않는다. 그러나 $f(0, 0) := 0$이라고 정의하면 이 함수는 모든 (x, y)에서 연속이고 미분가능하다. 마찬가지로 두 편도함수 $\frac{\partial f}{\partial x}$, $\frac{\partial f}{\partial y}$도 모든 (x, y)에서 연속이고 미분가능하다!

이번에 몫의 미분법을 다시 이용하여 x에 대한 편미분을 구하면 다음과 같다.

$$\frac{\partial f}{\partial x}(x,y) = \frac{y^3}{x^2+y^2} - \frac{2x^2y^3}{(x^2+y^2)^2}$$

이 식에 $x=0$을 대입하면 다음이 성립한다.

$$\frac{\partial f}{\partial x}(0,y) = \frac{y^3}{y^2} - \frac{0}{y^4} = y$$

따라서 처음 식의 우변은 다음과 같다.

$$\frac{\partial^2 f}{\partial y \partial x}(0,0) = 1$$

$1 \neq 0$이므로 미분의 순서를 무조건 교환하면 안 된다는 사실을 알 수 있다. 그렇다면 어떤 조건하에서 미분의 순서를 교환할 수 있을까? 『TAO 해석학 II』의 정리 6.5.4와 6.5절 연습문제 1을 참고하면 몇몇 답을 얻을 수 있다.

EX 1.2.12 로피탈 법칙(L'Hôpital's rule)

로피탈 법칙은 수학적으로 아름답고 간단한 공식이며, 다음과 같은 관계를 만족한다.

$$\lim_{x\to x_0} \frac{f(x)}{g(x)} = \lim_{x\to x_0} \frac{f'(x)}{g'(x)}$$

이 친숙한 법칙을 정확하게 적용하지 않으면 잘못된 결론에 이를 수 있다. 예를 들어 $f(x) := x$, $g(x) := 1+x$, $x_0 := 0$이라 정의하고 로피탈 법칙을 적용하면 다음 식을 얻는다.

$$\lim_{x\to 0} \frac{1}{1+x} = \lim_{x\to 0} \frac{1}{1} = 1$$

여기서 $\lim_{x\to 0} \frac{x}{1+x} = \frac{0}{1+0} = 0$이므로 위 식은 틀린 식이다. 물론 방금 설명한 예는 $x \to x_0$일 때 $f(x)$와 $g(x)$의 극한이 0이어야 할 때에만 로피탈 법칙이 성립한다는 조건을 만족하지 않았다. 그러나 $x \to x_0$일 때 $f(x)$와 $g(x)$의 극한이 모두 0이어도 로피탈 법칙이 성립하지 않을 가능성이 존재한다. 예를 들어 다음과 같은 극한을 생각하자.

$$\lim_{x\to 0} \frac{x^2 \sin(x^{-4})}{x}$$

$x \to x_0$일 때 분자와 분모 모두 0으로 수렴하므로, 이 예에 로피탈 법칙을 적용해서 다음과 같은 결론을 내릴 수 있을 듯하다.

$$\begin{aligned}\lim_{x\to 0} \frac{x^2 \sin(x^{-4})}{x} &= \lim_{x\to 0} \frac{2x\sin(x^{-4}) - 4x^{-3}\cos(x^{-4})}{1} \\ &= \lim_{x\to 0} 2x\sin(x^{-4}) - \lim_{x\to 0} 4x^{-3}\cos(x^{-4})\end{aligned}$$

이 식의 첫 번째 극한을 살펴보자. 함수 $2x\sin(x^{-4})$은 부등식 $2|x| \le 2x\sin(x^{-4}) \le -2|x|$를 만족하고, $2|x|$와 $-2|x|$는 모두 0으로 수렴하므로 조임정리(squeeze test)를 이용해서 0으로 수렴함을 알 수 있다. 이 식의 두 번째 극한은 발산한다. 왜냐하면 $x \to 0$일 때 x^{-3}은 무한대로 발산하지만, $\cos(x^{-4})$은 0으로 수렴하지 않기 때문이다. 따라서 극한 $\lim_{x\to 0} \frac{2x\sin(x^{-4}) - 4x^{-3}\cos(x^{-4})}{1}$은 발산한다. 로피탈 법칙을 사용하면 극한 $\lim_{x\to 0} \frac{x^2\sin(x^{-4})}{x}$도 발산한다는 결론을 내릴지도 모른다. 그러나 이 극한은 $\lim_{x\to 0} x\sin(x^{-4})$으로 다시 표현할 수 있고, 조임정리를 다시 적용하면 $x \to 0$일 때 0으로 수렴한다.

이 예는 로피탈 법칙이 믿을 수 없는 공식임을 보여주는 건 아니지만, 적어도 이 공식을 적용하려면 주의해야 함을 알려준다. 실제로 로피탈 법칙이 성립하는 조건은 매우 엄격하다. 10.5절을 참고하라.

EX 1.2.13 극한과 길이

적분에 대해 학습하고 적분이 곡선 아래의 면적과 어떻게 관련되어 있는지 배울 때, 아마도 곡선 아래의 면적이 수많은 직사각형으로 근사되고 그 면적이 리만 합(Riemann sum)으로 주어진 그림을 보았을 것이다. 왠지 그 리만 합을 적분으로 대체하기 위해 '극한'을 취하면, 짐작하건대 이렇게 구한 값은 곡선 아래의 실제 면적과 일치했을 것이다. 아마도 바로 그 다음에는 비슷한 방법으로 곡선의 길이를 계산하는 법을 배웠을 것이다. 정리하면 곡선을 수많은 선분 조각으로 근사한 뒤 모든 선분 조각의 길이를 계산하고, 이 길이의 극한을 구하는 방식이었을 것이다. 이 접근 방식을 잘못 사용하면 말도 안 되는 결과가 나타날 거라는 사실은 이제 놀랍지도 않다. 세 꼭짓점이 각각 $(0,0)$, $(1,0)$, $(0,1)$인 직각삼각형에서 빗변의 길이를 구해보자. 피타고라스 정리를 이용하면 구하려는 빗변의 길이는 $\sqrt{2}$이다. 그런데 모종의 이유로 피타고라스 정리를 모른다고 가정하고, 미분적분학을 이용해 빗변의 길이를 계산한다고 해보자. 가로변과 세로변으로 빗변을 근사하는 방법을 시도해볼 만하다. 큰 수 N을 선택하고 그림 1.1처럼 길이가 모두 같은 가로변 N개와 세로변 N개가 교대로 나타나는 '계단'으로 빗변을 근사하자. 각 변의 길이는 모두 명확하게 $\frac{1}{N}$이므로 계단의 전체 길이는 $\frac{2N}{N} = 2$이다.

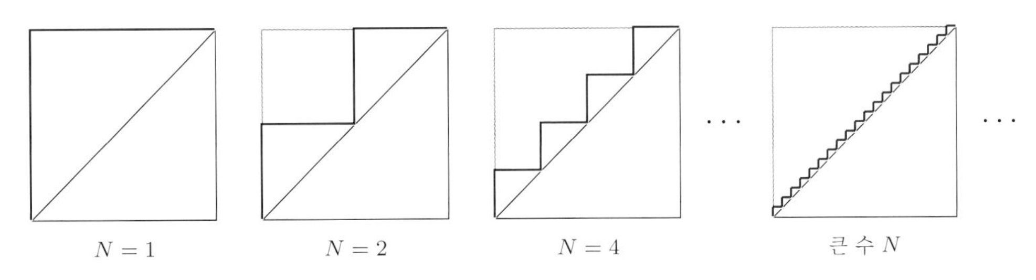

[그림 1.1] 가로변 N개와 세로변 N개로 직각삼각형의 빗변을 근사

계단이 직각삼각형의 빗변에 근사하므로 N을 무한대로 보내는 극한을 취하면 계단 전체 길이의 극한값이 빗변의 길이여야 한다. 그러나 $N \to \infty$일 때, $\frac{2N}{N}$의 극한값은 $\sqrt{2}$가 아니라 2이다. 따라서 빗변의 길이가 잘못 계산되었다. 어떻게 이런 일이 일어났을까?

이 책에서 다루는 해석학은 규칙이나 정리가 언제 성립하고 언제 성립하지 않는지 알려줌으로써 규칙을 문제 없이 유용하게 활용할 수 있도록 도와줄 것이다. 또한 해석학을 학습하면 '분석적 사고방식'을 개발할 수 있는데, 새로운 수학 규칙을 접하거나 기존 규칙으로 충분히 설명되지 않는 새로운 상황을 다룰 때 분석적 사고방식이 큰 힘이 되어줄 것이다. 예를 들어 실숫값함수가 아니라 복소수값함수(complex–valued function)가 주어지면 어떻게 해야 할까? 평면이 아닌 구면에서 생각한다면 어떻게 해야 할까? 연속함수가 아니고 구형파(square wave)나 델타 함수(delta function)같은 함수가 주어지면 어떻게 해야 할까? 주어진 함수나 적분의 극한, 합의 극한이 무한대일 때 어떻게 해야 할까? 연쇄법칙같은 수학 규칙이 성립하는 **이유**와 새로운 상황에서 그 법칙을 적용하는 방법, 그리고 법칙의 한계가 (존재한다면) 어디까지인지를 알아차리는 감각을 개발할 수 있을 것이다.

2

기초로 돌아가기 : 자연수

Starting at the beginning : the natural numbers

이 책에서는 고등학교와 미분적분학 과목에서 학습한 내용을 최대한 엄격하게 복습할 것이다. 그렇게 하려면 가장 기본 내용부터 시작해야 하는데, 실제로 **수**의 개념과 성질을 다시 살펴보려고 한다. 물론 우리는 10년 넘게 수를 다뤄왔으며 수를 포함한 식을 간단히 하도록 대수학 규칙을 다룰 수도 있다. 그러나 이제부터는 "대수학 규칙은 **왜** 성립할까?"와 같이 좀 더 근본적인 문제로 돌아가려고 한다. 가령 임의의 세 수 a, b, c에 대하여 $a(b+c)$와 $ab+ac$가 서로 같다는 명제가 참인 이유는 무엇일까? 이러한 규칙은 임의로 선택된 것이 아니다. 좀 더 원초적이고 근본적인 수체계(number system)의 성질로 증명한다. 비록 명제가 '당연해' 보여도 증명이 쉽지 않을 수 있음을 알게 될 것이다. 그래서 여기서 다루는 내용에서 많은 연습거리를 얻을 수 있고, 기술을 연습하면서 당연해 보이는 명제가 왜 실제로 당연한지 그 **이유**를 생각할 수 있을 것이다. 지금 특별히 배울 수 있는 한 가지 기술은 바로 **수학적 귀납법**(mathematical induction)인데, 이는 다양한 수학 분야에서 명제를 증명하는 기본 도구로 사용된다.

따라서 처음 몇 장은 실해석학에서 사용하는 여러 수체계를 다시 알아볼 것이다. 수가 복잡해지는 순서대로 **자연수** $\mathbb{N}$, **정수** $\mathbb{Z}$, **유리수** $\mathbb{Q}$, **실수** $\mathbb{R}$이 있다. **복소수** $\mathbb{C}$처럼 다른 수체계도 존재하지만, 『TAO 해석학 II』의 4.6절까지는 고려하지 않겠다. 자연수 $\{0, 1, 2, \cdots\}$는 가장 원시적인 수체계이지만 정수를 구성하는 데 사용되며, 정수는 유리수를 구성하는 데 사용된다. 게다가 유리수는 실수를 구성하는 데 사용되고, 실수는 결국 복소수를 구성하는 데 사용된다. 그러므로 맨 처음부터 시작하려면 자연수를 들여다 봐야 한다. 이제 "어떻게 자연수를 실제로 **정의**할까?"라는 질문을 생각해야 한다. 이 질문은 "자연수를 어떻게 **사용**할까?"와 매우 다르다. 두 질문은 이를테면 컴퓨터를 **다루는** 방법과 컴퓨터를 **개발하는** 방법 만큼이나 차이가 있다.

자연수의 정의에 대한 질문은 보기와는 달리 답하기가 더 어렵다. 우리가 아주 오랫동안 자연수를 사용한 바람에 자연수가 수학적 사고에 깊숙이 내장되어 있기 때문이다. 그리고 이를 인지하지 못한 채 수에 대해 암묵적으로 여러 가지 가정(예를 들어 $a+b$와 $b+a$는 항상 같다는 가정)을 할 수 있다는 문제도 존재한다. 즉, 이러한 가정을 내려놓고 수체계를 처음 보는 것처럼 살펴보기가 어렵다. 그러므로 자연수에 대하여 알고 있는 모든 지식을 잠시 제쳐두고 수를 셀 수도, 더할 수도, 곱할 수도 없고, 대수학 규칙을 다룰 수 있다는 사실도 다 잊어버려라. 이제부터 개념을 한 번에 하나씩 소개하고 우리가 가정한 것들이 무엇인지 명시적으로 확인하려고 한다. 그리고 대수학 규칙과 같은 '고급' 기술은 실제로 증명한 이후에나 사용할 수 있을 것이다. 명제가 '당연함'을 증명하는 데 특히 많은 시간을 소요해야 한다는 점에서 이러한 제약이 귀찮을 수도 있겠지만, **순환 논리**(circularity)[1]를 피하기 위해 알려진 사실을 이용하지 않는 방법이 필요하다. 이러한 연습문제를 푸는 것은 여러분의 수학 지식의 기초를 확고하게 다지는 훌륭한 방법이다. 또한 여기서 증명 방법과 추상적 사고를 연습해두면 추후

1 순환 논리의 오류는 어떤 사실 A를 증명하기 위해 더 발전된 형태의 B를 이용한 뒤, 사실 B를 증명하기 위해 다시 사실 A를 이용하는 것이다.

실수나 함수, 수열, 급수, 미분, 적분 등 고급 개념으로 넘어갈 때 더욱 빛을 발할 것이다.

십진법은 수를 조작할 때 매우 편리하지만 수가 무엇인지 아는 데 꼭 필요한 건 아니므로 십진법도 잊어버릴 것이다. (이를테면 십진법 대신 팔진법, 이진법을 사용한다거나 심지어 로마 수체계를 사용해도 기존의 수 집합과 정확히 같은 집합을 얻을 수 있을 것이다.) 게다가 십진법 체계가 무엇인지 완전히 설명해도 그 설명은 생각하는 것만큼 자연스럽지 않다. 00423과 423은 같은 수인데 32400과 324는 왜 다른 수일까? $123.4444\cdots$ 는 실수인데 $\cdots 444.321$은 왜 실수가 아닐까? 수를 더하거나 곱할 때 왜 받아올림해야 할까? $0.999\cdots$ 는 왜 1과 같은 수일까? 가장 작은 양의 실수는 무엇일까? 그저 $0.00\cdots001$이라고 하면 안 될까? 이러한 문제를 제쳐두기 위해, 수를 I, II, III이나 $0{+}{+}$, $(0{+}{+}){+}{+}$, $((0{+}{+}){+}{+}){+}{+}$ 처럼 불필요하게 인위적인 기호가 아닌 1, 2, 3으로 언급할지언정 십진법에 대한 그 어떤 지식도 가정하지 않을 것이다. 십진법에 관해서는 [부록 B]에서 따로 다룬다.

2.1 페아노 공리

이제 자연수를 정의하는 표준적인 한 가지 방법을 살펴볼 것이다. 이 방법은 주세페 페아노(Giuseppe Peano, 1858–1932)가 창시했으며, **페아노 공리(Peano axiom)**라고 한다. 페아노 공리가 자연수를 정의하는 유일한 방법은 아니다. 유한집합의 크기(cardinality)로 정의할 수도 있는데, 이를테면 원소가 다섯 개인 집합을 택하여 그 집합에 포함된 원소의 개수를 5라고 정의하는 방식이다. 이러한 대안적인 접근법은 3.6절에서 다룬다. 지금은 페아노 공리적 접근법을 고수하려고 한다.

자연수를 무엇으로 정의할 수 있을까? 간단하게는 다음과 같이 정의할 수 있다.

정의 2.1.1 자연수의 간단한 정의

자연수(natural number)는 다음과 같은 집합 $\mathbb{N}$의 임의의 원소를 의미한다.

$$\mathbb{N} := \{0, 1, 2, 3, 4, \cdots\}$$

이때 집합 $\mathbb{N}$은 0에서 시작하여 무한히 앞으로 세면서 생성되는 모든 수로 이루어져 있다. $\mathbb{N}$을 **자연수 집합**이라고 한다.

참고 **2.1.2** 어떤 책에서는 자연수를 0이 아닌 1에서 시작하는 수로 보기도 하는데, 이는 그저 표기법 문제일 뿐이다. 이 책에서는 집합 $\{1, 2, 3, \cdots\}$을 자연수라기보다 **양의 정수** 집합 $\mathbb{Z}^+$로 여길 것이다. 자연수는 때때로 whole number라고도 한다.

어떤 의미에서는 이 정의가 "자연수는 무엇일까?"라는 문제를 해결한다. 즉, 자연수는 집합[2] $\mathbb{N}$의 임의의 원소이다. 그러나 이 정의는 $\mathbb{N}$이 무엇인지에 대한 문제를 제기하기 때문에 만족스러운 답은 아니다. "0에서 시작하고 무한히 센다."라는 정의는 $\mathbb{N}$에 대해 충분히 직관적인 정의로 보인다. 그러나 이 정의도 완전히 받아들이기 어렵다. 이 정의는 "0으로 되돌아가지 않고 무한히 계속 셀 수 있음을 어떻게 알 수 있을까?"라던가 "덧셈이나 곱셈, 거듭제곱과 같은 연산을 어떻게 수행할 수 있을까?"와 같은 여러 질문에 대한 답을 낼 수 없기 때문이다.

우선 마지막 문제를 해결해보자. 간단한 연산을 이용하여 복잡한 연산을 정의할 수 있다. 거듭제곱은 반복된 곱셈에 불과하다. 예를 들어 5^3은 5 세 개를 함께 곱하면 된다. 곱셈은 반복된 덧셈에 불과하다. 예를 들어 5×3은 5 세 개를 함께 더하면 된다. (뺄셈과 나눗셈은 자연수에서 잘 들어맞는 연산이 아니기 때문에[3] 여기서 다루지 않는다. 뺄셈은 정수를 다룰 때, 나눗셈은 유리수를 다룰 때 도입하겠다.) 그렇다면 덧셈은 어떨까? 덧셈은 **앞으로 세거나 증가하는** 반복 연산에 불과하다. 만약 5에 3를 더하면, 5를 세 번 앞으로 증가시키면 된다. 반면에 증가시키는 연산은 더 간단한 연산으로 축소할 수 없는 근본적인 연산으로 보인다. 실제로도 이 연산은 덧셈을 배우기도 전에 수에 대해 배우는 첫 번째 연산이다.

자연수를 정의하기 위해 두 가지 개념을 사용할 것이다. 바로 영을 나타내는 수인 0과 **다음수 연산(successor operation)** 또는 증가연산(increment operation)이다. 현대 컴퓨터 언어의 기호를 사용하여 n의 **다음수(successor)**를 $n{+}{+}$라고 나타내겠다.[4] 예를 들어 $3{+}{+} = 4$이고 $(3{+}{+}){+}{+} = 5$이다.[5]

그러므로 $\mathbb{N}$은 0과 0에 증가연산을 사용해서 얻은 모든 것으로 구성된다고 말하고 싶을 수도 있다. 즉, $\mathbb{N}$은 0, $0{+}{+}$, $(0{+}{+}){+}{+}$, $((0{+}{+}){+}{+}){+}{+}$, $\cdots$와 같은 수학적 대상들을 포함해야 한다. 만약 이것이 자연수에서 무엇을 의미하는지 나타내려면 0과 증가연산 $++$에 대한 다음 공리 몇 가지가 필요하다.

---

2 엄밀히 말하면 이 간단한 정의에는 '집합'과 집합의 '원소'를 아직 정의하지 않았다는 또 다른 문제가 존재한다. 그러므로 이번 장을 마무리 할 때까지 간단하게 이어질 논의를 제외하면 가능한 한 집합과 원소에 대한 언급을 피할 것이다.

3 **(옮긴이)** 어떤 집합에서 원소의 연산 결과가 다시 그 집합의 원소일 때 연산은 닫혀있다고 하는데, 뺄셈과 나눗셈은 자연수에서 닫혀있지 않다.

4 문헌에서는 n의 다음수 $n{+}{+}$를 나타내는 기호로 Sn이나 $S(n)$도 종종 사용한다. n의 다음수를 나타내기 위해 $n{+}{+}$ 대신 더 친숙한 기호인 $n+1$을 사용하고 싶을 수도 있다. 하지만 이 기호를 사용한다면 체계를 구성하는 과정에서 순환논리에 빠지게 된다. 왜냐하면 덧셈의 개념을 다음수 연산 관점에서 정의할 것이기 때문이다.

5 C언어 같은 컴퓨터 언어의 용법과는 살짝 다르다. C언어에서 $n{+}{+}$는 실제로 n 값을 n의 다음수로 재정의하기 때문이다. 그러나 수학에서는 혼란이 일어날 수 있으므로 변수가 정의되어 있다면 한 번 더 정의하지 않으려고 한다. 왜냐하면 변수의 어떤 값에 대해 참인 명제가 변수의 다른 값에 대해 거짓일 수도 있고, 또는 그 반대일 수도 있기 때문이다.

공리 2.1 0은 자연수이다.

공리 2.2 n이 자연수이면 $n{+}{+}$도 자연수이다.

예를 들어 공리 2.1과 공리 2.2를 두 번 적용하면 $(0{+}{+}){+}{+}$는 자연수이다. 물론 이 표기법은 곧 다루기 어려워질테니 이 수를 좀 더 친숙하게 표현하는 방법을 채택한다.

정의 2.1.3 수 $0{+}{+}$를 1로 정의하고, 수 $(0{+}{+}){+}{+}$를 2라 정의하며, 수 $((0{+}{+}){+}{+}){+}{+}$를 3으로 정의한다.[6] (즉, $1 := 0{+}{+}$, $2 := 1{+}{+}$, $3 := 2{+}{+}$ 등이다. 이 책에서 '$x := y$'는 x를 y와 동치로 **정의**한다는 뜻이다.)

한 예로 다음 명제가 성립한다.

명제 2.1.4 3은 자연수이다.

증명

공리 2.1에 따르면 0은 자연수이다. 공리 2.2를 이용하면 $0{+}{+} = 1$은 자연수이다. 다시 공리 2.2를 이용하면 $1{+}{+} = 2$도 자연수이다. 또다시 공리 2.2를 이용하면 $2{+}{+} = 3$은 자연수이다. ■

지금까지 보면 자연수를 묘사하기에 충분해 보일 수 있지만 $\mathbb{N}$의 행동을 분명하게 정의하지는 못한다. 다음 예를 살펴보자.

EX 2.1.5 수 0, 1, 2, 3으로 구성되어 있고, 3에 증가연산을 적용하면 0으로 돌아가는 수체계를 생각하자. 정확히는 $0{+}{+}$는 1과 같고, $1{+}{+}$는 2와 같으며, $2{+}{+}$는 3과 같고, $3{+}{+}$는 0과 같다(4의 정의에 따르면 $3{+}{+}$는 4와도 같다). 컴퓨터에 자연수를 저장하는 상황처럼 이러한 유형의 일이 실생활에서도 발생한다. 만약 0에서 시작해서 증가연산을 반복하다 보면 메모리 영역을 넘어서고(오버플로, overflow) 수가 0으로 되돌아갈 것이다. (예를 들어 정수의 2바이트 표현은 증가연산을 65,536회 반복해야 되돌아가는 수준으로, 증가연산의 시행 횟수가 굉장히 커야 오버플로가 발생한다.) 비록 이러한 유형의 수체계가 우리가 직관적으로 믿어온 자연수와는 분명히 대응하지 않지만, 이 수체계도 공리 2.1과 공리 2.2를 만족한다.

---

6 페아노 공리에 따라 증가연산 ++를 계속 반복할 수 있는데 여기에서는 표기법을 처음 몇 가지만 살펴보았다. 페아노 공리에 따라 생성되는 자연수를 십진법으로 표기하는 방법은 [부록 B]에서 다룬다.

이런 식으로 '되돌아가는(wrap-around) 문제'를 방지하기 위해 새로운 공리를 추가한다.

공리 2.3 0은 어떤 자연수의 다음수도 될 수 없다. 즉, 모든 자연수 n에 대해 $n{+}{+} \neq 0$이다.

이제 특정한 유형의 되돌아가는 문제가 발생하지 않음을 보일 수 있다. 예를 들어 명제 2.1.6과 같은 공식을 사용하여 EX 2.1.5의 행동 유형을 배제할 수 있다.

명제 2.1.6 4는 0과 다르다.

비웃지 마라! 4를 0의 다음수의 다음수의 다음수의 다음수로 정의했기 때문에, 이 상황이 '당연'해도 4가 0과 같지 않다는 명제가 반드시 참인 **선험**(a priori)[7]은 아니다. 예를 들어 EX 2.1.5를 생각해보면 4는 실제로 0과 같았다. 그리고 자연수를 2바이트 컴퓨터로 표현한다고 하자. 예를 들어(0에서부터 그 다음수를 65, 536번 정의한 뒤의 수와 65536을 같다고 정의한다면) 65536은 0과 같다.

명제 2.1.6의 증명

정의로부터 $4 = 3{+}{+}$이다. 공리 2.1과 공리 2.2에 의해 3은 자연수이다. 그러므로 공리 2.3에 의해 $3{+}{+} \neq 0$이다. 즉, $4 \neq 0$이다. ■

새로운 공리를 도입했지만 수체계는 아직도 병적으로 행동할 가능성이 있다.

EX 2.1.7 수 0, 1, 2, 3, 4로 구성되어 있고 증가연산이 4에서 '천장'에 부딪히는 수체계를 생각하자. 정확히 말하면 $0{+}{+} = 1$, $1{+}{+} = 2$, $2{+}{+} = 3$, $3{+}{+} = 4$이지만 $4{+}{+} = 4$이다. (다른 말로 하면 $5 = 4$, $6 = 4$, $7 = 4$ 등이 성립한다.) 이러한 수체계는 공리 2.1, 공리 2.2, 공리 2.3에 모두 어긋나지 않는다. 증가연산이 0이 아닌 수로 되돌아가는 수체계도 이와 비슷한 문제점이 존재한다. 예를 들어 $4{+}{+} = 1$이라 가정해보라. (그러면 $5 = 1$, $6 = 2$ 등이 성립한다.)

앞에서 서술한 유형 같은 행동을 못 하게 만드는 방법에는 여러 가지가 있지만, 그중 다음 공리를 가정하면 아주 간단하다.

공리 2.4 서로 다른 자연수는 서로 다른 다음수를 가진다. 즉, 두 자연수 n과 m이 $n \neq m$이면, $n{+}{+} \neq m{+}{+}$이다. 동치 명제로 '$n{+}{+} = m{+}{+}$이면 틀림없이 $n = m$이다'가 있다.[8]

7 라틴어로 a priori는 '미리'(beforehand)를 의미한다. 이 용어는 증명이나 논증을 시작하기 전에 이미 알고 있거나 참이라고 가정한 것을 가리킨다. 이와 반대인 말로 **후험적**(a posteriori)인데, 증명이나 논증이 완료된 후 참임을 아는 것이다.

8 이 명제는 대우 명제를 사용해 함의를 재표현했다. 구체적인 내용은 [부록 A]의 A.2절을 참고하라. 참고로 이 명제의 역은 '$n = m$이면 $n{+}{+} = m{+}{+}$이다'이며, **치환공리**(axiom of substitution, [부록 A]의 A.7절 참고)를 연산 ++에 적용한 것이다.

이 공리를 이용하면 다음 예로 든 명제 2.1.8이 참임을 알 수 있다.

명제 2.1.8 6은 2와 다르다.

증명

귀류법을 사용하기 위해 $6 = 2$라고 가정하자. 그러면 $5{+}{+} = 1{+}{+}$이다. 따라서 공리 2.4에 의해 $5 = 1$이고, 이로부터 $4{+}{+} = 0{+}{+}$이다. 공리 2.4를 다시 적용하면 $4 = 0$이다. 이는 명제 2.1.6에 모순이다. ■

이 명제에서 보면 알겠지만, 이제 모든 자연수를 서로 구분할 수 있게 된 것 같다. 그러나 여전히 한 가지 문제가 남아있다. 특히 공리 2.3과 공리 2.4를 통해 0, 1, 2, 3, $\cdots$ 이 $\mathbb{N}$에서 서로 다른 원소임을 확인했지만, 이 수체계에 다른 형태의 '변이' 원소가 존재할 수도 있다.

EX 2.1.9 간단하게 이해하기

수체계 $\mathbb{N}$이 다음과 같이 정수와 반정수(half–integer)로 구성된 집합이라고 가정하자.

$$\mathbb{N} := \{0, 0.5, 1, 1.5, 2, 2.5, 3, 3.5, \cdots\}$$

(아직 정의하지 않은 실수를 이용했으므로 간단하게 이해하고 넘어가길 바란다.) 이 집합도 공리 2.1~공리 2.4를 만족한다.

0.5와 같은 원소를 배제하려면, $\mathbb{N}$은 0에서 시작하여 증가연산으로 얻는 수만 존재한다고 말하는 공리가 필요하다. 그러나 정의하려고 하는 자연수가 없는 채로 '~로부터 얻을 수 있다'가 원하는 바를 수량화하기란 어렵다. 다행히도 이러한 사실을 포착할 수 있는 기발한 해결법이 존재한다. 다음을 살펴보자.

공리 2.5 수학적 귀납법 원리(principle of mathematical induction)

$P(n)$이 자연수 n과 관련있는 임의의 성질(property)이라고 하자. $P(0)$이 참이라 가정하고, $P(n)$이 참일 때마다 $P(n{+}{+})$ 또한 참이라고 가정하자. 그러면 모든 자연수 n에 대해 $P(n)$은 참이다.

참고 2.1.10 이 지점에서 '성질'이 무엇을 의미하는지 다소 모호하다. $P(n)$의 예가 될 수 있는 성질로 "n은 짝수이다.", "n은 3과 서로 같다.", "n은 방정식 $(n+1)^2 = n^2 + 2n + 1$의 해이다." 등이 있다. 물론 이러한 개념을 아직 정의하지 않았지만, 정의한다면 공리 2.5를 적용할 수 있다.

논리학적 참고사항 : 공리 2.5는 **변수**(variable)를 비롯하여 **성질**에도 적용되기 때문에, 앞서 설명한 네 가지 공리와는 성격이 다르다. 실제로 공리 2.5는 엄밀히 따지면 **공리**가 아니라 **공리형**(axiom schema)으로 불러야 한다. 이 공리는 자기 자신이 단일 공리가 아니라 공리를 (무한히) 만들어내기 위한 템플릿이기 때문이다. 이 구분을 상세히 논의하는 과정은 이 책의 범위를 훨씬 넘어서서 수리논리학 영역에 속한다.

이 공리에 숨어 있는 간단한 직관은 다음처럼 설명할 수 있다. $P(n)$을 생각하자. 여기서 $P(0)$이 참이고 $P(n)$이 참일 때마다 $P(n{+}{+})$가 참이다. $P(0)$이 참이므로 $P(0{+}{+}) = P(1)$은 참이다. $P(1)$이 참이므로 $P(1{+}{+}) = P(2)$도 참이다. 이 과정을 무한히 반복하면 $P(0)$, $P(1)$, $P(2)$, $P(3)$ 등이 모두 참임을 알 수 있다. 그러나 이러한 추론으로는 $P(0.5)$가 참이라는 결론에 도달하지 못한다. 그러므로 공리 2.5는 0.5와 같이 '불필요한' 원소를 포함하는 수체계에서 성립하면 안 된다.

실제로 이 사실을 다음과 같이 '증명'할 수도 있다. 공리 2.5를 성질 $P(n) = n$이 '반정수(정수에 0.5를 더한 수)가 아니다'에 적용해보라. $P(0)$은 참이다. 그리고 만약 $P(n)$이 참이면 $P(n{+}{+})$ 또한 참이다. 그러므로 공리 2.5는 모든 자연수 n에 대해 $P(n)$이 참임을 설명한다. 다시 말해, 어떠한 자연수도 반정수가 될 수 없다. 특히 0.5는 자연수가 될 수 없다. 이 '증명'은 실제로 진짜가 아니다. 왜냐하면 '정수', '반정수', '0.5'를 아직 정의하지 않았기 때문이다. 그러나 이 과정은 귀납적 원리가 $\mathbb{N}$에 '참'인 자연수가 아닌 다른 수가 나타나는 문제를 어떻게 막게 되어있는지에 대한 방안을 일부 알려준다.

귀납적 원리는 모든 자연수 n에 대해 성질 $P(n)$이 참임을 증명하는 방법이다. 앞으로 이 책에서는 다음과 같은 형식을 이용한 증명을 많이 다룰 것이다.

명제 2.1.11 명제 템플릿

모든 자연수 n에 대해 특정한 성질 $P(n)$이 참이다.

증명 템플릿

귀납법을 사용하자. 먼저 $n = 0$인 기본 경우를 확인한다. 즉, $P(0)$이 참임을 증명한다. (여기에 $P(0)$을 증명하는 과정을 작성하라.) 이제 귀납적으로 n이 자연수일 때 $P(n)$이 이미 증명되었다고 가정한다.[9] 이제 $P(n{+}{+})$를 증명한다. (여기에 $P(n)$이 참이라 가정하고 $P(n{+}{+})$를 증명하는 과정을 작성하라.) 수학적 귀납법에 따르면, 모든 수 n에 대해 $P(n)$이 참이다. ■

9 (옮긴이) 이 책에서는 주로 **귀납 가정**(inductive hypothesis)이라고 한다.

물론 증명 템플릿에 소개한 형식이나 단어, 순서를 정확하게 사용하지는 않겠지만, 귀납법을 사용하는 증명은 일반적으로 이러한 형식과 비슷하게 진행된다. 역진귀납법(backwards induction, 2.2절 연습문제 6 참고), 강한 귀납법(strong induction, 명제 2.2.14 참고), 초한귀납법(transfinite induction, 보조정리 8.5.15 참고)와 같이 나중에 만나게 될 다양한 종류의 귀납법의 변형이 있다.

공리 2.1~공리 2.5는 자연수에 대한 **페아노 공리(Peano axiom)**라고 한다. 이 공리들은 매우 그럴듯하게 보이므로 다음과 같이 가정할 수도 있다.

가정 2.6 간단하게 이해하는 수체계

공리 2.1~공리 2.5를 만족하는 수체계 $\mathbb{N}$이 존재한다. $\mathbb{N}$의 원소를 **자연수(natural number)**라고 한다.

다음 장에서 집합과 함수에 관한 표기법을 정립한 후에 이 가정을 좀 더 정확하게 만들 것이다.

참고 2.1.12 이러한 수체계 $\mathbb{N}$을 **유일한** 자연수체계라고 지칭하겠다. 물론 자연수체계가 두 개 이상 존재할 가능성을 고려할 수도 있다. 예를 들면 아라비아 수체계 $\{0, 1, 2, 3, \cdots\}$이라던가, (영을 나타내는 기호 O가 추가된) 로마 수체계 $\{\mathrm{O}, \mathrm{I}, \mathrm{II}, \mathrm{III}, \mathrm{IV}, \mathrm{V}, \mathrm{VI}, \cdots\}$가 있을 것이다. 그리고 정말로 귀찮아지고 싶다면, 이러한 수체계를 서로 다른 대상으로 여길 수도 있다. 그러나 이러한 수체계는 명백히 동등한데(전문적인 용어로는 **동형(isomorphic)**이라고 한다), $0 \leftrightarrow \mathrm{O}$, $1 \leftrightarrow \mathrm{I}$, $2 \leftrightarrow \mathrm{II}$ 등 일대일대응을 만들 수 있기 때문이다. 이 대응에서 아라비아 수체계의 영은 로마 수체계의 영에 대응하며, 이 대응은 증가연산에 따라 보존된다(예를 들어 2가 II에 대응하면, 2++는 II++에 대응). 이러한 종류의 동치관계를 더욱 정확하게 서술한 명제는 3.5절 연습문제 13을 참고하라. 자연수체계의 모든 형태가 동치이므로, 별도의 자연수체계가 존재할 의미가 없다. 앞으로 자연수체계를 하나만 사용할 것이다.

가정 2.6은 증명하지 않겠다. (가정 2.6은 결국 집합론의 공리에 포함될 것이다. 공리 3.8을 참고하라.) 그리고 이는 수에 대해 만들 수 있는 유일한 가정이 될 것이다. 현대 해석학이 이룩한 뛰어난 업적은 바로 원시적인 공리 5개와 집합론 공리 몇 가지만으로 시작하여 다른 모든 수체계를 구축하고, 함수를 만들었으며, 모든 대수와 미분적분학을 만들어 냈다는 것이다.

참고 2.1.13 간단하게 이해하기

흥미롭게도 각각의 자연수는 유한하지만 자연수 **집합**은 무한하다. 즉, $\mathbb{N}$ 자체는 무한집합이지만 개별로 보면 유한인 원소로 구성되어 있다. (전체는 그 어떤 일부분보다 크다.) 무한한 자연수는 존재하지 않지만, 유한과 무한 개념에 익숙하다는 가정하에 공리 2.5를 사용하여 이 사실을 증명할 수 있다. (0은 분명히 유한이다. 또한 n이 유한이면 n++도 마찬가지로 분명히 유한이다. 그러므로 공리 2.5에 따르면 모든 자연수는 유한이다.) 즉, 자연수는 무한에 **접근**할 수 있지만 실제로는 무한에 절대 도달할 수 없으므로 무한대는 자연수가 아니다. 참고로 기수(cardinal), 서수(ordinal), p진수 등 '무한한' 수를 허용하는 다른 수체계가 존재하지만, 이러한 수체계는 귀납법을 따르지 않고 이 책의 범위를 벗어나므로 여기에서는 다루지 않는다.

참고 2.1.14 자연수를 정의한 방식이 **건설적**이라기보다는 **공리적**이었음에 주목하자. 지금까지는 자연수가 **무엇**인지 표현하지 않았다. (그래서 수가 무엇으로 만들어졌는지, 수가 물리적 대상인건지, 수가 무엇을 측정하는지 등과 같은 질문에 답하지 않았다.) 여태 자연수로 할 수 있는 것들(사실 자연수에서 정의한 연산은 증가연산이 유일하다)과 자연수가 만족하는 성질을 몇 가지 나열했을 뿐이다. 이것이 바로 수학이 작동하는 방식이다.

수학은 수학적 대상(object)을 **추상적으로** 취급하며, 그 대상이 무엇인지 또는 무엇을 의미하는지를 다루기보다는 대상이 만족하는 성질에만 관심을 둔다. 수학을 하고 싶다면 자연수가 주판에 있는 특정한 주판알 배열을 의미하는지, 컴퓨터 메모리에 있는 비트의 특정 조직을 의미하는지, 물리적 실체가 없고 좀 더 추상적인 개념인지의 여부는 중요하지 않다. 자연수를 증가시킬 수 있는 한, 두 수가 같은지 확인하고 (필수 공리를 따른다고 가정했을 때) 추후 덧셈이나 곱셈과 같은 산술 연산을 수행하고, 수학적인 목적에 맞는 수로 취급하면 된다. 다른 수학적 대상(예를 들면 집합)에서도 자연수를 구성할 수 있다. 자연수의 작동 모델을 구성하는 방법에는 여러 가지가 있는데, 적어도 수학자 관점에서 어떤 모델이 '참'인지 논쟁하는 일은 무의미하다. 왜냐하면 모든 공리를 만족하고 올바르게 동작하는 한, 모든 자연수의 작동 모델은 수학을 하기에 충분하기 때문이다.

참고 2.1.15 수학사에서 수를 공리적으로 다룰 수 있다는 깨달음은 아주 최근에 있었던 사건으로, 백 년이 채 되지 않았다. 그 이전에는 집합의 크기를 세거나, 선분의 길이 또는 물리적 대상의 질량을 재는 것처럼 수와 외부 개념은 서로 뗄 수 없는 관계에 있다고 생각했다. 이러한 생각은 한 수체계에서 다른 수체계로 이동하기 전까지는 상당히 잘 작동했다. 이를테면 구슬을 셀 때 수를 이해하는 방식은 3이나 5 등의 수를 개념화하기에 훌륭했다. 그러나 이 방식으로는 -3, $\frac{1}{3}$, $\sqrt{2}$, $3+4i$와 같은 수를 개념화할 수 없었다. 따라서 음수, 무리수, 복소수, 심지어 영에 이르기까지 수 이론이 약진할 때마다 불필요한 철학적 고뇌가 이어졌다. 19세기 후반에는 구체적인 모델 없이도 공리를 통해 수를 추상적으로 이해할 수 있다는 위대한 사실을 발견했다. 물론 수학자는 필요에 따라 구체적인 모델의 도움을 받아 직관을 얻고 이해할 수도 있지만, 이러한 모델이 사고를 방해하기 시작하면 쉽게 버릴 수도 있다.

공리를 이용하여 얻는 결과 중 하나로 수열의 **재귀적(recursive)** 정의가 있다. 수열 $a_0, a_1, a_2, \cdots$를 구성한다고 해보자. 어떤 수 c에 대해 수열의 초깃값 a_0를 $a_0 := c$로 정의한다. a_1을 a_0의 특정 함숫값($a_1 := f_0(a_0)$)으로 정하고 a_2를 a_1의 특정 함숫값($a_2 := f_1(a_1)$)으로 정하는 등, 계속 같은 방법으로 수열의 항을 정한다고 하자. 일반적으로 $\mathbb{N}$에서 $\mathbb{N}$으로 가는 어떤 함수 f_n에 대해 $a_{n++} := f_n(a_n)$으로 정할 수 있다. 모든 공리를 함께 사용함으로써, 이러한 과정이 자연수 n마다 수열의 항 a_n에 값을 하나씩만 준다는 결론을 내릴 수 있다. 구체적으로는 명제 2.1.16을 참고하라.[10]

10 엄밀히 말해서 명제 2.1.16을 살펴보려면 다음 장에서 다룰 **함수** 개념을 정의해야 한다. 그러나 함수 개념은 페아노 공리를 요구하지 않으므로 순환 논리에 빠지진 않는다. 명제 2.1.16은 집합론의 언어를 사용해 더 엄격하게 형식화할 수 있다. 3.5절 연습문제 12를 참고하라.

명제 2.1.16 재귀적 정의

각각의 자연수 n에 대해 자연수에서 자연수로 가는 어떤 함수 $f_n : \mathbb{N} \to \mathbb{N}$이 존재하고, c가 자연수라고 하자. 그러면 자연수 n마다 유일한 자연수 a_n을 배정해서 $a_0 = c$이고 $a_{n++} = f_n(a_n)$을 만족하게 할 수 있다.

간단하게 이해하는 증명

귀납법을 사용하자. 먼저 이 절차가 a_0에 단일값, 즉 c를 지정함을 확인하라. (공리 2.3 때문에 그 어떤 다른 정의 $a_{n++} = f_n(a_n)$도 a_0 값을 재정의하지 않는다.) 이제 이 절차가 a_n에 단일값을 지정한다는 점을 귀납적으로 가정하자. 그러면 a_{n++}에 단일값이 $a_{n++} := f_n(a_n)$으로 지정된다. (공리 2.4 때문에 그 어떤 다른 정의 $a_{m++} := f_m(a_m)$도 a_{n++} 값을 재정의하지 않는다.) 이로써 귀납법 증명을 완료할 수 있다. 더불어 자연수 n마다 a_n을 정의할 수 있는데, 이는 a_n마다 단일값을 배정하는 방식이다. ■

여기서 모든 공리를 어떻게 사용해야 하는지 주목하라. 되돌아가는 부분이 있는 체계에서는 수열의 일부 원소가 지속적으로 재정의되기 때문에 재귀적 정의가 소용이 없다. 예를 들어 EX 2.1.5는 $3{++} = 0$이었는데, 그러면 a_0를 적어도 두 가지 값(c 또는 $f_3(a_3)$)으로 정의할 수 있으므로 충돌이 일어난다. 0.5처럼 불필요한 원소가 존재하는 체계에서는 원소 $a_{0.5}$를 정의할 수 없다.

재귀적 정의는 매우 강력한 도구이다. 예를 들면 덧셈이나 곱셈을 정의하는 데 재귀적 정의를 사용할 수 있기 때문이다. 다음 절에서 이를 살펴보자.

2.2 덧셈

지금까지 구성한 자연수체계는 증가연산과 몇 가지 공리만 가지고 있으므로 매우 빈약하다. 이제 덧셈처럼 조금 더 복잡한 연산을 구성할 수 있다.

덧셈은 다음과 같이 작동한다. 5에 3를 더하는 것은 5에 증가연산을 세 번 하는 것과 같아야 한다. 이는 5에 2를 더하는 것보다 증가연산이 1회 더 많고, 5에 2를 더하는 것은 5에 1을 더하는 것보다 증가연산이 1회 더 많다. 그리고 5에 1을 더하는 것은 5에 0을 더하는 것(결국 5가 나온다)보다 증가연산이 1회 더 많다. 따라서 다음과 같이 덧셈에 재귀적 정의를 줄 수 있다.

정의 2.2.1 자연수의 덧셈
자연수 m을 생각하자. m에 0을 더하는 것을 $0+m := m$으로 정의한다. 이제 m에 n을 어떻게 더하는지 귀납적으로 정의했다고 가정하자. 그러면 m에 $n{+}{+}$를 더하는 것은 $(n{+}{+}) + m := (n+m){+}{+}$로 정의한다.

따라서 $0+m$은 m이고, $1+m = (0{+}{+})+m$은 $m{+}{+}$이며 $2+m = (1{+}{+})+m = (m{+}{+}){+}{+}$ 등으로 계속 표현할 수 있다. 예를 들면 $2+3 = (3{+}{+}){+}{+} = 4{+}{+} = 5$이다. 2.1절에서 논의한 재귀적 방법에 의해서 모든 자연수 n에 대해 $n+m$을 정의할 수 있다. 명제 2.1.16의 예로서 $a_0 = c := m$과 $f_n(a_n) = a_{n{+}{+}}$를 생각하면 $n+m$은 $a_n = n+m$으로 배정됨을 확인할 수 있다. 정의상 n과 m은 대칭적이지 않다. $5+3$은 3을 다섯 번 증가시키는 반면에 $3+5$는 5를 세 번 증가시킨다. 물론 두 결과는 모두 8로 같은 값이다. 이를 일반화하면 모든 자연수 a, b에 대해 $a+b = b+a$는 참이다(조만간 짧게 증명할 예정이다). 다만, 지금 정의에서 곧바로 명확하게 도출되는 내용은 아니다.

공리 2.1, 공리 2.2와 수학적 귀납법 원리(공리 2.5 참고)를 사용해 두 자연수의 합이 다시 자연수임을 쉽게 증명할 수 있다(그 이유는?).

지금은 덧셈에 대한 두 가지 사실만 알고 있다. 첫 번째는 $0+m = m$이고, 두 번째는 $(n{+}{+})+m = (n+m){+}{+}$이다. 놀랍게도 이 사실만으로 덧셈에 대해 알고 있는 모든 내용을 충분히 추론할 수 있음이 판명되었다. 몇 가지 기본 보조정리[11]를 살펴보며 시작하자.

11 논리적 관점에서 보조정리(lemma), 명제(proposition), 정리(theorem), 따름정리(corollary)는 모두 증명되기를 기다리는 주장일 뿐이며 별 차이가 없다. 그러나 이러한 용어를 사용하면 각 주장의 중요도나 난이도를 구별할 수 있다. **보조정리**는 그 자체로 흥미롭지는 않지만, 다른 명제나 정리를 증명하는 데 도움이 되며 쉽게 증명할 수 있는 주장이다. **명제**는 그 자체로 흥미로운 문장이다. **정리**는 명제보다 더욱 중요한 문장이며 해당 주제에 대해 확정적인 내용을 언급한다. 또한 정리는 명제나 보조정리보다 증명하는 데 큰 노력을 기울여야 할 때가 많다. **따름정리**는 증명된 명제나 정리에서 바로 도출되는 결론이다.

보조정리 2.2.2 임의의 자연수 n에 대해 $n + 0 = n$이다.

아직 덧셈에 대한 교환법칙 $a + b = b + a$를 증명하지 않았기 때문에, $0 + m = m$이 성립한다고 해서 보조정리 2.2.2를 바로 도출할 수 없음에 주목하자.

보조정리 2.2.2의 증명

귀납법을 사용하자. 모든 자연수 m에 대해 $0 + m = m$이고 0은 자연수이므로, $0 + 0 = 0$이 성립한다. $n + 0 = n$이라 가정하자. 이제 $(n{+}{+}) + 0 = n{+}{+}$임을 증명해야 한다. 덧셈 정의에 따르면, $(n{+}{+}) + 0 = (n + 0){+}{+}$이며 $n + 0 = n$임을 이용하면 그 우변은 $n{+}{+}$와 동치이다. 주어진 명제는 귀납법에 따라 참이다. ■

보조정리 2.2.3 임의의 자연수 n, m에 대해 $n + (m{+}{+}) = (n + m){+}{+}$이다.

방금 다룬 내용과 비슷하게 $a + b = b + a$를 아직 증명하지 않았으므로 $(n{+}{+}) + m = (n + m){+}{+}$가 성립한다고 해서 보조정리 2.2.3을 바로 도출할 수 없다.

보조정리 2.2.3의 증명

(m을 고정하고) n에 관한 귀납법을 사용하자. 먼저 $n = 0$일 때 성립함을, 즉 $0 + (m{+}{+}) = (0 + m){+}{+}$임을 증명하려고 한다. 덧셈 정의에 의해 $0 + (m{+}{+}) = m{+}{+}$이고 $0 + m = m$이므로, 양변은 $m{+}{+}$로 같은 값이 되어 등식이 성립한다.

$n + (m{+}{+}) = (n + m){+}{+}$라고 가정하자. 그러면 $(n{+}{+}) + (m{+}{+}) = ((n{+}{+}) + m){+}{+}$임을 증명해야 한다. 좌변은 덧셈 정의에 의해 $(n + (m{+}{+})){+}{+}$이고, 귀납 가정에 따르면 $((n + m){+}{+}){+}{+}$이다. 유사하게 덧셈 정의로부터 $(n{+}{+}) + m = (n + m){+}{+}$이다. 그래서 우변도 $(n + (m{+}{+})){+}{+}$이다. 양변이 서로 같으므로 귀납법에 따라 참임을 증명했다. ■

보조정리 2.2.2와 보조정리 2.2.3의 특정한 따름정리로 $n{+}{+} = n + 1$이 성립함을 알 수 있다. 그 이유는 무엇일지 생각해보자.

이제 앞서 언급했던 $a + b = b + a$를 증명해보자.

명제 2.2.4 덧셈의 교환법칙(commutative rule)

임의의 자연수 n, m에 대해 $n + m = m + n$이다.

증명

(m을 고정하고) n에 관한 귀납법을 사용하자. 먼저 $n = 0$일 때 성립함을, 즉 $0 + m = m + 0$임을 증명하려고 한다. 덧셈 정의에 의해 $0 + m = m$이고 보조정리 2.2.2에 의해 $m + 0 = 0$이다. 그러므로 $n = 0$일 때 성립한다.

귀납 가정으로 $n + m = m + n$이 성립한다고 하자. 이제 $(n{++}) + m = m + (n{++})$임을 보여야 한다. 덧셈 정의에 따르면 $(n{++}) + m = (n + m){++}$이다. 보조정리 2.2.3을 적용하면 $m + (n{++}) = (m + n){++}$인데, 귀납 가정인 $n + m = m + n$에 의해 $(n + m){++}$와 동치이다. 즉 $(n{++}) + m = m + (n{++})$이므로 귀납법에 따라 참임을 증명했다. ■

명제 2.2.5 덧셈의 결합법칙(associative rule)

임의의 자연수 a, b, c에 대해 $(a + b) + c = a + (b + c)$이다.

명제 2.2.5의 증명은 연습문제 1로 남긴다.

결합법칙 덕분에 수를 더하는 순서에 관계없이 합을 $a + b + c$로 표현할 수 있다. 이제 소거법칙을 살펴보자.

명제 2.2.6 소거법칙(cancellation law)

자연수 a, b, c가 $a + b = a + c$를 만족하면 $b = c$이다.

아직 뺄셈이나 음수 개념을 도입하지 않았기 때문에 소거법칙을 증명할 때 뺄셈과 음수를 사용할 수 없음에 유의하자. 소거법칙은 뺄셈을 공식적으로 정의하기 전에도 '가상 뺄셈'을 가능하게 만들어주기 때문에, 사실 이 책에서 추후 뺄셈(및 정수)을 정의하는 데 중요한 역할을 한다.

명제 2.2.6의 증명

a에 관한 귀납법을 사용한다. 먼저 $a = 0$일 때를 생각하자. $0 + b = 0 + c$에서 덧셈 정의를 이용하면 바로 $b = c$이다.

귀납 가정으로 a에서 소거법칙이 성립(즉 $a + b = a + c$이면 $b = c$이다)한다고 하자. 그러면 $a{++}$에서도 소거법칙이 성립함을 증명해야 한다. 다시 말해 $(a{++}) + b = (a{++}) + c$임을 가정하고 $b = c$임을 증명한다. 덧셈 정의에 의해 $(a{++}) + b = (a + b){++}$이고 $(a{++}) + c = (a + c){++}$이므로,

$(a+b)$++ $=$ $(a+c)$++이다. 공리 2.4에 의해 $a+b=a+c$이다. 이미 a에 관해 소거법칙이 성립함을 알고 있으므로 원하는 $b=c$를 이끌어냈다. 따라서 귀납법에 따라 참임을 증명했다. ■

이제 덧셈이 양수와 어떻게 상호작용하는지 살펴보자.

정의 2.2.7 양의 자연수

자연수 n이 **양수(positive)**일 필요충분조건[12]은 n이 0이 아닌 것이다.

명제 2.2.8 a가 양의 자연수이고 b가 자연수이면, $a+b$는 양의 자연수이다(또한 명제 2.2.4에 의해 $b+a$도 양의 자연수이다).

증명

b에 관한 귀납법을 사용한다. 먼저 $b=0$일 때를 생각하자. $a+b=a+0=a$이고 a는 양의 자연수이므로 이 명제가 성립한다.

귀납 가정으로 $a+b$가 양수라고 가정하자. 그러면 $a+(b$++$)=(a+b)$++이다. 이 식은 공리 2.3에 의해 0이 될 수 없으므로 양의 자연수이다. 따라서 귀납법에 따라 참임을 증명했다. ■

따름정리 2.2.9 자연수 a와 b가 $a+b=0$을 만족하면 $a=0$이고 $b=0$이다.

증명

귀류법을 사용하여 $a \neq 0$ 또는 $b \neq 0$이라고 하자. $a \neq 0$이면 a는 양의 자연수이어서 명제 2.2.8에 의해 $a+b=0$은 양의 자연수이어야 하는데, 이는 양의 자연수 정의에 모순이다. 비슷하게 $b \neq 0$이면 b는 양의 자연수이어서 명제 2.2.8에 의해 $a+b=0$은 양의 자연수여야 하는데, 이는 양의 자연수 정의에 모순이다. 그러므로 a와 b는 동시에 0이어야 한다. ■

보조정리 2.2.10 양의 자연수 a를 생각하자. 그러면 b++ $=a$를 만족하는 자연수 b는 정확히 한 개 존재한다.

보조정리 2.2.10의 증명은 연습문제 2로 남긴다.

덧셈 개념을 가지게 되면 **순서(order)** 개념을 정의할 수 있다.

12 필요충분조건을 다루는 영어 문장에서 iff를 쓰는데, 이는 if and only if의 준말이다. [부록 A]의 A.1절을 참고하라.

정의 2.2.11 자연수의 순서

자연수 n, m을 생각하자.

- n이 m **이상(greater than or equal to)** 또는 n이 m보다 **크거나 같다**고 함은 어떤 자연수 a에 대해 $n = m + a$인 것으로 정의한다. 이를 기호로 $n \geq m$ 또는 $m \leq n$으로 표기한다.
- n이 m **초과(strictly greater than)** 또는 n이 m보다 **크다**고 함은 $n \geq m$이고 $n \neq m$인 것으로 정의한다. 이를 기호로 $n > m$ 또는 $m < n$으로 표기한다.

예를 들어 $8 > 5$인 이유는 $8 = 5 + 3$이고 $8 \neq 5$이기 때문이다. 또한 임의의 자연수 n에 대해 $n{+}{+} > n$이 성립함을 참고하라. 모든 자연수 n의 다음수인 $n{+}{+}$는 언제나 n보다 크기 때문에 가장 큰 자연수 n은 존재하지 않는다.

명제 2.2.12 자연수의 순서에 관한 기본 명제

자연수 a, b, c에 대하여 다음이 성립한다.

(a) **반사성**(reflexive) : $a \geq a$

(b) **추이성**(transitive) : $a \geq b$이고 $b \geq c$이면 $a \geq c$이다.

(c) **비대칭성**(anti–symmetric) : $a \geq b$이고 $b \geq a$이면 $a = b$이다.

(d) **덧셈은 순서를 보존한다.** : $a \geq b$일 필요충분조건은 $a + c \geq b + c$이다.

(e) $a < b$일 필요충분조건은 $a{+}{+} \leq b$이다.

(f) $a < b$일 필요충분조건은 어떤 양의 자연수 d에 대해 $b = a + d$인 것이다.

명제 2.2.12의 증명은 연습문제 3으로 남긴다.

명제 2.2.13 삼분법(trichotomy)

자연수 a, b를 생각하자. 그러면 $a < b$, $a = b$, $a > b$ 중에서 정확히 명제 하나만 참이다.

증명

지금은 증명의 개요만 서술한다. 증명을 구체적으로 채우는 과정은 연습문제 4로 남긴다.

먼저 $a < b$, $a = b$, $a > b$ 중에서 명제 두 개 이상이 동시에 성립할 수 없음을 증명하자. $a < b$이면 정의에 의해 $a \neq b$이고, $a > b$이면 정의에 의해 $a \neq b$이다. 만약 $a > b$이고 $a < b$이면 명제 2.2.12에 의해 $a = b$이고, 이는 모순이다. 그러므로 명제 두 개 이상이 동시에 참이 될 수 없다.

다음 명제 중 적어도 하나가 참임을 보일 것이다. b를 고정하고 a에 관한 귀납법을 사용하자. $a = 0$일 때, 모든 b에 대해 $0 \leq b$이다(그 이유는?). 따라서 $0 = b$ 또는 $0 < b$ 중 하나만 성립하고 $a = 0$

일 때가 증명된다. 이제 a에 대한 명제를 증명했다고 가정하고 $a{+}{+}$에 대한 명제를 증명해보자. a에 관한 삼분법이 성립하므로 $a < b$, $a = b$, $a > b$로 세 가지 경우만 존재한다. 만약 $a > b$이면 $a{+}{+} > b$이다(그 이유는?). 만약 $a = b$이면 $a{+}{+} > b$이다(그 이유는?). 이제 $a < b$라고 가정하자. 명제 2.2.12에 의해 $a{+}{+} \leq b$이다. 그러므로 $a{+}{+} = b$ 또는 $a{+}{+} < b$ 중 하나만 성립하고, 각각의 경우에 대한 증명이 끝난다. 따라서 귀납법에 따라 참임을 증명했다. ■

순서에 관한 명제는 좀 더 강한 귀납적 원리가 성립하게 해준다.

명제 2.2.14 강한 귀납적 원리(strong principle of induction)
m_0가 자연수이고 $P(m)$이 임의의 자연수 m과 관계 있는 성질이라고 하자. 임의의 $m(\geq m_0)$에 대해 '$m_0 \leq m' < m$을 만족하는 모든 자연수 m'에 대해 $P(m')$이 참이면 $P(m)$ 또한 참이다.' 라는 함의가 성립한다고 가정하자. (특히 $P(m_0)$도 참임을 의미하는데, $P(m_0)$일 때에는 가설이 의미가 없어지기 때문이다.) 그러면 모든 자연수 $m(\geq m_0)$에 대해 $P(m)$이 참이라는 결론을 내릴 수 있다.

명제 2.2.14의 증명은 연습문제 5로 남긴다.

참고 2.2.15 강한 귀납적 원리는 주로 $m_0 = 0$ 또는 $m_0 = 1$이라 두고 적용한다.

2.2 연습문제

1. 명제 2.2.5를 증명하라.

힌트 두 변수를 고정하고 세 번째 변수에 관해 귀납법을 적용한다.

2. 보조정리 2.2.10을 증명하라.

힌트 귀납법을 사용한다. 여기에서 사용하는 귀납법은 귀납 가설을 실제로 사용하지 않지만, 논증이 유효하다고 둔다. 자세한 내용은 [부록 A]의 A.2절에서 함의(implication)와 인과성(causality)에 관한 부분을 참고한다.

3. 명제 2.2.12를 증명하라.

힌트 앞에서 다룬 명제, 따름정리, 보조정리를 다양하게 이용하여 증명한다.

4. 명제 2.2.13의 증명에서 (그 이유는?)이라고 표시한 명제가 모두 참임을 보여라.

5. 명제 2.2.14를 증명하라.

힌트 성질 $Q(n)$을 $m_0 \leq m < n$을 만족하는 모든 m에 대해 $P(m)$이 참이라는 성질로 정의한다. 그리고 $n \leq m_0$일 때, $Q(n)$이 공진리(vacuously true)임을 확인한다.

6. n이 자연수이고 $P(m)$이 자연수에 관한 성질이며, $P(m{+}{+})$가 참일 때마다 $P(m)$이 참이라고 하자. $P(n)$도 마찬가지로 참이라고 가정하자. 모든 자연수 $m(\leq n)$에 대해 $P(m)$이 참임을 증명하라. 이를 **역진 귀납적 원리(principle of backwards induction)**라고 한다.

힌트 변수 n에 관해 귀납법을 적용한다.

7. n이 자연수이고 $P(m)$이 자연수에 관한 성질이며, $P(m)$이 참일 때마다 $P(m{+}{+})$가 참이라고 하자. $P(n)$이 참이면, 모든 자연수 $m(\geq n)$에 대해 $P(m)$이 참임을 보여라. 이 원리는 **n에서 시작하는 귀납적 원리**라고도 알려져 있다.

2.3 곱셈

2.2절에서 덧셈과 순서에 관한 기본 사실을 모두 증명했다. 공간을 절약하고 명백한 내용을 장황하게 서술하지 않기 위해, 이제부터 대수학에서 덧셈과 순서에 관한 규칙 모두를 더 이상 언급하지 않고 사용한다. 예를 들면 $a+b+c=c+b+a$와 같은 식을 추가로 증명하지 않고 사용할 수 있다. 이제 곱셈을 소개한다. 덧셈이 증가연산의 반복이었던 것처럼, 곱셈은 덧셈연산의 반복일 뿐이다.

정의 2.3.1 자연수의 곱셈

자연수 m을 생각하자. m에 0을 곱하는 것을 $0 \times m := 0$으로 정의한다. 이제 m에 n을 어떻게 곱하는지 귀납적으로 정의했다고 가정하자. 그러면 m에 $n{++}$를 곱하는 것은 $(n{++}) \times m := (n \times m) + m$으로 정의한다.

따라서 $0 \times m = 0$, $1 \times m = 0 + m$, $2 \times m = 0 + m + m$ 등이 성립한다. 귀납법을 이용해 두 자연수의 곱이 자연수임을 쉽게 확인할 수 있다.

보조정리 2.3.2 곱셈의 교환법칙(commutative rule)

임의의 자연수 n, m에 대해 $n \times m = m \times n$이다.

보조정리 2.3.2의 증명은 연습문제 1로 남긴다.

이제 $n \times m$에서 곱셈기호를 생략하여 nm으로 나타내고, 곱셈을 덧셈보다 먼저 적용한다는 규칙을 사용한다. 따라서 한 예로 $ab+c$는 $a \times (b+c)$가 아니라 $(a \times b) + c$를 의미한다.[13]

보조정리 2.3.3 양의 자연수에는 영인자(zero divisor)가 없다

자연수 n, m을 생각하자. $n \times m = 0$일 필요충분조건은 n과 m 중 적어도 하나는 0인 것이다. 특히 n과 m이 모두 양수이면 nm도 양수이다.

보조정리 2.3.3의 증명은 연습문제 2로 남긴다.

13 괄호 사용을 줄이기 위해 추후 다른 산술 연산을 정의할 때에도 일반적인 표기법이나 계산 순서에 관한 규칙을 그대로 사용한다.

명제 2.3.4 분배법칙(distributive law)

임의의 자연수 a, b, c에 대해 $a(b+c) = ab + ac$이고 $(b+c)a = ba + ca$이다.

증명

곱셈은 교환법칙이 성립하므로 첫 번째 항등식인 $a(b+c) = ab + ac$만 보이면 충분하다. a와 b를 고정하고 c에 관해 귀납법을 사용하자. 먼저 $c = 0$일 때 성립함을, 즉 $a(b+0) = ab + a0$임을 증명하려고 한다. 좌변은 ab이고 우변은 $ab + 0 = ab$이므로 등식이 성립함을 보였다. 귀납 가정으로 $a(b+c) = ab + ac$라고 하자. 그러면 $a(b + (c{+}{+})) = ab + a(c{+}{+})$임을 증명해야 한다. 좌변은 $a((b+c){+}{+}) = a(b+c) + a$이고 우변은 귀납 가정에 의해 $ab + ac + a = a(b+c) + a$이다. 따라서 귀납법에 따라 참임을 증명했다. ■

명제 2.3.5 곱셈의 결합법칙(associative rule)

임의의 자연수 a, b, c에 대해 $(a \times b) \times c = a \times (b \times c)$이다.

명제 2.3.5의 증명은 연습문제 3으로 남긴다.

명제 2.3.6 곱셈은 순서를 보존한다

자연수 a, b가 존재해서 $a < b$를 만족하고 c가 양수이면 $ac < bc$이다.

증명

$a < b$이므로 어떤 양수 d가 존재해서 $b = a + d$가 성립한다. 양변에 c를 곱하고 분배법칙을 사용하면 $bc = ac + dc$를 얻는다. d가 양수이고 c가 양수이므로 dc도 양수이다. 따라서 구하려는 부등식 $ac < bc$가 성립한다. ■

따름정리 2.3.7 소거법칙

자연수 a, b, c가 $ac = bc$를 만족하고 c는 0이 아니라고 하자. 그러면 $a = b$이다.

참고 2.3.8 명제 2.2.6이 궁극적으로 뺄셈을 정의할 수 있는 '가상 뺄셈'을 허용하듯이, 따름정리 2.3.7은 추후에 나눗셈을 정의할 때 필요한 '가상 나눗셈'을 허용한다.

따름정리 2.3.7의 증명

삼분법(명제 2.2.13 참고)에 따르면 자연수 a, b에 대해 $a < b$, $a = b$, $a > b$ 중 하나만 만족한다. $a < b$일 때, 명제 2.3.6에 의해 $ac < bc$이고 이는 모순이다. $a > b$일 때에도 유사한 모순을 이끌어

낼 수 있다. 남은 가능성은 $a = b$만 존재하므로, 원하는 바를 증명했다. ■

이러한 명제를 조합하여 덧셈과 곱셈을 포함하는 대수학의 익숙한 규칙을 모두 쉽게 추론할 수 있다. 연습문제 4를 참고하라.

덧셈과 곱셈이라는 친숙한 연산을 사용할 수 있으므로 증가연산 같은 원시적 개념은 이제 점점 다루지 않고 이후에는 거의 사용하지 않을 것이다. 항상 $n{+}{+} = n + 1$이므로 증가연산을 덧셈으로 설명할 수 있다.

명제 2.3.9 유클리드의 나눗셈(Euclid's division lemma)
자연수 n과 양수 q를 생각하자. 자연수 m과 r이 존재해서 $0 \le r < q$이고 $n = mq + r$을 만족한다.

명제 2.3.9의 증명은 연습문제 5로 남긴다.

참고 2.3.10 명제 2.3.9를 다르게 표현하면 자연수 n을 양수 q로 나누어 몫 m(다른 자연수)과 나머지 r(q보다 작은 수)을 구할 수 있다는 뜻이다. 유클리드의 나눗셈은 **정수론**(number theory)의 시작을 장식한다. 정수론은 아름답고 중요한 수학 분야이지만 이 책의 다루는 범위에서 벗어난다.

덧셈을 재귀적으로 정의하기 위해 증가연산을 사용하고 곱셈을 재귀적으로 정의하기 위해 덧셈을 사용했듯이, **거듭제곱**(exponentiation)을 재귀적으로 정의하기 위해 곱셈 연산을 사용한다.

정의 2.3.11 자연수의 거듭제곱
자연수 m을 생각하자.

- m을 0번 제곱하는 것을 $m^0 := 1$로 정의한다. 특히 $0^0 := 1$이다.
- 어떤 자연수 n에 대해 m^n이 재귀적으로 정의되었다고 가정하자.
  그러면 $m^{n++} := m^n \times m$으로 정의할 수 있다.

EX 2.3.12 예를 들어 다음과 같이 계속 나타낼 수 있다.

- $x^1 = x^0 \times x = 1 \times x = x$
- $x^2 = x^1 \times x = x \times x$
- $x^3 = x^2 \times x = x \times x \times x$

귀납법을 이용하면 모든 자연수 n에 대해 x^n을 이렇게 재귀적으로 정의할 수 있다.

이번 절에서 거듭제곱을 여기까지만 다루고, 정수와 유리수를 다룰 때 좀 더 깊게 살펴보겠다. 명제 4.3.10에서 구체적으로 확인할 수 있다.

2.3 연습문제

1. 보조정리 2.3.2를 증명하라.

힌트 보조정리 2.2.2, 보조정리 2.2.3, 명제 2.2.4의 증명과정을 변형한다.

2. 보조정리 2.3.3을 증명하라.

힌트 두 번째 명제를 먼저 증명한다.

3. 명제 2.3.5를 증명하라.

힌트 명제 2.2.5의 증명과정을 변형하고 분배법칙을 사용한다.

4. 임의의 자연수 a, b에 대해 항등식 $(a+b)^2 = a^2 + 2ab + b^2$이 성립함을 증명하라.

5. 명제 2.3.9를 증명하라.

힌트 q를 고정하고 n에 관해 귀납법을 적용한다.

3

집합론

Set theory

현대 해석학은 현대수학의 거의 모든 하위 분야와 마찬가지로 수와 집합, 그리고 기하학과 관련이 있다. 지금까지의 수체계에서 자연수를 이미 도입했다. 다른 수체계를 소개하기 전에 잠시 살펴볼 개념이 있다. 바로 집합론(set theory)인데, 집합론 개념과 표기법은 뒤로 갈수록 더 많이 사용할 예정이다. 참고로 이 책은 유클리드 기하학을 엄밀하게 표현하기보단, 데카르트 좌표계를 이용하여 실수체계 관점에서 기하학을 설명하려고 한다.

수학 분야는 대부분 집합론을 배경지식으로 삼기 때문에 고급수학으로 넘어가기 전에 집합론의 기초를 알고 넘어가는 게 중요하다. 이번 장에서는 공리적 집합론의 기초 개념을 학습하고, 무한집합이나 선택공리(axiom of choice)와 같은 고급 주제는 8장에서 다루려고 한다. 집합론에는 살펴보기 좋은 세부 주제가 많이 있지만, 이 책이 다루는 범위를 벗어나므로 생략한다.

3.1 집합론 기초

이번 절에서는 자연수를 도입할 때처럼 집합에 관한 몇 가지 공리를 설정한다. 일부 공리는 다른 공리를 유도하는 데 사용될 수 있다는 의미에서 집합론의 공리 목록을 과하게 완성하여 사용하겠지만 이렇게 해도 큰 문제는 없다. 이제 집합이 무엇인지에 대한 간단한 정의로 시작해보자.

정의 3.1.1 집합의 간단한 정의

순서가 없는 객체(object)의 모임 A를 **집합(set)**이라고 한다. 즉, $\{3, 8, 5, 2\}$는 집합이다. 객체 x가 모임에 속하면, x를 A의 **원소(element)**라고 하고 기호로는 $x \in A$로 표기한다. 객체 x가 모임에 속하지 않으면, 기호로는 $x \notin A$로 표기한다. 즉, $3 \in \{1, 2, 3, 4, 5\}$이지만 $7 \notin \{1, 2, 3, 4, 5\}$이다.

정의 3.1.1은 충분히 직관적이지만 "객체[1]의 모임 중 어떤 것을 집합으로 봐야 할까?"라던가 "서로 같은 집합은 무엇일까?", "집합에서 연산(합집합이나 교집합 등)을 어떻게 정의할 수 있을까?"와 같은 몇 가지 질문에는 답하기가 어렵다. 또한 무엇이 집합이고 원소인지에 대한 공리도 없다. 따라서 이러한 공리를 설정하고, 집합의 연산을 정의하는 게 이번 절의 목표이다.

먼저 한 가지 명확하게 해야 할 부분이 있다. 바로, 집합은 객체의 한 일종으로 간주한다는 점이다.

1 **(감수자)** 정의 3.1.1에 도입한 객체(object)는 수학에서 다루고자 하는 모든 가능한 대상을 지칭한다. 이는 지금까지 논의한 자연수, 함수, 수열은 물론 수학 명제에 들어갈 논리어를 제외한 모든 대상을 말하며, 추후 다룰 정의에서 집합을 포괄하는 개념이기도 하다.

공리 3.1 집합은 객체이다

A가 집합이면, A는 객체이다. 특히 두 집합 A, B가 주어질 때 A가 B의 원소인지를 묻는 것은 중요하다.

EX 3.1.2 간단하게 이해하기

집합 $\{3, \{3, 4\}, 4\}$는 서로 다른 세 원소를 포함하는 집합이다. 그 원소 중 하나는 두 원소를 포함하는 집합이다. 참고로 EX 3.1.9는 이 예를 조금 더 공식적으로 표현한다.

참고 3.1.3 집합론에는 **모든** 객체가 집합인 '순수집합론(pure set theory)'이라고 하는 특별한 사례가 존재한다. 예를 들어 0은 공집합 $\varnothing = \{\}$과 동일하다고 둔다. 1은 $\{0\} = \{\{\}\}$이고, 2는 $\{0, 1\} = \{\{\}, \{\{\}\}\}$ 등이다. 논리적 관점에서 보면 순수집합론은 객체 말고 집합만 다루면 되기 때문에 더 단순한 이론이다. 그러나 개념적 관점에서 보면 기존처럼 몇몇 객체를 집합으로 고려하지 않는 집합론을 다루는 게 더 쉽다. 수학을 하는 목적에서 보면 두 가지 이론은 어느 정도 동일하기 때문에, 모든 객체가 집합인지 아닌지에 대해서는 불가지론적[2] 입장을 견지해야 한다. 이를테면 자연수 3을 앞서 나타낸 집합과 동일하다고 주장하지 않는다.[3]

지금까지 다룬 내용을 요약하면 다음과 같다. 수학에서 학습하는 모든 객체 중 일부는 집합이라고 둘 수 있다. 그리고 x가 객체이고 A가 집합이면 $x \in A$라는 명제는 참이거나 거짓이다. (A가 집합이 아니라면 명제 $x \in A$를 정의할 수 없다. 예를 들어 4는 집합이 아니기 때문에 $3 \in 4$는 참 또는 거짓을 가질 수 없는, 의미 없는 명제이다.)

다음으로 상등(equality) 개념에 대해 알아보자. 두 집합은 언제 같다고 할 수 있을까? 집합에 속한 원소의 순서는 중요하지 않다. 그러므로 집합 $\{3, 8, 5, 2\}$와 $\{2, 3, 5, 8\}$은 서로 같은 집합이다. 반면에 집합 $\{3, 8, 5, 2\}$와 $\{3, 8, 5, 2, 1\}$은 서로 다른 집합이다. 왜냐하면 집합 $\{3, 8, 5, 2, 1\}$은 집합 $\{3, 8, 5, 2\}$에 없는 원소 1을 포함하기 때문이다. 비슷한 이유로 $\{3, 8, 5, 2\}$와 $\{3, 8, 5\}$도 서로 다른 집합이다. 이 내용을 다음과 같이 공리로 형식화할 수 있다.

공리 3.2 집합의 상등(equality of sets)

두 집합 A와 B가 서로 같은 집합($A = B$)일 필요충분조건은 A의 모든 원소가 B의 원소이고, 그 반대도 성립하는 것이다. 즉, 두 집합 A와 B가 $A = B$일 필요충분조건은 A의 모든 원소 x가 B에 속하고, B의 모든 원소 y가 A에 속하는 것이다.

---

2 (옮긴이) 불가지론은 명제의 진위를 알 수 없다고 보는 철학적 관점을 의미한다.

3 더 명확하고 수학적으로 유용한 명제는 "자연수가 집합 자체를 나타낼 필요가 없으며 집합의 **크기**(cardinality)를 나타낼 수는 있다."이다. 이에 관해서는 3.6절을 참고하라.

EX 3.1.4

- 두 집합 $\{1, 2, 3, 4, 5\}$와 $\{3, 4, 2, 1, 5\}$는 정확히 같은 원소를 가지고 있으므로 서로 같은 집합이다.
- 집합 $\{3, 3, 1, 5, 2, 4, 2\}$는 집합 $\{1, 2, 3, 4, 5\}$와 같다. 왜냐하면 2와 3은 중복되어도 여전히 그 집합의 원소이기 때문이다.

'~의 원소이다'를 나타내는 관계 $\in$은 치환공리([부록 A]의 A.7절 참고)를 따른다. 이러한 이유로 집합에서 정의하는 새로운 연산은 관계 $\in$의 관점으로 정의하는 한 모두 치환공리를 따른다. 예를 들어 이번 절에서 곧 다룰 정의들은 치환공리를 따른다. 반면에 집합에서는 '첫 번째 원소'라던가 '마지막 원소' 등의 개념을 잘 정의된 방식으로 사용할 수 없다. 예를 들어 두 집합 $\{1, 2, 3, 4, 5\}$와 $\{3, 4, 2, 1, 5\}$는 치환공리에 따라 서로 같은 집합이지만, 첫 번째 원소가 서로 다름을 알 수 있다.

이제 정확히 어떤 객체가 집합이고 어떤 객체가 집합이 아닌지에 관한 문제로 넘어가자. 이 상황은 2장에서 자연수를 정의하는 방법과 유사하다. 단일한 자연수 0에서 시작한 뒤 0에 증가연산을 사용하여 더 많은 자연수를 만들었다. 이번 장에서도 비슷한 방법을 시도하려고 한다. 단일한 집합인 **공집합**에서 시작한 뒤 공집합에 다양한 연산을 사용하여 더 많은 집합을 만들 것이다. 먼저 공집합의 존재성을 상정하며 시작한다.

공리 3.3 공집합

원소를 포함하지 않는 집합 $\varnothing$이 존재하며, 이를 **공집합**(empty set)이라고 한다. 즉 임의의 객체 x에 대하여 $x \notin \varnothing$이다.

공집합은 기호로 $\{\}$라고도 표기한다. 공집합은 단 하나만 존재함에 유의하자. 만약 두 집합 $\varnothing$, $\varnothing'$이 모두 공집합이라면, 공리 3.2에 의해 두 집합은 서로 같은 집합이어야 한다(그 이유는?).

공집합과 같은 집합이 아닌 집합을 **공집합이 아닌**(non-empty) 집합이라고 한다. 다음 보조정리는 아주 간단하지만 언급할 가치가 있다.

보조정리 3.1.5 단일 선택

공집합이 아닌 집합 A를 생각하자. 그러면 $x \in A$를 만족하는 객체 x가 존재한다.

증명

귀류법을 사용하여 $x \in A$를 만족하는 객체 x가 존재하지 않는다고 가정하자. 그러면 모든 객체 x

에 대해 $x \notin A$를 만족한다. 또한 공리 3.3에 의해 $x \notin \varnothing$이다. 그러므로 $x \in A \Longleftrightarrow x \in \varnothing$(양쪽 명제가 모두 거짓)이다. 공리 3.2에 의해 $A = \varnothing$이고, 이는 모순이다. ■

참고 3.1.6 보조정리 3.1.5는 공집합이 아닌 집합 A가 주어지면 원소 x를 '선택'할 수 있으며, 이는 집합 A가 공집합이 아님을 보이는 방법이라고 주장한다. 추후 보조정리 3.5.11에서 공집합이 아닌 집합이 $A_1, \cdots, A_n$으로 유한개가 주어지면 각 집합마다 하나의 원소 $x_1, \cdots, x_n$을 선택할 수 있음을 보일 것이다. 이를 '유한 선택(finite choice)'이라고 한다. 그러나 무한히 많은 집합에서 원소를 선택하려면 **선택공리**라고 하는 다른 공리를 추가로 도입해야 한다. 8.4절을 참고하라.

참고 3.1.7 참고로 공집합은 자연수 0과 반드시 같은 대상이어야 할 필요는 **없다.** 공집합은 집합이고, 0은 수이다. 그러나 공집합의 **크기**가 0인 건 사실이다. 3.6절을 참고하라.

만약 집합론이 유일하게 공리 3.3만 공리로 받아들인다면, 단 하나의 집합인 공집합만 존재하기 때문에 집합론은 꽤 지루한 학문이 되었을 것이다. 이제 사용할 수 있는 집합의 종류를 풍부하게 만들기 위해 다른 공리를 도입해보겠다.

공리 3.4 한원소집합과 두원소집합

- 객체 a에 대해 원소가 a로 유일한 집합 $\{a\}$가 존재한다. 즉, 임의의 객체 y에 대해 $y \in \{a\}$일 필요충분조건은 $y = a$인 것이다. 집합 $\{a\}$를 원소가 a인 **한원소집합(singleton set)**이라고 한다.
- 객체 a, b에 대해 원소가 a와 b만 있는 집합 $\{a, b\}$가 존재한다. 즉, 임의의 객체 y에 대해 $y \in \{a, b\}$일 필요충분조건은 $y = a$ 또는 $y = b$인 것이다. 집합 $\{a, b\}$를 a와 b로 구성된 **두원소집합(pair set)**이라고 한다.

참고 3.1.8 공집합이 유일하게 존재하듯이 공리 3.2에 따르면 객체 a마다 한원소집합이 유일하게 존재한다(그 이유는?). 두 객체 a, b를 생각하자. 그러면 a, b로 구성된 두원소집합이 유일하게 존재한다. 또한 공리 3.2는 $\{a, b\} = \{b, a\}$임을 의미하고(그 이유는?) $\{a, a\} = \{a\}$임도 의미한다(그 이유는?). 그러므로 한원소집합 공리는 두원소집합 공리의 결과라고 할 수 있으며, 실제로는 불필요하다. 반대로 두원소집합 공리는 한원소집합 공리와 유한합집합 공리(보조정리 3.1.12 참고)에서 도출된다. 그렇다면 세원소집합 공리나 네원소집합 공리 등을 계속 만들지 않는 이유가 궁금할 텐데, 다음에 소개할 유한합집합 공리를 보면 알게 될 것이다.

EX 3.1.9 $\varnothing$은 집합(이고 따라서 객체)이므로 원소가 $\varnothing$으로 유일한 한원소집합 $\{\varnothing\}$도 마찬가지로 집합이다. 유사하게 한원소집합 $\{\{\varnothing\}\}$과 두원소집합 $\{\varnothing, \{\varnothing\}\}$도 집합이다. 지금 소개한 네 집합은 모두 다른 집합이다(연습문제 2 참고).

EX 3.1.9에서 보았듯이 이제 상당수의 집합을 만들 수 있게 되었지만, 이렇게 구성한 집합은 아직 꽤 작다. (지금까지 다룬 개념만으로 구축한 집합은 원소가 2개 이하이다.) 이제 다음 공리를 적용하면 기존 집합보다 다소 큰 집합을 구성할 수 있다.

공리 3.5 유한합집합

임의의 두 집합 A, B를 생각하자. A 또는 B에 속하는 원소를 모두 포함하는 집합 $A \cup B$가 존재하고, 이를 A와 B의 **합집합(union)**이라 한다. 다시 말해 임의의 객체 x에 대해 다음이 성립한다.

$$x \in A \cup B \iff (x \in A \text{ 또는 } x \in B)$$

수학에서 '또는(or)'이라는 표현은 **논리합(inclusive or)**을 의미한다. 즉, 'X 또는 Y가 참이다.'라는 명제는 'X가 참이거나, Y가 참이거나, 둘 다 참인 것 중 하나이다.'를 의미한다. [부록 A]의 A.1절을 참고하라.

EX 3.1.10 집합 $\{1,2\} \cup \{2,3\}$은 $\{1,2\}$에 속하거나, $\{2,3\}$에 속하거나, 아니면 두 집합 모두에 속하는 원소로 구성된다. 다시 말해 이 집합의 원소는 1, 2, 3이다. 따라서 이 집합을 $\{1,2\} \cup \{2,3\} = \{1,2,3\}$으로 표현한다.

참고 3.1.11 A, B, A'이 집합이고 A와 A'이 서로 같은 집합이면, $A \cup B$는 $A' \cup B$와 서로 같은 집합이다 (그 이유는? 공리 3.2와 공리 3.5를 이용하여 증명하라). 이와 유사하게 B'이 B와 서로 같은 집합이면, $A \cup B$는 $A \cup B'$과 서로 같은 집합이다. 따라서 합집합 연산은 치환공리를 따르고, 집합 위에서 잘 정의된 연산이다.

합집합에 대한 몇 가지 기본 성질을 살펴보자.

보조정리 3.1.12

- a, b가 객체이면 $\{a,b\} = \{a\} \cup \{b\}$이다.
- A, B, C가 집합이면 합집합 연산은 교환법칙과 결합법칙이 성립한다. 즉, $A \cup B = B \cup A$이고 $(A \cup B) \cup C = A \cup (B \cup C)$이다.
- $A \cup A = A \cup \varnothing = \varnothing \cup A = A$

증명

지금은 결합법칙 $(A \cup B) \cup C = A \cup (B \cup C)$만 증명하고, 나머지를 증명하는 과정은 연습문제 3으로 남긴다.

공리 3.2에 의해 $(A \cup B) \cup C$의 모든 원소 x가 $A \cup (B \cup C)$의 원소임을 보여야 하고, 그 역도 성립함을 보여야 한다. 먼저 x가 $(A \cup B) \cup C$의 원소라고 가정하자. 공리 3.5에 따르면 $x \in A \cup B$와 $x \in C$ 중 적어도 하나는 참임을 의미한다. 이를 두 가지 경우로 나누어 생각하자.

(i) $x \in C$이면 공리 3.5에 의해 $x \in B \cup C$이고, 다시 공리 3.5에 의해 $x \in A \cup (B \cup C)$이다.

(ii) $x \in A \cup B$라고 가정하자. 공리 3.5에 의해 $x \in A$ 또는 $x \in B$이다. 만약 $x \in A$이면 공리 3.5에 의해 $x \in A \cup (B \cup C)$이다. 반면에 $x \in B$이면 공리 3.5를 연속적으로 적용하여 $x \in B \cup C$이고, $x \in A \cup (B \cup C)$임을 얻는다.

그러므로 모든 경우에서 집합 $(A \cup B) \cup C$의 모든 원소가 집합 $A \cup (B \cup C)$의 원소임을 알 수 있다. 비슷한 논증으로 집합 $A \cup (B \cup C)$의 모든 원소가 집합 $(A \cup B) \cup C$의 원소임을 보일 수 있다. 따라서 $(A \cup B) \cup C = A \cup (B \cup C)$가 성립한다. ■

보조정리 3.1.12 덕분에 다중 합집합을 표현할 때 더 이상 괄호를 사용할 필요가 없다. 예를 들어 $(A \cup B) \cup C$나 $A \cup (B \cup C)$ 대신에 $A \cup B \cup C$라고 써도 된다. 유사하게 네 집합의 합집합은 $A \cup B \cup C \cup D$로 표현할 수 있다.

참고 3.1.13 합집합 연산은 덧셈과 비슷해 보이지만, 두 연산은 **다르다.** 예를 들어 $\{2\} \cup \{3\} = \{2, 3\}$이고 $2+3=5$이지만, $\{2\}+\{3\}$이라는 식은 무의미하다. 덧셈은 집합이 아니라 수와 관련이 있기 때문이다. 비슷하게 합집합은 수가 아니라 집합과 관련이 있기 때문에, $2 \cup 3$이라는 식도 무의미하다.

이 공리를 통해 삼원소집합, 사원소집합 등을 정의할 수 있다. 다시 말해 세 객체 a, b, c에 대해 $\{a, b, c\} := \{a\} \cup \{b\} \cup \{c\}$를 정의할 수 있고, 네 객체 a, b, c, d에 대해 $\{a, b, c, d\} := \{a\} \cup \{b\} \cup \{c\} \cup \{d\}$로 정의할 수 있다. 반면에 자연수 n이 주어져도 아직 객체 n개로 구성된 집합을 정의할 수 없다. 이렇게 하려면 방금 한 구성을 'n번' 반복해야 하지만, n번 반복한다는 개념을 아직 엄밀하게 정의하지 않았다. 비슷한 이유로 무한히 많은 객체로 이루어진 집합을 정의하려면 유한합집합 공리를 무한히 반복해야 하기 때문에 아직 정의할 수 없다. 그리고 지금 단계에서는 유한합집합 공리를 무한히 반복할 수 있는지도 확실하지 않다. 나중에 임의로 큰 집합이나 무한집합을 구성할 수 있도록 집합론의 다른 공리를 소개하겠다.

분명히 어떤 집합은 다른 집합보다 더 커 보인다. 이를 **부분집합**이라는 개념을 사용하여 공식화한다.

정의 3.1.14 부분집합

집합 A, B를 생각하자. A의 모든 원소가 B의 원소이기도 하면, A는 B의 **부분집합(subset)**이라고 하고 이를 기호로 $A \subseteq B$로 표기한다.

즉, 다음이 성립한다.

$$\text{임의의 객체 } x\text{에 대해 } x \in A \Longrightarrow x \in B$$

$A \subseteq B$이고 $A \neq B$이면 A는 B의 **진부분집합(proper subset)**이라고 하고 이를 기호로 $A \subsetneq B$로 표기한다.

참고 3.1.15 이러한 정의는 상등 개념과 '~의 원소이다'를 나타내는 관계, 즉 치환공리를 따르는 개념만 포함하기 때문에 부분집합 개념도 자동으로 치환공리를 따른다. 그러므로 예를 들어 $A \subseteq B$이고 $A = A'$이면 $A' \subseteq B$이다.

EX 3.1.16

- 두 집합 $\{1, 2, 4\}$, $\{1, 2, 3, 4, 5\}$를 생각하자. $\{1, 2, 4\}$의 모든 원소가 $\{1, 2, 3, 4, 5\}$의 원소이기도 하므로 $\{1, 2, 4\} \subseteq \{1, 2, 3, 4, 5\}$이다. 사실 두 집합 $\{1, 2, 4\}$, $\{1, 2, 3, 4, 5\}$가 서로 다른 집합이므로 $\{1, 2, 4\} \subsetneq \{1, 2, 3, 4, 5\}$도 성립한다.
- 임의의 집합 A가 주어지면 $A \subseteq A$가 성립하고(그 이유는?), $\varnothing \subseteq A$도 성립한다(그 이유는?).

집합론에서 부분집합 개념은 수에서 '이하(less than equal to)' 개념과 유사하며, 다음 명제에서 확인할 수 있다. 좀 더 정확한 명제는 정의 8.5.1을 참고하라.

명제 3.1.17 집합의 포함관계와 부분순서

집합 A, B, C를 생각하자. 그러면 집합의 포함관계에 다음과 같이 부분순서(partial order)가 존재한다.

- $A \subseteq B$이고 $B \subseteq C$이면 $A \subseteq C$이다.
- $A \subseteq B$이고 $B \subseteq A$이면 $A = B$이다.
- $A \subsetneq B$이고 $B \subsetneq C$이면 $A \subsetneq C$이다.

증명

여기서는 첫 번째 명제만 증명한다. $A \subseteq B$이고 $B \subseteq C$라고 가정하자. $A \subseteq C$임을 보이려면 A의 모든 원소가 C의 원소이기도 함을 증명해야 한다. A의 임의의 원소 x를 택하자. $A \subseteq B$이므로 x는 반드시 B의 원소여야 한다. 또, $B \subseteq C$이므로 x는 다시 C의 원소이기도 하다. 따라서 A의 모든 원소가 C의 원소이므로 원하는 바가 증명되었다. ■

참고 3.1.18 부분집합 관계와 합집합 연산은 서로 관련이 있다. 자세한 예는 연습문제 7을 참고하라.

참고 3.1.19 진부분집합 관계 $\subsetneq$와 미만 관계 $<$ 사이에는 한 가지 중요한 차이점이 있다. 서로 다른 두 자연수 n, m이 주어지면 둘 중 하나는 다른 수보다 작다(명제 2.2.13 참고). 그러나 서로 다른 두 집합에 대해, 한 집합이 다른 집합의 부분집합이라는 명제는 일반적으로 참이 아니다. 예를 들어 짝수인 자연수로 이루어진 집합을 $A := \{2n : n \in \mathbb{N}\}$이라고 하고 홀수인 자연수로 이루어진 집합을 $B := \{2n+1 : n \in \mathbb{N}\}$이라고 하자. 두 집합 중 어느 집합도 다른 집합의 부분집합이 아니다. 이것이 바로 집합은 **부분순서**(partial order)를 갖추고 자연수는 **전순서**(total order)를 갖추었다고 하는 이유이다. 정의 8.5.1과 정의 8.5.3을 참고하라.

참고 3.1.20 부분집합 관계 $\subseteq$와 원소 관계 $\in$은 서로 **같지 않다**는 점에 주의하자. 수 2는 $\{1,2,3\}$의 원소이지만 부분집합이 아니다. 즉 $2 \in \{1,2,3\}$이지만 $2 \not\subseteq \{1,2,3\}$이다. 2는 심지어 집합도 아니다. 역으로, $\{2\}$는 $\{1,2,3\}$의 부분집합이지만 원소가 아니다. 즉 $\{2\} \subseteq \{1,2,3\}$이지만 $\{2\} \notin \{1,2,3\}$이다. 핵심은 수 2와 집합 $\{2\}$가 서로 다른 객체라는 데 있다. 집합과 원소가 만족하는 성질은 서로 다를 수 있으므로, 집합과 원소를 구분하는 것이 중요하다. 예를 들어 유한한 수로 구성된 무한집합이 존재하기도 하고, 무한한 객체로 구성된 유한집합이 존재할 수도 있다. 자연수 집합 $\mathbb{N}$이 유한한 수로 구성된 무한집합의 대표적인 예이며, 유한집합 $\{\mathbb{N}, \mathbb{Z}, \mathbb{Q}, \mathbb{R}\}$의 원소는 4개이지만 각 원소가 모두 무한하다.

다음 공리를 통해 더 큰 집합에서 부분집합을 쉽게 만들 수 있다.

공리 3.6 분류공리(axiom of specification)

집합 A를 생각하자. 각 $x \in A$마다 $P(x)$를 x가 만족하는 성질이라고 하자. 다시 말해 각 $x \in A$마다 $P(x)$는 참 또는 거짓 중 하나만 성립하는 명제이다. 그러면 $\{x \in A : P(x)\text{는 참이다.}\}$라고 하는 집합이 존재한다. 이 집합을 간단히 $\{x \in A : P(x)\}$로 표현하기도 한다. 이 집합의 원소는 $P(x)$가 참이 되도록 하는, A의 원소 x이다. 다시 말해, 임의의 객체 y에 대해 다음이 성립한다.

$$y \in \{x \in A : P(x)\text{는 참이다.}\} \iff y \in A\text{이고 } P(y)\text{는 참이다.}$$

이 공리는 **분리공리(axiom of separation)**라고도 한다. 집합 $\{x \in A : P(x)\text{는 참이다.}\}$는 그 크기가 집합 A만큼 클 수도 있고, 공집합만큼 작을 수도 있지만 항상 A의 부분집합임에 주목하라 (그 이유는?). 치환공리는 분류공리에서도 성립함을 확인할 수 있다. 그러므로 만약 $A = A'$이면, $\{x \in A : P(x)\} = \{x \in A' : P(x)\}$이다(그 이유는?).

EX 3.1.21 집합 $S := \{1,2,3,4,5\}$를 생각하자. 그러면 집합 $\{n \in S : n < 4\}$는 $n < 4$가 참이 되는 S의 원소 n으로 이루어진 집합이다. 즉, $\{n \in S : n < 4\} = \{1,2,3\}$이고, 집합 $\{n \in S : n < 7\}$은 S 그 자체이며, $\{n \in S : n < 1\}$은 공집합이다.

가끔 $\{x \in A : P(x)\}$ 대신에 $\{x \in A \mid P(x)\}$를 사용한다. 쌍점(colon) :은 다른 것을 나타낼 때

사용하기 좋다. 예를 들어 쌍점을 이용하여 함수 $f : X \to Y$의 정의역과 공역을 보여줄 수 있다. 또한 '$P(x)$가 참이 되게 하는, A에 속한 x로 이루어진 집합'이라는 표현을 기호로 $\{x \in A : P(x)\}$라고 나타내기도 한다.

이 분류공리를 사용하여 교집합과 차집합과 같은 집합 연산을 추가로 정의할 수 있다.

정의 3.1.22 교집합(intersection)

두 집합 S_1, S_2의 **교집합**은 다음과 같이 정의한다.

$$S_1 \cap S_2 := \{x \in S_1 : x \in S_2\}$$

즉, 집합 $S_1 \cap S_2$는 S_1과 S_2에 동시에 속하는 원소로 구성되므로 모든 객체 x에 대해 다음이 성립한다.

$$x \in S_1 \cap S_2 \Longleftrightarrow x \in S_1 \text{이고 } x \in S_2$$

참고 3.1.23 교집합 정의는 치환공리를 따른다고 알려진, 보다 원시적인 연산 관점으로 정의되었기 때문에 잘 정의된 연산이다. 다시 말해, 교집합 정의는 치환공리를 따른다. [부록 A]의 A.7절을 참고하라. 이러한 참고 내용은 이번 장에서 앞으로 다룰 정의에도 적용할 수 있으므로, 다시 명시적으로 언급하지 않는다.

EX 3.1.24

- $\{1,2,4\} \cap \{2,3,4\} = \{2,4\}$
- $\{1,2\} \cap \{3,4\} = \varnothing$
- $\{2,3\} \cup \varnothing = \{2,3\}$
- $\{2,3\} \cap \varnothing = \varnothing$

참고 3.1.25 '~와/과(and)'라는 단어는 주의해서 사용해야 한다. '~와/과'는 문맥에 따라 합집합 또는 교집합을 의미할 수 있어 쉽게 혼동할 수 있기 때문이다. 예를 들어 '소년과 소녀' 집합은 소년을 모은 집합과 소녀를 모은 집합의 **합집합**으로 이해하겠지만, '독신과 성인남성' 집합은 독신인 사람을 모은 집합과 성인남성을 모은 집합의 **교집합**으로 이해한다. ('~와/과'가 합집합을 의미하는 경우와 교집합을 의미하는 경우를 결정하는 문법규칙을 찾을 수 있는가?)

또다른 문제는 '~와/과'가 합을 나타낼 때에도 사용한다는 점이다. 예를 들어 '$\{2\}$의 원소와 $\{3\}$의 원소는 집합 $\{2,3\}$을 만든다'라고 할 수 있고 '$\{2\}$와 $\{3\}$의 원소는 공집합 $\varnothing$을 만든다'라고도 할 수 있는 반면에, '2와 3은 5이다'라고 할 수도 있다. 분명히 혼란스러울 수 있다. 따라서 '~와/과'라는 단어 대신 수학 기호에 의존해야 하는 이유가 있다. 수학 기호는 항상 정확하고 모호하지 않은 의미를 가지고 있지만, 단어는 그 의미를 파악하려면 문맥을 매우 주의 깊게 살펴보아야 하기 때문이다.

두 집합 A, B가 $A \cap B = \varnothing$를 만족하면 **서로소(disjoint)**라고 한다. 서로소 개념이 A와 B가 **다르다(distinct)**, 즉 $A \neq B$와는 동일한 개념이 아님에 유의하라. 예를 들어 집합 $\{1,2,3\}$과 $\{2,3,4\}$

를 생각하자. 두 집합은 한 집합에 속하지만 다른 집합에 속하지 않는 원소가 존재하므로 서로 다른 집합이다. 그러나 두 집합의 교집합은 공집합이 아니므로 서로소는 아니다. 한편, 집합 $\varnothing$과 $\varnothing$은 서로소이지만 서로 다른 집합이 아니다(그 이유는?).

집합 연산 중에는 뺄셈과 비슷한 연산이 있다.

정의 3.1.26 차집합(difference set)

임의의 두 집합 A와 B를 생각하자. B의 원소를 제거한 집합 A를 $A - B$ 또는 $A \setminus B$라고 정의한다. 즉, 식으로는 다음과 같이 나타낸다.

$$A \setminus B := \{x \in A : x \notin B\}$$

예를 들어 $\{1, 2, 3, 4\} \setminus \{2, 4, 6\} = \{1, 3\}$이다. B가 A의 부분집합인 경우가 많지만, 꼭 그럴 필요는 없다.

이제 합집합, 교집합, 차집합에 관한 몇 가지 기본 성질을 알아보자.

명제 3.1.27 집합과 부울 대수

세 집합 A, B, C를 생각하고 A, B, C를 부분집합으로 가지는 집합을 X라고 하자. 그러면 다음과 같이 **부울 대수(Boolean algebra)**가 성립한다.

(a) **극소원소**(minimal element) : $A \cup \varnothing = A$이고 $A \cap \varnothing = \varnothing$이다.

(b) **극대원소**(maximal element) : $A \cup X = X$이고 $A \cap X = A$이다.

(c) **항등원**(identity) : $A \cup A = A$이고 $A \cap A = A$이다.

(d) **교환법칙** : $A \cup B = B \cup A$이고 $A \cap B = B \cap A$이다.

(e) **결합법칙** : $(A \cup B) \cup C = A \cup (B \cup C)$이고 $(A \cap B) \cap C = A \cap (B \cap C)$이다.

(f) **분배법칙** : $A \cap (B \cup C) = (A \cap B) \cup (A \cap C)$이고 $A \cup (B \cap C) = (A \cup B) \cap (A \cup C)$이다.

(g) **분할** : $A \cup (X \setminus A) = X$이고 $A \cap (X \setminus A) = \varnothing$이다.

(h) **드 모르간 법칙**(De Morgan's law) : $X \setminus (A \cup B) = (X \setminus A) \cap (X \setminus B)$이고 $X \setminus (A \cap B) = (X \setminus A) \cup (X \setminus B)$이다.

명제 3.1.27의 증명은 연습문제 6으로 남긴다.

참고 3.1.28 드 모르간 법칙은 집합론의 기초 법칙 중 하나이며, 이를 밝힌 논리학자 오거스터스 드 모르간(Augustus De Morgan, 1806–1871)의 이름을 따서 붙였다.

참고 3.1.29 명제 3.1.27을 살펴보면 $\cup$과 $\cap$ 사이, 그리고 X와 $\varnothing$ 사이에 확실한 대칭성이 있음을 알 수 있다. 이는 서로 다른 두 성질 또는 객체가 서로 쌍대가 되는 **쌍대성(duality)**의 예이다. 이 경우 쌍대성은 보완관계(complementation relation) $A \mapsto X \setminus A$로 나타난다. 드 모르간 법칙은 쌍대성이 합집합을 교집합으로, 교집합을 합집합으로 바꾼다는 점을 보여준다. (또한 쌍대성은 X를 공집합으로도 바꾸어준다.) 명제 3.1.27에서 소개한 법칙을 통틀어 **부울 대수**라고 하는데, 수학자 조지 불(George Boole, 1815–1864)의 이름을 따서 붙였다. 부울 대수는 집합 이외에 수많은 수학적 대상에도 적용할 수 있으며, 특히 수리논리학에서 중요한 역할을 한다.

지금까지 집합에 관한 많은 공리와 결과를 축적했지만 아직 할 수 없는 일이 많다. 집합에서 하고 싶은 기본 작업 중 하나는 집합에서 객체를 하나씩 선택해서 어떻게든 그 객체를 다른 객체로 변환시키는 것이다. 예를 들어 집합 $\{3,5,9\}$가 있다고 하자. 이 집합의 원소를 하나씩 증가시켜서 새로운 집합 $\{4,6,10\}$을 만들고 싶을 수 있다. 그런데 이 작업은 지금까지 소개한 공리만 가지고는 할 수 없기 때문에 새로운 공리가 필요하다.

공리 3.7 치환(replacement)

집합 A를 생각하자. 임의의 객체 $x \in A$와 임의의 객체 y에 대해 x와 y에 관한 명제 $P(x,y)$가 존재해서 각 $x \in A$마다 $P(x,y)$가 참이 되도록 하는 y가 최대 하나만 존재한다고 가정한다. 그러면 집합 $\{y :$ 어떤 $x \in A$에 대해 $P(x,y)$는 참이다.$\}$가 존재해서 임의의 객체 z에 대해 다음이 성립한다.

$$\begin{aligned} z \in &\{y : \text{어떤 } x \in A\text{에 대해 } P(x,y)\text{는 참이다.}\} \\ &\iff \text{어떤 } x \in A\text{에 대해 } P(x,z)\text{는 참이다.} \end{aligned}$$

EX 3.1.30 집합 A를 $A := \{3,5,9\}$라고 정의하고, $P(x,y)$를 y가 x의 다음수(즉, $y = x{+}{+}$)라고 하자. 모든 $x \in A$에 대해 $P(x,y)$가 참이 되는 y(x의 다음수)가 단 하나 있음을 확인할 수 있다. 공리 3.7에 따르면 집합 $\{y :$ 어떤 $x \in \{3,5,9\}$에 대해 $y = x{+}{+}\}$가 존재한다. 이때 이 집합은 $\{4,6,10\}$과 서로 같은 집합이다(그 이유는?).

EX 3.1.31 집합 $A = \{3,5,9\}$를 생각하고 $P(x,y)$를 명제 $y = 1$이라고 하자. 그러면 임의의 $x \in A$에 대해 $P(x,y)$가 참이 되는 y는 1이며 단 하나 존재한다. 이 경우 $\{y :$ 어떤 $x \in \{3,5,9\}$에 대해 $y = 1\}$은 한원소집합 $\{1\}$이다. 즉, 원래 집합 A의 각 원소 3, 5, 9를 동일한 객체인 1로 바꾸었다. 이렇게 우스꽝스러운 예는 공리 3.7로 얻은 집합이 '더 작을 수' 있음을 보여준다.

다음과 같은 형태의 집합을 생각하자.

$$\{y : \text{어떤 } x \in A\text{에 대해 } y = f(x)\}$$

이 집합은 가끔 $\{f(x) : x \in A\}$ 또는 $\{f(x) \mid x \in A\}$로 축약해서 쓴다. 예를 들어 $A = \{3, 5, 9\}$이면 집합 $\{x{+}{+} : x \in A\}$는 집합 $\{4, 6, 10\}$이다. 당연히 치환공리와 분류공리를 결합할 수 있다. 이를테면 집합 A에서 시작해서 분류공리를 이용하여 집합 $\{x \in A : P(x)\text{는 참이다.}\}$를 만든 후, 치환공리를 적용하여 집합 $\{f(x) : x \in A\text{이고 } P(x)\text{는 참이다.}\}$도 만드는 식이다. 예를 들면 $\{n{+}{+} : n \in \{3, 5, 9\}\text{이고 } n < 6\} = \{4, 6\}$이다.

앞서 다룬 다양한 예에서는 자연수를 암묵적으로 객체라고 가정했다. 이를 다음과 같이 정리하자.

공리 3.8 무한(infinity)

원소가 자연수라 불리는 집합 $\mathbb{N}$이 존재한다. 객체 0은 $\mathbb{N}$에 속하고, 객체 $n{+}{+}$는 모든 자연수 $n \in \mathbb{N}$이므로 페아노 공리(공리 2.1~공리 2.5 참고)가 성립한다.

이 공리는 가정 2.6을 조금 더 형식화한 형태이다. 이를 무한공리(axiom of infinity)라고 하는데, 무한집합에서 가장 기본 예(자연수 집합 $\mathbb{N}$)를 소개하기 때문이다. 참고로 유한과 무한의 의미는 3.6절에서 구체화한다. 무한공리에 따르면 3, 5, 7과 같은 수는 집합론에서 실제로 객체이다. 그래서 두원소집합 공리(공리 3.4 참고)와 유한합집합 공리(공리 3.5 참고)를 적용하면 예시에서 다루었던 것처럼 $\{3, 5, 9\}$와 같은 집합을 구성할 수 있다.

집합 개념은 해당 집합의 원소 개념과 구분해야 한다. 예를 들어 집합 $\{n+3 : n \in \mathbb{N}, 0 \leq n \leq 5\}$는 식(또는 함수) $n+3$과 다르다. 이러한 차이점을 다음 예에서 살펴보자.

EX 3.1.32 간단하게 이해하기

이 예는 아직 형식적으로 소개하지 않은 뺄셈 개념을 사용한다. 식 $n+3$과 식 $8-n$은 모든 자연수 n에 대해 같지 않지만, 다음 두 집합은 서로 같은 집합이다.

$$\{n+3 : n \in \mathbb{N}, 0 \leq n \leq 5\} = \{8-n : n \in \mathbb{N}, 0 \leq n \leq 5\} \tag{3.1}$$

따라서 집합을 다룰 때에는 중괄호 $\{\}$를 사용해야 함을 기억하고, 실수로라도 집합과 그 원소를 혼동하지 않도록 주의해야 한다. 이렇게 직관에 반하는 상황이 발생하는 이유 중 한 가지는 문자 n이 식 (3.1)의 양변에 각각 다른 방식으로 사용되기 때문이다. 이를 명확히 살펴보기 위해, 집합 $\{8-n : n \in \mathbb{N}, 0 \leq n \leq 5\}$에서 n을 m으로 치환하여 집합 $\{8-m : m \in \mathbb{N}, 0 \leq m \leq 5\}$으로 써보자. 그러면 두 집합은 정확히 같은 집합이다(그 이유는?). 그러므로 식 (3.1)을 다음과 같이 다시 나타낼 수 있다.

$$\{n+3 : n \in \mathbb{N}, 0 \le n \le 5\} = \{8-m : m \in \mathbb{N}, 0 \le m \le 5\}$$

이 항등식이 참인 이유는 (공리 3.2를 사용하면) 쉽게 알 수 있다. n이 0부터 5까지의 자연수일 때 $n+3$ 형태인 모든 수는 $m := 5-n$이라고 할 때 $8-m$의 형태이기도 하다(이때 m도 마찬가지로 0부터 5까지의 자연수임에 유의하라). 역으로 m이 0부터 5까지의 자연수일 때 $8-m$ 형태인 모든 수는 $n := 5-m$이라고 할 때 $n+3$의 형태이기도 하다(이때 n도 마찬가지로 0부터 5까지의 자연수임에 유의하라). n으로 나타난 식 중 하나를 m으로 치환하지 않은 식 (3.1)이 얼마나 더 혼란스러운지 관찰해보자.

집합 $\mathbb{N}$은 공식적으로는 '자연수 집합'이라고 하지만, 이를 간단히 축약해서 '자연수'라고도 한다. 추후 소개할 다른 집합도 비슷하게 축약할 수 있다. 예를 들어 $\mathbb{Z}$는 '정수 집합'인데 '정수', $\mathbb{R}$은 '실수 집합'이지만 '실수'라고 할 수도 있다.

3.1 연습문제

1. 객체 a, b, c, d가 $\{a, b\} = \{c, d\}$를 만족한다고 하자. 두 명제 '$a = c$이고 $b = d$'와 '$a = d$이고 $b = c$' 중 적어도 하나는 성립함을 보여라.

2. 공리 3.1, 공리 3.2, 공리 3.3, 공리 3.4만 사용하여 네 집합 $\varnothing$, $\{\varnothing\}$, $\{\{\varnothing\}\}$, $\{\varnothing, \{\varnothing\}\}$이 서로 같은 집합이 아님을 증명하라. 즉, 두 집합 중 어떤 것을 선택해도 서로 같은 집합이 아님을 보여야 한다.

3. 보조정리 3.1.12의 증명을 완성하라.

4. 명제 3.1.17의 증명을 완성하라.

5. 집합 A, B를 생각하자. 세 명제 $A \subseteq B$, $A \cup B = B$, $A \cap B = A$가 논리적으로 동치임을 증명하라. 즉, 세 명제 중 임의의 한 명제가 다른 두 명제를 함의함을 보여야 한다.

6. 명제 3.1.27을 증명하라.

힌트 이러한 주장 중 일부는 다른 주장을 증명하는 데 사용할 수 있다. 일부 주장은 앞서 보조정리 3.1.12에도 등장했다.

7. 집합 A, B, C를 생각하자. $A \cap B \subseteq A$, $A \cap B \subseteq B$임을 보여라. 더불어 $C \subseteq A$이고 $C \subseteq B$일 필요충분조건은 $C \subseteq A \cap B$임을 증명하라. 비슷한 맥락에서 $A \subseteq A \cup B$, $B \subseteq A \cup B$임을 보여라. 또한 $A \subseteq C$이고 $B \subseteq C$일 필요충분조건은 $A \cup B \subseteq C$임을 보여라.

8. 집합 A, B를 생각하자. **흡수법칙(absorption laws)** $A \cap (A \cup B) = A$, $A \cup (A \cap B) = A$를 증명하라.

9. 집합 A, B를 생각하자. 그리고 X가 $A \cup B = X$, $A \cap B = \varnothing$을 만족하는 집합이라고 하자. $A = X \setminus B$이고 $B = X \setminus A$임을 보여라.

10. 집합 A, B를 생각하자. 세 집합 $A \setminus B$, $A \cap B$, $B \setminus A$가 서로소이고, 세 집합의 합집합이 $A \cup B$임을 보여라.

11. 치환공리가 분류공리를 함의함을 보여라.

12. 집합 A, B, A', B'이 $A' \subseteq A$, $B' \subseteq B$를 만족한다고 가정하자.

(i) $A' \cup B' \subseteq A \cup B$이고 $A' \cap B' \subseteq A \cap B$임을 증명하라.

(ii) 명제 $A' \setminus B' \subseteq A \setminus B$가 거짓임을 보이는 반례를 제시하라. 제시된 가정이 참일 때 차집합 연산 $\setminus$를 포함하여 명제를 참이 되게 수정할 수 있는가? 그리고 그 명제가 참임을 증명하라.

13. 유클리드는 점을 '부분이 없는 것'이라 정의한 것으로 유명하며, 이 연습문제는 그 정의를 떠올리게 한다. 집합 A의 **진부분집합**은 A의 부분집합이면서 $B \neq A$를 만족하는 집합 B라고 정의한다. A가 공집합이 아닌 집합이라 하자. A가 공집합이 아닌 어떠한 진부분집합도 가지지 않을 필요충분조건이 어떤 객체 x에 대해 집합 A가 $A = \{x\}$ 꼴이어야 함을 증명하라.

3.2 러셀의 역설

참고로 이번 절은 필요에 따라 선택적으로 학습할 수 있다.

3.1절에서 소개한 많은 공리는 특정 성질을 만족하는 모든 원소로 구성된 집합을 구성할 수 있게 해준다는 점에서 비슷한 장점을 지닌다. 이러한 공리들은 그럴듯하지만, 예를 들면 다음과 같은 공리를 도입해서 통합할 수도 있다.

공리 3.9 보편 예화(universal specification)

(위험!) 모든 객체 x에 대해 x에 관한 성질 $P(x)$가 있다고 가정한다. 즉, 모든 x에 대해 $P(x)$는 참인 명제 또는 거짓인 명제 중 하나이다. 그러면 집합 $\{x : P(x)$가 참이다.$\}$이 존재해서 모든 객체 y에 대해 다음이 성립한다.

$$y \in \{x : P(x)\text{가 참이다.}\} \iff P(y)\text{는 참이다.}$$

이 공리는 **이해공리**(axiom of comprehension)로도 알려져 있다. 이 공리는 모든 성질이 집합에 대응한다고 주장한다. 즉, 공리가 맞다고 상정하면 모든 파란색 객체의 집합, 모든 자연수의 집합, 모든 집합의 집합 등을 다룰 수 있다. 게다가 3.1절의 공리 대부분을 유도할 수도 있다(연습문제 1 참고). 유감스럽게도 이 공리는 집합론에서 사용할 수 없다. 왜냐하면 이 공리는 1901년에 철학자 버트런드 러셀(Bertrand Russell, 1872-1970)이 발견한 논리적 모순인 **러셀의 역설(Russell's paradox)**을 일으키기 때문이다.

러셀의 역설은 다음과 같다. $P(x)$가 다음과 같은 명제라 하자.

$$P(x) \iff x\text{는 집합이고 } x \notin x\text{이다.}$$

즉, $P(x)$는 x가 집합이고 자기 자신을 포함하지 않을 때만 참이다. 예를 들어 집합 $\{2, 3, 4\}$는 집합 $\{2, 3, 4\}$의 세 원소인 2, 3, 4 중 하나가 아니기 때문에 $P(\{2, 3, 4\})$는 참이다. 이번에는 S를 모든 집합의 집합이라고 하자. (보편 예화 공리로부터 집합 S가 존재함을 알 수 있다.) S는 자신이 집합이기 때문에 S의 원소이고, 따라서 $P(S)$는 거짓이다. 이제 보편 예화 공리를 사용하여 다음 집합을 만들자.

$$\Omega := \{x : P(x)\text{는 참이다.}\} = \{x : x\text{는 집합이고 } x \notin x\text{이다.}\}$$

즉, 집합 Ω는 자신을 포함하지 않는 모든 집합의 집합이다. 이제 이러한 질문을 해보자. Ω는 자기 자신을 원소로 가질까? 즉 $\Omega \in \Omega$일까? 만약 Ω가 자기 자신을 원소로 가진다면 Ω의 정의 때문에

$P(\Omega)$는 참이다. 즉, Ω는 집합이고 $\Omega \notin \Omega$이다. 반면에 만약 Ω가 자기 자신을 원소로 포함하지 않는다면 P의 정의 때문에 $P(\Omega)$는 참이고, Ω의 정의 때문에 $\Omega \in \Omega$이다. 그러므로 어떤 경우에도 $\Omega \in \Omega$이고 $\Omega \notin \Omega$이 성립하여, 모순이 발생한다.

공리 3.9의 문제점은 너무 과하게 '큰' 집합을 만드는 데 있다. 이 공리를 사용하면 **모든** 객체의 집합(소위 '전체집합(universal set)')을 다룰 수도 있다. 집합은 그 자체가 객체이므로(공리 3.1 참고), 이는 집합이 자기 자신을 포함할 수 있다는 뜻인데 이렇게 되면 상황이 다소 우스워진다. 이 문제를 간단하게 이해하는 한 가지 방법은 객체를 계층 구조로 나열한다고 생각하는 것이다. 계층 구조의 맨 아래는 **원시 객체**(primitive object), 이를테면 자연수 37처럼 집합[4]이 아닌 객체로 구성된다. 계층 구조의 다음 단계에는 $\{3,4,7\}$과 같이 원소가 원시 객체만으로 이루어진 집합이나 공집합 $\varnothing$이 위치한다. 지금부터 이를 '원시 집합(primitive set)'이라고 하자. 그러면 $\{3,4,7,\{3,4,7\}\}$과 같이 원소가 원시 객체와 원시 집합만으로 이루어진 집합이 존재한다. 그런 다음에 이러한 객체들로 집합을 계속 형성할 수 있다. 계층 구조의 각 단계에서는 원소가 그 하위 단계에 있는 객체만으로 이루어진 집합만 볼 수 있으므로, 어느 단계에서도 자기 자신을 포함하는 집합을 구성하지 않는다는 게 핵심이다.

객체의 계층 구조에 대한 직관을 방금 설명한 내용처럼 공식화하는 과정은 다소 복잡하므로 이 책에서는 다루지 않는다. 대신에 러셀의 역설 같은 문제점이 발생하지 않음을 보장하기 위해 다음 공리를 가정한다.

공리 3.10 정칙성(regularity)

A가 공집합이 아닌 집합이면 집합이 아니거나 A와 서로소인, A의 원소 x가 적어도 하나는 존재한다.

정칙성 공리는 **기초공리**(axiom of foundation)로도 알려져 있다. 이 공리의 핵심은 다음과 같다. A의 원소 중 적어도 하나는 객체의 계층 구조에 아주 낮게 위치해서 A의 다른 원소를 포함하지 않는다. 집합 $A = \{\{3,4\},\{3,4,\{3,4\}\}\}$를 생각하자. 3과 4는 모두 A의 원소가 아니므로, 집합 A의 원소 $\{3,4\}$는 A의 어떤 원소도 포함하지 않는다. 반면에 A의 원소 $\{3,4,\{3,4\}\}$는 더 높은 계층에 있으며, A의 원소 $\{3,4\}$를 포함한다. 이 공리를 통해 집합이 더 이상 자기 자신을 포함할 수 없다는 특별한 결과를 얻을 수 있다(연습문제 2 참고).

정칙성 공리는 이미 도입한 공리보다 직관성이 떨어지기 때문에 집합론에서 이 공리가 꼭 필요한지에 대해 의문을 가질 수 있다. 해석학에서는 계층 구조가 아주 낮은 집합만 다루기 때문에 이 공리는

4 순수 집합론에서는 원시 객체가 존재하지 않지만, 계층 구조의 다음 단계에 원시 집합 $\varnothing$이 하나 존재할 것이다.

해석학을 학습할 때 전혀 필요하지 않다. 다만 고급 집합론을 학습하려면 이 공리를 필수로 도입해야 하기 때문에, 내용의 완전성을 위해 선택 절로 소개했음을 참고하라.

3.2 연습문제

1. 보편 예화 공리(공리 3.9 참고)가 참이라고 가정하면 공리 3.3~공리 3.7이 성립함을 보여라. (모든 자연수를 객체라고 가정하면 공리 3.8도 성립한다.) 그러므로 이 공리가 허용된다면 집합론의 기초를 매우 단순하게 만들 수 있다. (그리고 이 공리는 '소박한 집합론(naive set theory)'으로 알려진 집합론의 직관적 모델의 한 가지 기초라고 볼 수 있다). 안타깝게도 이미 살펴봤듯이 공리 3.9는 '참이라고 하기에는 지나치게' 좋다.

2. 정칙성 공리(및 한원소집합 공리)를 사용하여, A가 집합이면 $A \notin A$임을 보여라. 더불어 A와 B가 집합이면 $A \notin B$ 또는 $B \notin A$임을(또는 둘 다 성립함을) 증명하라. (이 연습문제에는 주목할 만한 한 가지 따름정리가 있다. 임의의 집합 A에 대하여 A의 원소가 아닌 수학적 객체, 즉 A 자기 자신이 존재한다. 그러므로 항상 '한 원소를 추가하여' A보다 더 큰 집합, 즉 $A \cup \{A\}$를 만들 수 있다.)

3. 집합론의 다른 공리가 성립함을 가정하고 보편 예화 공리(공리 3.9 참고)가 모든 객체로 구성된 '전체집합(universal set)' Ω의 존재성을 상정하는 공리(즉, 모든 객체 x에 대해 $x \in \Omega$)와 동치임을 증명하라. 즉, 공리 3.9가 참이면 전체집합이 존재하고, 역으로 전체집합이 존재하면 공리 3.9도 참이다. (이로써 공리 3.9의 이름에 **보편**(universal)이 들어가는 이유가 설명될 것이다.) 전체집합 Ω가 존재한다면, 공리 3.1에 의해 $\Omega \in \Omega$가 성립하는데 이는 연습문제 2에 모순임을 참고하라. 그러므로 기초공리는 특히 보편 예화 공리를 배제한다.

3.3 함수

해석학을 다룰 때 집합 개념만 가지고 있으면 유용하지 않으므로, 한 집합에서 다른 집합으로 가는 **함수** 개념이 필요하다. 함수를 간단하게 설명하면 다음과 같다. 한 집합 X에서 다른 집합 Y로 가는 함수 $f : X \to Y$는 X의 각 원소(또는 '입력') x마다 Y의 단일 원소(또는 '출력') $f(x)$를 할당하는 작업이다. 이전 장에서 자연수를 다룰 때 이 간단한 개념을 이미 사용한 바 있다. 함수를 공식적으로 정의하면 다음과 같다.

정의 3.3.1 함수

집합 X, Y를 생각하자. $P(x,y)$는 두 객체 $x \in X$, $y \in Y$와 관계 있는 성질이며 모든 $x \in X$에 대해 $P(x,y)$가 참이 되도록 하는 $y \in Y$가 정확히 하나 존재한다(**수직선 판정법(vertical line test)**이라 알려져 있다)고 하자. 그러면 **정의역(domain)** X 위의 P와 **공역(codomain)**[5] Y에서의 **함수(function)** $f : X \to Y$를 다음과 같은 객체로 정의할 수 있다. 즉, 임의의 입력 $x \in X$에 대해 출력 $f(x) \in Y$를 할당하여 $P(x, f(x))$가 참이 되도록 하는 유일한 객체 $f(x) \in Y$를 정의한다. 따라서 임의의 $x \in X$와 $y \in Y$에 대해 다음이 성립한다.

$$y = f(x) \iff P(x,y)\text{는 참이다.}$$

함수는 문맥에 따라 **사상(map)** 또는 **변환(transformation)**이라고 나타낸다. 더 정확히 말하면 함수를 종종 **사상(morphism)**이라고도 한다. 사상(morphism)은 문맥에 따라 실제 함수에 대응할 수도 있고 아닐 수도 있지만, 객체의 더 일반적인 집합(class)을 나타낸다.

참고 3.3.2 정의 3.3.1에 내재된 가정은 두 집합 X, Y와 수직선 판정법을 따르는 성질 P가 존재하기만 하면 함수 객체 f를 생성할 수 있다는 것이다. 엄격히 말해 이러한 함수 객체 f의 존재에 대한 가정은 명시적 공리로 언급해야 한다. 그러나 이렇게 하면 개념이 중복되기 때문에 이 책에서는 언급하지 않을 것이다. (더 정확히 말하면 3.5절 연습문제 10의 관점에서 함수 f를 항상 정의역, 공역, 함수의 그래프로 구성된 순서쌍 $(X, Y, \{(x, f(x)) : x \in X\})$로 부호화할 수 있다. 이러한 표현은 집합론의 공리로 만든 연산을 이용하여 함수를 객체로 구성하는 방법을 제공한다.) 또한 정의 3.3.1은 모든 함수 f가 정의역 X, 공역 Y, 정의된 성질 P와 자동으로 결합됨을 내포한다.

5 어떤 책에서는 공역 대신 **치역(range)**을 사용한다. 그러나 정의 3.4.1 이후에 정의역에서의 상 $f(X)$ 대신 치역으로 표현할 것이다.

EX 3.3.3 두 집합 $X = \mathbb{N}$, $Y = \mathbb{N}$을 생각하고 $P(x, y)$는 $y = x\text{++}$ 인 성질이라고 하자. 각각의 $x \in \mathbb{N}$마다 성질 $P(x, y)$를 참으로 만드는 $y \in \mathbb{N}$이 유일하게 존재한다. 이를 $y = x\text{++}$라 하자. 그러면 이 성질과 연관된 함수 $f : \mathbb{N} \to \mathbb{N}$을 정의하여 모든 x에 대해 $f(x) = x\text{++}$가 되도록 할 수 있다. 이는 $\mathbb{N}$에서의 **다음수 함수**(increment function)라고 하며, 자연수를 입력하고 그 다음수를 출력한다. 그러므로 $f(4) = 5$, $f(2n + 3) = 2n + 4$ 등이 성립한다.

그렇다면 $y\text{++} = x$라고 정의된 성질 $P(x, y)$와 연관된 **이전수 함수**(decrement function) $g : \mathbb{N} \to \mathbb{N}$을 정의하고 싶을 수도 있다. 즉, $g(x)$는 다음수가 x인 수여야 한다. 안타깝지만 다음수가 $x = 0$인 자연수 y가 존재하지 않기 때문에(공리 2.3 참고) 이러한 함수를 정의할 수 없다.

반면에 $y\text{++} = x$라고 정의된 성질 $P(x, y)$와 연관된 이전수 함수 $h : \mathbb{N} \setminus \{0\} \to \mathbb{N}$을 타당하게 정의할 수 있다. 왜냐하면 보조정리 2.2.10 덕분에 $x \in \mathbb{N} \setminus \{0\}$이면 $y\text{++} = x$를 만족하는 자연수 y가 정확히 하나 존재하기 때문이다. 그러므로 $h(4) = 3$이고 $h(2n + 3) = 2n + 2$이지만 0은 정의역 $\mathbb{N} \setminus \{0\}$에 속하지 않으므로 $h(0)$을 정의하지 않는다.

EX 3.3.4 간단하게 이해하기

5장에서 정의할 실수 집합 $\mathbb{R}$을 잠깐 사용하겠다. 제곱근 함수 $\sqrt{\ } : \mathbb{R} \to \mathbb{R}$을 $y^2 = x$로 정의한 성질 $P(x, y)$와 연관하여 정의하려고 한다. 즉, $y^2 = x$를 만족하도록 수 y에 $\sqrt{x}$ 값을 주고 싶다. 유감스럽게도 이 정의가 실제로 함수를 생성하지 못하는 이유는 다음과 같이 두 가지가 있다.

첫 번째는 $P(x, y)$가 참이 될 수 없게 하는 실수 x가 존재한다. 이를테면 $x = -1$이라 하면 $y^2 = x$를 만족하는 실수 y가 존재하지 않는다. 이 문제는 정의역을 $\mathbb{R}$에서 오른쪽 반직선 $[0, +\infty)$로 제한하면 해결할 수 있다. 두 번째는 $x \in [0, +\infty)$인 짝수이면 공역 $\mathbb{R}$에 $y^2 = x$를 만족하는 y 값이 한 개보다 더 많을 수 있다. 이를테면 $x = 4$라 하면 $y = 2$와 $y = -2$는 모두 성질 $P(x, y)$를 만족한다. 즉, $+2$와 -2는 모두 4의 제곱근이다. 이 문제 역시 공역을 $\mathbb{R}$에서 $[0, +\infty)$로 제한하면 해결할 수 있다.

이렇게 하면 관계 $y^2 = x$를 이용하여 제곱근 함수 $\sqrt{\ } : [0, +\infty) \to [0, +\infty)$를 제대로 정의할 수 있고 $\sqrt{x}$는 $y^2 = x$를 만족하는 유일한 수 $y \in [0, +\infty)$이다.

함수를 정의하는 일반적인 방법 중 하나는 단순히 함수의 정의역, 공역 및 각 입력에 따른 출력 $f(x)$를 생성하는 방법을 지정하는 것이다. 이를 함수의 **명시적**(explicit) 정의라고 한다. 예를 들어 EX 3.3.3에서 다룬 함수 f는 정의역과 공역은 모두 $\mathbb{N}$이고 모든 $x \in \mathbb{N}$에 대해 $f(x) := x\text{++}$라고 명시적으로 정의할 수 있다.

다른 방법으로는 입력 x를 출력 $f(x)$에 연결하는 성질 $P(x, y)$를 구체화하는 것이며, 이를 함수의 **간접적**(implicit) 정의라고 한다. 예를 들어 EX 3.3.4에서 다룬 제곱근 함수 $\sqrt{x}$는 $(\sqrt{x})^2 = x$라는 관계를 이용해 간접적으로 정의되었다. 간접적 정의는 모든 입력에 대해 간접적 관계를 따르는 출력이 정확히 하나 존재함을 알 때에만 유효함에 주목하라. 간결성을 추구하기 위해 함수의 정의역 및 공역을 구체화하는 것을 생략하는 경우가 많다. 그러므로 EX 3.3.3의 함수 f를 '함수 $f(x) := x$++', '함수 $x \mapsto x$++', '함수 x++'라고 하거나 극단적으로 축약해서 '++'라고 나타내기도 한다. 때로는 함수의 정의역과 공역을 알아야 하는 경우도 있기 때문에 표현을 너무 많이 축약하면 위험할 수 있다.

함수가 치환공리를 만족함을 확인하자(그 이유는?). 즉, $x = x'$이면 $f(x) = f(x')$이다. 다시 말해 입력을 똑같이 하면 출력이 똑같다. 그렇다고 해서 입력을 서로 다르게 할 때 출력이 서로 달라진다고 보장할 수는 없다. 다음 예를 확인하자.

EX 3.3.5 두 집합 $X = \mathbb{N}$, $Y = \mathbb{N}$을 생각하고 $P(x, y)$는 $y = 7$인 성질이라고 하자. 명확히 모든 $x \in \mathbb{N}$에 대해 $P(x, y)$가 참이 되는 y, 즉, 7이 존재하므로 이 성질과 연관된 함수 $f : \mathbb{N} \to \mathbb{N}$을 만들 수 있다. 이것이 각 입력 $x \in \mathbb{N}$마다 출력이 $f(x) = 7$인 **상수함수(constant function)**이다. 따라서 확실히 서로 다른 입력이 동일한 출력을 생성할 수 있다.

참고 3.3.6 수학에서는 괄호 ( )를 여러 목적으로 사용한다. 괄호는 연산 순서를 명확히 할 때에도 사용한다. $2 + (3 \times 4) = 14$와 $(2 + 3) \times 4 = 20$를 비교해보자. 함수 $f(x)$ 또는 성질 $P(x)$처럼 변수 x를 괄호로 묶기도 한다. 일반적으로 이러한 괄호의 두 가지 사용법은 문맥에서 바로 알 수 있다. 예를 들어 a가 수라면 $a(b + c)$는 식 $a \times (b + c)$를 나타내고, f가 함수라면 $f(b + c)$는 $b + c$를 입력할 때 함수 f의 출력을 나타낸다. 때때로 함수의 변수는 괄호 대신 첨자로 표현한다. 자연수로 이루어진 수열 a_0, a_1, a_2, a_3, $\cdots$를 생각하자. 수열은 엄밀히 말하면 $\mathbb{N}$에서 $\mathbb{N}$으로 가는 함수이지만, $n \mapsto a(n)$이 아닌 $n \mapsto a_n$으로 표기된다.

참고 3.3.7 함수가 집합일 필요도 없고, 집합이 함수일 필요도 없다. 따라서 객체 x가 함수 f의 원소인지 묻는 게 꼭 의미있진 않고, 집합 A를 입력 x에 적용하여 출력 $A(x)$를 만드는 게 꼭 의미있는 것도 아니다. 반면에 함수 $f : X \to Y$에서 시작하여 **그래프(graph)** $\{(x, f(x)) : x \in X\}$를 구성하는 작업은 허용된다. 그리고 이 작업은 정의역 X와 공역 Y가 지정되면 함수를 완전히 설명한다. 3.5절을 참고하라.

이제 함수의 기본 개념과 표기법을 정의한다. 제일 먼저 정의할 개념은 함수의 상등이다.

정의 3.3.8 함수의 상등

정의역과 공역이 각각 동일(즉, $X = X'$, $Y = Y'$)하고 모든 $x \in X$에 대해 $f(x) = g(x)$이면 두 함수 $f : X \to Y$, $g : X' \to Y'$은 **서로 같다(equal)**고 한다. 만약 정의역에서 어떤 x에

대해서만 $f(x)$와 $g(x)$ 값이 일치하고 나머지가 다르면 f와 g가 서로 같다고 하지 않는다.[6] 또, 두 함수 f, g의 정의역 또는 치역이 서로 달라도 두 함수가 서로 같다고 하지 않는다.

참고 **3.3.9** 정의 3.3.8에 따르면 서로 다른 정의역 또는 서로 다른 공역을 가지는 두 함수는 엄밀히 말해 다른 함수이다. 그러나 공통인 정의역에서 두 함수의 값이 일치할 경우에 두 함수를 같게 취급하는 '표기법 남용'은 혼선만 생기지 않는다면 때때로 유용하다. 이 작업은 소프트웨어 공학에서 연산자를 '오버로딩(overloading)'하는 관습과 유사하다. 이에 대한 다른 예는 정의 9.4.1 이후에서 다시 다룬다.

EX **3.3.10** **간단하게 이해하기**

정의역 $\mathbb{R}$에서 함수 $x \mapsto x^2 + 2x + 1$과 $x \mapsto (x+1)^2$은 같다. 함수 $x \mapsto x$와 $x \mapsto |x|$는 양의 실수축에서 서로 같은 함수이지만, 실수 $\mathbb{R}$에서는 서로 같은 함수가 아니다. 그러므로 함수의 상등 개념은 정의역의 선택에 따라 달라진다.

EX **3.3.11** 다소 지루한 함수의 예로 공집합에서 주어진 집합 X로 가는 **공함수(empty function)** $f : \varnothing \to X$가 있다. 공집합에는 원소가 없기 때문에 f가 어느 입력을 가지는지 구체화할 필요가 없다. 그럼에도 공집합이 집합인 것처럼, 공함수 역시 특별히 흥미로운 대상은 아니지만 여전히 함수이다. 정의 3.3.8은 $\varnothing$에서 X로 가는 모든 함수가 서로 같은 함수라고 주장하기 때문에, 각각의 집합 X마다 $\varnothing$에서 X로 가는 함수는 오직 하나만 존재함에 주목하자(그 이유는?).

참고 **3.3.12** 정의 3.3.8이 [부록 A]의 A.7절의 상등공리(axioms of equality)와 공존할 수 있는지는 바로 확인하기 어렵지만 연습문제 1은 두 개념이 양립할 수 있다는 증거를 보여준다. 이 문제를 해결하는 방법에는 적어도 세 가지가 있다.

첫 번째는 정의 3.3.8을 정의가 아니라 함수의 상등에 대한 공리로 생각하는 것이다. 두 번째는 정의 3.3.8이 정리가 되도록 함수에 대해 더 명확한 정의를 내리는 것이다. 예를 들어 함수 $f : X \to Y$를 정의역 집합 X, 공역 집합 Y, 수직선 판정법을 따르는 그래프 $G = \{(x, f(x)) : x \in X\}$로 구성된 순서쌍 (X, Y, G)로 정의할 수 있고, 이 그래프를 사용하여 정의역의 각 원소 x마다 $f(x) \in Y$ 값을 정의할 수 있다(3.5절 연습문제 10 참고). 세 번째는 함수가 없는 수학적 전체집합(mathematical universe) $\mathcal{U}$에서 시작하고 정의 3.3.8을 사용하여 이 전체집합보다 더 큰 확장된 집합을 만드는데, 이 집합은 정의 3.3.8에서 지정한 대로 행동하는 함수 객체를 포함하는 것이다. 다만 세 번째는 이 책에서 다루는 형식주의(formalism of logic)와 모델 이론(model theory)보다 더 많은 개념을 요구하므로 자세히 설명하지 않겠다.

함수에서 사용할 수 있는 기본 연산으로 **합성**이 있다.

6 『TAO 해석학 II』의 8장에서 두 함수가 **거의 모든 곳에서 같다**(equal almost everywhere)고 하는 약화된 상등 개념을 다룬다.

정의 3.3.13 합성함수

두 함수 $f : X \to Y$와 $g : Y \to Z$를 생각하고, f의 공역과 g의 정의역이 서로 같은 집합이라고 하자. 두 함수 g와 f의 **합성(composition)** $g \circ f : X \to Z$는 다음 공식으로 정의한다.

$$(g \circ f)(x) := g(f(x))$$

f의 공역이 g의 정의역과 일치하지 않으면 합성함수 $g \circ f$는 정의되지 않는다.

함수의 합성이 치환공리를 따르는지의 여부는 쉽게 확인할 수 있다(연습문제 1 참고).

EX 3.3.14 함수 $f : \mathbb{N} \to \mathbb{N}$을 $f(n) := 2n$이라 하고, 함수 $g : \mathbb{N} \to \mathbb{N}$을 $g(n) := n + 3$이라 하자. 합성함수 $g \circ f$는 다음과 같다.

$$g \circ f(n) = g(f(n)) = g(2n) = 2n + 3$$

그러면 $g \circ f(1) = 5$, $g \circ f(2) = 7$ 등이 성립한다. 반면에 합성함수 $f \circ g$는 다음과 같다.

$$f \circ g(n) = f(g(n)) = f(n + 3) = 2(n + 3) = 2n + 6$$

따라서 $f \circ g(1) = 8$, $f \circ g(2) = 10$ 등이 성립한다.

방금 살펴봤듯이 함수의 합성은 교환법칙이 성립하지 않는다. 즉 $f \circ g$와 $g \circ f$는 서로 같은 함수일 필요가 없다. 그러나 함수의 합성에서 결합법칙은 여전히 성립한다.

보조정리 3.3.15 함수의 합성과 결합법칙

세 함수 $f : Z \to W$, $g : Y \to Z$, $h : X \to Y$를 생각하자. 그러면 $f \circ (g \circ h) = (f \circ g) \circ h$가 성립한다.

증명

$g \circ h$가 X에서 Z로 가는 함수이므로, $f \circ (g \circ h)$는 X에서 W로 가는 함수이다. 이와 비슷하게 $f \circ g$가 Y에서 W로 가는 함수이므로, $(f \circ g) \circ h$는 X에서 W로 가는 함수이다. 그러므로 두 함수 $f \circ (g \circ h)$와 $(f \circ g) \circ h$는 정의역과 공역이 각각 일치한다. 두 함수가 서로 같은 함수인지 확인하기 위해 정의 3.3.8에서 살펴봤듯이 모든 $x \in X$에 대해 $(f \circ (g \circ h))(x) = ((f \circ g) \circ h)(x)$임을 확인해야 한다. 정의 3.3.13에 따르면 다음과 같이 전개할 수 있다.

$$(f \circ (g \circ h))(x) = f((g \circ h)(x)) = f(g(h(x))) = (f \circ g)(h(x)) = ((f \circ g) \circ h)(x)$$

따라서 원하는 바가 증명되었다. ■

참고 3.3.16 식 $g \circ f$에서 g가 f의 왼쪽에 나타나지만, 함수 $g \circ f$는 가장 오른쪽에 있는 f를 적용한 뒤에 g를 적용한다. 처음엔 종종 혼란스러울 수 있는데, 이는 전통적으로 함수 f를 입력 x의 오른쪽이 아닌 왼쪽에 배치하기 때문에 발생한다. $f(x)$ 대신 xf라고 쓰는 등 함수를 입력의 오른쪽에 배치하는 대안적인 수학 표기법도 존재한다. 그러나 이러한 표기법은 오히려 혼란을 가중시킨다는 게 입증되었으므로, 그다지 대중적이지 않다.

이번에는 여러 가지 특별한 함수를 소개한다. 바로 **일대일함수**, **전사함수**, **가역함수**이다.

정의 3.3.17 일대일함수

서로 다른 원소가 서로 다른 원소에 대응하는 함수 f를 **일대일함수(one-to-one)** 또는 **단사함수(injective)**라고 한다. 즉, 다음이 성립한다.

$$x \neq x' \Longrightarrow f(x) \neq f(x')$$

이와 동치로, 일대일함수 f에 대하여 다음이 성립한다.

$$f(x) = f(x') \Longrightarrow x = x'$$

EX 3.3.18 간단하게 이해하기

함수 $f : \mathbb{Z} \to \mathbb{Z}$를 $f(n) := n^2$으로 정의하면 f는 일대일함수가 아니다. 왜냐하면 서로 다른 두 원소 -1, 1이 동일한 원소 1에 대응하기 때문이다. 반면에 함수 f의 정의역을 자연수로 제한한 함수 $g : \mathbb{N} \to \mathbb{Z}$, $g(n) := n^2$은 일대일함수이다. 그러므로 일대일함수 개념은 함수 자체와 더불어 정의역과도 연관이 있다.

참고 3.3.19 함수 $f : X \to Y$가 일대일함수가 아니면 $f(x) = f(x')$을 만족하는 서로 다른 x와 x'를 정의역 X에서 찾을 수 있다. 즉, 하나의 출력에 대응하는 두 입력을 찾을 수 있다. 이 때문에 함수 f를 **일대일함수** 대신 **이대일함수**(two-to-one)라고 부르기도 한다.

정의 3.3.20 전사함수

Y의 모든 원소가 X의 어떤 원소에 f를 적용하여 만들어질 때, 이러한 함수 f를 **전사함수(onto 또는 surjective)**라고 한다. 즉, 다음이 성립한다.

모든 $y \in Y$에 대해 $x \in X$가 존재해서 $f(x) = y$를 만족한다.

EX 3.3.21 간단하게 이해하기

함수 $f : \mathbb{Z} \to \mathbb{Z}$를 $f(n) := n^2$으로 정의하면 f는 전사함수가 아니다. 왜냐하면 함수의 치역에 음수가 없기 때문이다. 그러나 공역 $\mathbb{Z}$를 제곱수로 이루어진 집합 $A := \{n^2 : n \in \mathbb{Z}\}$로 제한하면 함수 $g : \mathbb{Z} \to A$, $g(n) := n^2$은 전사함수이다. 그러므로 전사함수 개념은 함수 자체와 더불어 공역과도 연관이 있다.

참고 3.3.22 단사와 전사 개념은 여러 방면에서 서로 쌍대성을 보인다. 이에 대한 몇 가지 증거는 연습문제 2, 연습문제 4, 연습문제 5에서 확인할 수 있다.

정의 3.3.23 전단사함수

전사인 동시에 단사인 함수 $f : X \to Y$를 **전단사함수(bijective)** 또는 **가역함수(invertible)**라고 한다.

EX 3.3.24

- 함수 $f : \{0, 1, 2\} \to \{3, 4\}$가 $f(0) := 3$, $f(1) := 3$, $f(2) := 4$라고 하자. 함수 f는 전단사함수가 아니다. 왜냐하면 $y = 3$이라 하면 $\{0, 1, 2\}$에 $f(x) = y$를 만족하는 x가 두 개 이상 있기 때문이다. 즉, 단사함수가 아니다.
- 함수 $g : \{0, 1\} \to \{2, 3, 4\}$가 $g(0) := 2$, $g(1) := 3$이라고 하자. 함수 g는 전단사함수가 아니다. 왜냐하면 $y = 4$라 하면 $g(x) = y$를 만족하는 x가 존재하지 않기 때문이다. 즉, 전사함수가 아니다.
- 함수 $h : \{0, 1, 2\} \to \{3, 4, 5\}$가 $h(0) := 3$, $h(1) := 4$, $h(2) := 5$라고 하자. 함수 h는 전단사함수이다. 원소 3, 4, 5가 각각 0, 1, 2에서 나오기 때문이다.

EX 3.3.25 함수 $f : \mathbb{N} \to \mathbb{N} \backslash \{0\}$이 $f(n) := n{+}{+}$로 정의되었다고 하자. 이 함수는 전단사함수이다. (이는 보조정리 2.2.10을 다시 설명했을 뿐이다.) 반면에 함수 $g : \mathbb{N} \to \mathbb{N}$을 똑같이 $g(n) := n{+}{+}$로 정의해도 g는 전단사함수가 아니다. 그러므로 전단사함수 개념은 함수 자체와 더불어 정의역 및 공역과도 연관이 있다.

참고 3.3.26 함수 $f \mapsto f(x)$가 전단사함수이면 f를 **일대일대응**(one-to-one correspondence 또는 perfect matching)이라고도 하며, 기호로는 $x \mapsto f(x)$ 대신 $x \leftrightarrow f(x)$로 쓴다. 일대일대응과 일대일함수를 혼동하지 않도록 하자. 그러므로 EX 3.3.24의 함수 h는 일대일대응이고 $0 \leftrightarrow 3$, $1 \leftrightarrow 4$, $2 \leftrightarrow 5$를 만족한다.

참고 3.3.27 학생들이 일반적으로 저지르는 실수 중에 함수 $f : X \to Y$가 전단사함수일 필요충분조건을 '모든 $x \in X$에 대해 $y \in Y$가 정확히 하나 존재해서 $y = f(x)$를 만족한다.'라고 말하는 것이 있다. 이 조건은 f가 전단사함수라는 의미가 아니라 **함수**라는 뜻이다. 함수는 한 원소에 두 원소를 대응할 수 없다. 이를테면 $f(0) = 1$인 동시에 $f(0) = 2$인 함수 f가 존재하지 않는다. EX 3.3.25에서 다룬 함수 f와 g를 생각하자. 두 함수는 전단사함수는 아니지만 입력 하나에 출력이 정확히 하나 나오기 때문에 여전히 함수이다.

함수 f가 전단사함수이면 모든 $y \in Y$에 대해 x가 정확히 하나 존재해서 $f(x) = y$를 만족한다. (참고로 f는 전사함수이므로 x가 적어도 하나 존재하고, 또 f는 단사함수이기도 하므로 x가 많아야 하나 존재해야 한다.) 이러한 x 값을 $f^{-1}(y)$로 표기한다. 그러므로 f^{-1}는 Y에서 X로 가는 함수이다. 이때 f^{-1}를 f의 **역함수**(inverse)라고 한다.

3.3 연습문제

1. 정의 3.3.8에서 다룬 서로 같은 함수의 정의가 반사성, 대칭성, 추이성을 모두 만족함을 보여라. 또한 다음과 같이 치환 성질을 만족함을 확인하라. 즉, 두 함수 f, $\tilde{f} : X \to Y$와 두 함수 g, $\tilde{g} : Y \to Z$를 생각하자. $f = \tilde{f}$와 $g = \tilde{g}$를 만족하면 $g \circ f = \tilde{g} \circ \tilde{f}$임을 보여야 한다. 참고로 이 명제는 [부록 A]의 A.7절에서 나온 상등공리를 문제에 직접 적용하면 바로 얻을 수 있다. 그러나 이 연습문제의 핵심은 함수 자체가 아니라 정의역과 공역의 원소에 치환공리를 대신 적용해도 얻을 수 있음을 보여주는 데 있다.

2. 함수 $f : X \to Y$와 $g : Y \to Z$를 생각하자. f와 g가 모두 단사함수이면 $g \circ f$도 단사함수임을 보여라. 또 f와 g가 모두 전사함수이면 $g \circ f$도 전사함수임을 보여라.

3. 주어진 집합 X에 대해 공함수는 언제 단사함수일까? 전사함수일까? 전단사함수일까?

4. 이번 절에서는 함수의 합성에 관한 소거법칙을 설명한다. 네 함수 $f : X \to Y$, $\tilde{f} : X \to Y$, $g : Y \to Z$, $\tilde{g} : Y \to Z$를 생각하자. $g \circ f = g \circ \tilde{f}$이고 g가 단사함수이면 $f = \tilde{f}$임을 보여라.

이 명제는 g가 단사함수가 아니어도 성립할까? $g \circ f = \tilde{g} \circ f$이고 f가 전사함수이면 $g = \tilde{g}$임을 보여라. 이 명제는 f가 전사함수가 아니어도 성립할까?

5. 함수 $f : X \to Y$, $g : Y \to Z$를 생각하자. $g \circ f$가 단사함수이면 f가 반드시 단사함수임을 보여라. 이때 g도 반드시 단사함수여야 할까? $g \circ f$가 전사함수이면 g가 반드시 전사함수임을 보여라. 이때 f도 반드시 전사함수여야 할까?

6. 전단사함수 $f : X \to Y$와 그 역함수 $f^{-1} : Y \to X$를 생각하자. 소거법칙이 성립함을 보여라. 즉 모든 $x \in X$에 대해 $f^{-1}(f(x)) = x$이고 모든 $y \in Y$에 대해 $f(f^{-1}(y)) = y$임을 보여라. f^{-1}도 마찬가지로 전단사함수이고, 그 역함수가 f임을 증명하라. 따라서 $(f^{-1})^{-1} = f$가 성립한다.

7. 함수 $f : X \to Y$, $g : Y \to Z$를 생각하자. f와 g가 전단사함수이면 $g \circ f$도 전단사함수이고 $(g \circ f)^{-1} = f^{-1} \circ g^{-1}$임을 증명하라.

8. X가 Y의 부분집합이라 하자. 모든 $x \in X$에 대해 사상 $x \mapsto x$로 정의한 $\iota_{X \to Y} : X \to Y$를 X에서 Y로 가는 **포함사상(inclusion map)**이라 한다. 즉, X에서 Y로 가는 포함사상은 모든 $x \in X$에 대해 $\iota_{X \to Y} := x$이다. 특히 사상 $\iota_{X \to X}$를 X에서의 **항등사상(identity map)**이라고 한다. 다음 물음에 답하라.

(a) $X \subseteq Y \subseteq Z$이면 $\iota_{Y \to Z} \circ \iota_{X \to Y} = \iota_{X \to Z}$임을 보여라.

(b) $f : A \to B$가 임의의 함수이면 $f = f \circ \iota_{A \to A} = \iota_{B \to B} \circ f$임을 보여라.

(c) $f : A \to B$가 전단사함수이면 $f \circ f^{-1} = \iota_{B \to B}$이고 $f^{-1} \circ f = \iota_{A \to A}$임을 보여라.

(d) 서로소인 집합 X, Y와 함수 $f : X \to Z$, $g : Y \to Z$를 생각하자. 그러면 $h \circ \iota_{X \to X \cup Y} = f$이고 $h \circ \iota_{Y \to X \cup Y} = g$를 만족하는 함수 $h : X \cup Y \to Z$가 유일하게 존재함을 보여라.

(e) (d)에서 모든 $x \in X \cap Y$에 대해 $f(x) = g(x)$라는 가정을 추가하면 X, Y가 서로소라는 가정을 제거할 수 있음을 보여라.

3.4 상과 역상

X 에서 Y 로 가는 함수 $f : X \to Y$ 가 개별 원소 $x \in X$ 를 원소 $f(x) \in Y$ 로 가져감을 알고 있다. 함수는 X 의 부분집합을 Y 의 부분집합으로 가져갈 수도 있다. 다음 정의를 살펴보자.

정의 3.4.1 집합의 상

X 에서 Y 로 가는 함수 $f : X \to Y$ 를 생각하고, S 가 X 의 부분집합이라 가정하자. $f(S)$ 를 다음과 같은 집합으로 정의한다.[7]

$$f(S) := \{f(x) : x \in S\}$$

집합 $f(S)$ 는 Y 의 부분집합이고, 사상 f 에서 S 의 **상(image)**이라 한다. 때로 $f(S)$ 를 S 의 **역상(inverse image)** $f^{-1}(S)$ 와 구분하기 위해 S 의 **정상(forward image)**이라고도 한다.

집합 $f(S)$ 는 치환공리(공리 3.7 참고) 덕분에 잘 정의됨에 주목하라. 또한 $f(S)$ 를 치환공리 대신 분류공리(공리 3.6 참고)를 사용해 정의할 수 있으며, 이를 보이는 과정은 과제로 남긴다. 정의역의 상 $f(X)$ 는 함수 $f : X \to Y$ 의 **치역(range)**으로도 알려져 있으며, 이는 공역 Y 의 부분집합이다.

EX 3.4.2 $f : \mathbb{N} \to \mathbb{N}$ 이 사상 $f(x) = 2x$ 이면 $\{1, 2, 3\}$ 의 상은 $\{2, 4, 6\}$ 이다. 즉, 다음이 성립한다.

$$f(\{1, 2, 3\}) = \{2, 4, 6\}$$

간단하게 생각하면 $f(S)$ 를 계산하기 위해 S 의 모든 원소 x 를 선택하고 f 에 각 원소를 개별적으로 적용한 뒤 결과로 얻은 객체를 한데 모아 새로운 집합을 만드는 것이다.

EX 3.4.2에서 상은 원래 집합과 크기가 동일하다. f 가 단사함수가 아니면(정의 3.3.17 참고) 상의 크기가 원래 집합보다 더 작을 수 있다.

EX 3.4.3 간단하게 이해하기

정수 집합 $\mathbb{Z}$ 를 생각하자. (정수 집합은 다음 절에서 엄밀하게 정의한다.) 그리고 $f : \mathbb{Z} \to \mathbb{Z}$ 가 사상

7 원칙적으로 이 표기법은 S 가 집합 X 의 부분집합인 동시에 원소라면 x 에서 f 값을 계산할 때 기존 표기법인 $f(x)$ 와 충돌할 수 있다. 그러나 실제로 거의 발생하지 않기 때문에, 이렇게 드물게 충돌할 가능성은 무시한다.

$f(x) = x^2$ 이라 하자. 그러면 다음이 성립한다.

$$f(\{-1, 0, 1, 2\}) = \{0, 1, 4\}$$

$f(-1) = f(1)$ 이므로 f 는 일대일함수가 아님을 확인하라.

다음이 성립함에 주목하라.

$$x \in S \Longrightarrow f(x) \in f(S)$$

그러나 일반적으로는 다음이 성립한다.

$$f(x) \in f(S) \not\Longrightarrow x \in S$$

방금 살펴본 사상 f 에서 $f(-2)$ 는 집합 $f(\{-1, 0, 1, 2\})$ 에 속하지만 -2 는 $\{-1, 0, 1, 2\}$ 에 속하지 않는다. 그래서 방금 본 명제를 올바르게 수정하면 다음과 같다(그 이유는?).

$$y \in f(S) \iff y = f(x)\text{인 } x \in S\text{가 존재한다.}$$

EX 3.4.4 정의 3.3.20에서 함수 $f : X \to Y$ 가 전사함수일 필요충분조건은 $f(X) = Y$ 인 것이다.

정의 3.4.5 집합의 역상

U 가 Y 의 부분집합이면, 집합 $f^{-1}(U)$ 를 다음과 같은 집합으로 정의한다.

$$f^{-1}(U) := \{x \in X : f(x) \in U\}$$

즉, $f^{-1}(U)$ 는 U 로 사상하는 X 의 모든 원소로 구성되며, 다음과 같이 표현할 수 있다.

$$f(x) \in U \iff x \in f^{-1}(U)$$

이때 $f^{-1}(U)$ 를 U 의 **역상(inverse image)**이라고 한다.

EX 3.4.6 $f : \mathbb{N} \to \mathbb{N}$ 이 사상 $f(x) = 2x$ 라고 하자. 그러면 $f(\{1, 2, 3\}) = \{2, 4, 6\}$ 이지만 $f^{-1}(\{1, 2, 3\}) = \{1\}$ 이다. 그러므로 $\{1, 2, 3\}$ 의 상과 역상은 서로 다른 집합이다. 또한 다음 관계가 성립함에 주목하라(그 이유는?).

$$f(f^{-1}(\{1, 2, 3\})) \neq \{1, 2, 3\}$$

EX 3.4.7 간단하게 이해하기

$f : \mathbb{Z} \to \mathbb{Z}$가 사상 $f(x) = x^2$이면 다음이 성립한다.

$$f^{-1}(\{0,1,4\}) = \{-2,-1,0,1,2\}$$

$f^{-1}(U)$가 의미있는 집합이 되기 위해 f가 가역함수일 필요는 없다. 또한 상과 역상은 서로 반전되지 않는다는 점에 유의하자. 예를 들어 다음과 같이 두 집합은 서로 같지 않다(그 이유는?).

$$f^{-1}(f(\{-1,0,1,2\})) \neq \{-1,0,1,2\}$$

참고 3.4.8 f가 전단사함수일 때 f^{-1}를 두 가지 방식으로 정의했다. 하지만 두 정의가 일치하기 때문에 문제가 발생하지 않는다(연습문제 1 참고).

앞서 언급했듯이 함수는 집합일 필요가 없다. 그러나 함수는 객체의 한 유형으로 간주하는데, 특히 함수로 이루어진 집합을 고려할 수 있어야 한다. 특히 집합 X에서 집합 Y로 가는 **모든** 함수로 이루어진 집합을 고려할 수 있어야 한다. 따라서 집합론에 새로운 공리를 도입해야 한다.

공리 3.11 멱집합 공리(power set axiom)

집합 X와 Y를 생각하자. 그러면 Y^X으로 표기하는 집합이 존재하며, 이 집합은 X에서 Y로 가는 모든 함수로 구성된다. 따라서 다음이 성립한다.

$$f \in Y^X \iff (f\text{는 정의역 } X\text{에서 공역 } Y\text{로 가는 함수이다.})$$

EX 3.4.9 두 집합 $X = \{4,7\}$과 $Y = \{0,1\}$을 생각하자. 집합 Y^X은 다음과 같이 네 가지 함수로 구성된다.

- 첫 번째 함수 : $4 \mapsto 0,\ 7 \mapsto 0$
- 두 번째 함수 : $4 \mapsto 0,\ 7 \mapsto 1$
- 세 번째 함수 : $4 \mapsto 1,\ 7 \mapsto 0$
- 네 번째 함수 : $4 \mapsto 1,\ 7 \mapsto 1$

이 집합을 나타낼 때 Y^X이라는 표기법을 사용하는 이유는 Y가 원소 n개를 가지고 X가 원소 m개를 가지면 Y^X은 원소 n^m개를 가짐을 보일 수 있기 때문이다. 이에 관해서는 명제 3.6.14(f)를 참고하라.

멱집합 공리로 다음을 알 수 있다.

보조정리 3.4.10 집합 X를 생각하자. 그러면 집합 $\{Y : Y$는 X의 부분집합이다.$\}$도 집합이다. 즉, 모든 객체 Y에 대해 집합 Z가 존재해서 다음을 만족한다.

$$Y \in Z \iff Y \subseteq X$$

보조정리 3.4.10의 증명은 연습문제 6으로 남긴다.

참고 3.4.11 집합 $\{Y : Y$는 X의 부분집합$\}$은 X의 **멱집합**(power set)이라 하고, 기호로는 2^X으로 표기한다. 예를 들어 a, b, c가 서로 다른 객체이면 집합 $\{a, b, c\}$의 멱집합은 다음과 같다.

$$2^{\{a,b,c\}} = \{\varnothing, \{a\}, \{b\}, \{c\}, \{a,b\}, \{a,c\}, \{b,c\}, \{a,b,c\}\}$$

집합 $\{a, b, c\}$는 원소가 3개이지만, 집합 $2^{\{a,b,c\}}$은 원소가 $2^3 = 8$개이다. 이 사실이 X의 멱집합을 왜 2^X이라 나타내는지에 관한 힌트를 준다. 이 내용은 8장에서 다시 다룰 것이다.

내용의 완결성을 위해 지금까지 구축한 집합론에 공리 하나를 더 추가한다. 이 공리는 유한합집합 공리를 개선해서 집합의 더욱 큰 모임을 허용한다.

공리 3.12 합집합(union)
모든 원소가 그 자체로 집합인 집합 A를 생각하자. 그러면 집합 $\bigcup A$가 존재하며, 이 집합은 정확히 'A의 원소'의 원소인 객체로 구성된다. 즉, 모든 객체 x에 대해 다음이 성립한다.

$$x \in \bigcup A \iff \text{어떤 } S \in A\text{에 대해 } x \in S\text{이다.}$$

EX 3.4.12 집합 $A = \{\{2,3\}, \{3,4\}, \{4,5\}\}$를 생각하자. 그러면 $\bigcup A = \{2,3,4,5\}$이다(그 이유는?).

합집합 공리를 두원소집합 공리에 결합하면 유한합집합 공리를 함의한다(연습문제 8 참고). 이 공리의 다른 중요한 결과는 어떤 집합 I를 생각하고 모든 원소 $\alpha \in I$에 대해 집합 A_α가 있으면 다음과 같이 정의한 합집합 $\bigcup_{\alpha \in I} A_\alpha$를 만들 수 있다는 것이다.

$$\bigcup_{\alpha \in I} A_\alpha := \bigcup \{A_\alpha : \alpha \in I\}$$

이 집합은 치환공리와 합집합 공리 덕분에 여전히 집합이다. 집합 $I = \{1,2,3\}$, $A_1 := \{2,3\}$, $A_2 := \{3,4\}$, $A_3 := \{4,5\}$를 생각하자. 그러면 $\bigcup_{\alpha \in \{1,2,3\}} A_\alpha = \{2,3,4,5\}$이다. 더 일반적으로

임의의 객체 y에 대해 다음이 성립한다.

$$y \in \bigcup_{\alpha \in I} A_\alpha \iff \text{적당한 } \alpha \in I \text{에 대해 } y \in A_\alpha \text{이다.} \tag{3.2}$$

이와 같은 상황에서 I를 **인덱스집합(index set)**이라고 하고, 이 인덱스집합의 원소 α를 **라벨(label)**이라고 한다. 집합 A_α를 **집합족(family of sets)**이라 하고, 라벨 $\alpha \in I$에 의해 **인덱스된다(indexed)**고 한다. I가 공집합이라면 집합 $\bigcup_{\alpha \in I} A_\alpha$도 자동으로 공집합임에 주목하라(그 이유는?).

인덱스집합이 공집합이 아닌 이상 집합족의 교집합을 비슷하게 구성할 수 있다. 구체적으로는 공집합이 아닌 집합 I가 주어지고 각각의 α마다 집합 A_α가 할당되면, 먼저 (I는 공집합이 아니므로) I의 일부 원소 β를 선택함으로써 교집합 $\bigcap_{\alpha \in I} A_\alpha$를 정의할 수 있다. 그리고 분류공리에 의해 다음과 같은 집합을 구성할 수 있다.

$$\bigcap_{\alpha \in I} A_\alpha := \{x \in A_\beta : \text{모든 } \alpha \in I \text{에 대해 } x \in A_\alpha\} \tag{3.3}$$

이 정의는 β의 선택에 의존하는 것처럼 보이지만 사실 그렇지 않다(연습문제 9 참고). 임의의 객체 y에 대하여 다음이 성립함을 확인하라. 그리고 식 (3.2)와 비교해보라.

$$y \in \bigcap_{\alpha \in I} A_\alpha \iff \text{모든 } \alpha \in I \text{에 대해 } y \in A_\alpha \text{이다.} \tag{3.4}$$

참고 **3.4.13** 지금까지 소개한 집합론 공리에는 공리 3.1~공리 3.12가 있으며, 이 중에서 위험한 공리 3.9를 제외한 공리들은 에른스트 체르멜로(Ernest Zermelo, 1871 – 1953)와 아브라함 프렝켈(Abraham Fraenkel, 1891 – 1965)의 이름을 따서 **ZF 공리계(Zermelo – Fraenkel axioms of set theory)**[8] 라고 한다. 결국에 **선택공리**(8.4절 참고)라고 하는 필수 공리가 하나 더 있다. ZF 공리계에 선택공리를 추가하여 **ZFC 공리계(Zermelo–Fraenkel–Choice axioms of set theory)**가 구성되지만, 당분간은 이 공리가 필요하지 않다.

8 다른 책에서는 이러한 공리가 약간 다르게 공식화되어 있지만, 모든 공식은 서로 동치라고 간주할 수 있다.

3.4 연습문제

1. 전단사함수 $f : X \to Y$ 를 생각하고, 그 역함수를 $f^{-1} : Y \to X$ 라고 하자. 그리고 집합 Y 의 부분집합 V 를 생각하자. f^{-1} 에서 V 의 상과 f 에서 V 의 역상이 서로 같은 집합임을 보여라. 따라서 두 집합을 모두 $f^{-1}(V)$ 로 표시해도 모순이 생기지 않는다.

2. 어떤 집합 X 에서 다른 집합 Y 로 가는 함수 $f : X \to Y$ 와 X 의 부분집합 S, 그리고 Y 의 부분집합 U 를 생각하자. 다음 물음에 답하라.

(a) $f^{-1}(f(S))$ 와 S 사이에서 일반적으로 무엇을 말할 수 있을까?

(b) $f(f^{-1}(U))$ 와 U 사이에서 일반적으로 무엇을 말할 수 있을까?

(c) $f^{-1}(f(f^{-1}(U)))$ 와 $f^{-1}(U)$ 사이에서 일반적으로 무엇을 말할 수 있을까?

3. X 의 두 부분집합 A, B 와 함수 $f : X \to Y$ 를 생각하자. 다음 세 명제가 성립함을 보여라.

(a) $f(A \cap B) \subseteq f(A) \cap f(B)$

(b) $f(A) \setminus f(B) \subseteq f(A \setminus B)$

(c) $f(A \cup B) = f(A) \cup f(B)$

명제 (a), (b)에서 $\subseteq$ 가 $=$ 로 바뀌어도 여전히 성립하는지 확인하라.

4. 한 집합 X 에서 다른 집합 Y 로 가는 함수 $f : X \to Y$ 와 Y 의 부분집합 U, V 를 생각하자. 다음 세 명제가 성립함을 보여라.

(a) $f^{-1}(U \cup V) = f^{-1}(U) \cup f^{-1}(V)$

(b) $f^{-1}(U \cap V) = f^{-1}(U) \cap f^{-1}(V)$

(c) $f^{-1}(U \setminus V) = f^{-1}(U) \setminus f^{-1}(V)$

5. 한 집합 X 에서 다른 집합 Y 로 가는 함수 $f : X \to Y$ 를 생각하자. 다음 두 명제가 참임을 보여라.

(a) 임의의 $S \subseteq Y$ 에 대해 $f(f^{-1}(S)) = S$ 일 필요충분조건은 f 가 전사함수인 것이다.

(b) 임의의 $S \subseteq X$ 에 대해 $f^{-1}(f(S)) = S$ 일 필요충분조건은 f 가 단사함수인 것이다.

6. 다음 물음에 답하라.

(a) 보조정리 3.4.10을 증명하라.

힌트 집합 $\{0, 1\}^X$ 에서 시작하고, 각 함수 f 를 객체 $f^{-1}(\{1\})$ 로 치환함으로써 치환공리를 적용한다. 또한 3.5절 연습문제 11도 참고한다.

(b) 역으로 보조정리 3.4.10을 공리로 받아들인다면 공리 3.11이 집합론의 이전 공리를 끌어낼 수 있음을 보여라. (이로써 공리 3.11을 '멱집합 공리'라고 부르는 이유가 설명될 것이다.)

7. 집합 X, Y를 생각하자. X에서 Y로 가는 **부분함수(partial function)**를 정의역 X'이 X의 부분집합이고 공역 Y'이 Y의 부분집합인, 임의의 함수 $f : X' \to Y'$으로 정의한다. X에서 Y로 가는 모든 부분함수로 이루어진 모임(collection)이 그 자체로 집합임을 보여라.

힌트 연습문제 6과 멱집합 공리, 치환공리, 합집합 공리를 사용한다.

8. 공리 3.1, 공리 3.4, 공리 3.12에서 공리 3.5를 추론할 수 있음을 보여라.

9. 집합 I의 두 원소가 β, β'이고 각각의 $\alpha \in I$에 대해 집합 A_α를 할당할 수 있으면 다음이 성립함을 보여라.

$$\{x \in A_\beta : \text{모든 } \alpha \in I\text{에 대해 } x \in A_\alpha\} = \{x \in A_{\beta'} : \text{모든 } \alpha \in I\text{에 대해 } x \in A_\alpha\}$$

그러므로 식 (3.3)에서 정의한 $\bigcap_{\alpha \in I} A_\alpha$는 β에 의존하지 않는다. 또한 식 (3.4)가 참인 이유를 설명하라.

10. 두 집합 I, J를 생각하고, 모든 $\alpha \in I \cup J$에 대해 A_α는 집합이라 하자. 다음 물음에 답하라.

(a) $\left(\bigcup_{\alpha \in I} A_\alpha\right) \cup \left(\bigcup_{\alpha \in J} A_\alpha\right) = \bigcup_{\alpha \in I \cup J} A_\alpha$ 임을 보여라.

(b) 만약 I와 J가 공집합이 아니면, $\left(\bigcap_{\alpha \in I} A_\alpha\right) \cap \left(\bigcap_{\alpha \in J} A_\alpha\right) = \bigcap_{\alpha \in I \cup J} A_\alpha$가 성립함을 보여라.

11. 집합 X와 공집합이 아닌 집합 I를 생각하고, 모든 $\alpha \in I$에 대해 A_α는 X의 부분집합이라 하자. 다음 식이 성립함을 보여라.

(a) $X \setminus \bigcup_{\alpha \in I} A_\alpha = \bigcap_{\alpha \in I} (X \setminus A_\alpha)$

(b) $X \setminus \bigcap_{\alpha \in I} A_\alpha = \bigcup_{\alpha \in I} (X \setminus A_\alpha)$

두 식은 명제 3.1.27에 소개한 드 모르간 법칙과 비교할 수 있다. (단, I가 무한집합일 수 있기 때문에 드 모르간 법칙에서 연습문제의 항등식을 직접 유도할 수는 없다.)

3.5 데카르트 곱

합집합, 교집합, 차집합과 같은 기본 연산과 더불어 **데카르트 곱**이라고 하는 기본 연산이 존재한다. 이 개념을 정의하기에 앞서 우선 **순서쌍**에 대한 개념이 필요하다.

정의 3.5.1 **순서쌍(ordered pair)**

x와 y가 (둘이 같아도 상관없는) 임의의 객체라면 x를 첫 번째 성분으로 하고 y를 두 번째 성분으로 하는 새로운 객체를 **순서쌍** (x, y)라고 정의한다. 두 순서쌍 (x, y)와 (x', y')이 같을 필요충분조건은 각 성분이 일치할 때이다. 즉, 다음과 같다.

$$(x, y) = (x', y') \iff x = x' \text{이고 } y = y' \text{이다.} \tag{3.5}$$

이 상등 개념은 일반적인 상등공리와 일치한다(연습문제 3 참고). 그러므로 순서쌍 $(3, 5)$는 순서쌍 $(2+1, 3+2)$와 같지만, 순서쌍 $(5, 3)$, $(3, 3)$, $(2, 5)$와는 다르다. 참고로 이는 두 집합 $\{3, 5\}$와 $\{5, 3\}$이 서로 같은 집합인 경우와 대조된다.

참고 3.5.2 엄밀히 말하자면 정의 3.5.1은 부분적으로 공리이다. 왜냐하면 어떠한 객체 x와 y가 주어지면 (x, y) 형태의 객체가 존재한다고 가정하기 때문이다. 그러나 더 이상 가정이 필요하지 않도록 집합론의 공리를 사용하여 순서쌍을 정의할 수 있다(연습문제 1 참고).

참고 3.5.3 여기서 괄호 ( )를 다시 한 번 '오버로딩'했다. 괄호는 연산자를 묶고 함수의 인수를 나타낼 뿐만 아니라 순서쌍을 묶는 데에도 사용한다. 대신 문맥상 괄호 ( )가 어떤 용도로 사용되었는지 파악할 수 있으므로, 실제로는 문제가 없다.

정의 3.5.4 **데카르트 곱(Cartesian product)**

집합 X와 Y를 생각하자. 첫 번째 성분을 X의 원소 중에서 선택하고, 두 번째 성분을 Y의 원소 중에서 선택하여 만든 순서쌍의 모임을 **데카르트 곱** $X \times Y$라고 한다. 즉, 다음이 성립한다.

$$X \times Y = \{(x, y) : x \in X, y \in Y\}$$

이와 동치인 표현은 다음과 같다.

$$a \in (X \times Y) \iff \text{어떤 } x \in X \text{와 } y \in Y \text{에 대해 } a = (x, y) \text{이다.}$$

데카르트 곱 $X \times Y$가 실제로 집합임을 보일 수 있다. 연습문제 1을 참고하라.

EX 3.5.5 집합 $X := \{1, 2\}$와 $Y := \{3, 4, 5\}$를 생각하면 다음이 성립한다.

- $X \times Y = \{(1, 3), (1, 4), (1, 5), (2, 3), (2, 4), (2, 5)\}$
- $Y \times X = \{(3, 1), (4, 1), (5, 1), (3, 2), (4, 2), (5, 2)\}$

$X \times Y$와 $Y \times X$는 항상 원소의 개수가 같기도 하고(3.6절 연습문제 5 참고) 비슷해 보이지만, 엄밀히 말해 서로 다른 집합이다.

$X \times Y$가 두 집합 X와 Y의 데카르트 곱일 때 $f : X \times Y \to Z$는 $X \times Y$가 정의역인 함수이다. 그러면 f는 일변수함수 또는 이변수함수 중 하나로 생각할 수 있다. 함수 f를 일변수함수로 생각하면 $X \times Y$의 순서쌍 (x, y)가 단일 입력이며 이를 Z에서의 출력[9] $f(x, y)$에 대응한다. 함수 f를 이변수함수로 생각하면 입력 $x \in X$와 다른 입력 $y \in Y$를 Z에서의 단일 출력 $f(x, y)$에 대응한다. 두 개념은 기술적으로 다르지만 서로 구분하지 않고, f를 $X \times Y$를 정의역으로 하는 일변수함수인 동시에 X와 Y가 모두 정의역인 이변수함수로 생각한다. 자연수에서의 덧셈 연산 $+$는 $(x, y) \mapsto x + y$라고 정의된 함수 $+ : \mathbb{N} \times \mathbb{N} \to \mathbb{N}$이라고 다시 해석할 수 있다.

이제 순서쌍이라는 개념이 생겼으므로, 공식 $(x, y, z) := ((x, y), z)$를 이용하여 세 객체 x, y, z로 이루어진 순서쌍 (x, y, z)를 정의할 수 있다. 이 방법을 계속하면 성분이 4개인 순서쌍(ordered quadruple) 등을 정의할 수 있지만, n중쌍을 만드는 다른 구성 방법을 사용하려고 한다.

정의 3.5.6 n중쌍과 n겹 데카르트 곱

자연수 n을 생각하자.

- 1과 n 사이의 모든 자연수 i에 대해 객체 x_i의 모임을 **n중쌍(ordered n-tuple)**이라 하며, 이를 기호로는 $(x_i)_{1 \le i \le n}$ 또는 $(x_1, \cdots, x_n)$이라 한다. 이때 x_i를 n중쌍의 **i번째 성분(i^{th} component)**이라고 한다.
- 두 n중쌍 $(x_i)_{1 \le i \le n}$과 $(y_i)_{1 \le i \le n}$이 서로 같을 필요충분조건은 모든 $1 \le i \le n$에 대해 $x_i = y_i$인 것이다.
- $(X_i)_{1 \le i \le n}$이 집합의 n중쌍이면 그 **데카르트 곱** $\prod_{1 \le i \le n} X_i$를 다음과 같이 정의한다.

$$\prod_{1 \le i \le n} X_i := \{(x_i)_{1 \le i \le n} : \text{모든 } 1 \le i \le n\text{에 대해 } x_i \in X_i\}$$

9 지금부터 $f((x, y))$를 관습적으로 $f(x, y)$로 줄여서 표기하는, 매우 일반적인 표기법을 적용한다.

데카르트 곱을 $\prod_{i=1}^{n} X_i$ 또는 $X_1 \times \cdots \times X_n$ 으로도 표기한다.

즉, 이 정의는 단순히 n중쌍과 n겹 데카르트 곱은 필요할 때 항상 존재한다고 가정한다. 하지만 집합론 공리를 사용하면 이러한 객체를 명시적으로 구성할 수 있다. 연습문제 2를 참고하라.

참고 3.5.7 이러한 구성 방법을 무한 데카르트 곱으로 일반화할 수 있다. 정의 8.4.1을 참고하라.

EX 3.5.8 객체 a_1, b_1, a_2, b_2, a_3, b_3를 생각하고, $X_1 := \{a_1, b_1\}$, $X_2 := \{a_2, b_2\}$, $X_3 := \{a_3, b_3\}$라고 하자. 그러면 다음이 성립한다.

- $X_1 \times X_2 \times X_3 = \{(a_1, a_2, a_3), (a_1, a_2, b_3), (a_1, b_2, a_3), (a_1, b_2, b_3), (b_1, a_2, a_3), (b_1, a_2, b_3), (b_1, b_2, a_3), (b_1, b_2, b_3)\}$
- $(X_1 \times X_2) \times X_3 = \{((a_1, a_2), a_3), ((a_1, a_2), b_3), ((a_1, b_2), a_3), ((a_1, b_2), b_3), ((b_1, a_2), a_3), ((b_1, a_2), b_3), ((b_1, b_2), a_3), ((b_1, b_2), b_3)\}$
- $X_1 \times (X_2 \times X_3) = \{(a_1, (a_2, a_3)), (a_1, (a_2, b_3)), (a_1, (b_2, a_3)), (a_1, (b_2, b_3)), (b_1, (a_2, a_3)), (b_1, (a_2, b_3)), (b_1, (b_2, a_3)), (b_1, (b_2, b_3))\}$

엄밀히 말하자면 집합 $X_1 \times X_2 \times X_3$, $(X_1 \times X_2) \times X_3$, $X_1 \times (X_2 \times X_3)$는 서로 다른 집합이다. 그러나 세 집합은 임의의 두 집합 사이에 명백한 전단사함수가 존재하는 등 서로 매우 밀접하게 관련 있어서 실제로는 서로 같은 집합처럼 여긴다. 그러므로 함수 $f : X_1 \times X_2 \times X_3 \to Y$는 일변수 $(x_1, x_2, x_3) \in X_1 \times X_2 \times X_3$의 함수로 생각할 수도 있고, 삼변수 $x_1 \in X_1$, $x_2 \in X_2$, $x_3 \in X_3$의 함수로 생각할 수도 있으며, 이변수 $x_1 \in X_1$, $(x_2, x_3) \in X_2 \times X_3$의 함수 등으로 생각할 수 있다. 이렇게 다른 관점은 앞으로 구별하지 않을 것이다.

참고 3.5.9 객체로 구성된 n중쌍 $(x_1, \cdots, x_n)$은 원소 n개로 구성된 **순서 있는 수열**(ordered sequence)이라고 하거나, 짧게 줄여서 **유한수열**(finite sequence)이라고 한다. 5장에서 **무한수열**(infinite sequence)이라고 하는 매우 유용한 개념에 대해 학습할 것이다.

EX 3.5.10 x가 객체이면 (x)는 1중쌍이다. 즉, (x)는 x와 서로 같은 객체가 아니지만, x 자체와 동일시할 수 있다. X_1이 임의의 집합이면, 데카르트 곱 $\prod_{1 \le i \le 1} X_i$는 X_1이다(그 이유는?).

빈 데카르트 곱(empty Cartesian product) $\prod_{1 \le i \le 0} X_i$는 공집합 $\{\}$이 아니라 원소가 0중쌍(0–tuple 또는 empty tuple) $()$으로 유일하게 있는 한원소집합 $\{()\}$이다.

---

n이 자연수이면 n겹 데카르트 곱(n–fold Cartesian product) $X^n := \prod_{1 \le i \le n} X$를 축약해서 X^n으로도 사용한다. 그러므로 객체 x와 1중쌍 (x) 사이의 차이를 무시한다면 X^1은 필연적으로 X와 서로 같은 집합이다. 반면에 X^2은 데카르트 곱 $X \times X$이고, 집합 X^0은 한원소집합 $\{()\}$이다(그 이유는?).

이제 하나의 선택 보조정리(보조정리 3.1.5 참고)를 일반화하여 여러 개(유한개)를 선택할 수 있다.

보조정리 3.5.11 유한선택

자연수 $n \ge 1$을 생각하자. 각 자연수 $1 \le i \le n$마다 X_i를 공집합이 아닌 집합이라 하자. 그러면 n중쌍 $(x_i)_{1 \le i \le n}$이 존재해서 모든 $1 \le i \le n$에 대해 $x_i \in X_i$를 만족한다. 즉, 각각의 공집합이 아닌 X_i마다 집합 $\prod_{1 \le i \le n} X_i$도 공집합이 아니다.

증명

n에 관한 귀납법을 사용하자. 참고로 이 보조정리는 $n = 0$이면 공진리이지만 흥미로운 경우가 아니기 때문에 $n = 1$부터 시작한다.

먼저 $n = 1$일 때 주어진 주장은 보조정리 3.1.5에 의해 참이다(그 이유는?). 이제 이 주장이 어떤 n에 대해 증명되었다고 귀납적으로 가정하고, $n{+}{+}$에 대해 증명하겠다. 공집합이 아닌 집합의 모임 $X_1, \cdots, X_{n++}$를 생각하자. 귀납 가정에 따르면 모든 $1 \le i \le n$에 대해 $x_i \in X_i$를 만족하는 n중쌍 $(x_i)_{1 \le i \le n}$을 찾을 수 있다. 또한 X_{n++}가 공집합이 아니므로 보조정리 3.1.5에서 $a \in X_{n++}$를 만족하는 객체 a를 찾을 수 있다. 그러므로 $1 \le i \le n$일 때 $y_i := x_i$라고 하고 $i = n{+}{+}$일 때 $y_i := a$라고 함으로써 $n{+}{+}$중쌍 $(y_i)_{1 \le i \le n++}$를 정의한다면, 모든 $1 \le i \le n{+}{+}$에 대해 $y_i \in X_i$임이 분명하므로 증명이 끝난다. 따라서 귀납법에 따라 참임을 증명했다. ■

참고 3.5.12 이 보조정리가 수를 무한히 선택할 수 있도록 확장되어야 한다는 것은 직관적으로 그럴듯하지만, 자동으로 확장할 수는 없다. 보조정리를 확장하려면 선택공리가 추가로 필요하다. 8.4절을 참고하라.

3.5 연습문제

1. 다음 물음에 답하라.

(a) 임의의 객체 x와 y를 생각하고 순서쌍 (x, y)를 $(x, y) := \{\{x\}, \{x, y\}\}$로 **정의**했다고 가정하자. 참고로 이 공식은 공리 3.4를 여러 번 사용하면 만들 수 있으며 순서쌍의 **쿠라토프스키 정의(Kuratowski definition)**라고 알려져 있다. 예를 들면 $(1, 2)$는 집합 $\{\{1\}, \{1, 2\}\}$이고 $(2, 1)$은 집합 $\{\{2\}, \{2, 1\}\}$이며 $(1, 1)$은 집합 $\{\{1\}\}$이다. 이러한 정의가 식 (3.5)를 만족함을 보여라.

(b) 다른 정의 $(x, y) := \{x, \{x, y\}\}$를 이용하여 순서쌍을 정의하였다고 가정하자. 이 정의도 식 (3.5)를 만족함으로써 순서쌍 정의로 수용할 수 있음을 보여라. 이 정의를 순서쌍의 **짧은 정의**라고도 한다. 참고로 이 문제는 까다롭기 때문에 문제를 해결하려면 기초공리와 특히 3.2절 연습문제 2가 필요하다.

(c) 임의의 두 집합 X, Y에 대해 앞의 순서쌍 정의로 만든 데카르트 곱 $X \times Y$ 역시 집합임을 보여라.

힌트 먼저 치환공리를 이용하여 임의의 $x \in X$에 대해 $\{(x, y) : y \in Y\}$가 집합임을 보인 후 합집합 공리를 적용한다.

2. n중쌍을 공역이 임의의 집합 X인 전사함수 $x : \{i \in \mathbb{N} : 1 \leq i \leq n\} \to X$로 **정의**한다고 가정하자. (그러면 서로 다른 n중쌍은 서로 다른 치역을 가질 수 있다.) 그러면 $x(i)$에 대해 x_i로 표기하고, x를 $(x_i)_{1 \leq i \leq n}$으로 표기한다. 이 정의를 이용하여 $(x_i)_{1 \leq i \leq n} = (y_i)_{1 \leq i \leq n}$일 필요충분조건이 모든 $1 \leq i \leq n$에 대해 $x_i = y_i$임을 보여라. 또한 $(X_i)_{1 \leq i \leq n}$이 집합으로 구성된 n중쌍이라면, 정의 3.5.6에서 정의한 데카르트 곱 역시 집합임을 보여라.

힌트 3.4절 연습문제 7과 분류공리를 사용한다.

참고로 이 연습문제처럼 n중쌍을 구성하는 방법은 연습문제 1의 구성 방법과 호환되지 않지만, 실질적인 문제가 생기지는 않는다. 즉, 여기서 연습문제 1의 순서쌍 정의를 이용하여 2중쌍을 정의할 수 있다. 두 가지 정의는 수학적으로 증명할 때 고려할 작은 차이만 제외하면 실질적으로 큰 차이가 없다.

3. 순서쌍 (x, y)의 개별 성분인 x, y에 대해 순서쌍과 n중쌍에 대한 상등의 정의가 성립한다고 가정하면 순서쌍 자체에도 이 공리가 성립한다는 의미에서, 순서쌍과 n중쌍에 대한 상등의 정의가 반사성, 대칭성, 추이성 공리를 모두 만족함을 보여라.

4. 집합 A, B, C를 생각하자. 다음 식이 성립함을 보여라.

(a) $A \times (B \cup C) = (A \times B) \cup (A \times C)$

(b) $A \times (B \cap C) = (A \times B) \cap (A \times C)$

(c) $A \times (B \setminus C) = (A \times B) \setminus (A \times C)$

당연히 데카르트 곱에서 왼쪽 요소와 오른쪽 요소의 역할이 반대로 바뀌는, 유사한 항등식을 증명할 수 있다.

5. 집합 A, B, C, D를 생각하자. 다음 물음에 답하라.

(a) $(A \times B) \cap (C \times D) = (A \cap C) \times (B \cap D)$가 성립함을 보여라.

(b) $(A \times B) \cup (C \times D) = (A \cup C) \times (B \cup D)$가 성립하는지의 여부를 확인하라.

(c) $(A \times B) \setminus (C \times D) = (A \setminus C) \times (B \setminus D)$가 성립하는지의 여부를 확인하라.

6. 공집합이 아닌 집합 A, B, C, D를 생각하자. 다음 물음에 답하라.

(a) $A \times B \subseteq C \times D$일 필요충분조건이 $A \subseteq C$이고 $B \subseteq D$임을 보여라.

(b) $A \times B = C \times D$일 필요충분조건이 $A = C$이고 $B = D$임을 보여라.

(c) 가정에서 A, B, C, D가 공집합이 아니라는 조건이 사라지면 (a), (b)의 명제에 어떤 일이 발생하는지 확인하라.

7. 집합 X, Y를 생각하자. $\pi_{X \times Y \to X} : X \times Y \to X$는 사상 $\pi_{X \times Y \to X}(x, y) := x$이고, $\pi_{X \times Y \to Y} : X \times Y \to Y$는 사상 $\pi_{X \times Y \to Y}(x, y) := y$라고 하자. 두 사상을 $X \times Y$에서의 **좌표함수(coordinate function)**라고 한다. 임의의 함수 $f : Z \to X$와 $g : Z \to Y$에 대해 $\pi_{X \times Y \to X} \circ h = f$와 $\pi_{X \times Y \to Y} \circ h = g$를 만족하는 유일한 함수 $h : Z \to X \times Y$가 존재함을 보여라. (이 함수를 3.3절 연습문제 8의 마지막 부분 및 3.1절 연습문제 7과 비교해보라.) 이러한 함수 h를 기호로 $h = (f, g)$로 표기하며 f와 g의 **쌍함수(pairing)**라고 한다.

8. 집합 $X_1, \cdots, X_n$을 생각하자. 데카르트 곱 $\prod_{i=1}^{n} X_i$가 공집합일 필요충분조건은 X_i 중 적어도 한 개 이상이 공집합인 것임을 보여라.

9. 두 집합 I, J를 생각하자. 모든 $\alpha \in I$에 대해 집합 A_α를 생각하고, 모든 $\beta \in J$에 대해 집합 B_β를 생각하자. 다음 등식이 성립함을 보여라. 또한, 이 등식에서 합집합 기호와 교집합 기호를

서로 바꾸면 그 등식이 성립하는지 확인하라.

$$\left(\bigcup_{\alpha\in I} A_\alpha\right) \cap \left(\bigcup_{\beta\in J} B_\beta\right) = \bigcup_{(\alpha,\beta)\in I\times J} (A_\alpha \cap B_\beta)$$

10. 함수 $f : X \to Y$를 생각하자. 함수 f의 **그래프**를 $X \times Y$의 부분집합인 $\{(x, f(x)) : x \in X\}$로 정의하자. 다음 물음에 답하라.

(a) 두 함수 $f : X \to Y$, $\tilde{f} : X \to Y$가 서로 같은 함수일 필요충분조건이 두 함수가 서로 같은 그래프를 가지는 것임을 보여라.

(b) 역으로 G가 $X \times Y$의 임의의 부분집합이고, 각 $x \in X$마다 집합 $\{y \in Y : (x, y) \in G\}$가 정확히 한 원소를 가진다(즉, G가 **수직선 판정법**을 만족한다)고 할 때, 함수의 그래프가 G와 서로 같은 함수 $f : X \to Y$가 정확히 하나 존재함을 보여라.

(c) 집합 X, Y를 생각하고 수직선 판정법을 따르는 $X \times Y$의 부분집합 G를 생각하자. 함수 f를 3중쌍 $f = (X, Y, G)$로 **정의**한다고 가정하자. (참고로 함수 개념을 3중쌍 또는 두 집합의 데카르트 곱을 정의하는 데 사용하지 않았으므로 이 정의는 순환 논리에 빠지지 않는다.) 이 3중쌍에서 정의역은 X로, 공역은 Y로 정의하며, 모든 $x \in X$에 대해 $f(x)$는 $(x, y) \in G$를 만족하는 유일한 $y \in Y$로 **정의**한다. 정의역 X, 공역 Y, 수직선 판정법을 따르는 성질 $P(x, y)$를 선택할 때마다 해당 정의에서 요구한 모든 성질을 따르는 함수를 생성한다는 의미에서, 이 정의가 정의 3.3.1과 양립할 수 있으며, 정의 3.3.8과도 유사하게 양립할 수 있음을 보여라.

11. 공리 3.11이 보조정리 3.4.10과 집합론의 다른 공리로부터 유도할 수 있고, 따라서 보조정리 3.4.10은 멱집합 공리의 대체 공식으로 사용할 수 있음을 보여라.

힌트 임의의 두 집합 X, Y에 대해 보조정리 3.4.10과 분류공리를 이용하여 $X \times Y$의 부분집합 중 수직선 판정법을 따르는 모든 집합으로 이루어진 집합을 구성한다. 그런 뒤에 연습문제 10과 치환공리를 사용한다.

12. 이 연습문제를 통해 순환 논리를 피할 수 있는 엄밀한 형태의 명제 2.1.16을 확립할 것이다(특히 명제 2.1.16을 구성하는 데 필요한 객체를 사용하지 않으려고 한다). 다음 물음에 답하라.

(a) 집합 X와 함수 $f : \mathbb{N} \times X \to X$, 그리고 X의 원소 c를 생각하자. 다음을 만족하는 함수 $a : \mathbb{N} \to X$가 존재함을 보여라. 또한 함수 a가 유일함을 증명하라.

$$a(0) = c\text{이고, 모든 } n \in \mathbb{N}\text{에 대하여 } a(n{+}{+}) = f(n, a(n))\text{이다.}$$

힌트 먼저 보조정리 3.5.11의 증명을 수정함으로써 다음 내용을 귀납법으로 증명한다. 즉, 모든 자연수 $N \in \mathbb{N}$에 대해 $a_N(0) = c$이고 $n < N$인 임의의 $n \in \mathbb{N}$에 대해 $a_N(n{+}{+}) = f(n, a_N(n))$을

만족하는 함수 $a_N : \{n \in \mathbb{N} : n \leq N\} \to X$ 가 유일하게 존재함을 보인다.

(b) **[어려운 문제]** 페아노 공리를 제외하고 자연수의 어떤 성질도 직접 사용하지 않고(특히 자연수의 순서 개념이나 명제 2.1.16을 이용하지 않고) (a)를 증명하라.

힌트 먼저 페아노 공리와 기초 집합론을 이용하여 다음 내용을 귀납적으로 증명한다. 즉 모든 자연수 $N \in \mathbb{N}$에 대해 다음과 같이 성질 (i)~(vi)를 만족하는 $\mathbb{N}$의 부분집합으로 이루어진 쌍 A_N, B_N이 유일하게 존재함을 보인다.

(i) $A_N \cap B_N = \varnothing$

(ii) $A_N \cup B_N = \mathbb{N}$

(iii) $0 \in A_N$

(iv) $N{+}{+} \in B_N$

(v) $n \in B_N$ 일 때마다 $n{+}{+} \in B_N$ 이다.

(vi) $n \in A_N$ 이고 $n \neq N$ 일 때마다 $n{+}{+} \in A_N$ 이다.

이런 집합을 얻은 후 이전 주장에서 $\{n \in \mathbb{N} : n \leq N\}$ 대신 A_N 을 사용한다.

13. 집합 $\mathbb{N}'$ 은 '제2의 자연수'로 이루어진 집합이고 $0'$ 은 '제2의 0'이라 하자. 이러한 집합 위에 '제2의 증가연산'이 존재하며, 임의의 제2의 자연수 $n' \in \mathbb{N}'$ 에 대해 다른 제2의 자연수 $n'{+}{+}' \in \mathbb{N}'$ 을 반환한다고 하자. 또한 제2의 자연수, 제2의 0, 제2의 증가연산에 대해 페아노 공리(공리 2.1~공리 2.5)가 성립한다고 하자. 그러면 자연수에서 제2의 자연수로 가는 전단사함수 $f : \mathbb{N} \to \mathbb{N}'$ 이 존재해서 $f(0) = 0'$ 을 만족하고, 임의의 $n \in \mathbb{N}$과 $n' \in \mathbb{N}'$ 에 대해 $f(n) = n'$ 일 필요충분조건이 $f(n{+}{+}) = n'{+}{+}'$ 임을 보여라.

이 연습문제를 통해 집합론에는 자연수체계가 본질적으로 한 가지 형태만 존재함을 알 수 있다. 참고 2.1.12의 논의와 비교해보라.

힌트 연습문제 12를 이용한다.

3.6 집합의 크기

2장에서는 자연수가 0과 증가연산을 갖추고 있으며 다섯 가지 공리를 만족한다고 가정함으로써 자연수를 공리적으로 정의하였다. 이 정의는 자연수 집합의 **크기**(cardinality) 또는 집합에 **얼마나 많은** 원소가 있는지를 측정할 때 자연수의 기존 개념과 철학적으로 꽤 동떨어지게 한다. 실제로 페아노 공리 접근법은 자연수를 **기수**(ordinal)보다 **서수**(cardinal)로 취급한다.[10] 지금까지 자연수 n이 주어지면 그 **다음**에 어떤 수가 오는지를 주의 깊게 살펴보았다. 이 연산은 자연수를 기수로 생각하면 자연스럽지만 서수로 생각하면 적절하지 않다는 문제가 있다. 아직까지는 자연수를 사용하여 집합을 **셀 수** 있는지의 여부를 다루지 않았으므로, 이번 절에서 유한집합의 크기를 **계산**할 때 자연수를 사용할 수 있음을 보임으로써 문제를 해결하려고 한다.

먼저 두 집합이 언제 크기가 같은지 밝혀야 한다. 예를 들어 집합 $\{1, 2, 3\}$과 $\{4, 5, 6\}$은 크기가 같지만 집합 $\{8, 9\}$와는 크기가 다르다는 것은 분명하다. 크기 개념을 정의하기 위한 첫 번째 시도는 바로 원소의 개수가 같으면 집합의 크기가 서로 같다고 하는 것이다. 그러나 아직 집합의 '원소의 개수'를 정의하지 않은 데다가 무한집합에서 문제가 발생한다.

'크기가 서로 같은 두 집합' 개념의 올바른 정의가 바로 명확하게 떠오르지 않을 수 있지만, 조금 더 생각해보면 알아낼 수 있다. 집합 $\{1, 2, 3\}$과 $\{4, 5, 6\}$의 크기가 서로 같은 이유는 첫 번째 집합의 원소와 두 번째 집합의 원소 사이에 일대일대응이 존재하기 때문이다. 즉, $1 \leftrightarrow 4$, $2 \leftrightarrow 5$, $3 \leftrightarrow 6$이다. 실제로 어린이는 손가락을 집합과 대응하는 방법으로 집합을 처음 센다. 이렇게 직관적으로 이해한 사항을 '같은 크기'에 대한 엄밀한 기준으로 사용하겠다.

정의 3.6.1 같은 크기

두 집합 X와 Y의 **크기가 서로 같을(equal cardinality)** 필요충분조건은 X에서 Y로 가는 전단사함수 $f : X \to Y$가 존재하는 것이다.

EX 3.6.2

- 두 집합 $\{0, 1, 2\}$와 $\{3, 4, 5\}$를 생각하자. 두 집합 사이에 전단사함수를 찾을 수 있으므로 두 집합의 크기는 같다.

10 기수는 하나, 둘, 셋 등이고 집합에 대상이 얼마나 많이 있는지 셀 때 사용한다. 서수는 첫째, 둘째, 셋째 등이고 객체를 나열하여 순서를 셀 때 사용한다. 무한 서수와 무한 기수를 비교할 때 두 개념에는 미묘한 차이점만 존재하지만, 이 책이 다루는 범위를 벗어난다.

- 두 집합 $\{0, 1, 2\}$와 $\{3, 4\}$를 생각하자. 집합 $\{0, 1, 2\}$에서 집합 $\{3, 4\}$로 가는 어떤 함수 f는 전단사함수가 아님을 알고 있다. 그러나 한 집합에서 다른 집합으로 가는 전단사함수가 여전히 존재할 수 있다는 점이 아직 입증되지 않았으므로 두 집합의 크기가 서로 같은지는 알 수 없다. (두 집합의 크기는 서로 같지 않지만, 본문에서는 추후 증명한다.)

정의 3.6.1은 X가 유한집합인지 무한집합인지의 여부에 관계없이 성립함에 유의하라(유한의 의미는 추후 정의한다).

참고 3.6.3 두 집합의 크기가 서로 같다고 해서 한 집합이 다른 집합을 포함하는 상황을 배제하지는 않는다. 자연수 집합 X와 짝수[11]인 자연수 집합 Y를 생각하자. 함수 $f : X \to Y$를 $f(n) := 2n$으로 정의하면 X에서 Y로 가는 전단사함수이다(그 이유는?). 집합 Y는 X의 부분집합이고 직관적으로 Y의 원소는 X의 원소의 '절반'만 가지는 것처럼 보이지만, X와 Y의 크기는 서로 같다.

크기가 같다는 개념은 동치관계이다.

명제 3.6.4 집합 X, Y, Z를 생각하자.
- X와 X의 크기는 서로 같다.
- X와 Y의 크기가 서로 같으면 Y와 X의 크기가 서로 같다.
- X와 Y의 크기가 서로 같고 Y와 Z의 크기가 서로 같으면 X와 Z의 크기는 서로 같다.

명제 3.6.4의 증명은 연습문제 1로 남긴다.

자연수 n을 생각하자. 집합 X에 n개의 원소가 있다는 게 무슨 의미인지 살펴보려고 한다. '집합 $\{i \in \mathbb{N} : 1 \le i \le n\} = \{1, 2, \cdots, n\}$의 원소는 n개'이기를 원한다. ($n = 0$이면 집합 $\{i \in \mathbb{N} : 1 \le i \le 0\}$은 공집합이므로 성립한다.) 크기가 같다는 개념을 이용하면 다음과 같이 정의할 수 있다.

정의 3.6.5 자연수 n을 생각하자. X의 **크기(cardinality)**가 n일 필요충분조건은 X와 $\{i \in \mathbb{N} : 1 \le i \le n\}$의 크기가 서로 같은 것이다. 이를테면 X의 **원소가 n개**일 필요충분조건은 X의 크기가 n인 것이다.

참고 3.6.6 집합 $\{i \in \mathbb{N} : i < n\}$과 집합 $\{i \in \mathbb{N} : 1 \le i \le n\}$의 크기는 확실히 서로 같다. (그 이유는? 전단사함수는 무엇인가?) 따라서 집합 $\{i \in \mathbb{N} : 1 \le i \le n\}$ 대신에 집합 $\{i \in \mathbb{N} : i < n\}$을 사용할 수 있다.

---

11 어떤 자연수 n에 대해 $2n$ 꼴인 자연수를 **짝수(even)**라고 한다.

EX 3.6.7 서로 다른 객체 a, b, c, d를 생각하자. 집합 $\{a, b, c, d\}$는 집합 $\{i \in \mathbb{N} : i < 4\} = \{0, 1, 2, 3\}$ 또는 집합 $\{i \in \mathbb{N} : 1 \le i \le 4\} = \{1, 2, 3, 4\}$와 크기가 서로 같으므로, 집합의 크기는 4이다. 비슷하게 집합 $\{a\}$의 크기는 1이다.

정의 3.6.5는 한 집합의 크기가 두 개일 수도 있다는 문제점이 발생할 수 있는데, 이는 불가능하다.

명제 3.6.8 집합 크기의 유일성

크기가 n인 집합 X는 다른 크기를 갖지 못한다. 즉, X의 크기는 $m\,(m \ne n)$이 될 수 없다.

명제 3.6.8을 증명하기 전에 다음 보조정리를 먼저 살펴보자.

보조정리 3.6.9 크기가 n(단, $n \ge 1$인 자연수)인 집합 X를 생각하자. 그러면 X는 공집합이 아니다. 만약 x가 X의 임의의 원소이면, X에서 원소 x를 소거한 집합인 $X - \{x\}$의 크기[12]는 $n - 1$이다.

증명

X가 공집합이면 X와 공집합이 아닌 집합 $\{i \in \mathbb{N} : 1 \le i \le n\}$의 크기는 서로 같지 않다. 왜냐하면 공집합에서 공집합이 아닌 집합으로의 전단사함수가 존재하지 않기 때문이다(그 이유는?). 집합 X의 원소를 x라 하자. 집합 X와 집합 $\{i \in \mathbb{N} : 1 \le i \le n\}$의 크기가 서로 같으므로, X에서 $\{i \in \mathbb{N} : 1 \le i \le n\}$로 가는 전단사함수 f가 존재한다. 특히 $f(x)$는 1과 n 사이의 자연수이다.

이제 함수 $g : X - \{x\} \to \{i \in \mathbb{N} : 1 \le i \le n-1\}$을 다음과 같이 정의하자. 즉, 임의의 $y \in X - \{x\}$에 대해 $f(y) < f(x)$이면 $g(y) := f(y)$라 정의하고, $f(y) > f(x)$이면 $g(y) := f(y) - 1$이라 정의한다. 여기서 $y \ne x$이고 f가 전단사함수이므로 $f(y)$ 값이 $f(x)$ 값과 같을 수 없음을 참고하라. 이 사상도 마찬가지로 전단사함수임을 간단히 확인할 수 있다(그 이유는?). 그리고 $X - \{x\}$와 $\{i \in \mathbb{N} : 1 \le i \le n - 1\}$의 크기는 서로 같다. 특히 $X - \{x\}$의 크기는 $n - 1$이므로 증명이 완료되었다. ■

이제 명제 3.6.8을 증명하자.

12 아직 이 책에서 $n - 1$을 정의하지 않았다. 이 보조정리에서 $n - 1$은 $m{+}{+} = n$을 만족하는 유일한 자연수 m으로 정의한다. 이러한 자연수 m은 보조정리 2.2.10에 의해 존재성이 보장된다.

명제 3.6.8의 증명

n에 관한 귀납법을 사용하자. 먼저 $n = 0$이라 가정하자. X는 공집합이므로 X의 크기는 0이 아닐 수 없다.

이제 어떤 n에 대해 명제가 이미 증명되어 있다고 가정하고, 명제를 $n{+}{+}$에 대해 증명하자. X의 크기가 $n{+}{+}$라고 하자. 그리고 X의 크기가 m(단, $m \neq n{+}{+}$)이라고 하자. 보조정리 3.6.9에 따르면 X는 공집합이 아니다. 그리고 x가 X의 임의의 원소이면 집합 $X - \{x\}$의 크기는 n이고, 보조정리 3.6.9에 의해 X의 크기는 $m - 1$이다. 귀납 가정에 따르면 $n = m - 1$인데, 이는 $m = n{+}{+}$이므로 모순이다. 따라서 귀납법에 따라 주어진 명제가 참임을 증명했다. ■

명제 3.6.4와 명제 3.6.8 덕분에 집합 $\{0, 1, 2\}$와 집합 $\{3, 4\}$의 크기는 서로 같지 않다. 집합 $\{0, 1, 2\}$의 크기는 3이고 집합 $\{3, 4\}$의 크기는 2이기 때문이다.

정의 3.6.10 유한집합

어떤 집합이 **유한집합(finite set)**일 필요충분조건은 그 집합의 크기가 어떤 자연수 n인 것이다. 그렇지 않은 집합은 **무한집합(infinite set)**이라 한다. 만약 X가 유한집합이면 집합 X의 크기를 $\#(X)$로 표기한다.

EX 3.6.11 집합 $\{0, 1, 2\}$와 집합 $\{3, 4\}$, 그리고 공집합은 유한집합이다. 이때 $\#(\{0, 1, 2\}) = 3$, $\#(\{3, 4\}) = 2$, $\#(\varnothing) = 0$이다. (참고로 0도 자연수이다.)

이제 무한집합의 예를 살펴보자.

정리 3.6.12 자연수 집합 $\mathbb{N}$은 무한집합이다.

증명

귀류법을 사용하기 위해 자연수 집합 $\mathbb{N}$이 유한집합이라고 가정하자. 그러면 자연수 집합의 크기는 $\#(\mathbb{N}) = n$이다. 보조정리 3.6.9에 따르면 $\mathbb{N} \setminus \{0\}$의 크기는 $n - 1$이다. 그런데 ($\mathbb{N} \setminus \{0\}$에서 $\mathbb{N}$로 가는 전단사함수 $x \mapsto x + 1$을 사용하면) $\mathbb{N}$과 $\mathbb{N} \setminus \{0\}$의 크기는 서로 같다. 따라서 $n = n - 1$이고, 이는 모순이다. ■

참고 3.6.13 비슷한 논증을 사용하면 임의의 유계가 아닌 집합(unbounded set)[13]이 무한집합임을 보일 수 있다. 예를 들어 유리수 집합 $\mathbb{Q}$나 실수 집합 $\mathbb{R}$은 무한집합이다($\mathbb{Q}$와 $\mathbb{R}$은 나중에 구성한다). 그러나 일부 집합은 다른 집합보다 '더' 무한할 수 있다. 8.3절을 참고하라.

이제 집합의 크기를 자연수의 산술과 연관지어보자.

명제 3.6.14 기수 연산

(a) 유한집합 X를 생각하고, x는 X의 원소가 아닌 객체라 하자. 그러면 $X \cup \{x\}$는 유한집합이고 $\#(X \cup \{x\}) = \#(X) + 1$이다.

(b) 유한집합 X와 Y를 생각하자. 그러면 $X \cup Y$는 유한집합이고 $\#(X \cup Y) \leq \#(X) + \#(Y)$이다. 또한 X와 Y가 서로소($X \cap Y = \varnothing$)이면 $\#(X \cup Y) = \#(X) + \#(Y)$이다.

(c) 유한집합 X를 생각하고, Y를 X의 부분집합이라 하자. 그러면 Y는 유한집합이고 $\#(Y) \leq \#(X)$이다. 또한 $Y \neq X$(Y가 X의 진부분집합)이면 $\#(Y) < \#(X)$이다.

(d) X가 유한집합이고 $f : X \to Y$가 함수이면, $f(X)$도 유한집합이고 $\#(f(X)) \leq \#(X)$이다. 등식 $\#(f(X)) = \#(X)$가 성립할 필요충분조건은 f가 일대일함수인 것이다.

(e) 유한집합 X와 Y를 생각하자. 그러면 데카르트 곱 $X \times Y$는 유한집합이고 $\#(X \times Y) = \#(X) \times \#(Y)$이다.

(f) 유한집합 X와 Y를 생각하자. 그러면 (공리 3.11에서 정의한) 집합 Y^X은 유한집합이고 $\#(Y^X) = \#(Y)^{\#(X)}$이다.

명제 3.6.14의 증명은 연습문제 4로 남긴다.

참고 3.6.15 명제 3.6.14는 자연수의 기본 연산을 정의하는 다른 방법이 있음을 시사한다. 즉, 정의 2.2.1, 정의 2.3.1, 정의 2.3.11처럼 재귀적으로 정의하지 않고 합집합, 데카르트 곱, 멱집합 개념을 이용한다는 것이다. 이 개념이 **기수 연산(cardinal arithmetic)**의 기초이며, 지금까지 전개한 페아노 산술을 대체할 수 있다. 앞으로 이러한 연산에 관한 내용을 더 전개하지 않겠지만 연습문제 5와 연습문제 6을 통해 몇 가지 예를 살펴볼 수 있다.

이것으로 유한집합에 대한 논의를 마친다. 무한집합은 정수나 유리수, 실수와 같은 무한집합의 예를 몇 가지 더 구성한 후 8장에서 다룰 것이다.

13 유계와 유계가 아닌 집합의 개념은 정의 9.1.22에서 정의한다.

3.6 연습문제

1. 명제 3.6.4를 증명하라.

2. X의 크기가 0일 필요충분조건이 X가 공집합임을 보여라.

3. 자연수 n을 생각하고, $f : \{i \in \mathbb{N} : 1 \le i \le n\} \to \mathbb{N}$을 함수라 하자. 모든 $1 \le i \le n$에 대해 자연수 M이 존재해서 $f(i) \le M$이 성립함을 보여라.

힌트 n에 관한 귀납법을 사용한다. 보조정리 5.1.14를 미리 살펴봐도 좋다.

그러므로 자연수의 유한 부분집합은 유계(bounded)이다. 이 사실을 이용하여 보조정리 3.6.9를 사용하지 않고 정리 3.6.12의 대체 증명을 제시하라.

4. 명제 3.6.14를 증명하라.

5. 집합 A, B를 생각하자. 집합 $A \times B$와 집합 $B \times A$ 사이의 전단사함수를 명시적으로 구성함으로써 두 집합 $A \times B$, $B \times A$의 크기가 서로 같음을 보여라. 이 사실과 명제 3.6.14를 사용하여 보조정리 2.3.2의 대체 증명을 제시하라.

6. 집합 A, B, C를 생각하자. 집합 $(A^B)^C$와 집합 $A^{B \times C}$ 사이의 전단사함수를 명시적으로 구성함으로써 두 집합 $(A^B)^C$, $A^{B \times C}$의 크기가 서로 같음을 보여라. 임의의 자연수 a, b, c에 대해 $(a^b)^c = a^{bc}$임을 보여라. 또한 비슷한 방식으로 $a^b \times a^c = a^{b+c}$임을 보여라.

7. 집합 A, B를 생각하자. A에서 B로 가는 단사함수 $f : A \to B$가 존재하면 A의 크기가 B의 크기보다 **작거나 같다**고 한다. 만약 A와 B가 유한집합이면 A의 크기가 B의 크기보다 작거나 같을 필요충분조건이 $\#(A) \le \#(B)$임을 보여라.

8. 집합 A, B를 생각하고, A에서 B로 가는 단사함수 $f : A \to B$가 존재한다고 하자. 즉, A의 크기는 B의 크기보다 작거나 같다. A가 공집합이 아니라고 하자. B에서 A로 가는 전사함수 $g : B \to A$가 존재함을 보여라. (이 명제의 역은 선택공리가 필요하다. 8.4절 연습문제 3을 참고하라.)

9. 유한집합 A, B를 생각하자. $A \cup B$와 $B \cup A$도 유한집합이고, $\#(A) + \#(B) = \#(A \cup B) + \#(A \cap B)$임을 보여라.

10. 유한집합 $A_1, \cdots, A_n$이 $\#\left(\bigcup_{i \in \{1, \cdots, n\}} A_i\right) > n$을 만족한다고 하자. 그러면 $i \in \{1, \cdots, n\}$이 존재해서 $\#(A_i) \geq 2$임을 보여라. 이를 **비둘기집의 원리(pigeonhole principle)**라고 한다.

11. 두 집합 X, Y 사이의 함수 $f : X \to Y$를 생각하자. 다음 두 명제가 동치임을 보여라.

(a) f는 단사함수이다.

(b) X의 부분집합 E의 크기가 $\#(E) = 2$일 때마다, f의 상인 $f(E)$도 그 크기가 $\#(f(E)) = 2$이다.

참고로 X의 크기가 2보다 작으면 (b)는 공진리이지만, 두 명제는 여전히 동치이다! 이 동치성 때문에 단사함수를 **이대이함수(two–to–two function)**라고 할 수 있다. (이 관찰은 존 호턴 콘웨이(John Horton Conway, 1937–2020)가 하였다.)

12. 임의의 자연수 n에 대해 집합 $\{i \in \mathbb{N} : 1 \leq i \leq n\}$에서 자기 자신으로 가는 모든 전단사함수 $\phi : \{i \in \mathbb{N} : 1 \leq i \leq n\} \to \{i \in \mathbb{N} : 1 \leq i \leq n\}$으로 이루어진 집합을 S_n이라 하자. 다음 물음에 답하라. (이러한 전단사함수 ϕ를 $\{i \in \mathbb{N} : 1 \leq i \leq n\}$의 **순열(permutation)**이라고 한다.)

(a) 임의의 자연수 n에 대해 S_n은 유한집합이고 $\#(S_{n++}) = (n{+}{+}) \times \#(S_n)$임을 보여라.

힌트 집합 $\{i \in \mathbb{N} : 1 \leq i \leq n{+}{+}\}$의 순열 $\phi : \{i \in \mathbb{N} : 1 \leq i \leq n{+}{+}\} \to \{i \in \mathbb{N} : 1 \leq i \leq n\}$이 $n{+}{+}$에 할당하는 값 $\phi(n{+}{+})$에 따라 S_{n++}를 부분집합 $n{+}{+}$개로 분할한다.

(b) 모든 자연수 n에 대해 $0! := 1$이고 $(n{+}{+})! := (n{+}{+}) \times n!$이라고 하여 재귀적으로 자연수 n의 **계승(factorial)** $n!$을 정의하라. 모든 자연수 n에 대해 $\#(S_n) = n!$임을 보여라.

4

정수와 유리수
Integers and Rationals

4.1 정수

2장에서는 자연수체계의 기본 성질을 거의 다 구성했다. 자연수체계에서 덧셈과 곱셈만으로 할 수 있는 일이 한계에 도달했으니 새로운 연산인 뺄셈을 도입할 차례이다. 그러나 뺄셈을 제대로 하려면 자연수체계보다 더 큰 수체계인 **정수**로 확장해야 한다.

간단하게 생각하면 정수는 두 자연수를 빼서 얻는다. 예를 들어 $3-5$와 $6-2$는 모두 정수이다. 하지만 정수를 이렇게 정의하면 다음과 같이 세 가지 문제가 발생하기 때문에 완전한 정의라고 할 수 없다.

(a) 두 수의 차가 언제 서로 같은지 설명하지 않는다. 예를 들어 $3-5$와 $2-4$는 서로 같지만 이 수가 $1-6$과는 서로 같지 않은 이유를 알아야 한다.

(b) 두 수의 차를 어떻게 연산하는지 설명하지 않는다. 예를 들어 $3-5$와 $6-2$를 어떻게 더하는지 알 수 없다.

(c) 뺄셈 개념은 정수를 구성한 뒤에 잘 정의할 수 있는데, 이 정의는 지금 뺄셈 개념이 필요하므로 순환 논리에 빠진다.

다행히도 우리는 정수를 경험한 적이 있으므로 이 질문에 대한 답을 알고 있다. (a)는 대수학의 고급 지식을 통해 $a+d=c+b$일 때에만 $a-b=c-d$임을 알고 있으므로, 덧셈 개념만을 사용하여 두 수의 차가 서로 같음을 명확하게 정리할 수 있다. (b)도 대수학을 이용하면 $(a-b)+(c-d)=(a+c)-(b+d)$와 $(a-b)(c-d)=(ac+bd)-(ad+bc)$임을 알고 있다. 이러한 사실을 정수를 **정의**할 때 구축함으로써 예지력을 활용해보겠다.

이제 문제 (c)를 해결하기 위해 정수를 두 수의 차 $a-b$로 정의하는 대신 임시로 a—b라는 새로운 기호를 사용하자. 기호 —는 평면 위의 점을 (x,y)로 표기할 때 사용한 쉼표와 같은 존재로, 의미 없는 자리지기(placeholder)이다. 나중에 뺄셈을 정의할 때 a—b가 실제로 $a-b$와 같음을 알게 되면 —를 버리겠지만, 지금은 순환 논리를 피하기 위해 임시로 사용한다. 건설 현장에서 필수로 설치하지만 준공된 뒤 해체하는 비계와 비슷한 역할을 한다고 보면 된다. 이미 익숙한 것을 정의하는 데 불필요하게 복잡한 작업을 한다고 생각할 수 있으나, 유리수를 구성할 때에도 이러한 장치를 사용할 것이다. 또한 이러한 구성법을 알아둔다면 이 책의 후반부를 이해하는 데 도움이 될 것이다.

정의 4.1.1 정수

자연수 a, b에 대하여 $a—b$ 꼴로 나타나는 표현[1]을 **정수(integer)**라 한다. 두 정수가 서로 같음을 $a—b = c—d$로 표기하며, $a—b = c—d$일 필요충분조건은 $a + d = c + b$인 것이다. 정수 전체의 집합을 $\mathbb{Z}$로 표기한다.

그러므로 $3—5$는 정수이며, $3+4 = 2+5$이므로 $3—5$와 $2—4$는 서로 같다. 반면에 $3+3 \neq 2+5$이므로 $3—5$와 $2—3$은 서로 같지 않다. 그런데 이 표기법은 이상해 보인다. 또 3은 $a—b$ 꼴로 나타나지 않으므로 아직 정수가 아니라는 결함도 있다. 이러한 문제는 나중에 바로잡을 것이다.

정수에 대한 상등의 정의가 적절한지 확인할 필요가 있다. 즉 반사성, 대칭성, 추이성과 치환공리([부록 A]의 A.7절 참고)를 만족하는지 검증해야 한다. 반사성과 대칭성은 연습문제 1에서 확인하기로 하고, 지금은 추이성을 만족하는지 살펴본다. $a—b = c—d$와 $c—d = e—f$가 성립한다고 가정하자. 그러면 $a+d = c+b$이고 $c+f = d+e$이다. 두 식을 변끼리 더하면 $a+d+c+f = c+b+d+e$이다. 명제 2.2.6을 이용하면 c와 d를 소거할 수 있으므로 $a+f = b+e$이다. 즉 $a—b = e—f$이다. 따라서 상등의 정의가 적절한지 확인하려면 소거법칙이 필요하다.

지금은 치환공리가 성립하는지 확인할 수 없다. 아직 정수에 대한 연산을 정의하지 않았기 때문이다. 정수의 덧셈, 곱셈, 순서를 정의하면 그 정의가 유효한지 확인하기 위해 치환공리를 검증해야 한다. (치환공리는 기본 연산에 대해서만 검증하면 된다. 거듭제곱과 같은 정수의 고급 연산은 기본 연산을 이용하여 정의되므로, 치환공리를 만족하는지 다시 확인할 필요가 없다.)

이제 정수의 기본 산술 연산인 덧셈과 곱셈을 정의한다.

정의 4.1.2

- 두 정수의 합 : $(a—b) + (c—d) := (a+c)—(b+d)$
- 두 정수의 곱 : $(a—b) \times (c—d) := (ac+bd)—(ad+bc)$

그러므로 $(3—5) + (1—4)$는 $4—9$이다. 이 정의를 받아들이기 전에 한 가지 확인해야 할 사항이 있다. 정수 중 하나를 동일한 정수로 바꾸더라도 합 또는 곱의 결과가 변화하지 않는지 확인해야

1 이 정의를 집합론적으로 살펴보면 다음과 같다. 자연수 순서쌍 (a, b)의 공간 $\mathbb{N} \times \mathbb{N}$을 생각하자. $(a, b) \sim (c, d)$일 필요충분조건이 $a + d = c + b$가 되도록 순서쌍에 **동치관계(equivalence relation)** $\sim$를 준다. 집합론적으로 해석하면 기호 $a—b$는 (a, b)와 동치인 모든 순서쌍의 공간이다. 즉, $a—b := \{(c, d) \in \mathbb{N} \times \mathbb{N} : (a, b) \sim (c, d)\}$이다. 정수 집합 $\mathbb{Z} = \{a—b : (a, b) \in \mathbb{N} \times \mathbb{N}\}$의 존재성은 치환공리를 두 번 적용하면 알 수 있다. 그러나 이러한 해석은 정수를 조작할 때 아무런 역할도 하지 않기 때문에 다시 언급하지 않는다. 이번 장의 후반부에 나올 유리수 또는 다음 장에 나올 실수의 구성에 대해서도 비슷하게 집합론적으로 해석할 수 있다.

한다. $3—5$와 $2—4$는 서로 같기 때문에 $(3—5)+(1—4)$와 $(2—4)+(1—4)$는 서로 같은 값이어야 한다. 그렇지 않으면 덧셈에 대해 일관된 정의를 내릴 수 없다. 다행히도 다음이 성립한다.

보조정리 4.1.3 덧셈과 곱셈은 잘 정의된다

자연수 a, b, a', b', c, d를 생각하자. 만약 $(a—b)=(a'—b')$이면 다음이 성립한다.

(a) $(a—b)+(c—d)=(a'—b')+(c—d)$

(b) $(a—b)\times(c—d)=(a'—b')\times(c—d)$

(c) $(c—d)+(a—b)=(c—d)+(a'—b')$

(d) $(c—d)\times(a—b)=(c—d)\times(a'—b')$

따라서 덧셈과 곱셈은 잘 정의된(well-defined) 연산이다. 즉, 입력이 동일하면 출력도 동일하다.

증명

(a) $(a—b)+(c—d)=(a'—b')+(c—d)$가 성립함을 보이기 위해 양변을 $(a+c)—(b+d)$ 및 $(a'+c)—(b'+d)$로 계산한다. 이제 $a+c+b'+d=a'+c+b+d$임을 보여야 한다. $(a—b)=(a'—b')$이므로 $a+b'=a'+b$이다. 양변에 $c+d$를 더하면 원하는 식을 얻는다.

(b) $(a—b)\times(c—d)=(a'—b')\times(c—d)$가 성립함을 보이기 위해 양변을 $(ac+bd)—(ad+bc)$ 및 $(a'c+b'd)—(a'd+b'c)$로 계산한다. 이제 $ac+bd+a'd+b'c=a'c+b'd+ad+bc$임을 보여야 한다. 식을 정리하면 좌변은 $c(a+b')+d(a'+b)$이고 우변은 $c(a'+b)+d(a+b')$이다. 따라서 $a+b'=a'+b$이므로 양변은 서로 같다.

비슷한 방법으로 항등식 (c), (d)도 증명할 수 있다. ■

정수 $n—0$은 자연수 n과 동일한 방식으로 행동한다. 실제로 $(n—0)+(m—0)=(n+m)—0$이고 $(n—0)\times(m—0)=nm—0$임을 확인할 수 있다. 또한 $(n—0)=(m—0)$일 필요충분조건은 $n=m$이다. (수학에서는 자연수 n과 정수 $n—0$ 사이에 **동형사상**(isomorphism)이 존재한다고 한다.) 그러므로 $n\equiv n—0$으로 설정하여 자연수를 정수와 **동일시**할 수 있다. 이는 서로 일관성이 있기 때문에 덧셈과 곱셈 또는 상등의 정의에 영향을 주지 않는다. 자연수 3은 정수 $3—0$과 서로 같으므로 $3=3—0$이다. 특히 0은 $0—0$과 서로 같고, 1은 $1—0$과 서로 같다. n을 $n—0$으로 설정할 수 있다면, n은 $n—0$과 같은 값을 가지는 임의의 다른 정수와도 서로 같다. 예를 들어 3은 $3—0$을 비롯해 $4—1$ 및 $5—2$와도 서로 같다.

이제 임의의 정수 x에 대해 증가연산을 $x{+}{+}:=x+1$로 정의할 수 있다. 이 정의는 당연히 자연수에서의 증가연산 정의와 일치한다. 그러나 증가연산은 덧셈이라는 더 일반적인 개념으로 대체되었기 때문에 더 이상 중요하지 않다.

이제 정수에 대한 기본 연산을 몇 가지 살펴보자.

정의 4.1.4 정수에 마이너스 붙이기

$a—b$가 정수이면 $-(a—b)$[2]를 정수 $b—a$로 정의한다. 특히 $n = n—0$이 양의 자연수이면 $-n = 0—n$으로 정의한다.

예를 들면 $-(3—5) = (5—3)$이다. 연습문제 2에서 이 정의가 잘 정의되었는지 확인할 수 있다.

이제 정수는 예상한 성질을 그대로 만족함을 보여줄 수 있다.

보조정리 4.1.5 정수의 삼분법

정수 x를 생각하자. 그러면 세 명제 중에서 정확히 하나만 참이다.

(a) x는 0이다.

(b) x는 양의 자연수 n이다.

(c) x는 양의 자연수 n에 마이너스를 붙인 $-n$이다.

증명

먼저 (a), (b), (c) 중 적어도 한 명제가 참임을 보이자. 정의 4.1.1에 따르면 어떤 자연수 a, b에 대해 $x = a—b$이다. 그러면 $a > b$, $a = b$, $a < b$인 경우가 존재한다. $a > b$이면 $a = b + c$를 만족하는 어떤 자연수 c가 존재한다. 즉 $a—b = c—0 = c$이므로 (b)가 참이다. $a = b$이면 $a—b = a—a = 0—0 = 0$이므로 (a)가 참이다. $a < b$이면 $b > a$이므로 앞의 논증과 마찬가지의 이유로 $b—a = n$을 만족하는 어떤 자연수 n이 존재한다. 즉 $a—b = -n$이므로 (c)가 참이다.

이제 (a), (b), (c) 중 두 개 이상의 명제가 동시에 참이 될 수 없음을 보이자. 정의에서 양의 자연수는 0이 아니므로 (a)와 (b)는 동시에 참일 수 없다. (a)와 (c)가 동시에 참이라면 어떤 양의 자연수 n에 대해 $0 = -n$이다. 그러면 $(0—0) = (0—n)$이므로 $0+n = 0+0$ 즉, $n = 0$이고 이는 모순이다. (b)와 (c)가 동시에 참이라면 어떤 양의 자연수 n, m에 대해 $n = -m$이다. 그러면 $(n—0) = (0—m)$이므로 $n + m = 0 + 0$이고, 명제 2.2.8에 모순이다.

따라서 모든 정수 x에 대해 (a), (b), (c) 중 하나만 참이다. ■

2 (옮긴이) 마이너스 $a—b$로 부른다.

n이 양의 자연수이면 n을 **양의 정수**(positive integer)라 하고, $-n$을 **음의 정수**(negative integer)라 한다. 그러므로 모든 정수는 양의 정수, 0, 음의 정수 중 하나이며, 두 개 이상을 동시에 만족하지 않는다.

정수를 **정의**할 때 보조정리 4.1.5를 사용하지 않는 이유는 무엇일까? 왜 정수를 양의 자연수, 0, 양의 자연수에 마이너스를 붙인 수로 정의하지 않을까? 왜냐하면 보조정리 4.1.5를 정의로 사용한다면 정수의 덧셈과 곱셈에 관한 규칙이 여러 가지 경우로 나누어지기 때문이다. 예를 들어 음수를 양수 번 곱하면 양수이고, 음수 더하기 양수는 어떤 항이 더 큰지에 따라 양수, 음수, 0이 될 수 있다. 이렇게 다양한 경우를 모두 확인한다면 훨씬 복잡해질 것이다.

이제 정수의 대수적 성질을 요약한다.

명제 4.1.6 정수의 대수 법칙

정수 x, y, z에 대해 다음이 성립한다.

- $x + y = y + x$
- $(x + y) + z = x + (y + z)$
- $x + 0 = 0 + x = x$
- $x + (-x) = (-x) + x = 0$
- $xy = yx$
- $(xy)z = x(yz)$
- $x1 = 1x = x$
- $x(y + z) = xy + xz$
- $(y + z)x = yx + zx$

참고 4.1.7 명제 4.1.6의 항등식 집합에는 특별한 이름이 있다. 이 집합은 정수가 **가환환**(commutative ring)이라고 주장한다. (항등식 $xy = yx$를 삭제하면 정수는 **환**(ring)이라고 한다.) 항등식 중 일부는 자연수에서 성립함을 확인했지만, 정수는 자연수보다 더 큰 집합이기 때문에 자연수에서 성립하는 식이 정수에서도 자동으로 성립한다고 주장할 수는 없다. 반면에 이 명제는 이미 알고 있던 자연수에 관한 많은 명제를 대체한다.

명제 4.1.6의 증명

항등식을 증명하는 두 가지 방법이 있다. 첫 번째는 보조정리 4.1.5를 이용하여 x, y, z가 각각 0, 양수, 음수일 때로 분할하여 각각을 확인하면 된다. 이 방법은 매우 복잡하므로 두 번째로 생각한다. 어떤 자연수 a, b, c, d, e, f에 대해 정수 x, y, z를 $x = (a—b)$, $y = (c—d)$, $z = (e—f)$로 나타낸다. 그런 다음 주어진 항등식을 a, b, c, d, e, f에 대해 나타낸 뒤, 자연수에서 성립하는 대수학을 사용하여 전개하면 된다. 이렇게 하면 각각의 항등식을 단 몇 줄 만으로 증명할 수 있다. 증명이 가장 긴 항등식 $(xy)z = x(yz)$는 다음과 같이 전개할 수 있다.

$$
\begin{aligned}
\text{좌변}:\ (xy)z &= ((a—b)(c—d))\,(e—f)\\
&= ((ac+bd)—(ad+bc))\,(e—f)\\
&= ((ace+bde+adf+bcf)—(acf+bdf+ade+bce)),\\
\text{우변}:\ x(yz) &= (a—b)\,((c—d)(e—f))\\
&= (a—b)\,((ce+df)—(cf+de))\\
&= ((ace+adf+bcf+bde)—(acf+ade+bce+bdf))
\end{aligned}
$$

그러므로 $(xy)z$와 $x(yz)$는 서로 같다. 다른 항등식도 비슷한 방법으로 증명할 수 있다. 연습문제 4를 참고하라. ■

두 정수의 **뺄셈(subtraction)** $x-y$를 다음 식으로 정의한다.

$$x-y := x+(-y)$$

뺄셈 연산이 치환공리를 만족하는지 확인할 필요가 없다. 정수에 대한 다른 두 연산인 덧셈과 마이너스를 통해 뺄셈을 정의했고, 두 연산이 각각 잘 정의되어 있음을 확인했기 때문이다.

자연수 a, b에 대해 다음이 성립함을 쉽게 확인할 수 있다.

$$a-b = a+-b = (a—0)+(0—b) = a—b$$

그러므로 $a—b$와 $a-b$는 서로 같다. 이 사실을 이용하면 이제 기호 —를 버리고 친근한 기호 $-$로 갈아탈 수 있다.

보조정리 2.3.3와 따름정리 2.3.7은 자연수에서 정수로 일반화할 수 있다.

> **명제 4.1.8 정수에는 영인자가 없다**
> 정수 a와 b가 $ab=0$을 만족한다면 $a=0$ 또는 $b=0$이다(혹은 동시에 만족한다).

명제 4.1.8의 증명은 연습문제 5로 남긴다.

> **따름정리 4.1.9 정수의 소거법칙**
> 정수 a, b, c가 $ac=bc$를 만족하고 c가 0이 아니면 $a=b$이다.

따름정리 4.1.9의 증명은 연습문제 6으로 남긴다.

이제 자연수에서 정의된 순서 개념을 그대로 반복하여 정수로 확장한다.

정의 4.1.10 정수의 순서

정수 n, m을 생각하자.

- n이 m **이상**인 것을 기호로 $n \geq m$ 또는 $m \leq n$으로 표기한다.
  n이 m 이상일 필요충분조건은 어떤 자연수 a에 대해 $n = m + a$인 것이다.
- n이 m **초과**인 것을 기호로 $n > m$ 또는 $m < n$으로 표기한다.
  n이 m 초과일 필요충분조건은 $n \geq m$이고 $n \neq m$인 것이다.

예를 들어 $5 > -3$인 이유는 $5 = -3 + 8$이고 $5 \neq -3$이기 때문이다. 정의 4.1.10은 동일한 정의를 사용하기 때문에 자연수의 순서 개념과 일치한다.

명제 4.1.6의 대수 법칙을 사용하면 다음과 같이 순서에 관한 성질을 어렵지 않게 보일 수 있다.

보조정리 4.1.11 정수의 순서에 관한 성질

정수 a, b, c에 대해 다음이 성립한다.

(a) $a > b$일 필요충분조건은 $a - b$가 양의 자연수인 것이다.

(b) **덧셈은 순서를 보존한다** : $a > b$이면 $a + c > b + c$이다.

(c) **양수의 곱셈은 순서를 보존한다** : $a > b$이고 c가 양수이면 $ac > bc$이다.

(d) **마이너스를 붙인 수는 순서를 뒤집는다** : $a > b$이면 $-a < -b$이다.

(e) **추이성** : $a > b$이고 $b > c$이면 $a > c$이다.

(f) **삼분법** : $a > b$, $a < b$, $a = b$ 중 정확히 한 명제만 참이다.

보조정리 4.1.11의 증명은 연습문제 7로 남긴다.

4.1 연습문제

1. 정수에 대한 상등의 정의가 반사성, 대칭성을 만족함을 보여라.

2. 정수에서 마이너스 연산의 정의가 잘 정의되어 있음을 보여라. $(a—b) = (a'—b')$이면 $-(a—b) = -(a'—b')$임을 보이면 된다. 즉, 같은 정수에 마이너스를 붙이면 그 정수는 서로 같다.

3. 모든 정수 a에 대해 $(-1) \times a = -a$임을 보여라.

4. 명제 4.1.6의 증명을 완성하라.

힌트 일부 항등식을 사용하여 다른 항등식을 증명하는 방식으로 작업량을 줄일 수 있다. 예를 들어 $xy = yx$임을 증명하면 $x1 = 1x$가 성립함을 바로 알 수 있고, $x(y+z) = xy + xz$임을 증명하면 자동으로 $(y+z)x = yx + zx$가 성립함을 알 수 있다.

5. 명제 4.1.8을 증명하라.

힌트 이 명제는 보조정리 2.3.3과 완전히 같지는 않지만, 명제 4.1.8을 증명하는 과정에서 보조정리 2.3.3을 사용해도 문제없다.

6. 따름정리 4.1.9를 증명하라.

힌트 두 가지 방법으로 증명할 수 있다. 첫 번째는 명제 4.1.8을 사용하여 $a - b = 0$이어야 한다는 결론을 내리는 것이다. 두 번째는 따름정리 2.3.7과 보조정리 4.1.5를 결합하는 것이다.

7. 보조정리 4.1.11을 증명하라.

힌트 보조정리 4.1.11(a)를 사용하여 나머지를 증명한다.

8. 귀납법 원리(공리 2.5 참고)를 정수에 직접 적용할 수 없음을 보여라. 정수 n과 관련 있는 성질 $P(n)$을 예를 들어 살펴보자. $P(0)$은 참이고, $P(n)$이 참이면 모든 정수 n에 대해 $P(n{+}{+})$가 참이라고 해도 $P(n)$은 모든 정수 n에 대해 참인 것은 아니다. 따라서 귀납법은 자연수에서처럼 정수를 다룰 때 유용한 도구가 아니다. (앞으로 정의할 유리수와 실수에서는 더 좋지 않은 결과를 만날 것이다.)

9. 정수의 제곱이 항상 자연수임을 보여라. 즉, 모든 정수 n에 대해 $n^2 \geq 0$임을 증명하라.

4.2 유리수

지금까지 덧셈, 뺄셈, 곱셈, 순서 연산을 사용하여 정수를 구성한 뒤 예상 가능한 모든 대수 법칙 및 순서와 관련된 성질을 확인했다. 이제 연산에 나눗셈을 추가한 뒤 앞선 방법과 비슷하게 유리수를 구성해보겠다.

정수를 두 자연수를 뺀 것으로 구성했듯이 유리수도 두 정수를 나눈 것으로 구성할 수 있다. 단, 분모는 0이 아니어야 한다.[3] 물론 두 수의 차 $a-b$와 $c-d$가 $a+d=c+b$일 때 서로 같은 수였듯이, (조금 더 고급 지식이 필요하지만) 두 수의 몫 $\frac{a}{b}$와 $\frac{c}{d}$는 $ad=bc$일 때 서로 같은 수이다. 따라서 정수에서 일시적으로 연산을 만들었듯이 의미 없는 기호 $//$를 새롭게 만들고(나중에 결국 나눗셈으로 대체된다) 다음을 정의하자.

정의 4.2.1 정수 a와 b를 생각하자. $b \neq 0$일 때 $a//b$ 꼴로 나타나는 표현을 **유리수(rational number)**라고 한다. 즉 $a//0$은 유리수로 생각하지 않는다. 두 유리수가 서로 같음을 $a//b = c//d$로 표기하며, $a//b = c//d$일 필요충분조건은 $ad = cb$인 것이다. 유리수 전체 집합은 $\mathbb{Q}$로 표기한다.

그러므로 $3//4 = 6//8 = -3//-4$이고 $3//4 \neq 4//3$이다. 유리수에 대한 상등의 정의는 타당하다(연습문제 1 참고). 이제 덧셈, 곱셈, 마이너스 개념을 도입하기 위해 이미 알고 있는 지식을 활용하겠다. 즉 $\frac{a}{b}+\frac{c}{d}$는 $\frac{ad+bc}{bd}$와 같고 $\frac{a}{b}*\frac{c}{d}$는 $\frac{ac}{bd}$와 같으며 $-\left(\frac{a}{b}\right)$는 $\frac{(-a)}{b}$와 같음을 활용하여 다음을 정의한다.

정의 4.2.2 유리수 $a//b$와 $c//d$에 대해 연산을 다음과 같이 정의한다.

- 합 : $(a//b)+(c//d) := (ad+bc)//(bd)$
- 곱 : $(a//b)*(c//d) := (ac)//(bd)$
- 마이너스 : $-(a//b) := (-a)//b$

3 0으로 나누는 합리적인 방법은 존재하지 않는다. 왜냐하면 만약 $b=0$이고 $a \neq 0$이라면 항등식 $\frac{a}{b}*b=a$와 $c*0=0$이 동시에 성립할 수 없기 때문이다. 또한 $\frac{0}{0}$이 정의된다면 항등식 $\frac{1}{1}=1$과 $2*\frac{a}{a}=\frac{2*a}{a}$도 동시에 성립할 수 없다. 그러나 10.5절에서 다룰 로피탈 법칙을 생각해보면 결국 0에 **접근하는** 양으로 나눈다는 합리적 개념을 얻을 수 있다. 이러한 개념은 미분 정의와 같은 작업을 수행하기에 충분하다.

정의 4.2.2에서 b, d는 0이 아니므로 bd도 0이 아니다. 명제 4.1.8에 의해 두 유리수의 합 또는 곱은 여전히 유리수이다.

> **보조정리 4.2.3** 유리수의 합, 곱, 마이너스 연산은 잘 정의된다. 이는 정의 4.2.2의 식에서 $a//b$를 $a//b$와 같은 값이지만 다른 유리수인 $a'//b'$으로 대체해도 연산 결과가 변하지 않음을 의미한다. $c//d$도 마찬가지로 변하지 않는다.

증명

덧셈에 관해 확인해보자. $a//b = a'//b'$(단, b, $b' \neq 0$)이라 가정하여 $ab' = a'b$라고 하자. $a//b + c//d = a'//b' + c//d$임을 보이면 된다. 정의에 따르면 좌변은 $(ad + bc)//bd$이고 우변은 $(a'd + b'c)//b'd$이다. 그러므로 다음과 같이 전개할 수 있다.

$$(ad + bc)b'd = (a'd + b'c)bd$$

$$ab'd^2 + bb'cd = a'bd^2 + bb'cd$$

$ab' = a'b$이므로 위 식이 성립한다. $c//d$를 $c'//d'$으로 바꾸어도 식이 성립함을 확인할 수 있다.

나머지 연산에 관한 증명은 연습문제 2를 참고하라. ■

유리수 $a//1$은 정수 a와 동일한 행동을 한다는 점에 유의하라. 즉, 다음이 성립한다.

- $(a//1) + (b//1) = (a + b)//1$
- $(a//1) \times (b//1) = (ab//1)$
- $-(a//1) = (-a)//1$

a와 b가 서로 같을 때에만 $a//1$과 $b//1$도 서로 같은 수이다. 이를 이용하여 정수 a를 각각 $a//1$과 동일시할 수 있다. 즉, $a \equiv a//1$이다. 위 항등식을 통해 정수의 산술이 유리수의 산술과 일치함을 알 수 있다. 따라서 정수가 자연수를 포함하듯이, 유리수도 정수를 포함한다. 모든 자연수는 유리수이며, 특히 $0 = 0//1$이고 $1 = 1//1$이다.

유리수 $a//b$가 $0 = 0//1$과 서로 같을 필요충분조건은 $a \times 1 = b \times 0$(분자가 $a = 0$)인 것이다. 그러므로 a, $b \neq 0$이면 $a//b$도 0이 아니다.

이제 유리수에 대한 새로운 연산인 역수를 정의한다. $x = a//b$가 0이 아닌 유리수(단, $a, b \neq 0$)이면 x의 **역수(reciprocal)** x^{-1}를 유리수 $x^{-1} := b//a$로 정의한다. 이 연산이 상등 개념과 일치하는지는 쉽게 확인할 수 있다. 두 유리수 $a//b$와 $a'//b'$이 서로 같으면, 그 역수도 서로 같다. (이와 대조적으로 분자(numerator) 같은 연산은 잘 정의되어 있지 않다. 유리수 $3//4$와 $6//8$은 서로 같지만 분자가 서로 다르기 때문이다. 그러므로 'x의 분자'라는 표현을 쓸 때에는 주의를 기울여야 한다.) 0의 역수는 정의하지 않는다.

유리수의 대수적 성질을 요약하면 다음과 같다.

명제 4.2.4 유리수의 대수 법칙

유리수 x, y, z에 대해 다음이 성립한다.

- $x+y=y+x$
- $(x+y)+z=x+(y+z)$
- $x+0=0+x=x$
- $x+(-x)=(-x)+x=0$
- $xy=yx$
- $(xy)z=x(yz)$
- $x1=1x=x$
- $x(y+z)=xy+xz$
- $(y+z)x=yx+zx$
- $xx^{-1}=x^{-1}x=1$ (단, $x \neq 0$인 유리수)

참고 4.2.5 명제 4.2.4의 항등식을 만족하는 집합을 **체(field)**라고 한다. 따라서 유리수 집합 $\mathbb{Q}$를 유리수체라고도 한다. 사실 마지막 항등식 $xx^{-1}=x^{-1}x=1$을 고려하면 유리수는 가환환이 더 어울릴 수도 있다. 이 명제는 명제 4.1.6을 대체한다.

명제 4.2.4의 증명

어떤 정수 a, c, e와 0이 아닌 정수 b, d, f에 대해 유리수 x, y, z를 $x=a//b$, $y=c//d$, $z=e//f$로 나타낸다. 그런 다음 정수에서 성립하는 대수학을 사용하여 항등식을 증명하면 된다. 증명이 가장 긴 $(x+y)+z=x+(y+z)$는 다음과 같이 전개할 수 있다.

$$\begin{aligned}
\text{좌변}: (x+y)+z &= ((a//b)+(c//d))+(e//f) \\
&= ((ad+bc)//bd)+(e//f) \\
&= (adf+bcf+bde)//bdf, \\
\text{우변}: x+(y+z) &= (a//b)+((c//d)+(e//f)) \\
&= (a//b)+((cf+de)//df) \\
&= (adf+bcf+bde)//bdf
\end{aligned}$$

그러므로 $(x+y)+z$와 $x+(y+z)$는 같다. 다른 항등식도 비슷한 방법으로 증명할 수 있다. 연습문제 3을 참고하라. ■

$y \neq 0$일 때 두 유리수 x, y의 **몫(quotient)** $\frac{x}{y}$를 다음 식으로 정의한다.

$$\frac{x}{y} := x \times y^{-1}$$

예를 들면 $\frac{3//4}{5//6} = (3//4) \times (6//5) = (18//20) = (9//10)$이다.

몫의 정의를 사용하면 모든 정수 a, b(단, $b \neq 0$)에 대해 $\frac{a}{b} = a//b$임을 쉽게 확인할 수 있다. 그러므로 지금부터 기호 $//$를 사용하지 않고 $a//b$ 대신에 $\frac{a}{b}$를 사용할 것이다.

정수에서 한 방법과 비슷하게, 유리수에서의 뺄셈을 다음 공식으로 정의한다.

$$x - y := x + (-y)$$

명제 4.2.4를 통해 대수학의 모든 일반적인 규칙을 사용할 수 있기 때문에 더 이상 따로 언급하지 않겠다.

4.1절에서 정수를 양의 정수, 0, 음의 정수로 구성했듯이 유리수도 비슷하게 구성할 수 있다.

정의 4.2.6

- 유리수 x가 **양수(positive)**일 필요충분조건은 어떤 양의 정수 a와 b에 대해 $x = \frac{a}{b}$ 꼴인 것이다.
- 유리수 x가 **음수(negative)**일 필요충분조건은 어떤 양의 유리수 y에 대해 $x = -y$인 것이다$\left(\text{즉, 어떤 양의 정수 } a, b\text{에 대해 } x = \frac{-a}{b}\text{이다}\right)$.

모든 양의 정수는 양의 유리수이고 모든 음의 정수는 음의 유리수이므로 새로운 정의는 이전에 정의한 내용과 일관성이 있다.

보조정리 4.2.7 유리수의 삼분법

유리수 x를 생각하자. 그러면 세 명제 중에서 정확히 하나만 참이다.

(a) x는 0이다.

(b) x는 양의 유리수이다.

(c) x는 음의 유리수이다.

보조정리 4.2.7의 증명은 연습문제 4로 남긴다.

정의 4.2.8 유리수의 순서

유리수 x, y를 생각하자.

- $x > y$일 필요충분조건은 $x - y$가 양의 유리수인 것이다.
- $x < y$일 필요충분조건은 $x - y$가 음의 유리수인 것이다.
- $x \geq y$일 필요충분조건은 $x > y$ 또는 $x = y$인 것이다.
- $x \leq y$일 필요충분조건은 $x < y$ 또는 $x = y$인 것이다.

명제 4.2.9 유리수의 순서에 관한 성질

유리수 x, y, z에 대해 다음이 성립한다.

(a) **삼분법** : $x = y$, $x < y$, $x > y$ 중 정확히 한 명제만 참이다.

(b) **반대칭성** : $x < y$일 필요충분조건은 $y > x$이다.

(c) **추이성** : $x < y$이고 $y < z$이면 $x < z$이다.

(d) **유리수의 덧셈은 순서를 보존한다** : $x < y$이면 $x + z < y + z$이다.

(e) **양수의 곱셈은 순서를 보존한다** : $x < y$이고 z가 양수이면 $xz < yz$이다.

명제 4.2.9의 증명은 연습문제 5로 남긴다.

참고 4.2.10 명제 4.2.9의 다섯 가지 성질을 명제 4.2.4의 체 공리와 결합하면 유리수 $\mathbb{Q}$를 **순서체(ordered field)**라고 주장할 수 있다. 명제 4.2.9(e)는 z가 양수일 때만 참임을 명심해야 한다. 연습문제 6을 참고하라.

4.2 연습문제

1. 유리수에 대한 상등의 정의가 반사성, 대칭성, 추이성을 만족함을 보여라.

힌트 추이성은 따름정리 4.1.9를 사용한다.

2. 보조정리 4.2.3의 증명을 완성하라.

3. 명제 4.2.4의 증명을 완성하라.

힌트 명제 4.1.6처럼 일부 항등식을 사용하여 다른 항등식을 증명하는 방식으로 작업량을 줄일 수 있다.

4. 보조정리 4.2.7을 증명하라. (명제 2.2.13과 마찬가지로 두 가지를 증명해야 한다. 첫 번째는 (a), (b), (c) 중 **적어도 하나**가 참임을 보여라. 두 번째는 (a), (b), (c) 중 **많아야 하나**가 참임을 보여라.)

5. 명제 4.2.9를 증명하라.

6. 유리수 x, y, z에 대해 $x < y$이고 z가 음수이면 $xz > yz$임을 보여라.

4.3 절댓값과 거듭제곱

앞에서 유리수의 기본 사칙연산인 덧셈, 뺄셈, 곱셈, 나눗셈을 도입했다. (뺄셈과 나눗셈은 공식 $x - y := x + (-y)$와 $\frac{x}{y} := x \times y^{-1}$에 의해 마이너스 및 역수라고 하는 원시적인 개념에서 유래했음을 상기한다.) 또한 순서 개념 $<$을 도입하여 유리수를 양의 유리수, 음의 유리수, 0으로 구성했다. 요약하면, 유리수 $\mathbb{Q}$가 **순서체**임을 증명했다.

이러한 기본 연산을 사용하여 더 많은 연산을 구성할 수 있다. 연산을 구성할 수 있는 방법은 많지만, 이 책에서는 특히 유용한 두 가지 연산인 절댓값과 거듭제곱을 소개한다.

정의 4.3.1 절댓값(absolute value)
유리수 x의 **절댓값** $|x|$를 다음과 같이 정의한다. 만약 x가 양의 유리수이면 $|x| := x$이다. x가 음의 유리수이면 $|x| := -x$이다. x가 0이면 $|x| := 0$이다.

정의 4.3.2 거리(distance)
유리수 x, y를 생각하자. $|x - y|$ 값을 x와 y 사이의 **거리**라고 한다. 이를 기호로 $d(x, y)$라고도 표현하므로 $d(x, y) := |x - y|$이다. 예를 들어 $d(3, 5) = 2$이다.

명제 4.3.3 절댓값과 거리에 관한 기본 성질

유리수 x, y, z에 대해 다음이 성립한다.

(a) **절댓값은 음수가 아니다** : $|x| \geq 0$이다. 또한 $|x| = 0$일 필요충분조건은 $x = 0$이다.

(b) **절댓값에 관한 삼각부등식** : $|x + y| \leq |x| + |y|$

(c) 부등식 $-y \leq x \leq y$가 성립할 필요충분조건은 $y \geq |x|$이다. 특히 $-|x| \leq x \leq |x|$이다.

(d) **절댓값의 곱셈** : $|xy| = |x||y|$, $|-x| = |x|$

(e) **거리는 음수가 아니다** : $d(x, y) \geq 0$이다. 또한 $d(x, y) = 0$일 필요충분조건은 $x = y$이다.

(f) **거리의 대칭성** : $d(x, y) = d(y, x)$

(g) **거리에 관한 삼각부등식** : $d(x, z) \leq d(x, y) + d(y, z)$

명제 4.3.3의 증명은 연습문제 1로 남긴다.

절댓값은 두 수가 얼마나 '가까운지'를 측정할 때 유용하다. 이제 다소 인위적인 정의를 내려보자.

정의 4.3.4 ε–근방(ε–close)

유리수 x, y를 생각하고, $\varepsilon > 0$도 유리수라 하자. y가 x의 **ε–근방**에 속할 필요충분조건은 $d(y, x) \leq \varepsilon$인 것이다.

참고 4.3.5 정의 4.3.4는 수학 교재에 나오는 표준 정의가 아니다. 추후 극한(또는 코시 수열)의 더 중요한 개념을 구성하기 위한 '비계'로 사용할 것이고, 이런 고급 개념을 갖게 되면 ε–근방 개념을 버릴 것이다.

EX 4.3.6 0.99와 1.01은 모두 0.1–근방에 속하지만 0.01–근방에는 속하지 않는다. 왜냐하면 $d(0.99, 1.01) = |0.99 - 1.01| = 0.02$로 0.01보다 크기 때문이다. 반면에 2와 2는 임의의 양수 ε에 대해 ε–근방에 속한다.

ε이 0이거나 음수일 때에는 ε–근방을 따로 정의하지 않는다. 왜냐하면 $\varepsilon = 0$이면 x와 y가 서로 같을 때만 ε–근방에 속하고, $\varepsilon < 0$이면 x와 y는 절대 ε–근방에 속하지 않기 때문이다. (해석학에서는 전통적으로 그리스 문자 ε과 δ를 작은 양수로 생각한다.)

ε–근방에 관한 몇 가지 기본 성질을 소개한다.

명제 4.3.7 유리수 x, y, z, w에 대해 다음이 성립한다.

(a) $x = y$이면 임의의 $\varepsilon > 0$에 대해 x는 y의 ε–근방에 속한다. 역으로 임의의 $\varepsilon > 0$에 대해 x가 y의 ε–근방에 속하면 $x = y$이다.

(b) $\varepsilon > 0$이라 하자. x가 y의 ε–근방에 속하면 y도 x의 ε–근방에 속한다. 이로써 x와 y가 ε–근방에 속하는 것은 x가 y의 ε–근방에 속하거나 y가 x의 ε–근방에 속한다는 뜻이다.

(c) ε, $\delta > 0$이라 하자. x가 y의 ε–근방에 속하고 y가 z의 δ–근방에 속하면 x는 z의 $(\varepsilon + \delta)$–근방에 속한다.

(d) ε, $\delta > 0$이라 하자. x와 y가 ε–근방에 속하고 z와 w가 δ–근방에 속하면 $x + z$와 $y + w$는 $(\varepsilon + \delta)$–근방에 속하며 $x - z$와 $y - w$는 $(\varepsilon + \delta)$–근방에 속한다.

(e) $\varepsilon > 0$이라 하자. x와 y가 ε–근방에 속하면 임의의 $\varepsilon' > \varepsilon$에 대해 x와 y는 ε'–근방에 속한다.

(f) $\varepsilon > 0$이라 하자. y와 z가 모두 x의 ε–근방에 속하고 w가 y와 z 사이의 수(즉, $y \le w \le z$ 또는 $z \le w \le y$)라 하면 w는 x의 ε–근방에 속한다.

(g) $\varepsilon > 0$이라 하자. x와 y가 ε–근방에 속하고 $z \neq 0$이라면 xz와 yz는 $\varepsilon|z|$–근방에 속한다.

(h) ε, $\delta > 0$이라 하자. x와 y가 ε–근방에 속하고 z와 w가 δ–근방에 속하면 xz와 yw는 $(\varepsilon|z| + \delta|x| + \varepsilon\delta)$–근방에 속한다.

증명

(h)를 증명한다. ε, $\delta > 0$을 생각하고 x와 y가 ε–근방에 속한다고 하자. $a := y - x$라 하면 $y = x + a$이고 $|a| \le \varepsilon$이다. 또한 z와 w가 δ–근방에 속하고 $b := w - z$라 하면 $w = z + b$이고 $|b| \le \delta$이다.

$y = x + a$이고 $w = z + b$이므로 다음이 성립한다.

$$yw = (x + a)(z + b) = xz + az + xb + ab$$

그러므로 삼각부등식을 이용하면 다음과 같다.

$$|yw - xz| = |az + bx + ab| \le |az| + |bx| + |ab| = |a||z| + |b||x| + |a||b|$$

$|a| \le \varepsilon$이고 $|b| \le \delta$이므로 다음 부등식이 성립한다.

$$|yw - xz| \le \varepsilon|z| + \delta|x| + \varepsilon\delta$$

따라서 yw와 xz는 $(\varepsilon|z| + \delta|x| + \varepsilon\delta)$–근방에 속한다.

(a)부터 (g)까지는 연습문제 2에서 증명한다. ■

참고 4.3.8 명제 4.3.7의 (a)~(c)를 상등공리의 반사성, 대칭성, 추이성과 비교해야 한다. 해석학에서는 'ε-근방' 개념이 상등을 개략적으로 대체할 수 있다고 생각하면 유용할 때가 많다.

이제 정의 2.3.11을 확장해서 자연수 지수의 거듭제곱을 재귀적으로 정의한다.

정의 4.3.9 자연수 거듭제곱

유리수 x를 생각하자. x를 0번 거듭제곱하는 것을 $x^0 := 1$로 정의한다. 특히 $0^0 := 1$이다. 어떤 자연수 n에 대해 x^n이 귀납적으로 정의되었다고 가정하면 $x^{n+1} := x^n \times x$라고 정의한다.

명제 4.3.10 거듭제곱의 성질 I

유리수 x, y와 자연수 n, m에 대해 다음이 성립한다.

(a) $x^n x^m = x^{n+m}$, $(x^n)^m = x^{nm}$, $(xy)^n = x^n y^n$

(b) $n > 0$이라 하자. $x^n = 0$일 필요충분조건은 $x = 0$인 것이다.

(c) $x \geq y \geq 0$이면 $x^n \geq y^n \geq 0$이다. $x > y \geq 0$이고 $n > 0$이면 $x^n > y^n \geq 0$이다.

(d) $|x^n| = |x|^n$

명제 4.3.10의 증명은 연습문제 3으로 남긴다.

이제 지수가 음수 정수인 거듭제곱으로 확장하자.

정의 4.3.11 음수 거듭제곱

0이 아닌 유리수 x를 생각하자. 임의의 음의 정수 $-n$에 대해 $x^{-n} := \dfrac{1}{x^n}$이라 정의한다.

예를 들면 $x^{-3} = \dfrac{1}{x^3} = \dfrac{1}{x \times x \times x}$이다. $n = 1$일 때 정의 4.3.11에서 정의한 x^{-1}와 4.2절에서 정의한 x의 역수가 서로 같기 때문에, 이 새로운 표기법은 기존 표기법과 호환할 수 있다.

n이 양수이든 음수이든 또는 0이든 상관 없이 모든 정수 n에 대해 x^n을 정의했다. 정수인 지수의 거듭제곱은 다음과 같은 성질을 만족한다. 이 성질은 명제 4.3.10을 대체할 수 있다.

명제 4.3.12 거듭제곱의 성질 II

0이 아닌 유리수 x, y와 자연수 n, m에 대해 다음이 성립한다.

(a) $x^n x^m = x^{n+m}$, $(x^n)^m = x^{nm}$, $(xy)^n = x^n y^n$

(b) $x \geq y \geq 0$이라 하자. n이 양수이면 $x^n \geq y^n > 0$이고, n이 음수이면 $0 < x^n \leq y^n$이다.

(c) x, $y > 0$이고 $n \neq 0$이며 $x^n = y^n$이면 $x = y$이다.

(d) $|x^n| = |x|^n$

명제 4.3.12의 증명은 연습문제 4로 남긴다.

4.3 연습문제

1. 명제 4.3.3을 증명하라.

힌트 각각의 성질은 x가 양수, 음수, 0일 때로 나누어 증명할 수 있지만, 몇 가지 성질은 경우를 나누지 않고도 증명할 수 있다. 예를 들어 명제의 앞부분을 사용하면 뒷부분을 증명할 수 있다.

2. 명제 4.3.7의 증명을 완성하라.

3. 명제 4.3.10을 증명하라.

힌트 귀납법을 사용한다.

4. 명제 4.3.12를 증명하라.

힌트 귀납법은 이 문제를 푸는 데 적절한 증명법이 아니다. 명제 4.3.10을 사용한다.

5. 모든 자연수 N에 대해 $2^N \geq N$임을 증명하라.

힌트 귀납법을 사용한다.

4.4 유리수 사이의 간격

유리수를 선(line) 위에 배열하고, $x > y$이면 x를 y의 오른쪽에 둔다고 생각해보자. (아직 선을 정의하지 않았으므로 이 배열은 엄밀하지 않다. 다만 다음에 다룰 명제에 동기를 부여하기 위해 논의한다.) 유리수가 정수를 포함하기 때문에 정수 또한 선 위에 배열할 수 있다. 이제부터 정수를 기준으로 유리수가 어떻게 배열되는지 알아보자.

명제 4.4.1 유리수 사이에 정수 배열하기

유리수 x에 대해 다음이 성립한다.

- 어떤 정수 n이 존재해서 $n \leq x < n+1$을 만족한다. 사실 이 정수는 유일하다. 즉, 각각의 x마다 자연수 n이 오직 하나 존재해서 $n \leq x < n+1$을 만족한다.
- 어떤 자연수 N이 존재해서 $N > x$를 만족한다. 즉, 모든 자연수보다 더 큰 유리수는 존재하지 않는다.

명제 4.4.1의 증명은 연습문제 1로 남긴다.

참고 **4.4.2** $n \leq x < n+1$을 만족하는 정수 n은 x의 **정수부분(integer part)**이라 하고, 이를 기호로 $n = \lfloor x \rfloor$로 표기한다.

또한 임의의 두 유리수 사이에는 다른 유리수가 적어도 하나 존재한다.

명제 4.4.3 유리수의 조밀성

두 유리수 x, y가 $x < y$를 만족한다면 다른 유리수 z가 존재해서 $x < z < y$를 만족한다.

증명

$z := \frac{x+y}{2}$라 하자. $x < y$이고 $\frac{1}{2} = 1//2$는 양수이므로 명제 4.2.9에 의해 $\frac{x}{2} < \frac{y}{2}$이다. 양변에 $\frac{y}{2}$를 더하면 명제 4.2.9에 의해 $\frac{x}{2} + \frac{y}{2} < \frac{y}{2} + \frac{y}{2}$이므로 $z < y$이다. 한편 양변에 $\frac{x}{2}$를 더하면 $\frac{x}{2} + \frac{x}{2} < \frac{y}{2} + \frac{x}{2}$이므로 $x < z$이다. 그러므로 $x < z < y$이다. ■

유리수는 조밀성을 갖추고 있음에도 여전히 불완전하다. 유리수 사이에는 여전히 무한히 많은 '틈'이나 '구멍'이 존재하지만, 이러한 조밀성은 곧 유리수 사이의 구멍이 무한히 작음을 의미한다. 예를 들어 어떠한 유리수로도 2의 제곱근을 나타낼 수 없음을 보일 수 있다.

명제 4.4.4 $x^2 = 2$를 만족하는 유리수 x는 존재하지 않는다.

증명

지금은 증명의 개요만 제시하며, 부족한 부분은 연습문제 3에서 추가로 증명한다. 귀류법을 사용하기 위해 $x^2 = 2$를 만족하는 유리수 x가 존재한다고 가정하자. 명백히 x는 0이 아니다. x가 음수이면 ($x^2 = (-x)^2$이므로) x를 $-x$로 대체할 수 있으므로 x를 양수라 가정한다. 그러면 어떤 양의 정수 p와 q에 대해 $x = \dfrac{p}{q}$이므로 $\left(\dfrac{p}{q}\right)^2 = 2$이다. 이를 정리하면 $p^2 = 2q^2$이다.

어떤 자연수 k에 대해 $p = 2k$를 만족하는 자연수 p는 **짝수(even)**라고 하고 $p = 2k + 1$을 만족하는 자연수 p는 **홀수(odd)**라고 한다. 모든 자연수는 짝수 또는 홀수 중 하나이며, 동시에 두 가지를 만족하지 않는다(그 이유는?). p가 홀수이면 p^2도 홀수이므로(그 이유는?) $p^2 = 2q^2$이라는 사실에 모순이다. 그러므로 p는 짝수, 즉 어떤 자연수 k에 대해 $p = 2k$이다. 또 p가 양수이므로 k도 양수여야 하고, $p = 2k$를 $p^2 = 2q^2$에 대입하면 $4k^2 = 2q^2$이므로 $q^2 = 2k^2$이다.

지금까지의 증명을 요약해보자. $p^2 = 2q^2$을 만족하는 양의 정수로 구성된 순서쌍 (p, q)에서 시작하여 $q^2 = 2k^2$을 만족하는 양의 정수로 구성된 순서쌍 (q, k)로 끝났다. 또 $p^2 = 2q^2$이므로 $q < p$이다(그 이유는?). 만약 $p' := q$, $q' := k$라고 다시 쓰면 방정식 $p^2 = 2q^2$의 한 가지 해 (p, q)에서 p 값이 더 작은 새로운 해 (p', q')으로 넘어갈 수 있다. 이러한 과정을 계속 반복하면 수열 (p'', q''), (p''', q'''), $\cdots$을 얻는다. 이 수열은 방정식 $p^2 = 2q^2$의 해인데 p 값은 앞의 항보다 더 작으며, 순서쌍은 모두 양의 정수로 구성된다. 그러나 이 사실은 무한강하법(연습문제 2 참고)에 의해 모순이다. 이 모순은 $x^2 = 2$를 만족하는 유리수 x가 존재하지 않음을 보여준다. ■

반면 2의 제곱근에 임의로 가까운 유리수를 얻을 수 있다.

명제 4.4.5 임의의 유리수 $\varepsilon > 0$에 대해 음이 아닌 유리수 x가 존재해서 $x^2 < 2 < (x + \varepsilon)^2$을 만족한다.

증명

유리수 $\varepsilon > 0$을 생각하자. 귀류법을 사용하기 위해 $x^2 < 2 < (x + \varepsilon)^2$을 만족하며 음이 아닌 유리수 x가 존재하지 않는다고 가정한다. 이는 x가 음이 아니고 $x^2 < 2$일 때 $(x + \varepsilon)^2 < 2$이어야 한다는 뜻이다. (참고로 명제 4.4.4에 의해 $(x + \varepsilon)^2$은 2일 수 없다.) $0^2 < 2$이므로 $\varepsilon^2 < 2$이다. 그리고 $(2\varepsilon)^2 < 2$이므로 귀납법을 간단하게 적용하여 모든 자연수 n에 대해 $(n\varepsilon)^2 < 2$임을 보일 수 있다. (참고로 모든 자연수 n에 대해 $n\varepsilon$은 음이 아니다(그 이유는?).) 명제 4.4.1에 의해 $n > \dfrac{2}{\varepsilon}$

를 만족하는 정수 n을 찾을 수 있다. 이제 $n\varepsilon > 2$이므로 $(n\varepsilon)^2 > 4 > 2$이다. 이는 모든 자연수 n에 대해 $(n\varepsilon)^2 < 2$이라는 사실에 모순이다. 따라서 증명이 끝났다. ■

EX 4.4.6 $\varepsilon = 0.001$이면 $x^2 = 1.999396$이고 $(x+\varepsilon)^2 = 2.002225$이므로 $x = 1.414$이다.[4]

명제 4.4.5는 유리수 집합 $\mathbb{Q}$에 실제로 $\sqrt{2}$가 원소로 포함되지는 않지만 $\sqrt{2}$에 원하는 만큼 가까워질 수 있음을 의미한다. 다음과 같은 유리수 수열을 생각하자.

$$1.4,\ 1.41,\ 1.414,\ 1.4142,\ 1.41421,\ \cdots$$

이 수열의 각 항을 제곱하면 다음과 같으며, $\sqrt{2}$에 점점 더 가까워지는 것처럼 보인다.

$$1.96,\ 1.9881,\ 1.99396,\ 1.99996164,\ 1.9999899241,\ \cdots$$

그러므로 유리수 수열에 '극한'을 취함으로써 2의 제곱근을 만들 수 있는 것처럼 보인다. 이러한 방법으로 5장에서 실수를 구성한다. (실수를 구성하는 다른 방법으로 '데데킨트 절단(Dedekind cuts)'이 있지만, 이 책에서는 다루지 않는다. 소수점 이하를 무한히 확장하여 구성할 수도 있지만 $0.999\cdots$를 $1.000\cdots$과 같은 수로 만들어야 하는 등 몇 가지 까다로운 문제가 있다. 이 접근법은 아주 친숙하지만 사실 다른 접근법보다 **훨씬** 복잡하다. 구체적인 내용은 [부록 B]를 참고하라.)

4.4 연습문제

1. 명제 4.4.1을 증명하라.

힌트 명제 2.3.9를 사용한다.

2. 이 연습문제는 다음 정의와 관련이 있다.

(자연수, 정수, 유리수, 실수로 이루어진) 수열 $a_0,\ a_1,\ a_2,\ \cdots$가 모든 자연수 n에 대해 $a_n > a_{n+1}$이면(즉, $a_0 > a_1 > a_2 > \cdots$이면) **무한강하(infinite descent)**라고 한다.

---

4 유한소수를 정의할 때 십진법을 사용한다. 예를 들어 1.414는 유리수 $\frac{1414}{1000}$와 서로 같은 수로 정의한다. 십진법에 대한 공식 논의는 [부록 B]를 참고하라.

다음 물음에 답하라.

(a) 다음 **무한강하법**(principle of infinite descent)을 증명하라.

> 무한강하하는 **자연수** 수열은 존재할 수 없다.

힌트 귀류법을 사용하기 위해 무한강하하는 자연수 수열을 찾을 수 있다고 가정한다. 모든 a_n이 자연수이기 때문에 모든 n에 대해 $a_n \geq 0$임을 알고 있다. 이제 귀납법을 사용하여 모든 $k \in \mathbb{N}$과 $n \in \mathbb{N}$에 대해 $a_n \geq k$임을 증명하여 모순이 있음을 보인다.

(b) 수열 $a_0, a_1, a_2, \cdots$가 자연수 수열이 아니라 정수 수열이라면 무한강하법을 적용할 수 있을까? 또한 자연수 수열이 아니라 양의 유리수 수열이라면 어떨까? 이에 관해 설명하라.

3. 명제 4.4.4의 증명에서 (그 이유는?)이라고 표시한 부분을 설명하라. 이 명제가 참임을 보일 때 선택공리가 필요한지의 여부를 확인하라.

5

실수
The real numbers

지금까지 무엇을 했는지 진행 상황을 짚어보자. 자연수체계 $\mathbb{N}$, 정수체계 $\mathbb{Z}$, 유리수체계 $\mathbb{Q}$라는 세 가지 기본 수체계를 엄격하게 구성했다.[1] 자연수는 다섯 가지 페아노 공리를 사용하여 정의했고, 그러한 수체계가 존재한다고 가정했다. 자연수는 **순차적으로 세는**(sequential counting) 개념을 매우 직관적이면서도 기본으로 보여주기 때문에 이러한 수체계가 존재한다는 가정은 그럴듯하다. 그 다음에 자연수체계를 이용하여 덧셈과 곱셈을 재귀적으로 정의하고, 이러한 정의가 일반적인 대수 법칙을 따르는지 확인했다.

덧셈과 곱셈을 살펴본 뒤에는 자연수 a, b에 대해 형식적인 차 a—b를 택하여 정수를 구성했다.[2] 또, 뺄셈을 살펴본 뒤에는 대수 법칙을 합리적으로 유지하기 위해 0으로 나누는 것을 제외하고 정수 a, b에 대해 형식적인 몫 $a//b$를 택하여 유리수를 구성했다. (물론 0으로 나누는 것을 허용하여 독자적인 수체계를 자유롭게 구성할 수 있다. 대신 명제 4.2.4의 체 공리 중 한 개 이상을 포기해야 하며, 실생활 문제를 해결할 때 그다지 유용하지 않은 수체계가 될 것이다.)

수학은 유리수체계만 있어도 다루기 충분하다. 이를테면 고등학교 수준의 대수학은 유리수만 알아도 대부분 해결할 수 있다. 하지만 수학에는 유리수체계만으로 충분하지 않은 기본 분야가 존재하는데, 바로 넓이나 길이 등을 연구하는 학문인 **기하학**(geometry)이 그렇다. 밑변의 길이와 높이가 각각 1인 직각이등변삼각형을 생각하자. 이 직각이등변삼각형의 빗변의 길이는 유리수가 아닌 **무리수**(irrational number) $\sqrt{2}$이다(명제 4.4.4 참고). 기하학의 하위 학문인 **삼각법**(trigonometry)을 배우면 무리수를 더욱 다양하게 사용해야 한다. π 또는 $\cos(1)$과 같은 수는 어떤 의미에서 $\sqrt{2}$보다 '훨씬 더' 무리수 같다고 판명된다. (이러한 수를 **초월수**(transcendental number)라고 하지만, 지금은 이 개념을 다루기에 적절하지 않다.) 따라서 선분의 길이를 측정하는 간단한 일이라도 기하학을 적절히 설명하는 수체계를 갖추려면 유리수체계를 실수체계로 대체해야 한다. 접선의 기울기 또는 곡선 아래 영역의 넓이를 구하는 등 미분적분학도 기하학과 밀접한 관계에 있으므로 미분적분학이 제대로 작동하려면 실수체계가 필수로 있어야 한다.

그러나 유리수에서 실수를 구성하려면 자연수에서 정수를 구성할 때나 정수에서 유리수를 구성할 때보다 더 많은 장치가 필요하기 때문에 다소 어렵다고 알려져 있다. 자연수와 정수는 기존 수체계에 **대수** 연산을 추가로 도입하는 방식으로 구성했다. 이를테면 자연수에 뺄셈을 도입하여 정수를 얻고, 정수에 나눗셈을 도입하여 유리수를 얻는 식이다. 그러나 유리수에서 실수를 얻으려면 '이산(discrete)'

---

1 기호 $\mathbb{N}$, $\mathbb{Q}$, $\mathbb{R}$은 각각 자연수(natural number), 몫(quotient), 실수(real number)의 첫 글자에서 유래한다. 기호 $\mathbb{Z}$는 '숫자'를 뜻하는 독일어 Zahlen의 첫 글자에서 유래한다. **복소수체계**를 나타내는 기호 $\mathbb{C}$는 『TAO 해석학 II』의 4.6절에서 다루며, 복소수(complex number)의 첫 글자에서 유래한다.

2 수학에서 **형식적**(formal)이라는 표현은 '~인 형태'임을 의미한다. 4.1절에서 처음 도입한 기호 —는 의미 없는 자리지기(placeholder)였기 때문에 a—b라는 표현은 실제로 a와 b의 차 $a-b$를 **의미**하지 않았다. 단지 차의 **형태**만 가졌을 뿐이다. 나중에 뺄셈을 정의하고 형식적 차(a—b)가 실제 차($a-b$)와 다른 게 없음을 확인하여, 기호 —를 폐기하는 데 문제가 없음을 보였다. 혼란스러울 수 있지만 '형식적'이라는 용어는 형식적 논증이나 비공식적 논증 개념과는 관련이 없다.

체계에서 '연속(continuous)' 체계로 넘어가야 하며, 이를 위해 **극한**이라고 하는 다소 다른 개념을 도입해야 한다. 극한은 처음 배울 때는 매우 직관적인 개념이지만, 엄밀하게 정의하기는 상당히 어렵다. (오일러와 뉴턴 같이 위대한 수학자들도 극한 개념을 이해하는 데 어려움을 겪었다. 19세기가 되어서야 코시와 데데킨트 같은 수학자들이 극한을 엄밀하게 정의하는 법을 밝혔다.)

4.4절에서 유리수의 '틈(gap)'에 대해 알아보았다. 이제 극한을 이용하여 이 틈을 메꾸고 실수를 구성하려고 한다. 실수체계는 유리수체계와 매우 유사하지만, **상한**(supremum)을 비롯해 새로운 연산을 몇 가지 더 포함한다. 상한은 극한을 정의하고 미분적분학에 필요한 다른 모든 연산을 정의하는 데 사용할 수 있다.

유리수 수열의 극한으로 실수를 구하는 절차는 조금 복잡해 보일 수 있다. 그러나 실제로 이는 한 거리공간(metric space)의 '틈'을 **채워서**(completing) 다른 공간을 형성하는, 일반적이고 유용한 절차의 한 사례이다. 자세한 내용은 『TAO 해석학 II』의 1.4절 연습문제 8을 참고하라.

5.1 코시 수열

실수를 구성하는 과정은 **코시 수열**(Cauchy sequence)에 의존해야 한다. 이 개념을 정의하기 전에 먼저 수열을 정의하자.

정의 5.1.1 수열(sequence)

정수 m을 생각하자. 유리수로 이루어진 **수열** $(a_n)_{n=m}^{\infty}$은 집합 $\{n \in \mathbb{Z} : n \geq m\}$에서 $\mathbb{Q}$로 가는 임의의 함수이다. 즉, m 이상인 모든 정수 n에 유리수 a_n을 대응하는 사상이다. 간단하게 생각하면 유리수 수열 $(a_n)_{n=m}^{\infty}$은 유리수 a_m, a_{m+1}, a_{m+2}, $\cdots$의 모임이다.

EX 5.1.2

- 수열 $(n^2)_{n=0}^{\infty}$은 자연수 0, 1, 4, 9, $\cdots$의 모임이다.
- 수열 $(3)_{n=0}^{\infty}$은 자연수 3, 3, 3, $\cdots$의 모임이다.
- 수열 $(a_n)_{n=3}^{\infty}$은 수열 a_3, a_4, a_5, $\cdots$를 나타내므로 $(n^2)_{n=3}^{\infty}$은 자연수 수열 9, 16, 25, $\cdots$의 모임이다.

이제 실수를 유리수 수열의 극한으로 정의하려고 한다. 그렇게 하려면 어떤 유리수 수열이 수렴하고, 어떤 유리수 수열이 수렴하지 않는지 판단할 수 있어야 한다. 예를 들어 다음 두 수열을 생각하자.

- 1.4, 1.41, 1.414, 1.4142, 1.41421, $\cdots$
- 0.1, 0.01, 0.001, 0.0001, $\cdots$

두 수열은 무언가에 수렴하려는 것처럼 보인다. 이번에는 다음 두 수열을 생각하자.

- 1, 2, 4, 8, 16, $\cdots$
- 1, 0, 1, 0, 1, $\cdots$

두 수열은 무언가에 수렴하려는 것처럼 보이지 않는다. 수렴 여부를 판단하기 위해 4.3절에서 ε–근방을 정의한 바 있다. 두 유리수 x, y에 대해 $d(x,y) = |x-y| \leq \varepsilon$이면 두 유리수는 ε–근방에 속함을 상기하자(정의 4.3.4 참고).

정의 5.1.3 ε–안정적(ε–steady)

$\varepsilon > 0$을 생각하자. 수열 $(a_n)_{n=0}^{\infty}$이 **ε–안정적**일 필요충분조건은 모든 자연수 j, k에 대해 수열의 각 항으로 이루어진 쌍 a_j, a_k가 ε–근방에 속하는 것이다. 즉, 수열 a_0, a_1, a_2, $\cdots$가 ε–안정적일 필요충분조건은 모든 j, k에 대해 $|a_j - a_k| \leq \varepsilon$인 것이다.

참고 5.1.4 정의 5.1.3은 해석학의 표준이 아니므로, 이번 절을 제외하면 사용하지 않는다. 정의 5.1.6에서 다룰 '궁극적인 ε–안정성' 개념도 마찬가지이다. ε–안정성은 첨자가 0으로 시작하는 수열에 대해 정의했지만 첨자가 다른 수로 시작해도 비슷한 개념을 적용할 수 있다. 즉, 수열 a_N, a_{N+1}, $\cdots$이 ε–안정적일 필요충분조건은 모든 j, $k \geq N$에 대해 $|a_j - a_k| \leq \varepsilon$인 것이다.

EX 5.1.5

- 수열 1, 0, 1, 0, 1, $\cdots$은 1–안정적이지만 $\frac{1}{2}$–안정적이지 않다.
- 수열 0.1, 0.01, 0.001, 0.0001, $\cdots$은 0.1–안정적이지만 0.01–안정적이지 않다(그 이유는?).
- 수열 1, 2, 4, 8, 16, $\cdots$은 어느 ε에 대해서도 ε–안정적이지 않다(그 이유는?).
- 수열 2, 2, 2, 2, $\cdots$는 임의의 $\varepsilon > 0$에 대해 ε–안정적이다.

수열의 ε–안정성 개념은 간단하지만 처음 몇 개의 항에 대해 지나치게 민감하게 반응하기 때문에 수열의 **극한**(limit) 행동을 제대로 포착하지 못한다. 다음과 같은 수열을 생각하자.

$$10, 0, 0, 0, 0, 0, \cdots$$

이 수열은 10–안정적이다. 그런데 수열이 시작하자마자 0으로 수렴하는데도 10보다 작은 ε 값에 대해서는 ε–안정적이라고 할 수 없다. 따라서 수열의 초기 항에 영향을 받지 않는 강력한 안정성 개념이 필요하다.

정의 5.1.6 궁극적으로 ε–안정적(eventually ε–steady)

$\varepsilon > 0$을 생각하자. 수열 $(a_n)_{n=0}^{\infty}$이 **궁극적으로 ε–안정적**일 필요충분조건은 어떤 자연수 $N \geq 0$에 대해 수열 a_N, a_{N+1}, a_{N+2}, $\cdots$ 가 ε–안정적인 것이다. 즉, 수열 a_0, a_1, a_2, $\cdots$ 가 궁극적으로 ε–안정적일 필요충분조건은 어떤 $N \geq 0$이 존재해서 모든 j, $k \geq N$에 대해 $|a_j - a_k| \leq \varepsilon$인 것이다.

EX 5.1.7

- 일반항이 $a_n = \dfrac{1}{n}$인 수열을 생각하자. 수열 a_1, a_2, a_3, a_4, $\cdots$, 즉 1, $\dfrac{1}{2}$, $\dfrac{1}{3}$, $\dfrac{1}{4}$, $\cdots$ 은 0.1–안정적이지 않지만 수열 a_{10}, a_{11}, a_{12}, $\cdots$, 즉 $\dfrac{1}{10}$, $\dfrac{1}{11}$, $\dfrac{1}{12}$, $\cdots$ 은 0.1–안정적이므로 궁극적으로 0.1–안정적이라고 할 수 있다.
- 수열 10, 0, 0, 0, 0, $\cdots$ 은 10보다 작은 임의의 ε에 대해 ε–안정적이지 않지만 임의의 $\varepsilon > 0$에 대해 궁극적으로 ε–안정적이다(그 이유는?).

마침내 유리수 수열이 수렴하기 '원한다'는 것이 무엇을 의미하는지에 대해 올바른 개념을 정의할 수 있게 되었다.

정의 5.1.8 코시 수열(Cauchy sequence)

유리수 수열 $(a_n)_{n=0}^{\infty}$이 **코시 수열**일 필요충분조건은 임의의 유리수 $\varepsilon > 0$에 대해 수열 $(a_n)_{n=0}^{\infty}$이 궁극적으로 ε–안정적인 것이다. 즉, 수열 a_0, a_1, a_2, $\cdots$ 가 코시 수열일 필요충분조건은 임의의 $\varepsilon > 0$에 대해 $N \geq 0$이 존재해서 모든 j, $k \geq N$에 대해 $d(a_j, a_k) \leq \varepsilon$인 것이다.

참고 5.1.9 아직 실수를 구성하지 않았기 때문에 매개변수 ε은 임의의 양의 실수가 아닌 임의의 양의 유리수로 제한된다. 실수를 구성한 후 ε을 유리수 대신 실수로 변경한다면 정의 5.1.8을 바꾸지 않고 사용할 수 있다. 즉, 수열이 임의의 유리수 $\varepsilon > 0$에 대해 궁극적으로 ε–안정적일 필요충분조건은 그 수열이 임의의 실수 $\varepsilon > 0$에 대해 궁극적으로 ε–안정적인 것임을 증명할 것이다(명제 6.1.4 참고). 유리수 ε과 실수 ε의 미묘한 차이는 결과적으로 그렇게 중요하지 않기 때문에, ε이 어떤 수인지에 대해 지나친 관심을 두지 않는 것이 좋다.

EX 5.1.10 간단하게 이해하기

다음 수열을 다시 생각해보자.

$$1.4,\ 1.41,\ 1.414,\ 1.4142,\ \cdots$$

이 수열은 0.1–안정적이다. 첫 번째 항인 1.4를 버리면 남은 수열은 다음과 같고, 이는 0.01–안정적이다.

$$1.41,\ 1.414,\ 1.4142,\ \cdots$$

이는 원래 수열이 궁극적으로 0.01–안정적임을 의미한다. 두 번째 항을 버리면 남은 수열 1.414, 1.4142, $\cdots$ 는 0.001–안정적이므로 원래 수열이 궁극적으로 0.001–안정적임을 알 수 있다. 이 방법을 반복하면 주어진 수열이 임의의 $\varepsilon > 0$에 대해 ε–안정적이고, 이는 이 수열이 코시 수열임을 암시하는 것처럼 보인다. 그러나 이러한 논의는 실제로 수열 1.4, 1.41, 1.414, $\cdots$ 가 무엇인지 정확히 정의하지 않은 문제가 있다. 엄밀한 논증은 다음과 같이 진행한다.

명제 5.1.11 일반항이 $a_n := \frac{1}{n}$ 로 정의된 수열 $a_1,\ a_2,\ a_3,\ \cdots \left(\text{즉, 수열 } 1,\ \frac{1}{2},\ \frac{1}{3},\ \cdots\right)$ 은 코시 수열이다.

증명

임의의 $\varepsilon > 0$에 대해 수열 $a_1,\ a_2,\ \cdots$ 가 궁극적으로 ε–안정적임을 보이면 된다. 임의의 $\varepsilon > 0$을 생각하자. 이제 수열 $a_N,\ a_{N+1},\ \cdots$ 이 ε–안정적이게 하는 수 $N \geq 1$을 찾아야 한다. 이는 임의의 $j,\ k \geq N$에 대해 $d(a_j, a_k) \leq \varepsilon$임을 의미한다. 즉, 다음과 같다.

$$\text{임의의 } j,\ k \geq N \text{에 대해 } \left|\frac{1}{j} - \frac{1}{k}\right| \leq \varepsilon$$

여기서 $j,\ k \geq N$이므로 $0 < \frac{1}{j},\ \frac{1}{k} \leq \frac{1}{N}$이고 $\left|\frac{1}{j} - \frac{1}{k}\right| \leq \frac{1}{N}$이다. 이때 $\left|\frac{1}{j} - \frac{1}{k}\right|$이 ε보다 작거나 같음을 보이려면 $\frac{1}{N}$이 ε보다 작음을 보이면 충분하다. 따라서 $\frac{1}{N}$이 ε보다 작은 N, 즉, $\frac{1}{\varepsilon}$보다 큰 N을 선택하면 된다. 이는 명제 4.4.1에 의해 가능함을 알 수 있다. ■

보다시피 어떤 수열이 코시 수열임을 (극한과 같은 장치 등을 사용하지 않은) 첫 번째 원리로 보이려면 $\frac{1}{n}$ 처럼 간단한 수열이라도 어느 정도의 노력이 필요하다. 특히 초심자에게는 N을 선택하는 부분이 다소 어려울 수 있다. 이럴 때에는 역으로 생각하여 N에 어떤 조건이 있어야 수열 $a_N,\ a_{N+1},\ a_{N+2},\ \cdots$ 가 ε–안정적인지 확인하고 그 조건을 만족하는 N을 찾아야 한다. 추후 어떤 수열이 코시 수열인지 쉽게 판단할 수 있도록 극한 법칙을 몇 가지 정립할 것이다.

이제 코시 수열 개념을 유계수열과 연관지어 보겠다.

정의 5.1.12 유계수열

유리수 $M \geq 0$을 생각하자.

- 유한수열 $a_1, a_2, \cdots, a_n$이 M에 의해 **유계(bounded)**일 필요충분조건은 모든 $1 \leq i \leq n$에 대해 $|a_i| \leq M$인 것이다.
- 무한수열 $(a_n)_{n=1}^{\infty}$이 M에 의해 **유계**일 필요충분조건은 모든 $i \geq 1$에 대해 $|a_i| \leq M$인 것이다.
- 수열이 **유계**일 필요충분조건은 그 수열이 어떤 유리수 $M \geq 0$에 의해 유계인 것이다.

EX 5.1.13

- 유한수열 $1, -2, 3, -4$는 유계이다. 이 수열은 4에 의해 유계이며, 4 이상인 임의의 M에 대해서도 유계이다.
- 무한수열 $1, -2, 3, -4, 5, -6, \cdots$은 유계가 아니다. 그 이유를 증명할 수 있을까? 증명할 때 명제 4.4.1을 사용하라.
- 수열 $1, -1, 1, -1, \cdots$은 유계이지만(이를테면 1에 의해 유계이지만) 코시 수열은 아니다.

보조정리 5.1.14 유한수열은 유계이다

모든 유한수열 $a_1, a_2, \cdots, a_n$은 유계이다.

증명

n에 관한 귀납법을 사용하자. $n=1$일 때, $M := |a_1|$으로 선택하면 모든 $1 \leq i \leq n$에 대해 명백히 $|a_i| \leq M$이므로 수열 a_1은 유계이다. 이제 이 보조정리가 어떤 $n \geq 1$에 대해 참이라고 가정하고 $n+1$인 경우를 증명하자. 즉, 수열 $a_1, a_2, \cdots, a_{n+1}$은 유계임을 증명해야 한다. 귀납 가정에 따르면 $a_1, a_2, \cdots, a_n$은 어떤 $M \geq 0$에 의해 유계이다. 특히 이 수열은 $M + |a_{n+1}|$에 의해 유계이다. 한편, a_{n+1}도 $M + |a_{n+1}|$에 의한 유계이므로 수열 $a_1, a_2, \cdots, a_{n+1}$은 $M + |a_{n+1}|$에 의해 유계이다. 귀납법에 따라 참임을 증명했다. ■

이러한 논증은 유한수열이 아무리 길어도 유계임을 보여주지만, 무한수열이 유계인지의 여부는 알려주지 않는다. 왜냐하면 무한대(infinity)는 자연수가 아니기 때문이다. 그러나 다음 보조정리는 참이다.

보조정리 5.1.15 코시 수열은 유계이다

모든 코시 수열 $(a_n)_{n=1}^{\infty}$ 은 유계이다.

보조정리 5.1.15의 증명은 연습문제 1로 남긴다.

5.1 연습문제

1. 보조정리 5.1.15를 증명하라.

힌트 a_n 이 궁극적으로 1-안정적이라는 사실을 이용하여 주어진 수열을 유한수열과 1-안정적인 수열로 나눌 수 있다. 유한수열 부분에서는 보조정리 5.1.14를 사용한다. 참고로 여기서 사용한 1에 특별한 의미가 있는 게 아니므로 다른 양수를 사용해도 된다.

2. $(a_n)_{n=1}^{\infty}$ 과 $(b_n)_{n=1}^{\infty}$ 이 유계수열이면 $(a_n+b_n)_{n=1}^{\infty}$, $(a_n-b_n)_{n=1}^{\infty}$, $(a_nb_n)_{n=1}^{\infty}$ 도 유계수열임을 보여라.

5.2 코시 수열과 동치인 것들

다음과 같이 유리수로 구성된 두 코시 수열을 생각하자.

- 1.4, 1.41, 1.414, 1.4142, 1.41421, $\cdots$
- 1.5, 1.42, 1.415, 1.4143, 1.41422, $\cdots$

간단하게 생각하면 두 수열은 모두 $\sqrt{2} = 1.41421\cdots$ 로 수렴하는 것처럼 보인다(아직 실수를 정의하지 않아서 이러한 진술은 엄밀해 보이지 않는다). 코시 수열의 극한을 이용하여 유리수로부터 실수를 정의한다면, (순환 논리를 피하기 위해) 실수를 아직 정의하지 않고 유리수로 구성된 코시 수열 두 개가 같은 극한을 가지는 경우를 찾아야 한다. 이를 위해 처음에 코시 수열을 정의할 때 사용한 것과 비슷한 정의를 사용한다.

정의 5.2.1 ε–근방에 속하는 수열

수열 $(a_n)_{n=0}^{\infty}$과 $(b_n)_{n=0}^{\infty}$을 생각하고 $\varepsilon > 0$이라 하자. 수열 $(a_n)_{n=0}^{\infty}$이 수열 $(b_n)_{n=0}^{\infty}$의 **ε–근방(ε–close)**에 속할 필요충분조건은 각각의 $n \in \mathbb{N}$마다 a_n이 b_n의 ε–근방에 속하는 것이다. 즉, 수열 a_0, a_1, a_2, $\cdots$가 수열 b_0, b_1, b_2, $\cdots$의 ε–근방에 속할 필요충분조건은 모든 $n = 0$, 1, 2, $\cdots$에 대해 $|a_n - b_n| \le \varepsilon$인 것이다.

EX 5.2.2 다음과 같은 두 수열을 생각하자.

- 1, -1, 1, -1, 1, $\cdots$
- 1.1, -1.1, 1.1, -1.1, 1.1, $\cdots$

두 수열은 서로 0.1–근방에 속한다. 참고로 두 수열 모두 0.1–안정적이지 않다.

정의 5.2.3 궁극적인 ε–근방에 속하는 수열

수열 $(a_n)_{n=0}^{\infty}$과 $(b_n)_{n=0}^{\infty}$을 생각하고 $\varepsilon > 0$이라 하자. 수열 $(a_n)_{n=0}^{\infty}$이 수열 $(b_n)_{n=0}^{\infty}$의 **궁극적인 ε–근방(eventually ε–close)**에 속할 필요충분조건은 양수 $N \ge 0$이 존재해서 수열 $(a_n)_{n=N}^{\infty}$과 $(b_n)_{n=N}^{\infty}$이 ε–근방에 속하는 것이다. 즉, a_0, a_1, a_2, $\cdots$가 수열 b_0, b_1, b_2, $\cdots$의 궁극적인 ε–근방에 속할 필요충분조건은 모든 $n \ge N$에 대해 양수 $N \ge 0$이 존재해서 $|a_n - b_n| \le \varepsilon$인 것이다.

참고 5.2.4 정의 5.2.3 또한 해석학의 표준이 아니므로, 이번 절을 제외하면 사용하지 않는다.

EX 5.2.5 다음과 같은 두 수열을 생각하자.

- 1.1, 1.01, 1.001, 1.0001, $\cdots$
- 0.9, 0.99, 0.999, 0.9999, $\cdots$

두 수열의 첫 번째 항이 0.1–근방에 속하지 않기 때문에 두 수열은 0.1–근방에 속하지 않는다. 그러나 두 번째 항부터 고려한다면 두 수열은 0.1–근방에 속하기 때문에, 주어진 두 수열은 궁극적인 0.1–근방에 속한다고 할 수 있다. 세 번째 항부터 고려한다면 유사한 과정을 통해 두 수열이 궁극적인 0.01–근방에 속함을 보일 수 있다.

정의 5.2.6 수열의 동치

두 수열 $(a_n)_{n=0}^{\infty}$과 $(b_n)_{n=0}^{\infty}$이 **동치(equivalent)**일 필요충분조건은 각각의 양의 유리수 $\varepsilon > 0$마다 수열 $(a_n)_{n=N}^{\infty}$과 $(b_n)_{n=N}^{\infty}$이 궁극적으로 서로의 ε–근방에 속하는 것이다. 즉, 수열 a_0, a_1, a_2, $\cdots$ 가 수열 b_0, b_1, b_2, $\cdots$ 과 동치일 필요충분조건은 각각의 양의 유리수 $\varepsilon > 0$마다 양수 $N \geq 0$이 존재해서 모든 $n \geq N$에 대해 $|a_n - b_n| \leq \varepsilon$인 것이다.

참고 5.2.7 정의 5.1.8과 같이 매개변수 $\varepsilon > 0$은 양의 실수가 아닌 양의 유리수로 제한된다. 그러나 추후 ε이 양의 유리수인지 또는 양의 실수인지의 여부는 중요하지 않음을 보일 것이다. 이는 6.1절 연습문제 10을 참고하라.

정의 5.2.6에 따르면 EX 5.2.5에서 다룬 두 수열은 동치이다. 이 사실을 엄밀하게 증명해보자.

명제 5.2.8 일반항이 각각 $a_n = 1+10^{-n}$과 $b_n = 1-10^{-n}$인 수열을 각각 $(a_n)_{n=1}^{\infty}$과 $(b_n)_{n=1}^{\infty}$이라 하자. 수열 a_n과 b_n은 동치이다.

참고 5.2.9 간단하게 이해하기

명제 5.2.8을 십진법 표현으로 나타내면 $1.0000\cdots = 0.9999\cdots$라고 주장할 수 있다. 명제 B.2.3을 참고하라.

명제 5.2.8의 증명

임의의 양수 $\varepsilon > 0$에 대해 두 수열 $(a_n)_{n=1}^{\infty}$과 $(b_n)_{n=1}^{\infty}$이 궁극적으로 ε–근방에 속함을 증명해야 한다. $\varepsilon > 0$을 고정하자. 이때 $(a_n)_{n=N}^{\infty}$과 $(b_n)_{n=N}^{\infty}$이 ε–근방에 속하는 $N > 0$을 찾아야 한다. 즉, 다음을 만족하는 $N > 0$을 찾아야 한다.

$$\text{모든 } n \geq N \text{에 대해 } |a_n - b_n| \leq \varepsilon$$

그런데 두 수열에 대해 $|a_n - b_n|$을 전개하면 다음과 같다.

$$|a_n - b_n| = |(1 + 10^{-n}) - (1 - 10^{-n})| = 2 \times 10^{-n}$$

10^{-n}이 n에 대한 감소함수[3]이고 $n \geq N$이므로 $2 \times 10^{-n} \leq 2 \times 10^{-N}$이다. 따라서 다음이 성립한다.

$$\text{모든 } n \geq N \text{에 대해 } |a_n - b_n| \leq 2 \times 10^{-N}$$

모든 $n \geq N$에 대해 $|a_n - b_n| \leq \varepsilon$임을 도출하려면 $2 \times 10^{-N} \leq \varepsilon$을 만족하는 N을 선택하면 충분하다. 이 과정은 로그로 간단히 해결할 수 있지만, 아직 로그를 도입하지 않았으므로 조금 세련되지 않은 방법을 사용한다. 4.3절 연습문제 5를 통해 임의의 $N \geq 1$마다 10^N이 항상 N보다 크다는 사실을 관찰했다. $10^{-N} \leq \frac{1}{N}$이므로 $2 \times 10^{-N} \leq \frac{2}{N}$이다. 그러므로 $2 \times 10^{-N} \leq \varepsilon$임을 얻으려면 $\frac{2}{N} \leq \varepsilon$ (또는 $N \geq \frac{2}{\varepsilon}$)을 만족하는 N을 선택하면 충분하다. 명제 4.4.1에서 이러한 N을 항상 선택할 수 있음을 보였기 때문에, 주어진 명제는 참이다. ■

5.2 연습문제

1. 동치인 유리수 수열 $(a_n)_{n=1}^{\infty}$과 $(b_n)_{n=1}^{\infty}$을 생각하자. $(a_n)_{n=1}^{\infty}$이 코시 수열일 필요충분조건은 $(b_n)_{n=1}^{\infty}$이 코시 수열인 것임을 보여라.

2. $\varepsilon > 0$이라 두고, 궁극적으로 ε–근방에 속하는 수열 $(a_n)_{n=1}^{\infty}$과 $(b_n)_{n=1}^{\infty}$을 생각하자. $(a_n)_{n=1}^{\infty}$이 유계수열일 필요충분조건은 $(b_n)_{n=1}^{\infty}$이 유계수열인 것임을 보여라.

---

3 $m > n$일 때, $10^{-m} < 10^{-n}$이다. 이는 귀납법으로 쉽게 증명할 수 있다.

5.3 실수의 구성

이제 실수를 구성할 준비를 끝냈다. 실수를 구성하기 위해 앞에서 정의한 형식적 기호 —, //와 비슷하게 형식적 기호 LIM을 도입한다. 표기법에서 알 수 있듯이 LIM은 결국 친숙한 연산인 lim과 일치한다는 결론에 다다를 것이며, 그때에는 형식적 극한 기호를 버려도 된다.

정의 5.3.1 실수(real number)

- **실수**는 유리수로 구성된 코시 수열 $(a_n)_{n=1}^{\infty}$에 대해 $\operatorname*{LIM}_{n\to\infty} a_n$으로 정의한다.
- 두 실수 $\operatorname*{LIM}_{n\to\infty} a_n$과 $\operatorname*{LIM}_{n\to\infty} b_n$이 서로 같을 필요충분조건은 $(a_n)_{n=1}^{\infty}$과 $(b_n)_{n=1}^{\infty}$이 동치인 코시 수열인 것이다.
- 실수 전체의 집합을 $\mathbb{R}$로 표기한다.

EX 5.3.2 간단하게 이해하기

수열 1.4, 1.41, 1.414, 1.4142, 1.41421, $\cdots$을 a_1, a_2, a_3, $\cdots$로 나타내고, 수열 1.5, 1.42, 1.415, 1.4143, 1.41422, $\cdots$를 b_1, b_2, b_3, $\cdots$로 나타내자. $\operatorname*{LIM}_{n\to\infty} a_n$은 실수이고, $(a_n)_{n=1}^{\infty}$과 $(b_n)_{n=1}^{\infty}$은 동치인 코시 수열이므로 그 값은 $\operatorname*{LIM}_{n\to\infty} b_n$과 서로 같다. 즉, $\operatorname*{LIM}_{n\to\infty} a_n = \operatorname*{LIM}_{n\to\infty} b_n$이다.

수열 $(a_n)_{n=1}^{\infty}$의 **형식적 극한**(formal limit)을 $\operatorname*{LIM}_{n\to\infty} a_n$이라 한다. 나중에 극한의 진정한 개념을 정의하고 코시 수열의 형식적 극한이 그 수열의 극한과 같음을 보일 것이다. 그러면 다시는 형식적 극한이 더 이상 필요하지 않을 것이다. (이 상황은 형식적 뺄셈 — 및 형식적 나눗셈 //에서 한 것과 아주 유사하다.)

정의 5.3.1이 유효함을 보증하려면 정의의 동치 개념이 상등공리의 처음 세 가지를 만족하는지 확인해야 한다.

명제 5.3.3 형식적 극한은 잘 정의된다

실수 $x = \operatorname*{LIM}_{n\to\infty} a_n$, $y = \operatorname*{LIM}_{n\to\infty} b_n$, $z = \operatorname*{LIM}_{n\to\infty} c_n$을 생각하자.

- 실수의 동치 정의에 의해 $x = x$이다.
- $x = y$이면 $y = x$이다.
- $x = y$이고 $y = z$이면 $x = z$이다.

명제 5.3.3의 증명은 연습문제 1로 남긴다.

명제 5.3.3 덕분에 두 실수의 동치 정의가 타당함을 알 수 있다. 물론 실수에 대한 다른 연산을 정의할 때 치환공리를 따르는지 살펴봐야 한다. 즉, 실수에 대한 임의의 연산을 적용할 때 서로 같은 두 실수를 입력하면 같은 출력을 얻는지 확인해야 한다.

지금부터 덧셈이나 곱셈같은 일반적인 사칙연산을 실수에서 정의할 것이다. 먼저 덧셈을 정의하겠다.

정의 5.3.4 실수의 덧셈

두 실수 $x = \operatorname*{LIM}_{n\to\infty} a_n$, $y = \operatorname*{LIM}_{n\to\infty} b_n$을 생각하자. 두 실수의 합 $x+y$를 $x+y := \operatorname*{LIM}_{n\to\infty}(a_n+b_n)$이라 정의한다.

EX 5.3.5 $\operatorname*{LIM}_{n\to\infty}\left(1+\frac{1}{n}\right)$과 $\operatorname*{LIM}_{n\to\infty}\left(2+\frac{3}{n}\right)$의 합은 $\operatorname*{LIM}_{n\to\infty}\left(3+\frac{4}{n}\right)$이다.

이제 정의 5.3.4가 유효한지 살펴보자. 가장 먼저 할 일은 두 실수의 합이 실제로 실수인지 확인하는 것이다.

보조정리 5.3.6 코시 수열의 합은 코시 수열이다

두 실수 $x = \operatorname*{LIM}_{n\to\infty} a_n$, $y = \operatorname*{LIM}_{n\to\infty} b_n$을 생각하자. 두 실수의 합 $x+y$도 실수이다. 즉, $(a_n+b_n)_{n=1}^{\infty}$은 유리수로 구성된 코시 수열이다.

증명

임의의 $\varepsilon > 0$에 대해 수열 $(a_n+b_n)_{n=1}^{\infty}$이 궁극적으로 ε–안정적임을 보여야 한다. 가정에 따르면 $(a_n)_{n=1}^{\infty}$은 궁극적으로 ε–안정적이고, $(b_n)_{n=1}^{\infty}$은 궁극적으로 ε–안정적이지만 이 조건만으로 충분하지 않음을 알게 되었다. (두 조건에 따르면 $(a_n+b_n)_{n=1}^{\infty}$은 궁극적으로 2ε–안정적이지만, 이 증명에서 보이고 싶은 내용은 아니다.) 문제를 해결하려면 ε 값을 이용한 약간의 속임수가 필요하다.

모든 δ 값마다 $(a_n)_{n=1}^{\infty}$은 궁극적으로 δ–안정적이다. 이는 $(a_n)_{n=1}^{\infty}$이 궁극적으로 ε–안정적인 데다가 궁극적으로 $\frac{\varepsilon}{2}$–안정적인 것도 의미한다. 유사한 방법을 통해 수열 $(b_n)_{n=1}^{\infty}$ 또한 궁극적으로 $\frac{\varepsilon}{2}$–안정적임을 확인할 수 있다. 이 두 가지 사실을 통해 $(a_n+b_n)_{n=1}^{\infty}$이 궁극적으로 ε–안정적이라는 결론을 내릴 수 있다.

수열 $(a_n)_{n=1}^{\infty}$이 궁극적으로 $\frac{\varepsilon}{2}$–안정적이다. 그러므로 $N \geq 1$이 존재하여, $(a_n)_{n=N}^{\infty}$이 $\frac{\varepsilon}{2}$–안정적임을 알고 있다. 즉, 모든 n, $m \geq N$에 대해 a_n과 a_m이 $\frac{\varepsilon}{2}$–근방에 속한다. 비슷하게 $M \geq 1$이

존재하여, $(b_n)_{n=M}^{\infty}$이 $\frac{\varepsilon}{2}$–안정적이다. 즉, 모든 n, $m \geq M$에 대해 b_n과 b_m이 $\frac{\varepsilon}{2}$–근방에 속한다. 이러한 N과 M 중에서 더 큰 수를 $\max(N, M)$이라 하자. (명제 2.2.13에 따르면 한 수는 다른 수보다 크거나 같다.) 만약 n, $m \geq \max(N, M)$이면 a_n과 a_m은 $\frac{\varepsilon}{2}$–근방에 속하고 b_n과 b_m은 $\frac{\varepsilon}{2}$–근방에 속한다. 그러면 명제 4.3.7에 의해 n, $m \geq \max(N, M)$을 만족하는 모든 n, m에 대해 $a_n + b_n$과 $a_m + b_m$도 ε–근방에 속한다. 이는 수열 $(a_n + b_n)_{n=1}^{\infty}$이 궁극적으로 ε–안정적임을 의미한다. 이로써 증명을 마친다. ■

다음으로 치환공리([부록 A]의 A.7절 참고)를 확인해야 한다. 이때 실수 x를 x와 같은 값을 가지는 다른 실수로 대체하더라도 합 $x+y$가 변하지 않아야 한다. 이와 유사하게 y도 y와 같은 값을 가지는 다른 실수로 대체하더라도 합 $x + y$가 변하지 않아야 한다.

보조정리 5.3.7 동치인 코시 수열의 합은 같다

세 실수 $x = \mathrm{LIM}_{n\to\infty} a_n$, $y = \mathrm{LIM}_{n\to\infty} b_n$, $x' = \mathrm{LIM}_{n\to\infty} a'_n$을 생각하자. $x = x'$이라 하자. 그러면 $x + y = x' + y$이다.

증명

x와 x'이 서로 같기 때문에 코시 수열 $(a_n)_{n=1}^{\infty}$과 $(a'_n)_{n=1}^{\infty}$도 동치이다. 즉, 두 수열은 각각의 $\varepsilon > 0$마다 궁극적으로 ε–근방에 속한다.

이제 각각의 $\varepsilon > 0$에 대해 수열 $(a_n + b_n)_{n=1}^{\infty}$과 $(a'_n + b_n)_{n=1}^{\infty}$이 궁극적으로 ε–근방에 속함을 보여야 한다. 그러나 이미 $N \geq 1$이 존재해서 $(a_n)_{n=N}^{\infty}$과 $(a'_n)_{n=N}^{\infty}$이 ε–근방에 속한다. 즉, 각각의 $n \geq N$마다 a_n과 a'_n은 ε–근방에 속한다. 물론 b_n이 b_n의 0–근방에 속하기 때문에[4] (0–근방까지 확장한) 명제 4.3.7에 따르면 각각의 $n \geq N$마다 $a_n + b_n$과 $a'_n + b_n$은 ε–근방에 속한다. 이는 각각의 $\varepsilon > 0$마다 $(a_n + b_n)_{n=1}^{\infty}$과 $(a'_n + b_n)_{n=1}^{\infty}$이 궁극적으로 ε–근방에 속함을 의미한다. 이로써 증명을 마친다. ■

참고 5.3.8 보조정리 5.3.7은 $x + y$에서 변수 'x'에 대한 치환공리를 확인했다. 비슷한 방법으로 변수 'y'에 대한 치환공리도 증명할 수 있다. 간단하게 증명하고 싶으면 $a_n + b_n = b_n + a_n$이기 때문에 $x + y$의 정의에서 $x + y = y + x$가 성립한다고 보이면 된다.

덧셈과 유사한 방법으로 실수의 곱셈을 정의하자.

4 여기서 ε–근방 개념을 자연스럽게 $\varepsilon = 0$까지 확장한다.

정의 5.3.9 실수의 곱셈

실수 $x = \underset{n\to\infty}{\text{LIM}}\, a_n$, $y = \underset{n\to\infty}{\text{LIM}}\, b_n$을 생각하자. 두 실수의 곱 xy를 $xy := \underset{n\to\infty}{\text{LIM}}\, a_n b_n$으로 정의한다.

다음 명제는 정의 5.3.9가 유효하고 두 실수의 곱이 실제로도 실수임을 보인다.

명제 5.3.10 곱셈은 잘 정의된다

실수 $x = \underset{n\to\infty}{\text{LIM}}\, a_n$, $y = \underset{n\to\infty}{\text{LIM}}\, b_n$, $x' = \underset{n\to\infty}{\text{LIM}}\, a'_n$을 생각하자. 그러면 xy는 실수이고, 또한 $x = x'$이면 $xy = x'y$이다.

명제 5.3.10의 증명은 연습문제 2로 남긴다.

당연히 y를 y와 같은 값을 가지는 실수 y'으로 대체해도 치환공리를 비슷한 방법으로 증명할 수 있다.

이 시점에서 모든 유리수 q를 실수 $\underset{n\to\infty}{\text{LIM}}\, q$와 동일시해서 유리수를 실수에 포함시킬 수 있다. 예를 들어 수열 a_1, a_2, a_3, $\cdots$가 다음과 같다고 하자.

$$0.5, 0.5, 0.5, 0.5, 0.5, \cdots$$

그러면 $\underset{n\to\infty}{\text{LIM}}\, a_n$은 0.5와 서로 같다. 이렇게 유리수를 실수에 매장(embedding)해도 덧셈과 곱셈에 대한 정의와 일치하는데, 임의의 유리수 a, b에 대해 다음과 같은 두 관계식이 성립하기 때문이다.

$$\left(\underset{n\to\infty}{\text{LIM}}\, a\right) + \left(\underset{n\to\infty}{\text{LIM}}\, b\right) = \underset{n\to\infty}{\text{LIM}}\,(a+b),$$
$$\left(\underset{n\to\infty}{\text{LIM}}\, a\right) \times \left(\underset{n\to\infty}{\text{LIM}}\, b\right) = \underset{n\to\infty}{\text{LIM}}\,(ab)$$

즉, 두 유리수 a, b를 더하거나 곱하려고 할 때 이 수를 유리수로 생각하든 실수 $\underset{n\to\infty}{\text{LIM}}\, a$, $\underset{n\to\infty}{\text{LIM}}\, b$로 생각하든 상관없다. 또한 유리수와 실수를 이렇게 식별하는 방법은 상등에 대한 정의와 일치한다(연습문제 3 참고).

-1은 유리수이자 실수이므로 실수 x에 대한 다음 공식이 성립한다.

$$-x := (-1) \times x$$

그리고 이 공식을 통해 실수 x에 마이너스를 붙인 수 $-x$를 쉽게 정의할 수 있다. 모든 유리수 q에 대해 $-q = (-1) \times q$가 성립하므로 실수의 마이너스는 유리수의 마이너스와 그 정의가 일치한다. 또한 마이너스 정의에 따르면 $-\underset{n\to\infty}{\text{LIM}}\, a_n = \underset{n\to\infty}{\text{LIM}}\,(-a_n)$이 성립한다(그 이유는?).

덧셈과 마이너스가 있으면 일반적으로 뺄셈을 다음 식과 같이 정의할 수 있다.

$$x - y := x + (-y)$$

이러한 뺄셈의 정의는 $\mathrm{LIM}_{n\to\infty} a_n - \mathrm{LIM}_{n\to\infty} b_n = \mathrm{LIM}_{n\to\infty}(a_n - b_n)$을 의미한다는 점에 유의하라.

이제 실수가 일반적인 대수 법칙을 따른다는 점을 쉽게 확인할 수 있다. 나눗셈에 관한 규칙은 곧 따로 다룬다.

명제 5.3.11 명제 4.1.6의 모든 대수 법칙은 정수를 비롯해 실수에서도 성립한다. 즉, 실수 x, y, z에 대해 다음이 성립한다.

- $x + y = y + x$
- $(x + y) + z = x + (y + z)$
- $x + 0 = 0 + x = x$
- $x + (-x) = (-x) + x = 0$
- $xy = yx$
- $(xy)z = x(yz)$
- $x1 = 1x = x$
- $x(y + z) = xy + xz$
- $(y + z)x = yx + zx$

증명

항등식 $x(y+z) = xy + xz$가 성립함을 확인하자. 실수 $x = \mathrm{LIM}_{n\to\infty} a_n$, $y = \mathrm{LIM}_{n\to\infty} b_n$, $z = \mathrm{LIM}_{n\to\infty} c_n$을 생각하자. 정의에 따르면 $xy = \mathrm{LIM}_{n\to\infty} a_n b_n$이고 $xz = \mathrm{LIM}_{n\to\infty} a_n c_n$이며 $xy + xz = \mathrm{LIM}_{n\to\infty}(a_n b_n + a_n c_n)$이다. 비슷한 논증을 이용하면 $x(y + z) = \mathrm{LIM}_{n\to\infty} a_n(b_n + c_n)$이다. 이미 유리수 a_n, b_n, c_n에 대해 $a_n(b_n + c_n) = a_n b_n + a_n c_n$임을 알고 있으므로, $x(y + z) = xy + xz$도 성립한다.

다른 대수 법칙도 비슷한 방법으로 증명할 수 있다. ■

마지막으로 정의할 기본 산술연산은 역수 $x \to x^{-1}$이다. 이 연산은 조금 더 미묘하다. 역수를 정의할 때 해볼 만한 첫 번째 추측은 역수를 다음 식으로 정의하는 것이다.

$$\left(\mathrm{LIM}_{n\to\infty} a_n\right)^{-1} := \mathrm{LIM}_{n\to\infty} a_n^{-1}$$

이 정의에는 몇 가지 문제가 있다. 예를 들어 코시 수열 a_1, a_2, a_3, $\cdots$ 가 다음과 같다고 하자.

$$0.1, 0.01, 0.001, 0.0001, \cdots$$

$x := \mathrm{LIM}_{n\to\infty} a_n$이고 수열 b_1, b_2, b_3, $\cdots$ 가 다음과 같다고 하자.

$$10, 100, 1000, 10000, \cdots$$

방금 내린 정의에 따르면 x^{-1} 값은 $\mathrm{LIM}_{n\to\infty} b_n$ 이어야 한다. 그러나 수열 $(b_n)_{n=1}^{\infty}$ 은 코시 수열이 아니다(심지어 유계수열도 아니다). 지금 발생한 문제는 원래의 코시 수열 $(a_n)_{n=1}^{\infty}$ 이 영 수열 $(0)_{n=1}^{\infty}$ 과 동치이므로(그 이유는?) 실수 x가 실제로 0과 동치인 데에서 비롯한다. 그러므로 x가 0이 아닐 때만 역수 연산을 허용해야 한다.

그러나 역수 연산의 대상을 0이 아닌 실수로 제한하더라도, 그 실수가 0인 항을 포함하는 코시 수열의 형식적 극한값일 수 있기 때문에 약간의 문제가 남아있다. 예를 들어 (유리수이자 실수인) 1은 다음과 같은 코시 수열의 형식적 극한 $1 = \mathrm{LIM}_{n\to\infty} a_n$ 이다.

$$0, 0.9, 0.99, 0.999, 0.9999, \cdots$$

여기에 역수 정의를 사용한다면 코시 수열의 첫 번째 항이 0이므로 역수를 구할 수 없다. 따라서 실수 1의 역수도 구할 수 없다.

이러한 문제를 해결하려면 코시 수열이 0과 멀리 떨어진 채 유지될 필요가 있다. 따라서 다음 정의가 필요하다.

정의 5.3.12 0과 떨어져 있는 수열

유리수 수열 $(a_n)_{n=1}^{\infty}$ 이 **0과 떨어져 있는(bounded away from zero)** 수열일 필요충분조건은 모든 $n \geq 1$에 대해 유리수 $c > 0$이 존재해서 $|a_n| \geq c$인 것이다.

EX 5.3.13

- 수열 $1, -1, 1, -1, 1, -1, 1, \cdots$ 은 0과 떨어져 있다. 이 수열에서 모든 항의 절댓값이 최소 1이기 때문이다.
- 수열 $0.1, 0.01, 0.001, \cdots$ 과 수열 $0, 0.9, 0.99, 0.999, 0.9999, \cdots$ 는 모두 0과 떨어져 있지 않다.
- 수열 $10, 100, 1000, \cdots$ 은 0과 떨어져 있지만 유계수열은 아니다.

이제 0이 아닌 모든 실수는 0과 떨어져 있는 코시 수열의 형식적 극한임을 보일 것이다.

보조정리 5.3.14 0이 아닌 실수 x를 생각하자. 그러면 0과 떨어져 있는 어떤 코시 수열 $(a_n)_{n=1}^{\infty}$ 에 대해 $x = \mathrm{LIM}_{n\to\infty} a_n$ 이다.

증명

x가 실수이므로, 어떤 코시 수열 $(b_n)_{n=1}^{\infty}$에 대해 $x = \operatorname*{LIM}_{n\to\infty} b_n$이다. b_n이 0과 떨어져 있는 수열인지 모르기 때문에 증명이 아직 끝나지 않았다. 가정에 따르면 $x \neq 0 = \operatorname*{LIM}_{n\to\infty} 0$인데, 이는 수열 $(b_n)_{n=1}^{\infty}$이 $(0)_{n=1}^{\infty}$과 동치가 **아님**을 의미한다. 따라서 수열 $(b_n)_{n=1}^{\infty}$은 모든 $\varepsilon > 0$에 대해 $(0)_{n=1}^{\infty}$의 궁극적인 ε–근방에 속하지 않는다. 이로부터 $(b_n)_{n=1}^{\infty}$이 $(0)_{n=1}^{\infty}$의 궁극적인 ε–근방에 속하지 **않게 하는** $\varepsilon > 0$을 찾을 수 있다.

이러한 ε을 고정해보자. $(b_n)_{n=1}^{\infty}$은 코시 수열이므로 궁극적으로 ε–안정적이다. $\frac{\varepsilon}{2} > 0$이므로 $(b_n)_{n=1}^{\infty}$은 궁극적으로 $\frac{\varepsilon}{2}$–안정적이기도 하다. 그러므로 모든 n, $m \geq N$에 대해 $N \geq 1$이 존재해서 $|b_n - b_m| \leq \frac{\varepsilon}{2}$이다.

모든 $n \geq N$에 대해 $|b_n| \leq \varepsilon$은 아니다. 이를 만족한다면 수열 $(b_n)_{n=1}^{\infty}$은 $(0)_{n=1}^{\infty}$의 궁극적인 ε–근방에 속할 것이다. 따라서 $|b_{n_0}| > \varepsilon$을 만족하는 어떤 $n_0 \geq N$이 반드시 존재한다. 이미 모든 $n \geq N$에 대해 $|b_{n_0} - b_n| \leq \frac{\varepsilon}{2}$이기 때문에 삼각부등식을 이용하여(어떻게?) 모든 $n \geq N$에 대해 $|b_n| \geq \frac{\varepsilon}{2}$이라는 결론을 내릴 수 있다.

수열 $(b_n)_{n=1}^{\infty}$이 0과 떨어져 있는 수열임을 거의 증명했다. 사실은 수열 $(b_n)_{n=1}^{\infty}$이 **궁극적으로** 0과 떨어져 있는 수열임을 보여준다. 그러나 이는 새로운 수열 a_n을 정의하면 쉽게 수정할 수 있는데, $n < N$이면 $a_n := \frac{\varepsilon}{2}$, $n \geq N$이면 $a_n := b_n$으로 정의하면 된다. b_n이 코시 수열이므로, a_n이 b_n과 동치인 코시 수열임을 (수열 a_n과 b_n이 궁극적으로 같아지므로) 어렵지 않게 증명할 수 있다. 따라서 $x = \operatorname*{LIM}_{n\to\infty} a_n$도 코시 수열이다. 모든 $n \geq N$에 대해 $|b_n| \geq \frac{\varepsilon}{2}$이므로 모든 $n \geq 1$에 대해 $|a_n| \geq \frac{\varepsilon}{2}$이다. (이는 $n \geq N$과 $n < N$인 경우로 분리하면 알 수 있다.) 따라서 유계이면서 0과 떨어져 있는 코시 수열이 존재한다. (이는 $\frac{\varepsilon}{2} > 0$임을 이용하여 ε 대신 $\frac{\varepsilon}{2}$을 사용하여 보일 수 있다.) 그러므로 x는 코시 수열의 형식적 극한이다. 이로써 증명을 마친다. ■

어떤 수열이 0과 떨어져 있으면 별문제 없이 역수를 만들 수 있다.

> **보조정리 5.3.15** 수열 $(a_n)_{n=1}^{\infty}$이 0과 떨어져 있는 코시 수열이라고 하자. 그러면 수열 $(a_n^{-1})_{n=1}^{\infty}$ 또한 코시 수열이다.

증명

수열 $(a_n)_{n=1}^{\infty}$이 0과 떨어져 있으므로, 어떤 수 $c(> 0)$가 존재해서 모든 $n \geq 1$에 대해 $|a_n| \geq c$를 만족한다. 이제 각각의 $\varepsilon > 0$마다 $(a_n^{-1})_{n=1}^{\infty}$이 궁극적으로 ε–안정적임을 보여야 한다. 먼저 $\varepsilon > 0$을 고정하자. 모든 n, $m \geq N$에 대해 $|a_n^{-1} - a_m^{-1}| \leq \varepsilon$을 만족하는 정수 $N \geq 1$을 찾아야 한다.

그러나 $|a_m|$, $|a_n| \geq c$이므로 다음 부등식이 성립한다.

$$|a_n^{-1} - a_m^{-1}| = \left|\frac{a_m - a_n}{a_m a_n}\right| \leq \frac{|a_m - a_n|}{c^2}$$

그래서 $|a_n^{-1} - a_m^{-1}|$를 ε보다 작거나 같게 하려면, $|a_m - a_n|$이 $c^2\varepsilon$보다 작거나 같음을 보이면 충분하다. 수열 $(a_n)_{n=1}^{\infty}$이 코시 수열이고 $c^2\varepsilon > 0$이므로 수열 $(a_n)_{n=N}^{\infty}$이 $c^2\varepsilon$–안정적이 되는 N을 찾을 수 있다. 즉, 모든 m, $n \geq N$에 대해 $|a_m - a_n| \leq c^2\varepsilon$을 만족한다.

지금까지 다룬 내용을 종합하면 모든 m, $n \geq N$에 대해 $|a_n^{-1} - a_m^{-1}| \leq \varepsilon$이다. 따라서 수열 $(a_n^{-1})_{n=1}^{\infty}$은 궁극적으로 ε–안정적이고, 모든 ε에 대해 증명했으므로 $(a_n^{-1})_{n=1}^{\infty}$은 코시 수열이다. 이로써 증명을 마친다. ■

이제 역수를 정의할 준비가 되었다.

정의 5.3.16 실수의 역수

0이 아닌 실수 x를 생각하자. 수열 $(a_n)_{n=1}^{\infty}$은 0과 떨어져 있는 코시 수열이고, $x = \operatorname*{LIM}_{n\to\infty} a_n$이라 하자.[5] 그러면 역수 x^{-1}를 $x^{-1} := \operatorname*{LIM}_{n\to\infty} a_n^{-1}$로 정의한다.[6]

정의 5.3.16이 타당하다고 확신하려면 한 가지를 더 확인해야 한다. 만약 형식적 극한 $x = \operatorname*{LIM}_{n\to\infty} a_n = \operatorname*{LIM}_{n\to\infty} b_n$을 가지는 서로 다른 두 코시 수열 $(a_n)_{n=1}^{\infty}$과 $(b_n)_{n=1}^{\infty}$이 있으면 어떻게 될까? 정의 5.3.16에 따르면 **두 개**의 서로 다른 역수 x^{-1}, 즉, $\operatorname*{LIM}_{n\to\infty} a_n^{-1}$와 $\operatorname*{LIM}_{n\to\infty} b_n^{-1}$가 만들어질 수 있다. 다행히 이런 일은 발생하지 않는다.

보조정리 5.3.17 역수는 잘 정의된다

두 수열 $(a_n)_{n=1}^{\infty}$과 $(b_n)_{n=1}^{\infty}$이 0과 떨어져 있는 코시 수열이고, $\operatorname*{LIM}_{n\to\infty} a_n = \operatorname*{LIM}_{n\to\infty} b_n$을 만족한다고 하자. 즉, 두 수열이 동치라고 하면 $\operatorname*{LIM}_{n\to\infty} a_n^{-1} = \operatorname*{LIM}_{n\to\infty} b_n^{-1}$이다.

증명

세 실수의 곱 P가 다음과 같다고 생각하자.

$$P := (\operatorname*{LIM}_{n\to\infty} a_n^{-1}) \times (\operatorname*{LIM}_{n\to\infty} a_n) \times (\operatorname*{LIM}_{n\to\infty} b_n^{-1})$$

이 식의 우변을 전개하면 다음과 같다.

5 이 수열은 보조정리 5.3.14에 의해 존재한다.

6 보조정리 5.3.15에 따르면 x^{-1}는 실수이다.

$$P = \underset{n \to \infty}{\text{LIM}}\, a_n^{-1} a_n b_n^{-1} = \underset{n \to \infty}{\text{LIM}}\, b_n^{-1}$$

그런데 $\underset{n \to \infty}{\text{LIM}}\, a_n = \underset{n \to \infty}{\text{LIM}}\, b_n$ 이므로 P를 다음과 같은 방법으로도 표현할 수 있다(명제 5.3.10 참고).

$$P = (\underset{n \to \infty}{\text{LIM}}\, a_n^{-1}) \times (\underset{n \to \infty}{\text{LIM}}\, b_n) \times (\underset{n \to \infty}{\text{LIM}}\, b_n^{-1})$$

이 식의 우변을 전개하면 다음과 같다.

$$P = \underset{n \to \infty}{\text{LIM}}\, a_n^{-1} b_n b_n^{-1} = \underset{n \to \infty}{\text{LIM}}\, a_n^{-1}$$

P를 전개한 두 식을 비교하면 $\underset{n \to \infty}{\text{LIM}}\, a_n^{-1} = \underset{n \to \infty}{\text{LIM}}\, b_n^{-1}$ 임을 알 수 있다. 따라서 원하는 바가 증명되었다. ■

그러므로 역수는 잘 정의된다. 즉, 0이 아닌 실수 x마다 역수 x^{-1}가 정확히 하나씩 정의된다. 정의 5.3.16에 따르면 $xx^{-1} = x^{-1}x = 1$이다(그 이유는?). 그러므로 모든 체 공리(명제 4.2.4 참고)는 유리수만이 아니라 실수에도 적용할 수 있다. 0에 어떤 수를 곱하더라도 1이 아니라 0이 되기 때문에 0의 역수는 존재하지 않는다. 만약 q가 0이 아닌 유리수라서 실수 $\underset{n \to \infty}{\text{LIM}}\, q$와 같다면 $\underset{n \to \infty}{\text{LIM}}\, q$의 역수는 $\underset{n \to \infty}{\text{LIM}}\, q^{-1} = q^{-1}$이다. 그러므로 실수에 대한 역수 연산은 유리수에 대한 역수 연산과 일치한다.

일단 역수가 존재하면 유리수처럼 다음 공식을 이용하여 두 실수 x, y의 나눗셈 $\frac{x}{y}$를 정의할 수 있다. 단, y는 0이 아니어야 한다.

$$\frac{x}{y} := x \times y^{-1}$$

특히 실수 x, y, z에 대해 $xz = yz$이고 z가 0이 아니면 양변을 z로 나누어 $x = y$를 얻을 수 있다. 즉, **소거법칙**이 성립한다. 소거법칙은 z가 0일 때 성립하지 않음에 주의하자.

이제 대수 법칙과 더불어 덧셈, 뺄셈, 곱셈, 나눗셈과 같이 실수에 대한 사칙연산을 모두 갖추었다. 다음 절에서는 실수의 순서에 대한 개념을 다룰 것이다.

5.3 연습문제

1. 명제 5.3.3을 증명하라.

힌트 명제 4.3.7이 유용할 수 있다.

2. 명제 5.3.10을 증명하라.

힌트 명제 4.3.7이 유용할 수 있다.

3. 유리수 a, b를 생각하자. $a = b$일 필요충분조건이 $\underset{n\to\infty}{\text{LIM}}\, a = \underset{n\to\infty}{\text{LIM}}\, b$인 것임을 보여라. 즉, 코시 수열 $a, a, a, a, \cdots$와 $b, b, b, b, \cdots$가 동치일 필요충분조건은 $a = b$인 것이다. 이를 통해 실수 안에 유리수를 잘 정의된 방법으로 매장할 수 있다.

4. 유계인 유리수 수열 $(a_n)_{n=0}^{\infty}$을 생각하자. 서로 다른 유리수 수열 $(b_n)_{n=0}^{\infty}$이 $(a_n)_{n=0}^{\infty}$과 동치라고 하자. $(b_n)_{n=0}^{\infty}$이 유계임을 보여라.

힌트 연습문제 2를 참고한다.

5. $\underset{n\to\infty}{\text{LIM}}\, \dfrac{1}{n} = 0$임을 보여라.

5.4 실수의 순서

모든 유리수는 양수, 음수, 0 중 하나임을 알고 있다. 이제 실수에서도 똑같이 성립함을 확인하려고 한다. 즉, 모든 실수는 양수, 음수, 0 중 하나여야 한다. 실수 x는 유리수 a_n의 형식적 극한임을 생각하면 "모든 a_n이 양수이면 실수 $x = \mathrm{LIM}_{n\to\infty} a_n$은 양수이고, 모든 a_n이 음수이면 실수 $x = \mathrm{LIM}_{n\to\infty} a_n$은 음수이다. 그리고 모든 a_n이 0이면 실수 $x = \mathrm{LIM}_{n\to\infty} a_n$은 0이다."라고 정의하고 싶을 것이다. 그러나 이 정의에는 몇 가지 문제가 있다.

일반항이 $a_n := 10^{-n}$인 수열 $(a_n)_{n=1}^{\infty}$은 다음과 같이 나열할 수 있고, 이때 모든 항은 양수이다.

$$0.1, 0.01, 0.001, 0.0001, \cdots$$

그러나 이 수열 $(a_n)_{n=1}^{\infty}$은 모든 항이 0인 수열 0, 0, 0, 0, $\cdots$과 동치이므로 $\mathrm{LIM}_{n\to\infty} a_n = 0$이다. 그러므로 모든 유리수가 양수이지만, 그 유리수들의 형식적 극한인 실수는 양수가 아니라 0일 수 있다. 이번에는 양수와 음수가 섞여 있는 수열을 다음과 같이 생각하자.

$$0.1, -0.01, 0.001, -0.0001, \cdots$$

이 수열의 형식적 극한도 0이다.

5.3절에서 역수를 다룰 때처럼 이번에도 0과 떨어져 있는 수열로 제한하는 것이 관건이다.

정의 5.4.1 0과 떨어져 있는 수열

유리수 수열 $(a_n)_{n=1}^{\infty}$을 생각하자.

- 수열 $(a_n)_{n=1}^{\infty}$이 **0과 양의 방향으로 떨어져 있는 수열(positively bounded away from zero)**일 필요충분조건은 양의 유리수 $c > 0$이 존재해서 모든 $n \geq 1$에 대해 $a_n \geq c$인 것이다. 특히 수열 $(a_n)_{n=1}^{\infty}$의 모든 항은 양수이다.
- 수열 $(a_n)_{n=1}^{\infty}$이 **0과 음의 방향으로 떨어져 있는 수열(negatively bounded away from zero)**일 필요충분조건은 음의 유리수 $-c < 0$이 존재해서 모든 $n \geq 1$에 대해 $a_n \leq -c$인 것이다. 특히 수열 $(a_n)_{n=1}^{\infty}$의 모든 항은 음수이다.

EX 5.4.2

- 수열 1.1, 1.01, 1.001, 1.0001, $\cdots$은 0과 양의 방향으로 떨어져 있는 수열이다. 수열의 모든 항이 1보다 크거나 같기 때문이다.

- 수열 -1.1, -1.01, -1.001, -1.0001, $\cdots$ 은 0과 음의 방향으로 떨어져 있는 수열이다.
- 수열 1, -1, 1, -1, 1, -1, $\cdots$ 은 0과 떨어져 있는 수열이지만, 0과 양의 방향으로 떨어져 있는 수열도 아니고 0과 음의 방향으로 떨어져 있는 수열도 아니다.

0과 양의 방향으로 떨어져 있는 수열 또는 0과 음의 방향으로 떨어져 있는 수열은 분명히 0과 떨어져 있는 수열이다. 또한 0과 양의 방향으로 떨어져 있는 동시에 0과 음의 방향으로 떨어져 있는 수열은 존재할 수 없다.

정의 5.4.3

- 실수 x가 **양수(positive)**일 필요충분조건은 어떤 수열 $(a_n)_{n=1}^{\infty}$ 이 0과 양의 방향으로 떨어져 있는 코시 수열일 때 $x = \underset{n\to\infty}{\text{LIM}}\, a_n$ 으로 표기할 수 있는 것이다.
- 실수 x가 **음수(negative)**일 필요충분조건은 어떤 수열 $(a_n)_{n=1}^{\infty}$ 이 0과 음의 방향으로 떨어져 있는 코시 수열일 때 $x = \underset{n\to\infty}{\text{LIM}}\, a_n$ 으로 표기할 수 있는 것이다.

명제 5.4.4 실수의 기본 성질

- 실수 x를 생각하자. 그러면 세 명제 중에서 정확히 하나만 참이다.
  (a) x는 0이다. (b) x는 양수이다. (c) x는 음수이다.
- 실수 x가 음수일 필요충분조건은 $-x$가 양수인 것이다.
- x와 y가 양수이면 $x+y$와 xy도 양수이다.

명제 5.4.4의 증명은 연습문제 1로 남긴다.

q가 양의 유리수이면 코시 수열 q, q, q, $\cdots$ 는 0과 양의 방향으로 떨어져 있는 수열이므로 $\underset{n\to\infty}{\text{LIM}}\, q = q$ 는 양의 실수임에 주목하라. 따라서 유리수의 양수 개념은 실수의 양수 개념과 일치한다. 마찬가지로 유리수의 음수 개념은 실수의 음수 개념과 일치한다.

양수와 음수를 정의했으므로 이제 절댓값과 실수의 순서를 정의할 수 있다.

정의 5.4.5 절댓값(absolute value)

실수 x의 **절댓값**을 $|x|$로 표기하고 다음과 같이 정의한다. x가 양수이면 $|x| := x$이고 x가 음수이면 $|x| := -x$이며, x가 0이면 $|x| := 0$이다.

정의 5.4.6 실수의 순서

실수 x, y를 생각하자.

- $x > y$일 필요충분조건은 $x - y$가 양의 실수인 것이다.
- $x < y$일 필요충분조건은 $x - y$가 음의 실수인 것이다.
- $x \geq y$일 필요충분조건은 $x > y$ 또는 $x = y$인 것이다.
- $x \leq y$일 필요충분조건은 $x < y$ 또는 $x = y$인 것이다.

정의 4.2.8에서 다룬 유리수의 순서 개념과 실수의 순서 개념은 서로 일치한다. 즉, 유리수체계에서 유리수 q가 유리수 q'보다 작다면, 실수체계에서도 q는 여전히 q'보다 작다. 이 문장에서 '작다'를 '크다'로 바꾸어도 똑같이 성립한다. 같은 방법으로 정의 4.3.1에서 다룬 유리수의 절댓값 개념과 실수의 절댓값 개념은 서로 일치한다.

명제 5.4.7 유리수의 순서에 관한 성질 명제 4.2.9는 실수에서도 성립한다. 즉, 실수 x, y, z에 대해 다음이 성립한다.

(a) **삼분법** : $x = y$, $x < y$, $x > y$ 중 정확히 한 명제만 참이다.

(b) **반대칭성** : $x < y$일 필요충분조건은 $y > x$이다.

(c) **추이성** : $x < y$이고 $y < z$이면 $x < z$이다.

(d) **실수의 덧셈은 순서를 보존한다** : $x < y$이면 $x + z < y + z$이다.

(e) **양수의 곱셈은 순서를 보존한다** : $x < y$이고 z가 양수이면 $xz < yz$이다.

증명

(e)를 증명하자. $x < y$이므로 $y - x$는 양수이다. 명제 5.4.4에 따르면 $(y - x)z = yz - xz$도 양수이다. 따라서 $xz < yz$이다. ■

명제 5.4.7의 다른 부분을 증명하는 과정은 연습문제 2로 남긴다.

지금까지 다룬 명제를 이용하면 다음 명제를 증명할 수 있다.

명제 5.4.8

(a) x가 양수이면 x^{-1}도 양수이다.

(b) x가 양수이고 y가 $x > y$를 만족하는 다른 양수이면 $x^{-1} < y^{-1}$이다.

증명

(a) 양수 x를 생각하자. $xx^{-1} = 1$이므로 실수 x^{-1}는 0이 아니다. 만약 x^{-1}가 0이라면 $x0 = 0 \neq 1$이므로 모순이다. 명제 5.4.4를 이용하면 양수에 음수를 곱한 결과가 음수임을 쉽게 보일 수 있다. 즉, 이 사실은 x^{-1}가 음수일 수 없음을 나타낸다. 만약 x^{-1}가 음수라면 $xx^{-1} = 1$이 음수이므로 모순이다. 따라서 명제 5.4.4에 따르면 x^{-1}는 양수일 수밖에 없다.

(b) 양수 x, y를 생각하자. 그러면 x^{-1}와 y^{-1}도 양수이다. $x > y$라고 가정하자. 만약 $x^{-1} \geq y^{-1}$이면 명제 5.4.7에 의해 $xx^{-1} > yx^{-1} \geq yy^{-1}$인데, $1 > 1$이므로 모순이다. 따라서 $x^{-1} < y^{-1}$이다. ■

유리수에서 성립하는 거듭제곱의 성질(명제 4.3.12 참고)은 실수에서도 성립한다. 이는 5.6절을 참고하라.

양의 유리수의 형식적 극한은 반드시 양수일 필요가 없다. 이를테면 0.1, 0.01, 0.001, $\cdots$ 처럼 형식적 극한이 0일 수 있다. 그러나 **음이 아닌** 유리수, 즉 양수 또는 0인 유리수의 형식적 극한은 음이 아니다.

명제 5.4.9 음이 아닌 유리수로 구성된 코시 수열 $a_1, a_2, a_3, \cdots$ 를 생각하자. 그러면 $\text{LIM}_{n\to\infty} a_n$은 음이 아닌 실수이다.

이 명제를 좀 더 적절하게 표현하면 "음이 아닌 실수 집합은 **닫힌집합**이지만, 양의 실수 집합은 **열린집합**이다."라고 할 수 있다. 『TAO 해석학 II』의 1.2절을 참고하라.

명제 5.4.9의 증명

귀류법을 사용하기 위해 실수 $x := \text{LIM}_{n\to\infty} a_n$이 음수라고 가정하자. 정의 5.4.3에 따르면 0과 음의 방향으로 떨어져 있는 어떤 수열 b_n에 대해 $x = \text{LIM}_{n\to\infty} b_n$이다. 즉, 음의 유리수 $-c < 0$이 존재해서 모든 $n \geq 1$에 대해 $b_n \leq -c$이다. 그런데 명제의 가정에 따르면 $n \geq 1$에 대해 $a_n \geq 0$이고 $\frac{c}{2} < c$이므로 a_n과 b_n은 $\frac{c}{2}$–근방에 속할 수 없다. 그러므로 수열 $(a_n)_{n=1}^{\infty}$과 $(b_n)_{n=1}^{\infty}$은 궁극적인 $\frac{c}{2}$–근방에 속하지 않는다. 즉, $\frac{c}{2} > 0$이므로 수열 $(a_n)_{n=1}^{\infty}$과 $(b_n)_{n=1}^{\infty}$은 서로 동치가 아니다. 이는 두 수열의 형식적 극한이 x라는 사실에 모순이다. ■

따름정리 5.4.10 유리수 수열 $(a_n)_{n=1}^{\infty}$과 $(b_n)_{n=1}^{\infty}$이 모든 $n \geq 1$에 대해 $a_n \geq b_n$을 만족한다고 하자. 그러면 $\text{LIM}_{n\to\infty} a_n \geq \text{LIM}_{n\to\infty} b_n$이다.

증명

수열 $a_n - b_n$에 명제 5.4.9를 적용하면 증명된다. ■

참고 **5.4.11** 따름정리 5.4.10은 부호 $\geq$를 $>$로 바꾸면 성립하지 않는다. 두 수열의 일반항이 $a_n := 1 + \frac{1}{n}$이고 $b_n := 1 - \frac{1}{n}$이라고 하자. a_n은 항상 b_n보다 크지만 a_n의 형식적 극한은 b_n의 형식적 극한보다 크지 않고 서로 같은 값이다.

사실 명제 4.3.3과 명제 4.3.7은 유리수를 비롯하여 실수에서도 성립한다. 실수의 대수 법칙과 순서에 관한 성질은 유리수와 동일하기 때문에 증명과정이 똑같다.

양의 실수는 임의로 큰 수이거나 임의로 작은 수가 될 수 있지만, 모든 양의 정수보다 큰 양의 실수나 모든 양의 유리수보다 작은 양의 실수는 존재하지 않는다.

명제 5.4.12 유리수로 유계된 실수

양의 실수 x를 생각하자. 어떤 양의 유리수 q가 존재해서 $q \leq x$이고, 어떤 양의 정수 N이 존재해서 $x \leq N$이다.

증명

x가 양의 실수이므로 x는 0과 양의 방향으로 떨어져 있는 어떤 코시 수열 $(a_n)_{n=1}^{\infty}$의 형식적 극한이다. 보조정리 5.1.15에 따르면 이 수열은 유계이므로 양의 유리수 $q > 0$과 r이 존재해서 $n \geq 1$인 모든 n에 대해 $q \leq a_n \leq r$이다. 명제 4.4.1에 따르면 어떤 정수 N이 존재해서 $r \leq N$을 만족한다. 즉, q가 양수이고 $q \leq r \leq N$이므로 N도 양수이다. 그러므로 $n \geq 1$인 모든 n에 대해 $q \leq a_n \leq N$이다. 따름정리 5.4.10을 적용하면 $q \leq x \leq N$이므로 원하는 바가 증명되었다. ■

따름정리 5.4.13 아르키메데스 성질(Archimedean property)

실수 x와 $\varepsilon(> 0)$을 생각하자. 어떤 양의 정수 M이 존재해서 $M\varepsilon > x$를 만족한다.

증명

$x \leq 0$이면 $M = 1$을 선택하여 증명할 수 있다. 그러므로 $x > 0$이라고 가정하면 $\frac{x}{\varepsilon} > 0$이므로 명제 5.4.12에 의해 $\frac{x}{\varepsilon} \leq N$을 만족하는 양의 정수 N이 존재한다. M을 $M := N + 1$로 두면 $\frac{x}{\varepsilon} < M$이 성립한다. 양변에 ε을 곱하면 증명이 끝난다. ■

아르키메데스 성질은 매우 중요하다. x가 아무리 크고 ε이 아무리 작아도 ε을 계속 더하면 결국 x를 넘어선다는 뜻이기 때문이다.

명제 5.4.14 두 실수 x, y(단, $x < y$)가 주어지면 $x < q < y$를 만족하는 유리수 q가 존재한다.

명제 5.4.14의 증명은 연습문제 5로 남긴다.

이제 실수를 완전히 구축했다. 실수체계는 유리수를 포함하며 사칙연산, 대수 법칙, 순서에 관한 정리 등 유리수체계에서 만족하는 거의 모든 성질을 만족한다. 그러나 실수가 유리수체계에 비해 어떤 **장점**이 있는지를 아직 확인하지 못했다. 지금까지 많은 노력 끝에 실수체계가 적어도 유리수체계만큼 **우수하다**는 점을 증명했다. 이제부터 몇몇 절에 걸쳐 유리수보다 실수에서 더 많은 일을 할 수 있음을 보이려고 한다. 예를 들어 실수체계에서는 제곱근을 취할 수 있다.

참고 5.4.15 지금까지 실수는 십진법으로 표현할 수 있다는 사실을 다루지 않았다. 다음 수열을 생각해보자.

$$1.4,\ 1.41,\ 1.414,\ 1.4142,\ 1.41421,\ \cdots$$

이 수열의 형식적 극한을 좀 더 관습적으로 표현하면 십진수 $1.41421\cdots$ 이다. [부록 B]에서 이 문제를 다루겠지만, 지금은 십진법에 미묘한 차이가 있다는 것만 언급하겠다. 이를테면 $0.999\cdots$ 와 $1.000\cdots$ 은 실제로는 서로 같은 수이다.

5.4 연습문제

1. 명제 5.4.4를 증명하라.

힌트 $x(\neq 0)$가 어떤 수열 $(a_n)_{n=1}^{\infty}$의 형식적 극한이면, 임의의 $\varepsilon > 0$마다 이 수열은 영 수열 $(0)_{n=1}^{\infty}$과 궁극적인 ε-근방에 속할 수 없다. 이 사실을 이용하여 수열 $(a_n)_{n=1}^{\infty}$이 0과 양의 방향으로 떨어져 있는 수열이거나 0과 음의 방향으로 떨어져 있는 수열임을 보인다.

2. 명제 5.4.7의 증명을 완성하라.

3. 모든 실수 x에 대해 정확히 정수 N이 하나 존재해서 $N \le x < N+1$임을 보여라. 이러한 정수 N을 x의 **정수부분(integer part)**이라 하며, 기호로는 $N = \lfloor x \rfloor$로 표기한다.

4. 임의의 양의 실수 x에 대해 어떤 양의 정수 N이 존재해서 $x > \dfrac{1}{N} > 0$을 만족함을 보여라.

5. 명제 5.4.14를 증명하라.

힌트 연습문제 4를 사용하여, 귀류법으로 증명한다.

6. 실수 x, y와 실수 $\varepsilon > 0$을 생각하자. $|x-y| < \varepsilon$일 필요충분조건은 $y - \varepsilon < x < y + \varepsilon$인 것임을 보여라. 또한 $|x-y| \le \varepsilon$일 필요충분조건은 $y - \varepsilon \le x \le y + \varepsilon$인 것임을 보여라.

7. 실수 x, y를 생각하자. 모든 실수 $\varepsilon > 0$에 대해 $x \le y + \varepsilon$일 필요충분조건은 $x \le y$인 것임을 보여라. 또한 모든 실수 $\varepsilon > 0$에 대해 $|x-y| \le \varepsilon$일 필요충분조건은 $x = y$인 것임을 보여라.

8. 유리수로 구성된 코시 수열 $(a_n)_{n=1}^{\infty}$과 실수 x를 생각하자. 모든 $n \ge 1$에 대해 $a_n \le x$이면 $\mathrm{LIM}_{n\to\infty} a_n \le x$임을 보여라. 또한 모든 $n \ge 1$에 대해 $a_n \ge x$이면 $\mathrm{LIM}_{n\to\infty} a_n \ge x$임을 보여라.

힌트 귀류법으로 증명한다. 명제 5.4.14를 사용하여 $\mathrm{LIM}_{n\to\infty} a_n$과 x 사이에 있는 유리수를 찾고 명제 5.4.9 또는 따름정리 5.4.10을 사용한다.

9. 이 연습문제는 다음 정의와 관련이 있다.

실수 x, y를 생각하자.

- x와 y의 **최댓값(maximum)** $\max(x,y)$는 $x \ge y$이면 $\max(x,y) = x$이고 $x < y$이면 $\max(x,y) = y$이다.
- x와 y의 **최솟값(minimum)** $\min(x,y)$는 $x \le y$이면 $\min(x,y) = x$이고 $x > y$이면 $\min(x,y) = y$이다.

다음 물음에 답하라.

(a) 실수 x, y에 대해 $\max(x,y) = -\min(-x,-y)$와 $\min(x,y) = -\max(-x,-y)$임을 보여라.

(b) 실수 x, y, z에 대해 $\max(x,y) = \max(y,x)$, $\max(x,x) = x$, $\max(x+z, y+z) = \max(x,y) + z$임을 보여라. z가 음수가 아니면 $\max(xz, yz) = z\max(x,y)$임을 보여라. z가 음수이면 마지막 식은 어떻게 되는지 설명하라.

(c) max를 min으로 바꾸어도 (b)의 식이 성립함을 보여라.

(d) 양의 실수 x, y에 대해 $\max(x,y)^{-1} = \min(x^{-1}, y^{-1})$, $\min(x,y)^{-1} = \max(x^{-1}, y^{-1})$임을 보여라.

5.5 최소상계 성질

이번 절에서는 실수가 유리수보다 더 좋은 수체계인 이유 중 한 가지를 소개한다. 실수집합 $\mathbb{R}$에 대해 공집합이 아니고 위로 유계인, 임의의 부분집합 E를 생각하자. 이러한 부분집합 E의 **최소상계**(least upper bound) $\sup(E)$를 살펴본다.

정의 5.5.1 상계(upper bound)
실수 $\mathbb{R}$의 부분집합 E와 실수 M을 생각하자. M이 E의 **상계**일 필요충분조건은 모든 E의 원소 x에 대해 $x \le M$인 것이다.

EX 5.5.2 구간 $E := \{x \in \mathbb{R} : 0 \le x \le 1\}$을 생각하자. E의 모든 원소가 1보다 작거나 같으므로 1은 E의 상계이고, 2 또한 E의 상계이다. 즉, 1보다 크거나 같은 모든 수는 E의 상계이다. 반면에 0.5는 E의 **모든** 원소보다 크지 않으므로 0.5는 E의 상계가 아니다. 단순히 E의 **일부** 원소보다 크다고 해서 0.5가 E의 상계인 것은 아니다.

EX 5.5.3 양의 실수 집합을 $\mathbb{R}^+ := \{x \in \mathbb{R} : x > 0\}$으로 정의하자. 그러면 $\mathbb{R}^+$에는 상계[7]가 존재하지 않는다(그 이유는?).

EX 5.5.4 임의의 수 M은 공집합 $\varnothing$의 상계이다. 왜냐하면 M은 공집합의 모든 원소보다 크기 때문이다.[8]

M이 E의 상계이면 임의의 큰 수 $M'(\ge M)$ 또한 E의 상계이다. 반면에 M보다 작은 수가 E의 상계가 될 수 있는지의 여부는 명확하지 않다. 따라서 다음을 정의한다.

7 정확히 말하면 $\mathbb{R}^+$에는 실숫값 상계가 존재하지 않는다. 6.2절에서 **확장된 실수체계**(extended real number system) $\mathbb{R}^*$을 다루는데, 확장된 실수체계에서는 집합 $\mathbb{R}^+$의 상계가 $+\infty$이다.

8 이 명제는 공진리이지만 여전히 참이다.

정의 5.5.5 최소상계(least upper bound)

실수 $\mathbb{R}$의 부분집합 E와 실수 M을 생각하자. M이 E의 **최소상계**일 필요충분조건은 다음 조건 (a), (b)를 모두 만족하는 것이다.

(a) M은 E의 상계이다.

(b) E의 다른 상계 M'은 M보다 크거나 같다.

EX 5.5.6 구간 $E := \{x \in \mathbb{R} : 0 \leq x \leq 1\}$을 생각하자. EX 5.5.2에서 언급했듯이 E의 상계는 많다. 실제로 1보다 크거나 같은 수는 모두 E의 상계이다. 그중 1이 **최소**상계인데, 다른 상계는 모두 1보다 크기 때문이다.

EX 5.5.7 공집합에는 최소상계가 존재하지 않는다(그 이유는?).

명제 5.5.8 최소상계의 유일성

$\mathbb{R}$의 부분집합 E를 생각하자. E의 최소상계는 최대 한 개이다.

증명

E의 최소상계가 두 개 있다고 하고, 이를 M_1과 M_2라고 하자. M_1이 최소상계이고 M_2는 상계이기 때문에 최소상계의 정의에 따르면 $M_2 \geq M_1$이다. 마찬가지로 M_2가 최소상계이고 M_1이 상계이기 때문에 $M_1 \geq M_2$이다. 따라서 $M_1 = M_2$이므로 최소상계는 최대 한 개만 존재한다. ■

이제 실수의 중요한 성질을 살펴보자.

정리 5.5.9 최소상계의 존재성

$\mathbb{R}$의 부분집합이며 공집합이 아닌 E를 생각하자. E가 위로 유계이면(E의 어떤 상계 M이 존재하면) E의 최소상계가 정확히 한 개 존재한다.

증명

이 정리를 증명하려면 큰 노력이 필요하므로 많은 단계를 연습문제로 남긴다.

$\mathbb{R}$의 부분집합이며 공집합이 아닌 E를 생각하고, E의 상계가 M이라고 하자. 명제 5.5.8에 따르면 E의 최소상계는 최대 한 개이다. 따라서 E의 최소상계가 적어도 한 개임을 보이면 충분하다. 이때

E가 공집합이 아니기 때문에 E의 원소 x_0를 선택할 수 있다.

양의 정수 $n \geq 1$을 생각하자. E의 상계는 M이므로, 아르키메데스 성질(따름정리 5.4.13 참고)에 의해 $\frac{K}{n} \geq M$을 만족하는 정수 K가 존재한다. 따라서 $\frac{K}{n}$도 E의 상계이다. 아르키메데스 성질을 다시 적용하면 $\frac{L}{n} < x_0$를 만족하는 다른 정수 L이 존재한다. x_0가 E의 원소이므로 $\frac{L}{n}$은 E의 상계가 **아니다.** $\frac{K}{n}$는 상계이지만 $\frac{L}{n}$은 상계가 아니기 때문에 $K \geq L$이 성립한다.

$\frac{K}{n}$는 상계이지만 $\frac{L}{n}$은 상계가 아니기 때문에, $\frac{m_n}{n}$은 E의 상계이지만 $\frac{m_n - 1}{n}$은 E의 상계가 아닌 정수 m_n(단, $L < m_n \leq K$)을 찾을 수 있다(연습문제 2 참고). 실제로 정수 m_n은 유일하다(연습문제 3 참고). 정수 m이 n의 선택에 의존함을 강조하기 위해 n을 첨자로 사용하여 m_n이라 쓴다. 이렇게 하면 잘 정의되고 (유일한) 정수 수열 m_1, m_2, m_3, $\cdots$가 만들어진다. 이때 각각의 $\frac{m_n}{n}$은 상계이고 $\frac{m_n - 1}{n}$은 상계가 아니다.

양의 정수 $N \geq 1$과 정수 $n, n' \geq N$을 생각하자. $\frac{m_n}{n}$은 E의 상계이고 $\frac{m_{n'} - 1}{n'}$은 E의 상계가 아니기 때문에 $\frac{m_n}{n} > \frac{m_{n'} - 1}{n'}$이 성립한다(그 이유는?). 식을 적당히 계산하면 다음 관계가 도출된다.

$$\frac{m_n}{n} - \frac{m_{n'}}{n'} > -\frac{1}{n'} \geq -\frac{1}{N}$$

유사하게 $\frac{m_{n'}}{n'}$은 E의 상계이고 $\frac{m_n - 1}{n}$은 E의 상계가 아니기 때문에 $\frac{m_{n'}}{n'} > \frac{m_n - 1}{n}$이 성립한다. 식을 적당히 계산하면 다음 관계가 도출된다.

$$\frac{m_n}{n} - \frac{m_{n'}}{n'} \leq \frac{1}{n} \leq \frac{1}{N}$$

두 부등식을 하나로 정리하면 다음과 같다.

$$\text{모든 } n,\, n' \geq N \geq 1\text{에 대해 } \left|\frac{m_n}{n} - \frac{m_{n'}}{n'}\right| \leq \frac{1}{N}$$

이는 $\frac{m_n}{n}$이 코시 수열임을 의미한다(연습문제 4 참고). $\frac{m_n}{n}$이 유리수이므로 실수 S를 다음과 같이 정의할 수 있다.

$$S := \operatorname*{LIM}_{n\to\infty} \frac{m_n}{n}$$

5.3절 연습문제 5에 의해 S가 다음과 같다는 결론을 내릴 수 있다.

$$S = \operatorname*{LIM}_{n\to\infty} \frac{m_n - 1}{n}$$

정리의 증명을 끝내려면 S가 E의 최소상계임을 보여야 한다. 먼저 S가 E의 상계임을 보이자. E의 임의의 원소 x를 생각하자. $\frac{m_n}{n}$이 E의 상계이므로 모든 $n \geq 1$에 대해 $x \leq \frac{m_n}{n}$이다. 5.4절 연습문제 8을 적용하면 $x \leq \operatorname*{LIM}_{n\to\infty} \frac{m_n}{n} = S$이므로 S는 E의 상계이다.

이제 S가 최소상계임을 보이자. E의 상계 y를 생각하자. $\frac{m_n - 1}{n}$이 상계가 아니므로 모든 $n \geq 1$에 대해 $y \geq \frac{m_n - 1}{n}$이다. 5.4절 연습문제 8을 적용하면 $y \geq \text{LIM}_{n\to\infty} \frac{m_n - 1}{n} = S$이다. 이때 상계 S는 E의 모든 상계보다 작거나 같으므로 S는 E의 최소상계이다. ■

정의 5.5.10 상한(supremum)

실수의 부분집합 E를 생각하자. 공집합이 아닌 E에 상계가 존재하면, $\sup(E)$를 E의 최소상계로 정의한다. $\sup(E)$는 정리 5.5.9에 의해 잘 정의된다. 추가로 기호 $+\infty$, $-\infty$를 도입한다. 공집합이 아닌 E에 상계가 존재하지 않으면 $\sup(E) := +\infty$라고 한다. E가 공집합이면 $\sup(E) := -\infty$이다. $\sup(E)$를 E의 **상한**이라 하고, $\sup E$로도 표기한다.

참고 5.5.11 현재 $+\infty$와 $-\infty$는 의미 없는 기호이다. 지금은 $+\infty$와 $-\infty$에 대한 연산이 존재하지 않고, 실수가 아니므로 실수와 관련 있는 다양한 결과를 $+\infty$와 $-\infty$에 적용할 수 없다. 6.2절에서는 실수에 $+\infty$와 $-\infty$를 추가해서 **확장된 실수체계**(extended real number system)를 구성한다. 하지만 확장된 실수체계에서는 여러 대수 법칙이 무너지기 때문에 실수체계보다 작업하기 불편하다. 그렇다고 해서 기호 $+\infty$와 $-\infty$를 정의하는 것도 좋은 방법이 아니다. $(+\infty) + (-\infty) = 0$으로 설정하면 몇몇 문제가 발생할 것이다.

이제 최소상계가 얼마나 유용한지 알 수 있는 예를 몇 가지 살펴본다.

명제 5.5.12 $x^2 = 2$를 만족하는 양의 실수 x가 존재한다.

참고 5.5.13 명제 5.5.12를 명제 4.4.4와 비교하면 x는 유리수가 아닌 실수임을 알 수 있다. 이 명제의 증명은 유리수 $\mathbb{Q}$가 최소상계 성질을 따르지 않음을 보여준다. 유리수가 최소상계 성질을 따른다면 2의 제곱근을 구성할 수 있지만, 명제 4.4.4에 따르면 이는 불가능하다.

명제 5.5.12의 증명

집합 E를 $\{y \in \mathbb{R} : y \geq 0$이고 $y^2 < 2\}$라고 하자. 그러면 E는 제곱한 값이 2보다 작고 음이 아닌 모든 실수의 집합이다. 2가 E의 상계임을 확인하라.[9] 집합 E는 공집합이 아니다.[10] 그러면 최소상계 성질에 의해 실수 $x := \sup(E)$는 E의 최소상계이다. $1 \in E$이므로 $x \geq 1$이고, 2가 E의 상계이므로 $x \leq 2$이다. 그러므로 $x > 0$이다. 이제 $x^2 = 2$임을 보이자.

귀류법을 사용하여 $x^2 < 2$와 $x^2 > 2$가 모두 모순임을 보이자. 먼저 $x^2 < 2$가 성립한다고 가정한다. $0 < \varepsilon < 1$을 만족하는 ε을 생각하자. $x \leq 2$이고 $\varepsilon^2 \leq \varepsilon$임을 이용하면 다음 부등식이 성립한다.

$$(x + \varepsilon)^2 = x^2 + 2\varepsilon x + \varepsilon^2 \leq x^2 + 4\varepsilon + \varepsilon = x^2 + 5\varepsilon$$

9 $y > 2$이면 $y^2 > 4 > 2$이므로 $y \notin E$이다.

10 E의 원소로 1을 생각할 수 있다.

$x^2 < 2$이므로 $x^2 + 5\varepsilon < 2$를 만족하는 $0 < \varepsilon < 1$을 택할 수 있다. 그러므로 $(x+\varepsilon)^2 < 2$이며, 집합 E의 조건에 의해 $x + \varepsilon \in E$이다. 이는 x가 E의 상계라는 사실에 모순이다.

이제 $x^2 > 2$가 성립한다고 가정한다. $0 < \varepsilon < 1$을 만족하는 ε을 생각하자. $x \leq 2$이고 $\varepsilon^2 \geq 0$임을 이용하면 다음 부등식이 성립한다.

$$(x-\varepsilon)^2 = x^2 - 2\varepsilon x + \varepsilon^2 \geq x^2 - 2\varepsilon x \geq x^2 - 4\varepsilon$$

$x^2 > 2$이므로 $x^2 - 4\varepsilon > 2$를 만족하는 $0 < \varepsilon < 1$을 택할 수 있다. 그러므로 $(x-\varepsilon)^2 > 2$이다. 그런데 이는 모든 $y \in E$에 대해 $x - \varepsilon \geq y$임을 뜻한다(그 이유는?).[11] 이로써 $x - \varepsilon$은 E의 상계이고, 이는 x가 E의 **최소**상계라는 사실에 모순이다.

두 가지 모순에 의해 $x^2 = 2$이므로 원하는 바가 증명되었다. ■

참고 5.5.14 6장에서는 최소상계 성질을 이용하여 극한 이론을 전개한다. 그러면 제곱근을 구하는 것 말고도 많은 일을 할 수 있다.

참고 5.5.15 집합 E의 **하계**(lower bound)와 **최대하계**(greatest lower bound)도 다룰 수 있다. 집합 E의 최대하계는 E의 **하한**(infimum)[12]이라고 하고, 이를 기호로 $\inf(E)$ 또는 $\inf E$로 표기한다. 이번 절에서 상한에 관해 다룬 모든 내용은 하한에 관한 내용에 대응한다. 이러한 명제가 성립함을 확인하는 과정은 여러분에게 남긴다. 두 개념 사이의 정확한 관계는 연습문제 1에서 확인할 수 있다. 자세한 내용은 6.2절을 참고하라.

11 만약 $x - \varepsilon < y$이면 $(x-\varepsilon)^2 < y^2 \leq 2$이므로 모순이다.

12 상한(supremum)은 '최고(hightest)'를 의미하고, 하한(infimum)은 '최하(lowest)'를 의미한다. 단어 supremum과 infimum의 복수형은 각각 suprema와 infima이다. maximum은 major에 대응하고 minimum은 minor에 대응하듯이, supremum은 superior에 대응하고 infimum은 inferior에 대응한다. 어원은 '위(above)'를 뜻하는 super와 '아래(below)'를 뜻하는 infer이다. 이 접두사는 infernal과 같은 몇몇 단어에만 남아있으며, 라틴어 접두사 sub가 infer를 대부분 대체했다.

5.5 연습문제

1. 실수 $\mathbb{R}$의 부분집합 E를 생각하자. E의 최소상계가 실수 M이라고 하자. 즉, $M = \sup(E)$이다. 집합 $-E$를 다음과 같이 정의하자.

$$-E := \{-x : x \in E\}$$

$-M$이 집합 $-E$의 최대하계임을 보여라. 즉, $-M = \inf(-E)$임을 보여라.

2. $\mathbb{R}$의 부분집합이고 공집합이 아닌 E을 생각하자. 그리고 정수 $n(\geq 1)$과 정수 L, K(단, $L < K$)를 생각하자. $\frac{K}{n}$는 E의 상계이지만 $\frac{L}{n}$은 E의 상계가 아니라고 하자. 정리 5.5.9를 사용하지 않고 정수 m(단, $L < m \leq K$)이 존재해서 $\frac{m}{n}$은 E의 상계이지만 $\frac{m-1}{n}$은 E의 상계가 아님을 보여라.

힌트 귀류법으로 증명한 뒤 귀납법을 사용한다. 상황을 그림으로 표현하면 도움이 될 수 있다.

3. $\mathbb{R}$의 부분집합이고 공집합이 아닌 E와 정수 $n(\geq 1)$을 생각하자. 정수 m, m'에 대해 $\frac{m}{n}$과 $\frac{m'}{n}$은 E의 상계이지만 $\frac{m-1}{n}$과 $\frac{m'-1}{n}$은 E의 상계가 아니라고 하자. $m = m'$임을 보여라. 이는 연습문제 2에서 구성한 m이 유일함을 보여준다.

힌트 상황을 그림으로 표현하면 도움이 될 수 있다.

4. 유리수 수열 $q_1, q_2, q_3, \cdots$를 생각하자. 이 수열은 $M(\geq 1)$이 정수이고 $n, n' \geq M$일 때마다 $|q_n - q_{n'}| \leq \frac{1}{M}$을 만족한다. 이 수열 $q_1, q_2, q_3, \cdots$가 코시 수열임을 보여라. 또한 S를 $S := \mathrm{LIM}_{n\to\infty} q_n$이라고 정의하면 모든 $M(\geq 1)$에 대해 $|q_M - S| \leq \frac{1}{M}$임을 보여라.

힌트 따름정리 5.4.10 또는 5.4절 연습문제 8을 이용한다.

5. 명제 5.4.14에서 '유리수'를 '무리수'로 대체하여 유사한 명제를 만들어라.

5.6 실수 거듭제곱 I

4.3절에서 x가 유리수이고 n이 자연수일 때, 또는 $x \neq 0$인 유리수이고 n이 정수일 때 거듭제곱 x^n을 정의했다. 이제 실수에 관한 산술 연산을 모두 갖추었고, 유리수의 순서에 관한 성질이 실수에서도 성립함을 알고 있으므로(명제 5.4.7 참고) 실수의 거듭제곱을 정의할 수 있다.

정의 5.6.1 실수의 자연수 거듭제곱

실수 x를 생각하자. x의 0제곱을 $x^0 := 1$로 정의한다. 어떤 자연수 n에 대해 x^n이 재귀적으로 정의되었다고 가정하면 $x^{n+1} := x^n \times x$로 정의한다.

정의 5.6.2 실수의 정수 거듭제곱

0이 아닌 실수 x를 생각하자. 임의의 음의 정수 $-n$에 대해 $x^{-n} := \dfrac{1}{x^n}$로 정의한다.

두 정의는 앞에서 정의한 유리수 거듭제곱과 일치한다. 따라서 다음 명제를 얻을 수 있다.

명제 5.6.3 명제 4.3.10과 명제 4.3.12의 모든 성질은 x와 y를 유리수에서 실수로 바꾸어도 여전히 성립한다.

이 명제는 메타 증명(metaproof)으로 실제 증명을 대신한다. 메타 증명에서는 실수와 유리수의 본질이 아닌 증명의 본질에 호소한다.

명제 5.6.3의 메타 증명

명제 4.3.10과 명제 4.3.12의 증명을 관찰하면 유리수의 대수 법칙(명제 4.2.4 참고)이나 유리수의 순서에 관한 성질(명제 4.2.9 참고)에 의존한다는 것을 알 수 있다. 명제 5.3.11과 명제 5.4.7, 항등식 $xx^{-1} = x^{-1}x = 1$에 따르면 모든 대수 법칙과 순서에 관한 성질이 유리수를 비롯해 실수에서도 계속 성립한다. 그러므로 명제 4.3.10과 명제 4.3.12의 증명을 x와 y가 실수인 것으로 수정할 수 있다. ■

이제 정수가 아닌 지수에 대한 거듭제곱을 생각해보자. 상한 개념을 사용하여 n제곱근부터 살펴본다.

정의 5.6.4 실수 $x \geq 0$과 정수 $n \geq 1$을 생각하자. x의 **n제곱근(n^{th} root)** $x^{1/n}$을 다음과 같이 정의한다.

$$x^{1/n} := \sup\{y \in \mathbb{R} : y \geq 0\text{이고 } y^n \leq x\}$$

$x^{1/2}$을 $\sqrt{x}$로도 표기한다.

음수의 n제곱근은 정의하지 않는다는 점에 주목하라. 이후에도 음수의 n제곱근을 정의하지 않을 것이다. 복소수를 정의하면 음수의 n제곱근을 정의할 수 있지만, 이 책에서 다루는 주제를 벗어난다.

보조정리 5.6.5 n제곱근의 존재성

실수 $x \geq 0$과 정수 $n \geq 1$을 생각하자. 집합 $E := \{y \in \mathbb{R} : y \geq 0\text{이고 } y^n \leq x\}$는 공집합이 아니고 위로 유계이다. 특히 $x^{1/n}$은 $+\infty$나 $-\infty$가 아니고 실수이다.

증명

집합 E는 0을 원소로 포함하므로(그 이유는?) 공집합이 아니다. E가 상계를 가짐을 보이자. $x \leq 1$과 $x > 1$인 경우로 나누어 증명한다.

첫 번째는 $x \leq 1$이라 하자. 집합 E가 1에 의해 위로 유계임을 보인다. 귀류법을 사용하기 위해 $y > 1$인 원소 $y \in E$가 존재한다고 가정하자. $y^n > 1$이므로(그 이유는?) $y^n > x$이고, 이는 모순이다. 따라서 E에 상계가 존재한다.

두 번째는 $x > 1$이라 하자. 집합 E가 x에 의해 위로 유계임을 보인다. 귀류법을 사용하기 위해 $y > x$인 원소 $y \in E$가 존재한다고 가정하자. $x > 1$이므로 $y > 1$이다. 그리고 $y > x$이고 $y > 1$이므로 $y^n > x$이다(그 이유는?). 즉, 모순이 발생한다.

두 가지 경우 모두 E에 상계가 존재하고, $x^{1/n}$ 값은 유한하다. ■

n제곱근의 기본 성질은 다음과 같다.

보조정리 5.6.6 실수 x, $y \geq 0$과 정수 n, $m \geq 1$을 생각하자.

(a) $y = x^{1/n}$이면 $y^n = x$이다.

(b) $y^n = x$이면 $y = x^{1/n}$이다.

(c) $x^{1/n}$은 음이 아닌 실수이다. $x^{1/n}$이 양수일 필요충분조건은 x가 양수인 것이다.

(d) $x > y$일 필요충분조건은 $x^{1/n} > y^{1/n}$인 것이다.

(e) $x > 1$이면 양의 정수 k에 대해 $x^{1/k}$은 감소함수이다. 즉, $k > l$일 때 $x^{1/k} < x^{1/l}$이다.

$0 < x < 1$이면 양의 정수 k에 대해 $x^{1/k}$은 증가함수이다. 즉, $k > l$일 때 $x^{1/k} > x^{1/l}$이다.

$x = 1$이면 모든 k에 대해 $x^{1/k} = 1$이다.

(f) $(xy)^{1/n} = x^{1/n}y^{1/n}$

(g) $(x^{1/n})^{1/m} = x^{1/mn}$

보조정리 5.6.6의 증명은 연습문제 1로 남긴다.

지금까지의 내용을 주의 깊게 봤다면 $x^{1/n}$의 정의가 $n = 1$일 때 x^n의 기존 개념과 서로 일치하지 않는다고 생각할 수 있다. 그러나 $x^{1/1} = x = x^1$임을 쉽게 확인할 수 있으므로(그 이유는?) 두 개념 사이에 모순이 없다.

보조정리 5.6.6(b)의 결과 중 하나는 명제 4.3.12(c)와 명제 5.6.3에 나오는 소거법칙의 또 다른 증명이다. 즉, y, $z > 0$에 대해 $y^n = z^n$이면 $y = z$이다.[13] 이를테면 $(-3)^2 = 3^2$이지만 $-3 = 3$이라고 할 수 없다.

이제 양수 x에 대해 지수를 유리수 q로 확장하는 방법을 정의한다.

정의 5.6.7 양의 실수 x와 유리수 q를 생각하자. 어떤 정수 a와 양의 정수 b에 대해 $q = \frac{a}{b}$이면 x^q을 다음과 같이 정의한다.

$$x^q := (x^{1/b})^a$$

모든 유리수 q는 양수인지, 음수인지, 또는 0인지에 관계없이 어떤 정수 a와 양의 정수 b에 대해 $q = \frac{a}{b}$로 표현할 수 있다(그 이유는?). 다만 $\frac{1}{2}$을 $\frac{2}{4}$ 또는 $\frac{3}{6}$으로도 표현할 수 있듯이 유리수 q는 $\frac{a}{b}$ 형태를 여러 가지로 나타낼 수 있다. 따라서 정의 5.6.7이 잘 정의되었는지 확인하려면 다른 $\frac{a}{b}$ 형태로 x^q에 관한 동일한 식을 얻을 수 있는지 살펴봐야 한다.

보조정리 5.6.8 정수 a, a'과 양의 정수 b, b'이 $\frac{a}{b} = \frac{a'}{b'}$을 만족하고 x가 양의 실수라 하자. 그러면 $(x^{1/b'})^{a'} = (x^{1/b})^a$이다.

13 왜 이 사실이 보조정리 5.6.6(b)에서 도출될까?

증명

$a=0$, $a>0$, $a<0$ 으로 나누어 증명한다.

첫 번째는 $a=0$ 이면 $a'=0$ 이다(그 이유는?). 그러면 $(x^{1/b'})^{a'}$ 과 $(x^{1/b})^a$ 은 동시에 1로 같은 값이다.

두 번째는 $a>0$ 이라 하자. 그러면 $a'>0$ 이고(그 이유는?) $ab'=ba'$ 이다. $y:=x^{1/(ab')}=x^{1/(ba')}$ 이라 두자. 보조정리 5.6.6(g)에 따르면 $y=(x^{1/b'})^{1/a}$ 이고 $y=(x^{1/b})^{1/a'}$ 이다. 보조정리 5.6.6(a)에 따르면 $y^a=x^{1/b'}$ 이고 $y^{a'}=x^{1/b}$ 이다. 따라서 다음 관계가 성립한다.

$$(x^{1/b'})^{a'}=(y^a)^{a'}=y^{aa'}=(y^{a'})^a=(x^{1/b})^a$$

마지막으로 $a<0$ 이라 하자. 그러면 $\frac{-a}{b}=\frac{-a'}{b'}$ 이다. $-a$ 는 양수이므로 두 번째 경우를 적용하면 $(x^{1/b'})^{-a'}=(x^{1/b})^{-a}$ 이다. 양변에 역수를 취하면 원하는 결과를 얻는다. ■

그러므로 x^q 은 모든 유리수 q 에 대해 잘 정의된다. 이 새로운 정의가 $x^{1/n}$ 에 관한 예전 정의와 일치함에 주목하라(그 이유는?). 그리고 이는 x^n 에 관한 예전 정의와도 일치한다(그 이유는?).

유리수 거듭제곱에 관한 몇 가지 기본 성질을 소개한다.

보조정리 5.6.9 양의 실수 x, y 와 유리수 q, r 을 생각하자.

(a) x^q 은 양의 실수이다.

(b) $x^{q+r}=x^qx^r$ 이고 $(x^q)^r=x^{qr}$ 이다.

(c) $x^{-q}=\frac{1}{x^q}$

(d) $q>0$ 이면 $x>y$ 일 필요충분조건은 $x^q>y^q$ 인 것이다.

(e) $x>1$ 이면 $x^q>x^r$ 일 필요충분조건은 $q>r$ 인 것이다.
$x<1$ 이면 $x^q>x^r$ 일 필요충분조건은 $q<r$ 인 것이다.

(f) $(xy)^q=x^qy^q$

보조정리 5.6.9의 증명은 연습문제 2로 남긴다.

아직까지도 실수 거듭제곱을 다루지 않았다. $x>0$, y 가 실수일 때 x^y 을 정의해야 하지만, 6.7절에서 극한 개념을 공식화한 뒤에 살펴보기로 하자.

이제부터 실수는 모든 대수 법칙과 순서, 거듭제곱 등 일반적인 법칙을 따른다고 가정한다.

5.6 연습문제

1. 보조정리 5.6.6을 증명하라.

힌트 명제 5.5.12의 증명을 검토한다. 특히 삼분법(명제 5.4.7(a) 참고)과 명제 5.4.12를 결합하면 귀류법이 유용하다. 보조정리의 앞부분은 뒷부분을 증명하는 데 사용할 수 있다. (e)는 먼저 $x > 1$일 때 $x^{1/n} > 1$임을 보이고, $x < 1$일 때 $x^{1/n} < 1$임을 보인다.

2. 보조정리 5.6.9를 증명하라.

힌트 보조정리 5.6.6과 대수학을 사용한다.

3. 실수 x와 짝수인 자연수 n(어떤 자연수 m에 대해 $n = 2m$)을 생각하자. $x^n \geq 0$임을 보여라.

4. 실수 x에 대해 $|x| = (x^2)^{1/2}$임을 보여라.

5. 실수 x, $y > 0$과 유리수 $q \geq 1$을 생각하자. $\max(x^q, y^q) = \max(x, y)^q$이고 $\min(x^q, y^q) = \min(x, y)^q$임을 보여라. 이때 연산 min과 max의 정의는 5.4절 연습문제 9를 참고하라. 조건을 $q \geq 1$에서 $q < 1$로 바꾸면 어떻게 되는지 설명하라.

수열의 극한

Limits of sequences

6.1 수렴과 극한 규칙

5장에서 실수를 유리수로 구성된 (코시) 수열의 형식적 극한으로 정의한 다음 실수에 대한 다양한 연산을 정의했다. 정수를 구성할 때 형식적인 차를 실제 차로 대체했고 유리수를 구성할 때 형식적인 몫을 실제 몫으로 대체했지만, 두 수체계와 달리 실수는 구성 작업을 마무리하지 못했다. 이는 형식적인 극한 $\underset{n\to\infty}{\mathrm{LIM}}\, a_n$을 실제 극한 $\lim_{n\to\infty} a_n$으로 대체하지 못했기 때문이다. 사실 극한을 아직 정의하지 않았기 때문에, 이제부터 바로잡으려고 한다.

ε–근방에 속한 수열과 같은 장치를 반복하여 도입할 것인데, 이전과 달리 이번에는 유리수 수열이 아닌 **실수** 수열에 대해 살펴본다. 따라서 이번 논의는 5장에서 다룬 내용을 대체할 것이다. 먼저 실수 사이의 거리를 정의하자.

정의 6.1.1 두 실수 사이의 거리

임의의 두 실수 x, y를 생각하자. x, y 사이의 거리 $d(x, y)$를 $d(x, y) := |x - y|$로 정의한다.

이 정의는 정의 4.3.2와 일치한다. 또한 실수는 유리수에서 성립하는 모든 대수 법칙을 그대로 따르기 때문에, 명제 4.3.3이 유리수를 비롯한 실수에서도 성립한다.

정의 6.1.2 ε–근방에 속한 실수

실수 $\varepsilon > 0$을 생각하자. 두 실수 x, y가 **ε–근방(ε–close)**에 속할 필요충분조건은 $d(y, x) \le \varepsilon$인 것이다.

정의 6.1.2도 마찬가지로 정의 4.3.4와 일치한다.

수열 $(a_n)_{n=m}^{\infty}$을 **실수** 수열이라 하자. 즉, 모든 정수 $n(\ge m)$에 대해 모든 항 a_n이 실수이다. 이 수열은 m번째 항에서 시작한다. 수열은 일반적으로 첫 번째 항에서 시작하지만, 다른 항에서 시작할 수도 있다.[1] 코시 수열의 개념도 이전과 동일한 방법으로 정의한다.

1 사실 항을 표현하는 문자는 그리 중요하지 않다. 예를 들어 $(a_k)_{k=m}^{\infty}$와 $(a_n)_{n=m}^{\infty}$은 완전히 동일한 수열이다.

정의 6.1.3 실수의 코시 수열

실수 $\varepsilon > 0$을 생각하자.

- N번째 항에서 시작하는 실수 수열 $(a_n)_{n=N}^{\infty}$이 **ε-안정적(ε-steady)**일 필요충분조건은 모든 j, $k \geq N$에 대해 a_j와 a_k가 ε-근방에 속하는 것이다.
- m번째 항에서 시작하는 수열 $(a_n)_{n=m}^{\infty}$이 **궁극적으로 ε-안정적(eventually ε-steady)**일 필요충분조건은 $N(\geq m)$이 존재해서 수열 $(a_n)_{n=N}^{\infty}$이 ε-안정적인 것이다.
- 실수 수열 $(a_n)_{n=m}^{\infty}$이 **코시 수열(Cauchy sequence)**일 필요충분조건은 모든 $\varepsilon > 0$에 대해 궁극적으로 ε-안정적인 것이다.

즉, 모든 실수 $\varepsilon > 0$에 대해 $N(\geq m)$이 존재해서 임의의 n, $n' \geq N$에 대해 $|a_n - a_{n'}| \leq \varepsilon$이면 실수 수열 $(a_n)_{n=m}^{\infty}$을 코시 수열이라 한다. 정의 6.1.3에 소개한 정의는 모두 유리수에서 정의한 정의[2]와 일치하지만, 코시 수열의 정의가 일관적인지도 주의를 기울여 확인해야 한다.

명제 6.1.4 m번째 항에서 시작하는 유리수 수열 $(a_n)_{n=m}^{\infty}$을 생각하자. 수열 $(a_n)_{n=m}^{\infty}$이 정의 5.1.8의 의미에서 코시 수열일 필요충분조건은 수열 $(a_n)_{n=m}^{\infty}$이 정의 6.1.3의 의미에서 코시 수열인 것이다.

증명

수열 $(a_n)_{n=m}^{\infty}$이 정의 6.1.3의 의미에서 코시 수열이라 하자. 그러면 모든 **실수** $\varepsilon > 0$에 대해 이 수열은 궁극적으로 ε-안정적이다. 따라서 이 수열은 모든 **유리수** $\varepsilon > 0$에 대해 궁극적으로 ε-안정적이다. 이는 수열 $(a_n)_{n=m}^{\infty}$이 정의 5.1.8의 의미에서 코시 수열임을 뜻한다.

이번에는 수열 $(a_n)_{n=m}^{\infty}$이 정의 5.1.8의 의미에서 코시 수열이라 가정하자. 즉, 이 수열은 모든 **유리수** $\varepsilon > 0$에 대해 궁극적으로 ε-안정적이다. $\varepsilon > 0$이 실수이면 명제 5.4.12에 의해 ε보다 작은 **유리수** $\varepsilon' > 0$이 존재한다. ε'이 유리수이므로 $(a_n)_{n=m}^{\infty}$은 궁극적으로 ε'-안정적이다. $\varepsilon' < \varepsilon$이므로 $(a_n)_{n=m}^{\infty}$은 궁극적으로 ε-안정적이다. ε이 임의의 양의 실수이므로 수열 $(a_n)_{n=m}^{\infty}$은 정의 6.1.3의 의미에서 코시 수열이다. ■

2 ε-안정적임은 정의 5.1.3을 참고하고, 궁극적으로 ε-안정적임은 정의 5.1.6을 참고하라. 코시 수열은 정의 5.1.8을 참고하면 된다.

명제 6.1.4로 인해 더 이상 정의 5.1.8과 정의 6.1.3을 구별하지 않고 코시 수열을 통합된 개념으로 간주할 수 있다.

지금부터 실수 수열이 어떤 극한 L에 수렴하는 것이 무엇을 의미하는지 알아본다.

정의 6.1.5 수열의 수렴

실수 $\varepsilon > 0$과 실수 L을 생각하자.

- 실수 수열 $(a_n)_{n=N}^{\infty}$이 L의 **ε-근방(ε-close)**에 속할 필요충분조건은 모든 $n \geq N$에 대해 a_n이 L의 ε-근방에 속하는 것, 즉 모든 $n \geq N$에 대해 $|a_n - L| \leq \varepsilon$인 것이다.
- 실수 수열 $(a_n)_{n=N}^{\infty}$이 L의 **궁극적인 ε-근방(eventually ε-close)**에 속할 필요충분조건은 $N(\geq m)$이 존재해서 수열 $(a_n)_{n=N}^{\infty}$이 L의 ε-근방에 속하는 것이다.
- 실수 수열 $(a_n)_{n=m}^{\infty}$이 L에 **수렴(convergence)**할 필요충분조건은 모든 실수 $\varepsilon > 0$에 대해 수열 $(a_n)_{n=m}^{\infty}$이 L의 궁극적인 ε-근방에 속하는 것이다.

지금 나온 모든 정의를 풀어서 수렴 개념을 더 직접적으로 쓸 수 있다. 자세한 내용은 연습문제 2를 참고하라.

EX 6.1.6 다음과 같이 나열된 수열을 생각하자.

$$0.9, 0.99, 0.999, 0.9999, \cdots$$

이 수열은 1의 0.1-근방에 속하지만, 첫 번째 항 때문에 1의 0.01-근방에 속하지 않는다. 그러나 이 수열은 1의 궁극적인 0.01-근방에 속한다. 실제로 모든 실수 $\varepsilon > 0$에 대해 이 수열은 1의 궁극적인 ε-근방에 속한다. 따라서 이 수열은 1에 수렴한다.

명제 6.1.7 극한의 유일성

m번째 항에서 시작하는 실수 수열 $(a_n)_{n=m}^{\infty}$과 서로 다른 두 실수 L, L'을 생각하자. 수열 $(a_n)_{n=m}^{\infty}$은 L에 수렴하는 동시에 L'에 수렴할 수 없다.

증명

귀류법을 사용하기 위해 $(a_n)_{n=m}^{\infty}$이 동시에 L과 L'에 수렴한다고 하자. $\varepsilon = \dfrac{|L - L'|}{3}$이라 두면 $L \neq L'$이므로 ε은 양수이다. 수열 $(a_n)_{n=m}^{\infty}$이 L에 수렴하므로, 수열 $(a_n)_{n=m}^{\infty}$은 L의 궁극적인 ε-근방에 속한다. 그러므로 $N(N \geq m)$이 존재해서 모든 $n(n \geq N)$에 대해 $d(a_n, L) \leq \varepsilon$이다. 이와 비슷하게 $M(M \geq m)$이 존재해서 모든 $n(n \geq M)$에 대해 $d(a_n, L') \leq \varepsilon$이다.

특히 $n := \max(N, M)$이면 $d(a_n, L) \le \varepsilon$이고 $d(a_n, L') \le \varepsilon$이다. 삼각부등식을 이용하면 $d(L, L') \le 2\varepsilon = \frac{2|L-L'|}{3}$이다. 그런데 $|L-L'| \le \frac{2|L-L'|}{3}$이므로 $|L-L'| > 0$이라는 사실에 모순이다. 따라서 수열 $(a_n)_{n=m}^{\infty}$은 동시에 L과 L'에 수렴할 수 없다. ■

극한이 유일함을 증명했으니, 극한을 어떻게 표기할지 정할 수 있다.

정의 6.1.8 수열의 극한

수열 $(a_n)_{n=m}^{\infty}$이 어떤 실수 L에 수렴하면, $(a_n)_{n=m}^{\infty}$은 **수렴(convergence)**하며 그 **극한(limit)**은 L이다. 이를 기호로는 다음과 같이 나타낸다.

$$L = \lim_{n\to\infty} a_n$$

수열 $(a_n)_{n=m}^{\infty}$이 어떤 실수 L에 대해서도 수렴하지 않으면, $(a_n)_{n=m}^{\infty}$은 **발산(divergence)**한다. 그리고 이때 $\lim_{n\to\infty} a_n$은 정의하지 않는다.

명제 6.1.7은 수열의 극한이 최대 한 개임을 설명한다. 그러므로 극한이 존재한다면 그 극한은 단 하나의 실수이고, 그렇지 않으면 극한은 정의되지 않는다.

참고 6.1.9 극한 기호 $\lim_{n\to\infty} a_n$에는 수열 $(a_n)_{n=m}^{\infty}$이 어떤 항부터 시작하는지 표기하지 않는다. 수열의 극한은 수열이 몇 번째 항부터 시작하는지와 아무 관련이 없다(연습문제 3 참고). 따라서 이제부터 수열이 몇 번째 항부터 시작하는지에 대해 크게 신경 쓰지 않을 것이다.

가끔 "$(a_n)_{n=m}^{\infty}$이 x에 수렴한다."를 대신하여 "$n \to \infty$일 때 $a_n \to x$이다."로 표현하기도 한다. 하지만 $a_n \to x$와 $n \to \infty$ 각각에는 엄밀한 의미가 없음을 알아두자. 이 문구는 단지 관례일 뿐이다.

참고 6.1.10 극한을 나타낼 때 아래첨자에 어떤 문자를 선택해도(지금은 n) 상관 없다. 그러므로 $\lim_{n\to\infty} a_n$과 $\lim_{k\to\infty} a_k$는 정확히 의미가 같다. 표기법이 충돌할 가능성이 있으면 아래첨자를 바꾸기도 한다. 아래첨자로 많이 쓰는 n이 동시에 여러 목적으로 사용되면, 혼란을 줄이기 위해 n 대신 k를 사용할 수 있다. 연습문제 4를 참고하라.

극한의 예를 살펴보자.

명제 6.1.11 $\lim_{n\to\infty} \frac{1}{n} = 0$

증명

일반항이 $a_n := \frac{1}{n}$인 수열 $(a_n)_{n=1}^{\infty}$이 0으로 수렴함을 보이자. 모든 $\varepsilon > 0$에 대해 수열 $(a_n)_{n=1}^{\infty}$이 0의 궁극적인 ε–근방에 속함을 보여야 한다. 임의의 실수 $\varepsilon > 0$을 생각하자. 모든 $n \ge N$에 대해

$|a_n - 0| \le \varepsilon$을 만족하는 N을 찾아야 한다. 그런데 $n \ge N$이면 다음 부등식이 성립한다.

$$|a_n - 0| = \left|\frac{1}{n} - 0\right| = \frac{1}{n} \le \frac{1}{N}$$

아르키메데스 성질을 이용하면 $N > \frac{1}{\varepsilon}$을 만족하는 N을 선택할 수 있고, $\frac{1}{N} < \varepsilon$이므로 수열 $(a_n)_{n=N}^{\infty}$은 0의 ε–근방에 속한다. 따라서 수열 $(a_n)_{n=1}^{\infty}$은 0의 궁극적인 ε–근방에 속한다. 즉, ε이 임의의 수이므로 $(a_n)_{n=1}^{\infty}$은 0에 수렴한다. ■

명제 6.1.12 수렴하는 수열은 코시 수열이다

수렴하는 실수 수열 $(a_n)_{n=m}^{\infty}$을 생각하자. $(a_n)_{n=m}^{\infty}$은 코시 수열이기도 하다.

명제 6.1.12의 증명은 연습문제 5로 남긴다.

EX 6.1.13 수열 $1, -1, 1, -1, 1, -1, \cdots$은 코시 수열이 아니다. 이 수열은 궁극적인 1–근방에 속하지 않기 때문이다. 따라서 명제 6.1.12에 의해 수렴하지 않는다.

참고 6.1.14 명제 6.1.12의 역은 정리 6.4.18을 참고하라.

정수를 구성할 때 형식적인 차를 실제 차로 대체했고 유리수를 구성할 때 형식적인 몫을 실제 몫으로 대체했듯이, 이제 형식적인 극한을 실제 극한으로 대체할 수 있다.

명제 6.1.15 형식적인 극한은 실제 극한과 같다

유리수로 구성된 코시 수열 $(a_n)_{n=1}^{\infty}$을 생각하자. 수열 $(a_n)_{n=1}^{\infty}$은 $\operatorname*{LIM}_{n\to\infty} a_n$으로 수렴한다. 즉, 다음이 성립한다.

$$\operatorname*{LIM}_{n\to\infty} a_n = \lim_{n\to\infty} a_n$$

명제 6.1.15의 증명은 연습문제 6으로 남긴다.

정의 6.1.16 유계수열(bounded sequence)

- 실수 수열 $(a_n)_{n=m}^{\infty}$이 실수 M에 의해 **유계(bounded)**일 필요충분조건은 모든 $n \ge m$에 대해 $|a_n| \le M$인 것이다.
- 실수 수열 $(a_n)_{n=m}^{\infty}$이 **유계수열**일 필요충분조건은 수열이 어떤 실수 $M > 0$에 의해 유계인 것이다.

이 정의는 정의 5.1.12와 일치한다. 연습문제 7을 참고하라. 보조정리 5.1.15에서 유리수로 구성된 코시 수열은 모두 유계임을 증명했다. 그 보조정리의 증명을 살펴보면 실수에서도 동일한 증명을 적용할 수 있다. 따라서 실수로 구성된 코시 수열은 유계수열이다. 특히 명제 6.1.12에 의해 다음이 성립한다.

따름정리 6.1.17 수렴하는 실수 수열은 모두 유계수열이다.

EX 6.1.18 수열 1, 2, 3, 4, 5, $\cdots$ 는 유계수열이 아니므로, 수렴하지 않는다.

극한에 대해 다음과 같은 법칙이 성립하며, 이를 증명할 수 있다.

정리 6.1.19 극한 법칙

수렴하는 실수 수열 $(a_n)_{n=m}^{\infty}$과 $(b_n)_{n=m}^{\infty}$을 생각하자. 그리고 실수 x, y가 $x := \lim_{n\to\infty} a_n$과 $y := \lim_{n\to\infty} b_n$이라 하자. 그러면 다음이 성립한다.

(a) 수열 $(a_n + b_n)_{n=m}^{\infty}$은 $x + y$에 수렴한다.

$$\lim_{n\to\infty}(a_n + b_n) = \lim_{n\to\infty} a_n + \lim_{n\to\infty} b_n$$

(b) 수열 $(a_n b_n)_{n=m}^{\infty}$은 xy에 수렴한다.

$$\lim_{n\to\infty}(a_n b_n) = \left(\lim_{n\to\infty} a_n\right)\left(\lim_{n\to\infty} b_n\right)$$

(c) 임의의 실수 c에 대해 수열 $(ca_n)_{n=m}^{\infty}$은 cx에 수렴한다.

$$\lim_{n\to\infty}(ca_n) = c\lim_{n\to\infty} a_n$$

(d) 수열 $(a_n - b_n)_{n=m}^{\infty}$은 $x - y$에 수렴한다.

$$\lim_{n\to\infty}(a_n - b_n) = \lim_{n\to\infty} a_n - \lim_{n\to\infty} b_n$$

(e) $y \neq 0$이고, 모든 $n(\geq m)$에 대해 $b_n \neq 0$이라 가정하자. 그러면 수열 $(b_n^{-1})_{n=m}^{\infty}$은 y^{-1}로 수렴한다.

$$\lim_{n\to\infty} b_n^{-1} = \left(\lim_{n\to\infty} b_n\right)^{-1}$$

(f) $y \neq 0$이고, 모든 $n(\geq m)$에 대해 $b_n \neq 0$이라 가정하자. 그러면 수열 $\left(\frac{a_n}{b_n}\right)_{n=m}^{\infty}$은 $\frac{x}{y}$에 수렴한다.

$$\lim_{n\to\infty}\frac{a_n}{b_n} = \frac{\lim_{n\to\infty} a_n}{\lim_{n\to\infty} b_n}$$

(g) 수열 $(\max(a_n, b_n))_{n=m}^{\infty}$은 $\max(x, y)$에 수렴한다.[3]

$$\lim_{n\to\infty} \max(a_n, b_n) = \max\left(\lim_{n\to\infty} a_n,\ \lim_{n\to\infty} b_n\right)$$

(h) 수열 $(\min(a_n, b_n))_{n=m}^{\infty}$은 $\min(x, y)$에 수렴한다.

$$\lim_{n\to\infty} \min(a_n, b_n) = \min\left(\lim_{n\to\infty} a_n,\ \lim_{n\to\infty} b_n\right)$$

정리 6.1.19의 증명은 연습문제 8로 남긴다.

6.1 연습문제

1. 실수 수열 $(a_n)_{n=0}^{\infty}$이 자연수 n마다 $a_{n+1} > a_n$을 만족한다고 하자. 자연수 n, m에 대해 $m > n$이면 $a_m > a_n$임을 보여라. 이러한 수열을 **순증가수열(strictly increasing sequence)**이라고 한다.

2. 실수 수열 $(a_n)_{n=m}^{\infty}$과 실수 L을 생각하자. $(a_n)_{n=m}^{\infty}$이 L에 수렴할 필요충분조건은 임의의 실수 $\varepsilon > 0$에 대해 어떤 $N(\geq m)$을 찾을 수 있어서 모든 $n(\geq N)$에 대해 $|a_n - L| \leq \varepsilon$이 성립하는 것임을 보여라.

3. 실수 수열 $(a_n)_{n=m}^{\infty}$과 실수 c, 정수 $m'(\geq m)$을 생각하자. $(a_n)_{n=m}^{\infty}$이 c에 수렴할 필요충분조건은 $(a_n)_{n=m'}^{\infty}$이 c에 수렴하는 것임을 보여라.

4. 실수 수열 $(a_n)_{n=m}^{\infty}$과 실수 c, 음이 아닌 정수 $k \geq 0$을 생각하자. $(a_n)_{n=m}^{\infty}$이 c에 수렴할 필요충분조건은 $(a_{n+k})_{n=m}^{\infty}$가 c에 수렴하는 것임을 보여라.

5. 명제 6.1.12를 증명하라.

힌트 삼각부등식 또는 명제 4.3.7을 사용한다.

3 기호 max와 min의 정의는 5.4절 연습문제 9를 참고하라.

6. 다음에서 소개하는 개략적인 방법에 따라 명제 6.1.15를 증명하라.

> 유리수로 구성된 코시 수열 $(a_n)_{n=1}^{\infty}$을 생각하고, $L := \underset{n\to\infty}{\mathrm{LIM}}\, a_n$이라 하자. 수열 $(a_n)_{n=1}^{\infty}$이 L에 수렴함을 보여야 한다. $\varepsilon > 0$이라 하고, 귀류법을 사용하기 위해 수열 a_n이 L의 궁극적인 ε–근방에 **속하지 않는다**고 가정하자. 이 사실과 수열 $(a_n)_{n=1}^{\infty}$이 코시 수열임을 이용하여, $N(\geq m)$이 존재해서 모든 $n \geq N$에 대해 $a_n > L + \frac{\varepsilon}{2}$이거나 모든 $n \geq N$에 대해 $a_n < L - \frac{\varepsilon}{2}$임을 보여라. 그리고 5.4절 연습문제 8을 사용한다.

7. 정의 6.1.16과 정의 5.1.12가 서로 일치함을 보여라. 즉, 명제 6.1.4에서 코시 수열을 유계수열로 대체한 명제를 증명하라.

8. 정리 6.1.19를 증명하라.

힌트 정리의 일부분을 사용하여 다른 부분을 증명할 수 있다. 예를 들어 (b)를 사용하여 (c)를 증명할 수 있고, (a)와 (c)를 사용하여 (d)를 증명할 수 있다. 또한 (b)와 (e)를 사용하여 (f)를 증명할 수 있다. 증명 자체는 보조정리 5.3.6, 명제 5.3.10, 보조정리 5.3.15의 증명과 유사하다. (e)를 증명할 때, "0이 아닌 항으로 이루어져 있고 0이 아닌 수로 수렴하는 임의의 수열은 0과 떨어져 있는 수열이다."라는 부수적인 결과를 먼저 증명해야 할 수도 있다.

9. 정리 6.1.19(f)가 분모의 극한이 0일 때 성립하지 않는 이유를 설명하라.

힌트 이 문제를 해결하려면 **로피탈 법칙**(L'Hôpital's rule)이 필요하다. 10.5절을 참고한다.

10. ε이 양의 유리수가 아니라 양의 실수여도 정의 5.2.6에서 정의한 코시 수열의 상등 개념이 변하지 않음을 보여라. 더 정확하게 표현해서 실수 수열 $(a_n)_{n=0}^{\infty}$과 $(b_n)_{n=0}^{\infty}$을 생각하자. 임의의 유리수 $\varepsilon > 0$에 대해 두 수열이 궁극적인 ε–근방에 속할 필요충분조건은 두 수열이 임의의 실수 $\varepsilon > 0$에 대해 궁극적인 ε–근방에 속하는 것임을 보여라.

힌트 명제 6.1.4의 증명을 수정한다.

6.2 확장된 실수체계

어떤 수열은 특정 실수로 수렴하지 않고 $+\infty$ 또는 $-\infty$로 수렴하는 것처럼 보이기도 한다. 이러한 수열을 몇 가지 살펴보자. 다음과 같은 수열은 $+\infty$로 수렴하는 것처럼 보인다.

$$1, 2, 3, 4, 5, \cdots$$

다음과 같은 수열은 $-\infty$로 수렴하는 것처럼 보인다.

$$-1, -2, -3, -4, -5, \cdots$$

반면에 다음과 같은 수열은 어느 실수에도 수렴하는 것처럼 보이지 않는다.

$$1, -1, 1, -1, 1, -1, \cdots$$ [4]

또, 다음과 같은 수열은 어느 실수로도 수렴하는 것 같지도 않고, $+\infty$나 $-\infty$로 수렴하는 것 같지도 않다.

$$1, -2, 3, -4, 5, -6, \cdots$$

이러한 수열을 정확히 설명하려면 **확장된 실수체계**를 정의할 필요가 있다.

정의 6.2.1 확장된 실수체계(extended real number system)

- **확장된 실수체계** $\mathbb{R}^*$는 $+\infty$와 $-\infty$라고 하는 두 원소를 추가한 실직선 $\mathbb{R}$이다. $+\infty$와 $-\infty$는 서로 다른 원소이며, 모든 실수와 서로 다르다. $+\infty$를 간단히 ∞로 표기하기도 한다.
- 확장된 실수 x가 **유한(finite)**할 필요충분조건은 x가 실수인 것이다.
- 확장된 실수 x가 **무한(infinite)**할 필요충분조건은 x가 $+\infty$ 또는 $-\infty$인 것이다.[5]

새로 도입한 기호인 $+\infty$와 $-\infty$는 ($=$와 $\neq$을 제외하면) 조작할 연산이 없기 때문에 현재로서 큰 의미가 없다. 여기서 고려한 많은 수학 개념과 마찬가지로 $+\infty$와 $-\infty$를 정확하게 구성하는 과정은 중요하지 않지만, (3.2절 연습문제 2처럼) 원한다면 $+\infty := \{\mathbb{R}\}$과 $-\infty := \{\mathbb{R} \cup \{\infty\}\}$로 둘 수 있다. 이제 확장된 실수체계에서 사용하는 몇 가지 연산을 알아보자.

4 이 수열에서 $+1$과 -1을 **집적점**(limit point)이라고 한다. 정의 6.4.1을 참고하라.

5 3.6절에서 다룬 유한집합 및 무한집합의 정의와 직접적으로 연관되지는 않지만, 본질은 유사하다.

정의 6.2.2 확장된 실수에 마이너스 붙이기

$\mathbb{R}$에서 마이너스 연산 $x \mapsto -x$를 $-(+\infty) := -\infty$와 $-(-\infty) := +\infty$로 정의함으로써 $\mathbb{R}^*$로 확장할 수 있다.

이제 모든 확장된 실수 x에 마이너스를 붙인 수가 존재하고, $-(-x)$는 항상 x와 같다.

정의 6.2.3 확장된 실수의 순서

확장된 실수 x, y를 생각하자. $x \leq y$일 필요충분조건은 다음 세 명제 중 하나가 참인 것이다.

(a) x, y가 실수이고, 실수 상에서 $x \leq y$이다.

(b) $y = +\infty$

(c) $x = -\infty$

$x \leq y$이고 $x \neq y$이면 $x < y$이다. $x < y$를 $y > x$로 표현하기도 하고, $x \leq y$를 $y \geq x$로 표현하기도 한다.

EX 6.2.4 확장된 실수의 크기 비교

- $3 \leq 5$
- $3 < +\infty$
- $-\infty < +\infty$
- $3 \not\leq -\infty$

확장된 실수체계에서 순서와 마이너스 연산에 관한 몇 가지 기본 성질을 알아보자.

명제 6.2.5 확장된 실수 x, y, z에 대해 다음이 성립한다.

(a) **반사성** : $x \leq x$

(b) **삼분법** : $x < y$, $x = y$, $x > y$ 중 정확히 한 명제만 참이다.

(c) **추이성** : $x \leq y$이고 $y \leq z$이면 $x \leq z$이다.

(d) **마이너스를 붙인 수는 순서를 뒤집는다** : $x \leq y$이면 $-y \leq -x$이다.

명제 6.2.5의 증명은 연습문제 1로 남긴다.

확장된 실수체계에 덧셈이나 곱셈 같은 다른 연산을 도입할 수는 있다. 그러나 이러한 연산은 기존의 대수 규칙을 따르지 않을 가능성이 크기 때문에 아주 위험하다. 덧셈을 도입한다면 직관적인 무한 개념을 고려했을 때 $+\infty + 5 = +\infty$와 $+\infty + 3 = +\infty$로 두어야 타당하다. 그러나 $+\infty + 5 = +\infty + 3$을 얻는데, 이는 $5 \neq 3$과 어긋난다. 따라서 무한대를 포함하여 연산하면 소거법칙 같은 것들이 무너지기 시작한다. 이러한 문제를 피하기 위해 확장된 실수체계에서는 마이너스와 순서를 제외하고 어떠한 산술 연산도 정의하지 않겠다.

앞서 실수 집합 E의 **상한** 또는 **최소상계**를 정의했다. 이 개념은 무한 또는 유한인 확장된 실수 $\sup(E)$를 제공한다. 확장된 실수에서는 상한과 최소상계가 같은 개념이 된다. 따라서 앞으로는 두 개념을 구분없이 사용할 것이다.

정의 6.2.6 확장된 실수 집합에서의 상한

$\mathbb{R}^*$의 부분집합 E를 생각하자. 다음 규칙에 따라 E의 **상한**(supremum) $\sup(E)$ 또는 E의 **최소상계**(least upper bound)를 정의한다.

(a) E가 $\mathbb{R}$에 포함된다고 하자. 즉, $+\infty$와 $-\infty$가 E의 원소가 아니라고 하자. 그러면 $\sup(E)$는 정의 5.5.10과 같이 정의한다.

(b) E가 $+\infty$를 포함하면 $\sup(E) := +\infty$로 정의한다.

(c) E가 $+\infty$를 포함하지 않지만 $-\infty$를 포함하면 $\sup(E) := \sup(E\backslash\{-\infty\})$로 정의한다.[6]

집합 E의 **하한**(infimum) $\inf(E)$ 또는 E의 **최대하계**(greatest lower bound)를 다음과 같은 식으로 정의한다.

$$\inf(E) := -\sup(-E)$$

이때 $-E$는 집합 $-E := \{-x : x \in E\}$를 의미한다.

EX 6.2.7 음의 정수와 $-\infty$를 포함하는 집합을 E라고 하자. E를 식으로 나타내면 다음과 같다.

$$E = \{-1, -2, -3, -4, \cdots\} \cup \{-\infty\}$$

그러면 E의 상한과 하한은 각각 다음과 같다.

- $\sup(E) = \sup(E\backslash\{-\infty\}) = -1$
- $\inf(E) = -\sup(-E) = -(+\infty) = -\infty$

EX 6.2.8 집합 $\{0.9, 0.99, 0.999, 0.9999, \cdots\}$의 하한은 0.9이고, 상한은 1이다. 여기서 상한 1은 집합에 실제로 속하는 원소는 아니지만, 어떤 의미에서는 이 집합을 오른쪽에서 '터치'한다.

---

6 집합 $E\backslash\{-\infty\}$는 $\mathbb{R}$의 부분집합이므로 (a)에 해당한다.

EX 6.2.9 집합 $\{1, 2, 3, 4, 5 \cdots\}$의 하한은 1이고 상한은 $+\infty$이다.

EX 6.2.10 공집합 E를 생각하자. 그러면 $\sup(E) = -\infty$이고 $\inf(E) = +\infty$이다(그 이유는?). 이때만 상한이 유일하게 하한보다 작다(그 이유는?).

E의 상한을 그림 6.1과 같이 직관적으로 생각할 수 있다. 가장 오른쪽에 $+\infty$가 있고 가장 왼쪽에 $-\infty$가 있는 실선(real line)을 생각하자. $+\infty$에 위치한 피스톤이 집합 E에 의해 멈출 때까지 왼쪽으로 움직인다고 하자. 이 피스톤이 멈추는 위치가 바로 E의 상한이다. 비슷하게 $-\infty$에 위치한 피스톤이 집합 E에 의해 멈출 때까지 오른쪽으로 움직인다고 하자. 이 피스톤이 멈추는 위치가 바로 E의 하한이다. 이제 E가 공집합이라고 하자. 그림 6.1(b)와 같이 $+\infty$와 $-\infty$에 각각 위치한 피스톤은 서로를 통과해서 상한은 $-\infty$까지 가고 하한은 $+\infty$까지 간다.

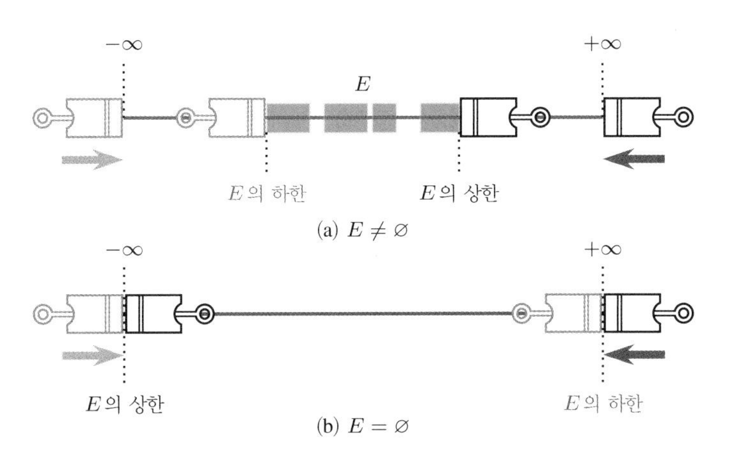

[그림 6.1] 집합 E의 상한을 직관적으로 생각하기

다음 정리를 통해 '최소상계(상한)'와 '최대하계(하한)'라는 용어를 정립할 수 있다.

정리 6.2.11 $\mathbb{R}^*$의 부분집합 E를 생각하자. 그러면 다음 명제가 참이다.

(a) 모든 $x \in E$에 대해 $x \leq \sup(E)$이고 $x \geq \inf(E)$이다.

(b) $M \in \mathbb{R}^*$가 E의 상계라 하자. 즉, 모든 $x \in E$에 대해 $x \leq M$이라고 하자. 그러면 $\sup(E) \leq M$이다.

(c) $M \in \mathbb{R}^*$가 E의 하계라 하자. 즉, 모든 $x \in E$에 대해 $x \geq M$이라고 하자. 그러면 $\inf(E) \geq M$이다.

정리 6.2.11의 증명은 연습문제 2로 남긴다.

6.2 연습문제

1. 명제 6.2.5를 증명하라.

힌트 명제 5.4.7을 사용한다.

2. 정리 6.2.11을 증명하라.

힌트 $+\infty$ 또는 $-\infty$가 E에 속하는지의 여부에 따라 경우를 나누어야 할 수도 있다. E가 실수만으로 구성된 집합이면 정의 5.5.10을 사용한다.

6.3 수열의 상한과 하한

실수 집합에서 상한과 하한 개념을 정의했으므로, 수열에서도 상한과 하한 개념을 다룰 수 있다.

정의 6.3.1 수열의 상한과 하한

실수 수열 $(a_n)_{n=m}^{\infty}$을 생각하자.

- $\sup(a_n)_{n=m}^{\infty}$을 집합 $\{a_n : n \geq m\}$의 **상한**이라 한다.
- $\inf(a_n)_{n=m}^{\infty}$을 집합 $\{a_n : n \geq m\}$의 **하한**이라 한다.

참고 6.3.2 $\sup(a_n)_{n=m}^{\infty}$을 $\sup\limits_{n\geq m} a_n$으로도 표기하며, $\inf(a_n)_{n=m}^{\infty}$을 $\inf\limits_{n\geq m} a_n$으로도 표기한다.

EX 6.3.3 일반항이 $a_n := (-1)^n$인 수열 $(a_n)_{n=1}^{\infty}$을 나열하면 $-1,\ 1,\ -1,\ 1,\ \cdots$이다. 그러면 집합 $\{a_n : n \geq 1\}$은 두원소집합 $\{-1, 1\}$이다. 이 수열의 상한 $\sup(a_n)_{n=1}^{\infty}$은 1이고, 하한 $\inf(a_n)_{n=1}^{\infty}$은 -1이다.

EX 6.3.4 일반항이 $a_n := \dfrac{1}{n}$ 인 수열 $(a_n)_{n=1}^{\infty}$ 을 나열하면 1, $\dfrac{1}{2}$, $\dfrac{1}{3}$, $\cdots$ 이다. 그러면 집합 $\{a_n : n \geq 1\}$ 은 가산집합 $\left\{1, \dfrac{1}{2}, \dfrac{1}{3}, \dfrac{1}{4}, \cdots\right\}$ 이다. 이 수열의 상한은 $\sup(a_n)_{n=1}^{\infty} = 1$ 이고 하한은 $\inf(a_n)_{n=1}^{\infty} = 0$ 이다(연습문제 1 참고).

이 예에서 수열의 하한은 수열의 항이 아니지만, 수열에 매우 가까운 수이다. 그래서 상한을 '수열에서 가장 큰 항'으로, 하한을 '수열에서 가장 작은 항'으로 생각하는 것은 적절하지 않다.

EX 6.3.5 일반항이 $a_n := n$ 인 수열 $(a_n)_{n=1}^{\infty}$ 을 나열하면 1, 2, 3, 4, $\cdots$ 이다. 그러면 집합 $\{a_n : n \geq 1\}$ 은 양의 정수 집합 $\{1, 2, 3, 4, \cdots\}$ 이다. 이 수열의 상한은 $\sup(a_n)_{n=1}^{\infty} = +\infty$ 이고 하한은 $\inf(a_n)_{n=1}^{\infty} = 1$ 이다.

EX 6.3.5에서 알 수 있듯이 수열의 상한과 하한이 $+\infty$ 이거나 $-\infty$ 일 수 있다. 그런데 수열 $(a_n)_{n=m}^{\infty}$ 이 유계라고 하자. 이를테면 수열 $(a_n)_{n=m}^{\infty}$ 은 M 에 의해 유계라고 하자. 수열 a_n 의 모든 항은 $-M$ 과 M 사이에 존재하므로, 집합 $\{a_n : n \geq m\}$ 의 상계는 M 이고, 하계는 $-M$ 이다. 이 집합은 공집합이 아니기 때문에, 유계수열의 상한과 하한이 실수임은 확실하다. 즉 유계수열의 상한과 하한은 $+\infty$ 나 $-\infty$ 가 아니다.

> 명제 6.3.6 **최소상계 성질**
>
> 실수 수열 $(a_n)_{n=m}^{\infty}$ 과 확장된 실수 $x := \sup(a_n)_{n=m}^{\infty}$ 을 생각하자.
>
> - 모든 $n(\geq m)$ 에 대해 $a_n \leq x$ 이다.
> - $M \in \mathbb{R}^*$ 이 a_n 의 상계(모든 $n(\geq m)$ 에 대해 $a_n \leq M$)일 때마다 $x \leq M$ 이다.
> - 모든 확장된 실수 $y(< x)$ 마다 $y < a_n \leq x$ 를 만족하는 $n(\geq m)$ 이 적어도 하나 존재한다.

명제 6.3.6의 증명은 연습문제 2로 남긴다.

참고 6.3.7 최대하계에도 명제 6.3.6과 대응하는 명제가 존재한다. 그 명제에서는 상한이 모두 하한으로 바뀌는 등 순서에 관한 개념이 모두 반대로 변한다. 증명 과정은 모두 동일하다.

이제 상한과 하한 개념을 응용해보자. 6.2절에서 수렴하는 수열은 모두 유계수열임을 확인했다. 그렇다면 그 역도 자연스럽게 참일까? 모든 유계수열은 수렴할까? 그렇지 않다. 수열 1, -1, 1, -1, $\cdots$ 을 생각하자. 이 수열은 유계이지만 코시 수열이 아니므로, 수렴하지 않는다. 하지만 유계이고 **단조**(monotone)인 수열은 수렴한다.

참고로, 수열이 증가수열이거나 감소수열이면 **단조수열(monotone sequence)**이라고 한다.

> **명제 6.3.8 유계인 단조수열은 수렴한다**
>
> 실수 수열 $(a_n)_{n=m}^{\infty}$을 생각하자. 이 수열의 상계는 유한한 실수 $M \in \mathbb{R}$이고, 이 수열은 증가수열이라고 하자. 즉, 모든 $n(\geq m)$에 대해 $a_{n+1} \geq a_n$이다. 그러면 수열 $(a_n)_{n=m}^{\infty}$은 수렴하고, 다음이 성립한다.[7]
>
> $$\lim_{n\to\infty} a_n = \sup(a_n)_{n=m}^{\infty} \leq M$$

명제 6.3.8의 증명은 연습문제 3으로 남긴다.

수열 $(a_n)_{n=m}^{\infty}$이 아래로 유계이고 감소수열($a_{n+1} \leq a_n$)일 때도 수렴한다. 이때의 극한은 수열의 하한이며, 이 명제가 참임을 증명할 수도 있다.

명제 6.3.8과 따름정리 6.1.17을 이용하면 단조수열이 수렴할 필요충분조건은 그 수열이 유계수열인 것임을 알 수 있다.

EX 6.3.9 수열 3, 3.1, 3.14, 3.141, 3.1415, $\cdots$는 증가수열이고, 4에 의해 위로 유계이다. 따라서 명제 6.3.8에 의해 이 수열은 극한이 존재하고, 그 극한값은 4 이하이다.

명제 6.3.8은 단조수열의 극한이 존재함을 설명하지만, 그 극한값이 무엇인지 직접 알려주지 않는다. 그럼에도 몇 가지 작업을 추가해서 극한이 존재함을 알고 나면, 종종 극한을 구할 수도 있다. 다음 명제를 살펴보자.

> **명제 6.3.10** $0 < x < 1$이면 $\lim_{n\to\infty} x^n = 0$이다.

증명

$0 < x < 1$이므로 수열 $(x^n)_{n=1}^{\infty}$은 감소수열임을 보일 수 있다(그 이유는?). 반면에 수열 $(x^n)_{n=1}^{\infty}$의 하계는 0이다. 상한 대신 하한으로 바꾼 명제 6.3.8을 적용하면 수열 $(x^n)_{n=1}^{\infty}$은 어떤 극한 L로 수렴한다. $x^{n+1} = x \times x^n$이므로 극한 법칙(정리 6.1.19 참고)에 의해 $(x^{n+1})_{n=1}^{\infty}$은 xL에 수렴한다. 여기서 수열 $(x^{n+1})_{n=1}^{\infty}$은 수열 $(x^n)_{n=2}^{\infty}$이 1만큼 이동한 것에 불과하므로, 극한이 서로 동일해야 한다(그 이유는?). 즉, $xL = L$인데 $x \neq 1$이므로 $L = 0$이다. 따라서 수열 $(x^n)_{n=1}^{\infty}$은 0으로 수렴한다. ■

7 (옮긴이) 이를 단조수렴정리(monotone converge theorem)라고 한다.

이 증명은 $x > 1$일 때 성립하지 않음에 유의하라. 자세한 내용은 연습문제 4로 남긴다.

6.3 연습문제

1. EX 6.3.4에서 상한과 하한에 관한 명제가 참임을 밝혀라.

2. 명제 6.3.6을 증명하라.

힌트 정리 6.2.11을 사용한다.

3. 명제 6.3.8을 증명하라.

힌트 명제 6.3.6을 a_n이 증가수열이라는 가정과 함께 사용하여 a_n이 $\sup(a_n)_{n=m}^{\infty}$에 수렴함을 보인다.

4. $x > 1$일 때 명제 6.3.10이 성립하지 않는 이유를 설명하라. 즉, $x > 1$일 때 수열 $(x^n)_{n=1}^{\infty}$이 발산함을 보여라.

힌트 항등식 $\left(\frac{1}{x}\right)^n x^n = 1$과 정리 6.1.19의 극한 법칙을 이용하여 귀류법으로 증명한다.

이 사실을 EX 1.2.3과 비교해라. EX 1.2.3에서 추론한 내용 중 어떤 부분에 결함이 있었는지 설명하라.

6.4 상극한, 하극한, 집적점

수열 $1.1, -1.01, 1.001, -1.0001, 1.00001, \cdots$ 을 생각하자.

이 수열의 각 항을 그래프로 나타내면 이 수열이 수렴하지 않음을 직관적으로 알 수 있다. 수열의 절반은 1에 가까워지고 나머지 절반은 -1에 가까워지지만, 두 수 중 어떤 수로도 수렴하지 않는다. 이 수열은 1의 궁극적인 $\frac{1}{2}$–근방에 속하지 않고, -1의 궁극적인 $\frac{1}{2}$–근방에도 속하지 않기 때문이다. 비록 1과 -1이 이 수열의 극한은 아니지만, 모호한 방식으로 극한이 되길 '원하는' 것처럼 보인다. 이 개념은 **집적점**을 도입하여 정확하게 표현할 수 있다. 다음 정의를 살펴보자.

정의 6.4.1 집적점(limit point, adherent point)

실수 수열 $(a_n)_{n=m}^{\infty}$과 실수 x, 그리고 실수 $\varepsilon > 0$을 생각하자.

- x가 $(a_n)_{n=m}^{\infty}$에 **ε–밀착(ε–adherent)**할 필요충분조건은 $n(\geq m)$이 존재해서 a_n이 x에 ε–근방에 속하는 것이다.
- x가 $(a_n)_{n=m}^{\infty}$에 **연속적으로 ε–밀착(continually ε–adherent)**할 필요충분조건은 x가 모든 $N(\geq m)$에 대해 $(a_n)_{n=N}^{\infty}$에 ε–밀착한 것이다.
- x가 $(a_n)_{n=m}^{\infty}$의 **집적점**[8]일 필요충분조건은 모든 $\varepsilon > 0$에 대해 x가 $(a_n)_{n=m}^{\infty}$에 연속적으로 ε–밀착한 것이다.

참고 6.4.2 영어 동사 adhere는 '달라붙다(stick to)'라는 의미가 있다. 여기서 '접착제(adhesive)'가 파생되었다.

정의 6.4.1을 풀어서 설명하면 다음과 같다. 모든 $\varepsilon > 0$과 모든 $N(\geq m)$에 대해 $|a_n - x| \leq \varepsilon$을 만족하는 $n(\geq N)$이 존재한다면 x가 $(a_n)_{n=m}^{\infty}$의 집적점이다. (이 명제가 왜 정의와 동일할까?) 수열이 L의 ε–근방에 속하는 것[9]과 L이 수열에 ε–밀착한 것[10]에는 차이가 있음에 주목하라.

또한 L이 $(a_n)_{n=m}^{\infty}$에 연속적으로 ε–밀착하려면, **모든** $N(\geq m)$에 대해 L이 $(a_n)_{n=N}^{\infty}$에 ε–밀착해야 한다. 반면에 수열 $(a_n)_{n=m}^{\infty}$이 L의 궁극적인 ε–근방에 속하려면, **어떤** $N(\geq m)$에 대해 $(a_n)_{n=N}^{\infty}$이 L의 ε–근방에 속해야 한다. 이로써 극한과 집적점 사이에는 미묘한 차이가 있음을 알 수 있다.

8 (옮긴이) 해석학에서 이와 비슷한 개념으로 cluster point, accumulation point 등이 있다. 집적점은 '극한점'으로 표현할 때도 있으나, 이 책에서는 '집적점'으로 표현하였다.

9 수열의 **모든** 항과 L 사이의 거리가 ε보다 작음을 뜻한다.

10 단지 수열의 **한 개**의 항과 L 사이의 거리가 ε보다 작아도 충분함을 뜻한다.

집적점은 유한한 실수에서만 정의된다. 집적점이 $+\infty$ 또는 $-\infty$라고 엄밀하게 정의할 수는 있는데, 자세한 내용은 연습문제 8로 남긴다.

EX 6.4.3 다음과 같이 나열되는 수열 $(a_n)_{n=1}^{\infty}$을 생각하자.

$$0.9, 0.99, 0.999, 0.9999, 0.99999, \cdots$$

0.8은 이 수열의 항인 0.9의 0.1–근방에 속하므로, 이 수열 $(a_n)_{n=1}^{\infty}$에 0.1–밀착한다. 그런데 이 수열의 첫 번째 항을 제외하면 어떤 항도 0.8에 0.1–밀착하지 않으므로, 0.8은 수열 $(a_n)_{n=1}^{\infty}$에 연속적으로 0.1–밀착하지 않는다. 특히 0.8은 수열 $(a_n)_{n=1}^{\infty}$의 집적점이 아니다.

반면에 1은 수열 $(a_n)_{n=1}^{\infty}$에 0.1–밀착한다. 실제로는 이 수열에 연속적으로 0.1–밀착한다. 왜냐하면 수열에서 처음에 나열된 항을 아무리 많이 제거하더라도 1의 0.1–근방에 속하는 항이 존재하기 때문이다. 실제로 1은 모든 ε에 대해 수열 $(a_n)_{n=1}^{\infty}$에 연속적으로 ε–밀착하기 때문에, 이 수열의 집적점이다.

EX 6.4.4 다음과 같이 나열되는 수열을 생각하자.

$$1.1, -1.01, 1.001, -1.0001, 1.00001, \cdots$$

수열에서 처음에 나열된 항을 아무리 많이 제거하더라도 1의 0.1–근방에 속하는 항이 존재하기 때문에, 1은 이 수열에 0.1–밀착한다. 또한 1은 이 수열에 연속적으로 0.1–밀착한다.[11] 실제로 모든 $\varepsilon > 0$에 대해 1은 이 수열에 연속적으로 ε–밀착하기 때문에 수열의 집적점이다.

유사하게 -1도 이 수열의 집적점이다. 그러나 0은 이 수열에 0.1–밀착하지 않으므로, 수열의 집적점이 아니다.

극한은 집적점의 특수한 경우이다.

명제 6.4.5 극한은 집적점이다

실수 c로 수렴하는 수열 $(a_n)_{n=m}^{\infty}$을 생각하자. 그러면 c는 수열 $(a_n)_{n=m}^{\infty}$의 집적점이다. 실제로 c는 $(a_n)_{n=m}^{\infty}$의 유일한 집적점이다.

---

11 **모든** 항이 1의 0.1–근방에 속할 필요가 없다. 1의 0.1–근방에 속하는 항이 존재하기만 하면 된다. 그러므로 0.1–근방보다 0.1–밀착이 좀 더 약한 개념이다. 또한 연속적으로 0.1–밀착한다는 것과 궁극적인 0.1–근방에 속하는 것은 서로 다른 개념이다.

명제 6.4.5의 증명은 연습문제 1로 남긴다.

이제 집적점의 두 가지 특별한 형태를 살펴보자. 하나는 상극한(lim sup)이고 다른 하나는 하극한(lim inf)이다.

정의 6.4.6 상극한과 하극한

수열 $(a_n)_{n=m}^{\infty}$을 생각하자.

- 수열 $(a_N^+)_{N=m}^{\infty}$의 일반항이 $a_N^+ := \sup(a_n)_{n=N}^{\infty}$이라고 하자. 간단하게 생각하면 a_N^+는 a_N 이후에 나오는 수열의 모든 항의 상한이다. 그러면 수열 $(a_n)_{n=m}^{\infty}$의 **상극한(limit superior)**을 $\limsup_{n\to\infty} a_n$으로 표기하고, 식으로는 다음과 같이 정의한다.

$$\limsup_{n\to\infty} a_n := \inf(a_N^+)_{N=m}^{\infty}$$

- 수열 $(a_N^-)_{N=m}^{\infty}$의 일반항이 $a_N^- := \inf(a_n)_{n=N}^{\infty}$이라고 하자. 그러면 수열 $(a_n)_{n=m}^{\infty}$의 **하극한(limit inferior)**을 $\liminf_{n\to\infty} a_n$으로 표기하고, 식으로는 다음과 같이 정의한다.

$$\liminf_{n\to\infty} a_n := \sup(a_N^-)_{N=m}^{\infty}$$

EX 6.4.7 다음과 같이 나열되는 수열을 $a_1, a_2, a_3, \cdots$라고 표기하자.

$$1.1,\ -1.01,\ 1.001,\ -1.0001,\ 1.00001,\ \cdots$$

수열 $a_1^+, a_2^+, a_3^+, \cdots$는 다음과 같고(그 이유는?), 하한은 1이다.

$$1.1,\ 1.001,\ 1.001,\ 1.00001,\ 1.00001,\ \cdots$$

그러므로 주어진 수열의 상극한은 1이다.

유사하게 수열 $a_1^-, a_2^-, a_3^-, \cdots$는 다음과 같고(그 이유는?), 상한은 -1이다.

$$-1.01,\ -1.01,\ -1.0001,\ -1.0001,\ -1.000001,\ \cdots$$

그러므로 주어진 수열의 하극한은 -1이다.

수열의 상극한과 하극한을 각각 수열의 상한 1.1 및 하한 -1.01과 비교해보길 바란다.

EX 6.4.8 다음과 같이 나열되는 수열을 a_1, a_2, a_3, $\cdots$ 라고 표기하자.

$$1,\ -2,\ 3,\ -4,\ 5,\ -6,\ 7,\ -8,\ \cdots$$

수열 a_1^+, a_2^+, a_3^+, $\cdots$ 는 다음과 같다(그 이유는?).

$$+\infty,\ +\infty,\ +\infty,\ +\infty,\ \cdots$$

그러므로 주어진 수열의 상극한은 $+\infty$ 이다.

유사하게 수열 a_1^-, a_2^-, a_3^-, $\cdots$ 는 다음과 같다(그 이유는?).

$$-\infty,\ -\infty,\ -\infty,\ -\infty,\ \cdots$$

그러므로 주어진 수열의 하극한은 $-\infty$ 이다.

EX 6.4.9 다음과 같이 나열되는 수열을 a_1, a_2, a_3, $\cdots$ 라고 표기하자.

$$1,\ -\frac{1}{2},\ \frac{1}{3},\ -\frac{1}{4},\ \frac{1}{5},\ -\frac{1}{6},\ \cdots$$

수열 a_1^+, a_2^+, a_3^+, $\cdots$ 는 다음과 같고(그 이유는?), 하한은 0 이다(그 이유는?).

$$1,\ \frac{1}{3},\ \frac{1}{3},\ \frac{1}{5},\ \frac{1}{5},\ \frac{1}{7},\ \cdots$$

그러므로 주어진 수열의 상극한은 0 이다.

유사하게 수열 a_1^-, a_2^-, a_3^-, $\cdots$ 는 다음과 같고(그 이유는?), 상한은 0 이다.

$$-\frac{1}{2},\ -\frac{1}{2},\ -\frac{1}{4},\ -\frac{1}{4},\ -\frac{1}{6},\ -\frac{1}{6},\ \cdots$$

그러므로 주어진 수열의 하극한은 0 이다.

EX 6.4.10 다음과 같이 나열되는 수열을 a_1, a_2, a_3, $\cdots$ 라고 표기하자.

$$1,\ 2,\ 3,\ 4,\ 5,\ 6,\ \cdots$$

수열 a_1^+, a_2^+, a_3^+, $\cdots$ 는 다음과 같다.

$$+\infty,\ +\infty,\ +\infty,\ +\infty,\ \cdots$$

그러므로 주어진 수열의 상극한은 $+\infty$ 이다.

유사하게 수열 a_1^-, a_2^-, a_3^-, $\cdots$ 는 다음과 같고(그 이유는?), 상한은 $+\infty$ 이다.

$$1, 2, 3, 4, 5, \cdots$$

그러므로 주어진 수열의 하극한은 $+\infty$ 이다.

참고 6.4.11 어떤 교재에서는 상극한을 $\limsup_{n\to\infty} a_n$ 대신 $\overline{\lim}_{n\to\infty} a_n$ 으로 표기하고, 또 하극한을 $\liminf_{n\to\infty} a_n$ 대신 $\underline{\lim}_{n\to\infty} a_n$ 으로 표기한다. 수열이 시작되는 항의 첨자 m 에는 의존하지 않는다(연습문제 2 참고).

6.2절에서 집합의 상한과 하한을 실선 위에서 피스톤이 움직이는 것에 빗대어 설명했다. 이 개념을 다시 떠올려보겠다. $+\infty$ 에 위치한 피스톤이 수열 a_1, a_2, a_3, $\cdots$ 에 의해 멈출 때까지 왼쪽으로 움직인다고 하자. 이 피스톤이 멈추는 위치가 수열 a_1, a_2, a_3, $\cdots$ 의 상한이며, 이를 기호로 a_1^+ 로 표기한다. 이제 수열에서 첫 번째 항인 a_1 을 제거하자. 그러면 피스톤이 왼쪽으로 더 움직여서 a_2^+ 에 멈출 것이다.[12] 이번에 두 번째 항인 a_2 를 제거하면 피스톤이 왼쪽으로 조금 더 움직일 것이다. 이를 반복하면 피스톤은 계속 움직이지만 더 이상 나아갈 수 없는 지점이 생기는데, 이것이 바로 수열의 상극한이다. 비슷한 방법으로 수열의 하극한을 설명할 수 있다.

상극한과 하극한에 관한 몇 가지 성질을 살펴보자.

명제 6.4.12 실수 수열 $(a_n)_{n=m}^{\infty}$ 을 생각하자. 이 수열의 상극한을 L^+ 라고 하고, 하극한을 L^- 라고 하자(그러므로 L^+ 와 L^- 는 확장된 실수). 그러면 다음이 성립한다.

(a) 임의의 $x(> L^+)$ 마다 $N(\geq m)$ 이 존재해서 모든 $n(\geq N)$ 에 대해 $a_n < x$ 이다. 즉, 모든 $x(> L^+)$ 에 대해 수열 $(a_n)_{n=m}^{\infty}$ 의 항은 궁극적으로 x 보다 작다. 이와 비슷하게 임의의 $y(< L^-)$ 마다 $N(\geq m)$ 이 존재해서 모든 $n(\geq N)$ 에 대해 $a_n > y$ 이다.

(b) 임의의 $x(< L^+)$ 와 $N(\geq m)$ 마다 $n(\geq N)$ 이 존재해서 $a_n > x$ 이다. 즉, 모든 $x(< L^+)$ 에 대해 수열 $(a_n)_{n=m}^{\infty}$ 에서 x 보다 큰 항이 무한하게 존재한다. 이와 비슷하게 임의의 $y(< L^-)$ 와 $N(\geq m)$ 마다 $n(\geq N)$ 이 존재해서 $a_n < y$ 이다.

(c) $\inf(a_n)_{n=m}^{\infty} \leq L^- \leq L^+ \leq \sup(a_n)_{n=m}^{\infty}$

(d) c 가 $(a_n)_{n=m}^{\infty}$ 의 임의의 집적점이면 $L^- \leq c \leq L^+$ 이다.

(e) L^+ 가 유한하면, L^+ 는 $(a_n)_{n=m}^{\infty}$ 의 집적점이다. 이와 비슷하게 L^- 가 유한하면, L^- 는 $(a_n)_{n=m}^{\infty}$ 의 집적점이다.

(f) 실수 c 를 생각하자. 수열 $(a_n)_{n=m}^{\infty}$ 이 c 로 수렴하면 $L^+ = L^- = c$ 이다. 역으로 $L^+ = L^- = c$ 이면 $(a_n)_{n=m}^{\infty}$ 은 c 로 수렴한다.

12 대부분은 피스톤이 움직이지 않고 a_1^+ 과 같은 위치에 a_2^+ 를 만들 것이다.

증명

(a) $x > L^+$라 가정하자. L^+의 정의에 따르면 $x > \inf(a_N^+)_{N=m}^\infty$이다. 명제 6.3.6에 의해 정수 $N(\geq m)$이 존재해서 $x > a_N^+$이다. a_N^+의 정의에 따르면 이는 $x > \sup(a_n)_{n=N}^\infty$임을 뜻한다. 명제 6.3.6을 다시 적용하면 모든 $n(\geq N)$에 대해 $x > a_n$이다. 이로써 (a)의 첫 번째 부분을 증명했다. 나머지 부분도 유사하게 증명할 수 있다.

(b) $x < L^+$라 가정하자. 그러면 $x < \inf(a_N^+)_{N=m}^\infty$이다. 임의의 $N(\geq m)$을 고정하면 명제 6.3.6에 의해 $x < a_N^+$이다. a_N^+의 정의에 따르면 이는 $x < \sup(a_n)_{n=N}^\infty$임을 뜻한다. 명제 6.3.6을 다시 적용하면 $n(\geq N)$이 존재해서 $a_n > x$이고 $n \geq N$이다. 이로써 (b)의 첫 번째 부분을 증명했다. 나머지 부분도 유사하게 증명할 수 있다.

(c), (d), (e), (f)를 증명하는 과정은 연습문제 3으로 남긴다. ■

명제 6.4.12를 조금 더 살펴보자. (d), (e)는 L^+와 L^-가 유한일 때 L^+는 수열 $(a_n)_{n=m}^\infty$의 가장 큰 집적점이고, L^-는 수열의 가장 작은 집적점임을 의미한다. (f)는 L^+와 L^-가 서로 일치하고(그래서 집적점이 단 한 개이고) 그 값이 유한하다면 수열은 수렴함을 의미한다. 이로부터 수열의 수렴판정법을 얻을 수 있다. 즉, 상극한과 하극한을 각각 계산한 값이 일치한다면 주어진 수열은 수렴한다.

상극한과 하극한에 관해 기본적인 비교 성질을 소개한다.

보조정리 6.4.13 비교 성질

두 실수 수열 $(a_n)_{n=m}^\infty$, $(b_n)_{n=m}^\infty$을 생각하자. 모든 $n(\geq m)$에 대해 $a_n \leq b_n$이 성립한다고 가정하자. 그러면 다음 부등식이 성립한다.

- $\sup(a_n)_{n=m}^\infty \leq \sup(b_n)_{n=m}^\infty$
- $\inf(a_n)_{n=m}^\infty \leq \inf(b_n)_{n=m}^\infty$
- $\limsup_{n\to\infty} a_n \leq \limsup_{n\to\infty} b_n$
- $\liminf_{n\to\infty} a_n \leq \liminf_{n\to\infty} b_n$

보조정리 6.4.13의 증명은 연습문제 4로 남긴다.

따름정리 6.4.14 조임정리(squeeze test)

실수 수열 $(a_n)_{n=m}^\infty$, $(b_n)_{n=m}^\infty$, $(c_n)_{n=m}^\infty$을 생각하자. 그리고 모든 $n(\geq m)$에 대해 다음 부등식이 성립한다고 하자.

$$a_n \leq b_n \leq c_n$$

두 수열 $(a_n)_{n=m}^\infty$, $(c_n)_{n=m}^\infty$이 모두 동일한 극한 L에 수렴하면, 수열도 $(b_n)_{n=m}^\infty$도 L에 수렴한다.

따름정리 6.4.14의 증명은 연습문제 5로 남긴다.

EX 6.4.15 명제 6.1.11에서 $\lim_{n\to\infty}\frac{1}{n}=0$임을 확인한 바 있다. 정리 6.1.19의 극한 법칙을 적용하면 $\lim_{n\to\infty}\frac{2}{n}=0$이고 $\lim_{n\to\infty}\left(-\frac{2}{n}\right)=0$이다. 그러면 조임정리는 다음을 만족하는 임의의 수열 $(b_n)_{n=1}^{\infty}$이 0에 수렴함을 설명한다.

$$\text{모든 } n\ge 1\text{에 대해}\quad -\frac{2}{n}\le b_n\le\frac{2}{n}$$

이 사실을 이용하면 수열 $\frac{(-1)^n}{n}+\frac{1}{n^2}$이 0에 수렴하고, 2^{-n}도 0으로 수렴함을 보일 수 있다. 참고로 귀납법을 사용하면 모든 $n\ge 1$에 대해 $0\le 2^{-n}\le\frac{1}{n}$임을 보일 수 있다.

참고 6.4.16 조임정리와 극한 법칙, 단조수렴정리를 사용하면 많은 극한값을 계산할 수 있다. 다음 장에서 몇 가지 예를 살펴보자.

> **따름정리 6.4.17 수열의 영 판정법(zero test for sequence)**
> 실수 수열 $(a_n)_{n=m}^{\infty}$을 생각하자. 극한 $\lim_{n\to\infty}a_n$이 존재하고 그 값이 0일 필요충분조건은 극한 $\lim_{n\to\infty}|a_n|$이 존재하고 그 값이 0인 것이다.

따름정리 6.4.17의 증명은 연습문제 7로 남긴다.

이제 명제 6.1.12를 개선하면 이번 절에서 다룰 내용이 끝난다.

> **정리 6.4.18 실수의 완비성(completeness)**
> 실수 수열 $(a_n)_{n=1}^{\infty}$이 코시 수열일 필요충분조건은 그 수열이 수렴하는 것이다.

참고 6.4.19 정리 6.4.18의 본질은 명제 6.1.15와 아주 흡사하지만, 명제 6.1.15가 실수 대신 유리수로 구성된 코시 수열을 사용하기 때문에 좀 더 일반적이다.

정리 6.4.18의 증명

명제 6.1.12는 수렴하는 수열이 모두 코시 수열임을 알려준다. 그러므로 코시 수열이 모두 수렴하는 수열임을 보이면 충분하다.

코시 수열 $(a_n)_{n=1}^{\infty}$을 생각하자. 보조정리 5.1.15에 따르면[13] 수열 $(a_n)_{n=1}^{\infty}$은 유계이다. 보조정리

13 더 정확히 말하면 이 보조정리를 실수로 확장한 것에서 정확히 동일한 방식으로 증명된다.

6.4.13(또는 명제 6.4.12(c))에 따르면, 이는 수열의 $L^- := \liminf_{n\to\infty} a_n$, $L^+ := \limsup_{n\to\infty} a_n$이 동시에 유한함을 뜻한다. 수열이 수렴함을 보이려면 명제 6.4.12(f)를 이용하여 $L^- = L^+$임을 보이면 충분하다.

임의의 실수 $\varepsilon > 0$을 생각하자. $(a_n)_{n=1}^{\infty}$이 코시 수열이므로, 궁극적으로 ε–안정적이다. 그러면 수열 $(a_n)_{n=N}^{\infty}$이 ε–안정적이게 되는 $N \geq 1$이 존재한다. 특히, 모든 $n(\geq N)$에 대해 $a_N - \varepsilon \leq a_n \leq a_N + \varepsilon$이다. 명제 6.3.6(또는 보조정리 6.4.13)에 따르면 이는 다음 부등식이 성립함을 의미한다.

$$a_N - \varepsilon \leq \inf(a_n)_{n=N}^{\infty} \leq \sup(a_n)_{n=N}^{\infty} \leq a_N + \varepsilon$$

따라서 L^-와 L^+의 정의, 그리고 명제 6.3.6에 의해 다음이 성립한다.

$$a_N - \varepsilon \leq L^- \leq L^+ \leq a_N + \varepsilon$$

이를 정리하면 다음과 같다.

$$0 \leq L^+ - L^- \leq 2\varepsilon$$

이 식은 모든 $\varepsilon > 0$에 대해 성립하고, L^+와 L^-는 ε에 의존하지 않는다. 따라서 $L^+ = L^-$이다.[14] 명제 6.4.12(f)에 의해 수열 $(a_n)_{n=1}^{\infty}$은 수렴한다. ■

참고 6.4.20 정리 6.4.18을 거리공간(metric space)의 관점에서 살펴보자. 거리공간의 개념은 『TAO 해석학 II』의 1장을 참고하길 바란다. 정리 6.4.18은 실수체계가 **완비**거리공간(complete metric space)임을 말한다. 즉, 실수는 유리수와 달리 '구멍(hole)'이 없다.[15] 이 성질은 최소상계 성질(정리 5.5.9 참고)과도 밀접한 관계가 있다. 이후 살펴보겠지만 정리 6.4.18은 (극한 취하기, 미분 및 적분하기, 함수의 근 찾기 등과 같이) 해석학을 다룰 때 실수가 유리수보다 우월함을 보여주는 주요한 특성 중 하나이다.

---

14 만약 $L^+ > L^-$이라면 $\varepsilon := \dfrac{L^+ - L^-}{3}$라고 할 수 있으며, 모순이 발생한다.

15 확실히 유리수에는 다른 유리수로 수렴하지 않는 코시 수열의 사례가 많이 존재한다. 이를테면 수열 $1, 1.4, 1.41, 1.414, 1.4142, \cdots$는 무리수 $\sqrt{2}$로 수렴한다.

6.4 연습문제

1. 명제 6.4.5를 증명하라.

2. 6.1절 연습문제 3과 연습문제 4의 명제를 각각 집적점, 상극한, 하극한에 관해 유사하게 서술하고, 이를 증명하라.

3. 명제 6.4.12의 (c), (d), (e), (f)를 각각 증명하라.

힌트 명제의 앞부분을 사용하여 뒷부분을 증명한다.

4. 보조정리 6.4.13을 증명하라.

5. 보조정리 6.4.13을 이용하여 따름정리 6.4.14를 증명하라.

6. 모든 $n \geq 1$에 대해 $a_n < b_n$이지만 $\sup(a_n)_{n=1}^{\infty} \not< \sup(b_n)_{n=1}^{\infty}$인 두 유계수열 $(a_n)_{n=1}^{\infty}$, $(b_n)_{n=1}^{\infty}$의 예를 제시하라. 이 예가 보조정리 6.4.13의 반례가 되지 않는 이유를 설명하라.

7. 따름정리 6.4.17을 증명하라. 이 따름정리에서 0을 다른 수로 바꾸어도 여전히 참이 되는지의 여부를 설명하라.

8. 이 연습문제는 다음 정의와 관계가 있다.

- 실수 수열 $(a_n)_{n=M}^{\infty}$의 집적점이 $+\infty$일 필요충분조건은 수열에 유한한 상계가 존재하지 않는 것이다.
- 실수 수열 $(a_n)_{n=M}^{\infty}$의 집적점이 $-\infty$일 필요충분조건은 수열에 유한한 하계가 존재하지 않는 것이다.

이 정의를 사용하여 $\limsup_{n\to\infty} a_n$이 수열 $(a_n)_{n=M}^{\infty}$의 집적점임을 보여라. 또한 $\limsup_{n\to\infty} a_n$이 $(a_n)_{n=M}^{\infty}$의 다른 모든 집적점보다 더 큰 수임을 보여라. 즉, 상극한은 수열의 가장 큰 집적점이다. 이와 비슷하게 하극한은 수열의 가장 작은 집적점임을 보여라. 증명 과정에서 명제 6.4.12를 사용할 수 있다.

9. 연습문제 8의 정의를 사용하여 집적점이 정확히 $-\infty$, 0, $+\infty$로 세 개인 수열 $(a_n)_{n=1}^{\infty}$을 구성하라.

10. 실수 수열 $(a_n)_{n=N}^{\infty}$과 $(b_m)_{m=M}^{\infty}$을 생각하자. 그리고 각각의 b_m이 $(a_n)_{n=N}^{\infty}$의 집적점이고, c는 $(b_m)_{m=M}^{\infty}$의 집적점이라 하자. c도 $(a_n)_{n=N}^{\infty}$의 집적점임을 보여라. 즉, 집적점의 집적점은 그 자체로 원래 수열의 집적점이다.

6.5 여러 가지 극한의 예

극한 법칙과 조임정리를 학습했으므로 여러 가지 극한을 계산할 수 있다.

아주 간단하게 **상수수열(constant sequence)** $c, c, c, c, \cdots$의 극한을 구해보자. 임의의 상수 c에 대해 상수수열의 극한은 c이다(그 이유는?). 이를 식으로 나타내면 다음과 같다.

$$\lim_{n\to\infty} c = c$$

명제 6.1.11에서 $\lim_{n\to\infty} \frac{1}{n} = 0$임을 증명했으므로, 다음과 같은 따름정리를 얻을 수 있다.

따름정리 6.5.1 모든 정수 $k(\geq 1)$에 대해 $\lim_{n\to\infty} \frac{1}{n^{1/k}} = 0$이다.

증명

보조정리 5.6.6에 의해 $\frac{1}{n^{1/k}}$은 n에 대한 감소함수이고 0에 의해 아래로 유계이다. 증가수열 대신 감소수열을 대입한 명제 6.3.8을 사용하면 이 수열이 어떤 극한 $L \geq 0$에 수렴함을 알 수 있다. 즉, 이를 식으로 나타내면 다음과 같다.

$$L = \lim_{n\to\infty} \frac{1}{n^{1/k}}$$

위 식을 k번 거듭제곱하고 극한 법칙(즉, 정리 6.1.19(**b**)와 귀납법)을 사용하면 다음 식이 성립한다.

$$L^k = \lim_{n\to\infty} \frac{1}{n}$$

명제 6.1.11로부터 $L^k = 0$이다. 이 식은 L이 양수가 아님을 의미하므로(그렇지 않다면 L^k은 양수여야 한다) $L = 0$이다. ■

기본적인 극한을 몇 가지 소개한다.

보조정리 6.5.2 실수 x에 대해 다음이 성립한다.

- $|x| < 1$이면 극한 $\lim_{n\to\infty} x^n$이 존재하고 그 값은 0이다.
- $x = 1$이면 극한 $\lim_{n\to\infty} x^n$이 존재하고 그 값은 1이다.
- $x = -1$ 또는 $|x| > 1$이면 $\lim_{n\to\infty} x^n$은 발산한다.

보조정리 6.5.2의 증명은 연습문제 2로 남긴다.

보조정리 6.5.3 임의의 $x > 0$에 대해 $\lim_{n\to\infty} x^{1/n} = 1$이다.

보조정리 6.5.3의 증명은 연습문제 3으로 남긴다.

이후의 장에서 수열에 대한 근판정법이나 비판정법을 이용하여 여러 가지 극한을 더 구할 것이다.

6.5 연습문제

1. 임의의 유리수 $q > 0$에 대해 $\lim_{n\to\infty} \frac{1}{n^q} = 0$임을 보여라.

힌트 따름정리 6.5.1과 극한 법칙, 정리 6.1.19를 사용한다.

이로부터 $\lim_{n\to\infty} n^q$이 존재하지 않는다는 결론을 내려라.

힌트 정리 6.1.19(e)와 귀류법을 사용한다.

2. 보조정리 6.5.2를 증명하라.

힌트 명제 6.3.10과 6.3절 연습문제 4, 그리고 조임정리를 이용한다.

3. 보조정리 6.5.3을 증명하라.

힌트 $x \geq 1$과 $x < 1$일 때로 구분해서 증명한다. 먼저 보조정리 6.5.2를 사용하여 모든 $\varepsilon > 0$과 모든 실수 $M > 0$에 대해 $M^{1/n} \leq 1 + \varepsilon$을 만족하는 n이 존재한다는 예비 결과를 증명하는 것이 좋다.

6.6 부분수열

이번 장은 실수 수열 $(a_n)_{n=m}^{\infty}$과 그 극한을 다룬다. 어떤 수열은 하나의 극한으로 수렴하지만, 다른 어떤 수열은 집적점이 여러 개이기도 했다. 다음 수열을 생각해보자.

$$1.1,\ 0.1,\ 1.01,\ 0.01,\ 1.001,\ 0.001,\ 1.0001,\ \cdots$$

이 수열은 집적점이 0과 1로 두 개(실제로는 하극한과 상극한)이지만, 상극한과 하극한이 서로 일치하지 않으므로 이 수열은 수렴하지 않는다. 이 수열은 수렴하지 않지만, 수렴하는 성분을 포함하는 것처럼 보인다. 이 수열은 다음과 같이 수렴하는 부분수열 두 개로 이루어진 것처럼 보인다.

$$1.1,\ 1.01,\ 1.001,\ \cdots$$
$$0.1,\ 0.01,\ 0.001,\ \cdots$$

이런 개념을 더 정확하게 이해하려면 부분수열이라는 개념이 필요하다.

정의 6.6.1 부분수열(subsequence)

실수 수열 $(a_n)_{n=0}^{\infty}$과 $(b_n)_{n=0}^{\infty}$을 생각하자. $(b_n)_{n=0}^{\infty}$이 $(a_n)_{n=0}^{\infty}$의 **부분수열**일 필요충분조건은 순증가함수[16] $f\colon \mathbb{N} \to \mathbb{N}$이 존재해서 다음이 성립하는 것이다.

$$\text{모든 } n \in \mathbb{N}\text{에 대해 } \ b_n = a_{f(n)}$$

일반적으로 순증가함수 $f\colon \{n \in \mathbb{N} : n \geq m'\} \to \{n \in \mathbb{N} : n \geq m\}$이 존재해서 $n \geq m'$을 만족하는 모든 $n \in \mathbb{N}$에 대해 $b_n = a_{f(n)}$이면 $(b_n)_{n=m'}^{\infty}$을 $(a_n)_{n=m}^{\infty}$의 부분수열이라 한다.

EX 6.6.2 수열 $(a_n)_{n=0}^{\infty}$에 대해 $(a_{2n})_{n=0}^{\infty}$은 $(a_n)_{n=0}^{\infty}$의 부분수열이다. 왜냐하면 $f(n) := 2n$으로 정의한 함수 $f : \mathbb{N} \to \mathbb{N}$이 $\mathbb{N}$에서 $\mathbb{N}$으로 가는 순증가함수이기 때문이다. 비록 f가 반드시 단사함수여야 하지만(그 이유는?) f가 전단사함수라고 가정하지는 않았음에 주목하자. 간단하게 생각하면 수열 $a_0,\ a_2,\ a_4,\ a_6,\ \cdots$은 $a_0,\ a_1,\ a_2,\ a_3,\ a_4,\ \cdots$의 부분수열이다.

---

16 모든 $n \in \mathbb{N}$에 대해 $f(n+1) > f(n)$이다.

EX 6.6.3 6.6절을 시작하며 소개한 두 수열 1.1, 1.01, 1.001, $\cdots$ 과 0.1, 0.01, 0.001, $\cdots$ 은 수열 1.1, 0.1, 1.01, 0.01, 1.001, 0.001, 1.0001, $\cdots$ 의 부분수열이다.

부분수열은 반사성(혹은 재귀성)과 추이성을 만족하지만 대칭성을 만족하지 않는다.

보조정리 6.6.4 실수 수열 $(a_n)_{n=0}^{\infty}$, $(b_n)_{n=0}^{\infty}$, $(c_n)_{n=0}^{\infty}$ 을 생각하자.

- $(a_n)_{n=0}^{\infty}$ 은 $(a_n)_{n=0}^{\infty}$ 의 부분수열이다.
- $(b_n)_{n=0}^{\infty}$ 이 $(a_n)_{n=0}^{\infty}$ 의 부분수열이고 $(c_n)_{n=0}^{\infty}$ 이 $(b_n)_{n=0}^{\infty}$ 의 부분수열이면, $(c_n)_{n=0}^{\infty}$ 은 $(a_n)_{n=0}^{\infty}$ 의 부분수열이다.

보조정리 6.6.4의 증명은 연습문제 1로 남긴다.

이제 부분수열 개념을 극한 및 집적점 개념과 연관시켜보자.

명제 6.6.5 부분수열과 극한

실수 수열 $(a_n)_{n=0}^{\infty}$ 과 실수 L 을 생각하자. 다음 두 명제는 논리적으로 동치이다. 즉, 한 명제가 다른 명제를 함의한다.

(a) 수열 $(a_n)_{n=0}^{\infty}$ 이 L 로 수렴한다.

(b) $(a_n)_{n=0}^{\infty}$ 의 모든 부분수열이 L 로 수렴한다.

명제 6.6.5의 증명은 연습문제 4로 남긴다.

명제 6.6.6 부분수열과 집적점

실수 수열 $(a_n)_{n=0}^{\infty}$ 과 실수 L 을 생각하자. 다음 두 명제는 논리적으로 동치이다.

(a) L 은 $(a_n)_{n=0}^{\infty}$ 의 집적점이다.

(b) L 로 수렴하는 $(a_n)_{n=0}^{\infty}$ 의 부분수열이 존재한다.

명제 6.6.6의 증명은 연습문제 5로 남긴다.

참고 6.6.7 명제 6.6.5와 명제 6.6.6은 극한 개념과 집적점 개념을 극명하게 대조한다. 수열의 극한이 L 이면 **모든** 부분수열도 L 로 수렴한다. 그러나 수열의 집적점이 L 이면 L 로 수렴하는 부분수열이 **존재**한다.

이제 베르나르트 볼차노(Bernard Bolzano, 1781-1848)와 카를 바이어슈트라스(Karl Weierstrass, 1815-1897)가 정립한 정리를 증명하겠다. 이 정리는 해석학에서 중요한데, 모든 유계수열은 수렴하는 부분수열을 가진다는 것이다.

정리 6.6.8 볼차노-바이어슈트라스 정리(Bolzano-Weierstrass theorem)

유계수열 $(a_n)_{n=0}^{\infty}$을 생각하자.[17] 그러면 $(a_n)_{n=0}^{\infty}$에 대해 수렴하는 부분수열이 적어도 하나 존재한다.

증명

수열 $(a_n)_{n=0}^{\infty}$의 상극한 L을 생각하자. 모든 자연수 n에 대해 $-M \le a_n \le M$이므로 보조정리 6.4.13의 비교 성질에 의해 $-M \le L \le M$이다. 특히 L은 $+\infty$와 $-\infty$가 아닌 실수이다. 명제 6.4.12(e)에 의해 L은 $(a_n)_{n=0}^{\infty}$의 집적점이다. 그러므로 명제 6.6.6에 의해 $(a_n)_{n=0}^{\infty}$에 대해 수렴하는 부분수열이 존재한다. 실제로 이 부분수열은 L로 수렴한다. ■

위의 논증에서 상극한 대신 하극한을 사용해도 된다.

참고 **6.6.9** 볼차노-바이어슈트라스 정리에 따르면 유계수열에는 집적점이 반드시 존재한다. 어느 한 곳에 무한히 많은 원소가 모여 있다는 의미이다. 즉, 수열이 퍼져 나가면서 집적점을 확보하는 것을 막을 수 있는 '여지가 없다'. 그런데 유계수열이 아니면 이는 성립하지 않는다. 이를테면 수열 $1, 2, 3, \cdots$에는 수렴하는 부분수열이 존재하지 않는다(그 이유는?). 위상수학 관점으로 보면 이는 구간 $\{x \in \mathbb{R} : -M \le x \le M\}$이 **콤팩트**(compact)한 반면에, 실직선 $\mathbb{R}$처럼 유계가 아닌 집합은 콤팩트하지 않음을 의미한다. 콤팩트 집합과 콤팩트하지 않은 집합의 차이점은 유한집합과 무한집합의 차이점과 비슷한 수준으로 중요하다. 이 내용은 이후에 중요하게 다룰 것이다.

6.6 연습문제

1. 보조정리 6.6.4를 증명하라.

2. 한 수열이 다른 수열의 부분수열이 되는, 서로 다른 두 수열 $(a_n)_{n=0}^{\infty}$과 $(b_n)_{n=0}^{\infty}$을 찾을 수 있을까?

3. 유계가 아닌 수열 $(a_n)_{n=0}^{\infty}$을 생각하자. $(a_n)_{n=0}^{\infty}$의 부분수열 $(b_n)_{n=0}^{\infty}$이 존재해서 극한 $\lim_{n\to\infty} \frac{1}{b_n}$이 존재하고 그 값이 0임을 보여라. 이 연습문제는 명제 8.1.4의 정렬원리(well ordering principle)가 성립함을 가정하여 해결한다.

---

17 실수 $M > 0$이 존재해서 모든 $n \in \mathbb{N}$에 대해 $|a_n| \le M$이다.

힌트 각각의 자연수 j마다 $n_j := \min\{n \in \mathbb{N} : |a_n| \geq j(\text{단, } n > n_{j-1})\}$ 값을 재귀적으로 정의한다 ($j = 0$일 때 조건 $n > n_{j-1}$은 생략). 먼저 집합 $\{n \in \mathbb{N} : |a_n| \geq j(\text{단, } n > n_{j-1})\}$이 공집합이 아닌 이유를 설명한 뒤, $b_j := a_{n_j}$로 둔다. 최솟값의 존재성과 유일성을 보장하기 위해서는 명제 8.1.4의 정렬원리(증명은 지금까지 제시한 내용만으로도 충분하다) 또는 정리 5.5.9의 최소상계 성질이 필요하다.

4. 명제 6.6.5를 증명하라. (두 함의 중 하나는 증명이 매우 짧다는 점에 유의하자.)

5. 명제 6.6.6을 증명하라.

힌트 (a)이면 (b)임을 증명하기 위해, 각각의 자연수 j마다 $n_j := \min\left\{n > n_{j-1} : |a_n - L| \leq \frac{1}{j}\right\}$을 정의한다(단, $n_0 := 0$). 집합 $\left\{n > n_{j-1} : |a_n - L| \leq \frac{1}{j}\right\}$이 공집합이 아닌 이유를 설명한 후 수열 a_{n_j}를 고려한다.

6.7 실수 거듭제곱 II

이제 5.6절에서 시작한 실수 거듭제곱에 관한 논의를 이어가려고 한다. 양의 실수 x와 모든 유리수 q에 대해 x^q을 정의했다. 아직 α가 실수일 때 x^α을 다루지 않았는데, 극한을 사용하여 해결하려고 한다.[18] 다음 보조정리부터 살펴보자.

보조정리 6.7.1 지수의 연속성

두 실수 $x > 0$과 α를 생각하고, α로 수렴하는 유리수 수열 $(q_n)_{n=1}^\infty$을 생각하자. 그러면 $(x^{q_n})_{n=1}^\infty$도 수렴하는 수열이다. 또한 α로 수렴하는 또 다른 유리수 수열 $(q'_n)_{n=1}^\infty$에 대해 $(x^{q'_n})_{n=1}^\infty$은 $(x^{q_n})_{n=1}^\infty$과 동일한 극한을 가진다. 이를 식으로 나타내면 다음과 같다.

$$\lim_{n\to\infty} x^{q_n} = \lim_{n\to\infty} x^{q'_n}$$

증명

$x < 1$, $x = 1$, $x > 1$인 경우로 나누어 생각한다.

18 실수의 다른 연산을 정의할 때와 유사하다.

$x = 1$이면 모든 유리수 q에 대해 $x^q = 1$이므로 증명이 쉽다. 지금은 $x > 1$일 때만 증명하겠다. $x < 1$인 경우는 $x > 1$일 때의 증명과 유사하므로 여러분에게 과제로 남긴다.

먼저 $(x^{q_n})_{n=1}^{\infty}$이 수렴함을 보이자. 정리 6.4.18에 의해 $(x^{q_n})_{n=1}^{\infty}$이 코시 수열임을 보이면 충분하다.

$(x^{q_n})_{n=1}^{\infty}$이 코시 수열임을 보이려면 x^{q_n}과 x^{q_m} 사이의 거리를 측정해야 한다. 당분간 $q_n \geq q_m$이라 가정하여 ($x > 1$이므로) $x^{q_n} \geq x^{q_m}$이라고 하자. 그러면 x^{q_n}과 x^{q_m} 사이의 거리는 다음과 같다.

$$d(x^{q_n}, x^{q_m}) = x^{q_n} - x^{q_m} = x^{q_m}(x^{q_n - q_m} - 1)$$

수열 $(q_n)_{n=1}^{\infty}$은 수렴하므로 M은 이 수열의 상계이고, $x > 1$이므로 $x^{q_m} \leq x^M$이다. 따라서 다음 관계가 성립한다.

$$d(x^{q_n}, x^{q_m}) = |x^{q_n} - x^{q_m}| \leq x^M(x^{q_n - q_m} - 1)$$

이제 $\varepsilon > 0$을 생각하자. 보조정리 6.5.3에 따르면 수열 $(x^{1/k})_{k=1}^{\infty}$은 궁극적인 1의 εx^{-M}–근방에 속한다. 따라서 어떤 $K \geq 1$이 존재해서 다음을 만족한다.

$$|x^{1/K} - 1| \leq \varepsilon x^{-M}$$

수열 $(q_n)_{n=1}^{\infty}$이 수렴하므로 이 수열은 코시 수열이고, $N \geq 1$이 존재해서 모든 n, $m(\geq N)$에 대해 q_n과 q_m은 $\dfrac{1}{K}$–근방에 속한다. 따라서 $q_n \geq q_m$을 만족하는 모든 n, $m(\geq N)$에 대해 다음 관계가 성립한다.

$$d(x^{q_n}, x^{q_m}) \leq x^M(x^{q_n - q_m} - 1) \leq x^M(x^{1/K} - 1) \leq x^M \varepsilon x^{-M} = \varepsilon$$

대칭성에 의해 n, $m \geq N$과 $q_n \leq q_m$일 때에도 유계임을 알 수 있다. 즉, 수열 $(x^{q_n})_{n=N}^{\infty}$은 ε–안정적이다. 따라서 모든 $\varepsilon > 0$에 대해 수열 $(x^{q_n})_{n=1}^{\infty}$은 궁극적으로 ε–안정적이므로 코시 수열이다. 이로써 $(x^{q_n})_{n=1}^{\infty}$의 수렴성을 증명했다.

이제 두 번째 주장이 참임을 보이자. 두 번째 주장은 ($x^{q_n} = x^{q_n - q'_n} x^{q'_n}$임을 상기하면) 극한 법칙을 따르기 때문에 다음이 성립함을 보이면 충분하다.

$$\lim_{n \to \infty} x^{q_n - q'_n} = 1$$

$r_n := q_n - q'_n$이라 하자. 극한 법칙에 따르면 $(r_n)_{n=1}^{\infty}$은 0에 수렴한다. 이제 모든 $\varepsilon > 0$에 대해 수열 $(x^{r_n})_{n=1}^{\infty}$이 1의 궁극적인 ε–근방에 속함을 보여야 한다. 그런데 보조정리 6.5.3에 따르면 수열 $(x^{1/k})_{k=1}^{\infty}$은 1의 궁극적인 ε–근방에 속한다. 또, 보조정리 6.5.3에 의해 $\lim_{k \to \infty} x^{-1/k} = 1$도 성립하므로 수열 $(x^{-1/k})_{k=1}^{\infty}$ 또한 1의 궁극적인 ε–근방에 속한다.

이제 $x^{1/K}$과 $x^{-1/K}$이 모두 1의 ε–근방에 속하게 하는 K를 찾을 수 있다. 수열 $(r_n)_{n=1}^{\infty}$이 0에 수렴하므로, 이 수열은 0의 궁극적인 $\frac{1}{K}$–근방에 속한다. 결국 $-\frac{1}{K} \le r_n \le \frac{1}{K}$이고 $x^{-1/K} \le x^{r_n} \le x^{1/K}$이다. 특히 x^{r_n}도 마찬가지로 1의 궁극적인 ε–근방에 속한다(명제 4.3.7(**f**) 참고). 이로써 증명이 끝났다. ■

이제 지수를 실수로 확장할 수 있으며, 이를 다음과 같이 정의한다.

정의 6.7.2 실수 지수에 대한 거듭제곱

실수 $x > 0$과 α를 생각하자. x^{α} 값을 $x^{\alpha} = \lim_{n \to \infty} x^{q_n}$으로 정의한다. 이때 $(q_n)_{n=1}^{\infty}$은 α로 수렴하는 유리수 수열이다.

이 정의가 잘 정의되었는지 확인해보자. 우선 임의의 실수 α가 주어지면 실수의 정의와 명제 6.1.15에 의해 α로 수렴하는 유리수 수열 $(q_n)_{n=1}^{\infty}$이 적어도 하나 존재한다. 다음으로 임의의 수열 $(q_n)_{n=1}^{\infty}$이 주어지면 보조정리 6.7.1에 의해 극한 $\lim_{n \to \infty} x^{q_n}$이 존재한다. 마지막으로 수열 $(q_n)_{n=1}^{\infty}$을 여러 가지로 선택할 수 있더라도, 보조정리 6.7.1에 의해 극한이 모두 동일하다. 그러므로 이 정의는 잘 정의된다.

만약 α가 실수가 아니라 유리수라면(즉, 어떤 유리수 q에 대해 $\alpha = q$이면) 이 정의는 5.6절에서 다룬 거듭제곱의 예전 정의와 원칙적으로 일치하지 않을 수 있다. 하지만 α는 분명히 수열 $(q)_{n=1}^{\infty}$의 극한이므로 정의에 따라 $x^{\alpha} = \lim_{n \to \infty} x^{q} = x^{q}$이다. 따라서 거듭제곱의 새로운 정의는 예전 정의와 일치한다.

즉, 보조정리 5.6.9는 유리수 q, r을 실수로 바꾸어도 여전히 성립한다.

명제 6.7.3 양의 실수 x, y와 실수 q, r을 생각하자.

(a) x^q은 양의 실수이다.

(b) $x^{q+r} = x^q x^r$이고 $(x^q)^r = x^{qr}$이다.

(c) $x^{-q} = \frac{1}{x^q}$

(d) $q > 0$이면 $x > y$일 필요충분조건은 $x^q > y^q$인 것이다.

(e) $x > 1$이면 $x^q > x^r$일 필요충분조건은 $q > r$인 것이다.
$x < 1$이면 $x^q > x^r$일 필요충분조건은 $q < r$인 것이다.

(f) $(xy)^q = x^q y^q$

증명

여기에서는 (**b**)의 $x^{q+r} = x^q x^r$ 만 증명한다. 남은 부분의 증명과정은 비슷하므로 연습문제 1로 남긴다. 핵심은 유리수에 대한 보조정리 5.6.9로 시작한 뒤, 극한을 사용하여 실수에 해당하는 결과를 얻는 데 있다.

실수 q와 r을 생각하자. 그러면 실수의 정의와 명제 6.1.15에 의해, 어떤 유리수 수열 $(q_n)_{n=1}^{\infty}$과 $(r_n)_{n=1}^{\infty}$에 대해 $q = \lim_{n\to\infty} q_n$ 이고 $r = \lim_{n\to\infty} r_n$ 으로 나타낼 수 있다. 극한 법칙을 이용하면 $(q_n + r_n)_{n=1}^{\infty}$의 극한은 $q + r$ 이다. 실수 거듭제곱의 정의에 따라 다음과 같이 나타낼 수 있다.

$$x^{q+r} = \lim_{n\to\infty} x^{q_n+r_n}, \quad x^q = \lim_{n\to\infty} x^{q_n}, \quad x^r = \lim_{n\to\infty} x^{r_n}$$

여기서 **유리수** 지수에 적용한 보조정리 5.6.9(**b**)에 따르면 $x^{q_n+r_n} = x^{q_n} x^{r_n}$ 이 성립한다. 이제 극한 법칙에 의해 $x^{q+r} = x^q x^r$ 이며, 원하는 바가 증명되었다. ■

6.7 연습문제

1. 명제 6.7.3의 남은 부분을 증명하라.

7

급수
Series

6장에서 수열의 극한에 대해 합리적인 이론을 정립했으니, 이 이론을 바탕으로 다음과 같은 무한급수 $\sum_{n=m}^{\infty} a_n$에 대한 이론을 전개하려고 한다.

$$\sum_{n=m}^{\infty} a_n = a_m + a_{m+1} + a_{m+2} + \cdots$$

하지만 그 전에 유한급수를 먼저 살펴봐야 한다.

7.1 유한급수

정의 7.1.1 유한급수(finite series)

정수 m, n과 실수로 구성된 유한수열 $(a_i)_{i=m}^{n}$을 생각하자. 이때 m과 n 사이의 정수 i(즉, $m \le i \le n$)에 대해 실수 a_i를 할당한다. 그러면 **유한합(finite sum)** 또는 **유한급수** $\sum_{i=m}^{n} a_i$를 다음과 같이 재귀적인 공식으로 정의한다.

$$n < m\text{일 때} \qquad \sum_{i=m}^{n} a_i := 0$$

$$n \ge m-1\text{일 때} \qquad \sum_{i=m}^{n+1} a_i := \left(\sum_{i=m}^{n} a_i\right) + a_{n+1}$$

따라서 다음은 모두 항등식이다(그 이유는?).

- $\sum_{i=m}^{m-2} a_i = 0$
- $\sum_{i=m}^{m-1} a_i = 0$
- $\sum_{i=m}^{m} a_i = a_m$
- $\sum_{i=m}^{m+1} a_i = a_m + a_{m+1}$
- $\sum_{i=m}^{m+2} a_i = a_m + a_{m+1} + a_{m+2}$

이로부터 $\sum_{i=m}^{n} a_i$를 다음과 같이 직관적으로 나열식 표현을 쓰기도 한다.

$$\sum_{i=m}^{n} a_i = a_m + a_{m+1} + \cdots + a_n$$

참고 7.1.2 '합(sum)'과 '급수(series)'는 언어에서 미묘한 차이가 있다. 엄격하게 말하면 급수는 $\sum_{i=m}^{n} a_i$와 같은 꼴의 **표현**(expression)이다. 이 급수는 수학적으로(의미상으로는 아니지만) 실수와 같으며, 그 수열의 **합**이다. 한 가지 예로 $1+2+3+4+5$는 급수이며, 합은 15이다. 의미를 아주 까다롭게 구분한다면, 값이 서로 같을지언정 15를 급수로 취급하지 않고 $1+2+3+4+5$를 합으로 취급하지 않는다. 다만 이렇게 구분하는 것은 단순히 언어적 문제이며 수학과 전혀 관련이 없으므로 크게 신경쓰지 않는다. $1+2+3+4+5$라는 표현과 15는 같은 수이기 때문에 의미상 서로 교환할 수 없어도 치환공리([부록 A]의 A.7절 참고)의 관점에서 보면 **수학적으로** 동등한 것으로 생각할 수 있다.

참고 7.1.3 **합의 인덱스**(index of summation)라고도 하는 변수 i는 **종속변수**(bound variable) 또는 **임시변수**(dummy variable)이다. $\sum_{i=m}^{n} a_i$로 표현한 식은 실제로 i에 의존하지 않는다. 특히 합의 인덱스 i를 다른 기호로 치환해도 된다. 따라서 다음과 같이 두 합은 서로 같다.

$$\sum_{i=m}^{n} a_i = \sum_{j=m}^{n} a_j$$

합에 대해 성립하는 기본 성질을 소개한다.

보조정리 7.1.4

(a) 세 정수 m, n, p에 대해 $m \le n \le p$이고, $m \le i \le p$인 정수 i마다 할당된 실수 a_i를 생각하자. 그러면 다음이 성립한다.

$$\sum_{i=m}^{n} a_i + \sum_{i=n+1}^{p} a_i = \sum_{i=m}^{p} a_i$$

(b) 두 정수 m, n에 대해 $m \le n$이고 k는 다른 정수이며, $m \le i \le n$인 정수 i마다 할당된 실수 a_i를 생각하자. 그러면 다음이 성립한다.

$$\sum_{i=m}^{n} a_i = \sum_{j=m+k}^{n+k} a_{j-k}$$

(c) 두 정수 m, n에 대해 $m \le n$이고, $m \le i \le n$인 정수 i마다 할당된 두 실수 a_i, b_i를 생각하자. 그러면 다음이 성립한다.

$$\sum_{i=m}^{n} (a_i + b_i) = \left(\sum_{i=m}^{n} a_i\right) + \left(\sum_{i=m}^{n} b_i\right)$$

(d) 두 정수 m, n에 대해 $m \le n$이고 c는 다른 실수이며, $m \le i \le n$인 정수 i마다 할당된 실수 a_i를 생각하자. 그러면 다음이 성립한다.

$$\sum_{i=m}^{n} (ca_i) = c\left(\sum_{i=m}^{n} a_i\right)$$

(e) **유한급수의 삼각부등식** : 두 정수 m, n에 대해 $m \le n$이고, $m \le i \le n$인 정수 i마다 할당된 실수 a_i를 생각하자. 그러면 다음이 성립한다.

$$\left|\sum_{i=m}^{n} a_i\right| \le \sum_{i=m}^{n} |a_i|$$

(f) **유한급수의 비교판정법** : 두 정수 m, n에 대해 $m \le n$이고, $m \le i \le n$인 정수 i마다 할당된 두 실수 a_i, b_i를 생각하자. 모든 정수 i(단, $m \le i \le n$)에 대해 $a_i \le b_i$라고 가정하자. 그러면 다음이 성립한다.

$$\sum_{i=m}^{n} a_i \le \sum_{i=m}^{n} b_i$$

보조정리 7.1.4의 증명은 연습문제 1로 남긴다.

참고 7.1.5 앞으로 급수를 표현할 때 괄호 일부를 생략할 것이다. 이를테면 $\sum_{i=m}^{n}(a_i + b_i)$를 간단하게 $\sum_{i=m}^{n} a_i + b_i$로 나타내려고 한다. 이렇게 해도 다른 해석인 $\left(\sum_{i=m}^{n} a_i\right) + b_i$는 말이 되지 않기 때문에, 식을 잘못 해석할 여지가 없다. 방금 식에서 b_i의 인덱스 i는 임시변수이므로 합의 기호 밖에서는 의미를 가지지 않는다.

유한급수를 사용하면 유한집합에서 합을 정의할 수 있다.

정의 7.1.6 유한집합의 합

원소가 n개(단, $n \in \mathbb{N}$)인 유한집합 X와, X에서 실수로 가는 함수 $f : X \to \mathbb{R}$을 생각하자. (즉, f는 X의 원소 x마다 실수 $f(x)$를 할당한다.) 그러면 유한합 $\sum_{x \in X} f(x)$를 다음과 같이 정의할 수 있다. 먼저 $\{i \in \mathbb{N} : 1 \le i \le n\}$에서 X로 가는 임의의 전단사함수 g를 선택한다.[1] 이제 다음과 같이 정의한다.

$$\sum_{x \in X} f(x) := \sum_{i=1}^{n} f(g(i))$$

동일한 정의를 통해 f가 X보다 더 큰 집합 Y에서 정의될 때에도 $\sum_{x \in X} f(x)$를 정의할 수 있다.

EX 7.1.7 서로 다른 객체 a, b, c에 대해 삼원소집합 $X := \{a, b, c\}$를 생각하자. 함수 $f : X \to \mathbb{R}$에 대해 $f(a) := 2$, $f(b) := 5$, $f(c) := -1$이라고 하자. $\sum_{x \in X} f(x)$를 계산하기 위해 전단사함수 $g : \{1, 2, 3\} \to X$를 선택하자. 예를 들어 $g(1) := a$, $g(2) := b$, $g(3) := c$라고 하자. 그러면

1 집합 X의 원소가 n개이므로 이러한 전단사함수가 존재한다.

다음이 성립한다.

$$\sum_{x \in X} f(x) = \sum_{i=1}^{3} f(g(i)) = f(a) + f(b) + f(c) = 6$$

이번에는 $\{1, 2, 3\}$에서 X로 가는 다른 전단사함수 h를 선택할 수 있다. 예를 들어 $h(1) := c$, $h(2) := b$, $h(3) := a$라고 하자. 이렇게 해도 다음과 같이 결과가 동일함을 알 수 있다.

$$\sum_{x \in X} f(x) = \sum_{i=1}^{3} f(h(i)) = f(c) + f(b) + f(a) = 6$$

정의 7.1.6이 실제로 $\sum_{x \in X} f(x)$에 잘 정의된 단일 값을 주는지 확인하려면 $\{i \in \mathbb{N} : 1 \le i \le n\}$에서 X로 가는 또다른 전단사함수 g가 같은 합을 주는지 확인하면 된다. 즉, 다음을 증명해야 한다.

명제 7.1.8 유한합은 잘 정의된다

원소가 n개(단, $n \in \mathbb{N}$)인 유한집합 X와 함수 $f : X \to \mathbb{R}$을 생각하자. 또한 전단사함수 $g : \{i \in \mathbb{N} : 1 \le i \le n\} \to X$와 $h : \{i \in \mathbb{N} : 1 \le i \le n\} \to X$를 생각하자. 그러면 다음이 성립한다.

$$\sum_{i=1}^{n} f(g(i)) = \sum_{i=1}^{n} f(h(i))$$

참고 7.1.9 무한집합에서의 합은 다소 복잡하다. 8.2절을 참고하라.

명제 7.1.8의 증명

n에 관한 귀납법을 사용하자. 정확하게는 $P(n)$을 "원소가 n개인 임의의 집합 X와 임의의 함수 $f : X \to \mathbb{R}$, 그리고 $\{i \in \mathbb{N} : 1 \le i \le n\}$에서 X로 가는 두 전단사함수 g, h를 생각하자. 그러면 $\sum_{i=1}^{n} f(g(i)) = \sum_{i=1}^{n} f(h(i))$이다."라고 한다.[2] 이제 모든 자연수 n에 대해 $P(n)$이 참임을 보이자.

우선 $P(0)$일 때 성립하는지 확인해보자. 유한급수의 정의에 따르면 $\sum_{i=1}^{0} f(g(i))$와 $\sum_{i=1}^{0} f(h(i))$ 값은 모두 0으로 일치한다. 따라서 $P(0)$은 참이다.

$P(n)$이 참이라고 가정하자. 그러면 $P(n+1)$이 참임을 증명해야 한다. 원소가 $n+1$개인 집합 X와 함수 $f : X \to \mathbb{R}$, 그리고 $\{i \in \mathbb{N} : 1 \le i \le n+1\}$에서 X로 가는 전단사함수 g와 h를 생각하자.

---

2 간단하게 생각하면 $P(n)$은 n 값에 대해 명제 7.1.8이 참이라는 주장이다.

이제 다음 식이 성립함을 증명해야 한다.

$$\sum_{i=1}^{n+1} f(g(i)) = \sum_{i=1}^{n+1} f(h(i)) \tag{7.1}$$

$x := g(n+1)$ 이라고 정의하면 x는 X의 원소이다. 유한급수의 정의에 의해 식 (7.1)의 좌변을 다음과 같이 전개할 수 있다.

$$\sum_{i=1}^{n+1} f(g(i)) = \left(\sum_{i=1}^{n} f(g(i))\right) + f(x)$$

이제 식 (7.1)의 우변을 살펴보자. 이상적으로는 $h(n+1)$이 x와 서로 같으면 귀납 가정 $P(n)$을 더 쉽게 사용할 수 있지만, 서로 같다고 가정할 수는 없다. 그러나 h가 전단사함수이므로 $h(j) = x$를 만족하는 **어떤** 인덱스 j(단, $1 \le j \le n+1$)가 존재한다. 보조정리 7.1.4와 유한급수의 정의를 사용하면 식 (7.1)의 우변을 다음과 같이 전개할 수 있다.

$$\begin{aligned}
\sum_{i=1}^{n+1} f(h(i)) &= \left(\sum_{i=1}^{j} f(h(i))\right) + \left(\sum_{i=j+1}^{n+1} f(h(i))\right) \\
&= \left(\sum_{i=1}^{j-1} f(h(i))\right) + f(h(j)) + \left(\sum_{i=j+1}^{n+1} f(h(i))\right) \\
&= \left(\sum_{i=1}^{j-1} f(h(i))\right) + f(x) + \left(\sum_{i=j}^{n} f(h(i+1))\right)
\end{aligned}$$

함수 $\tilde{h}: \{i \in \mathbb{N} : 1 \le i \le n\} \to X - \{x\}$를 $i < j$일 때 $\tilde{h}(i) := h(i)$로, $i \ge j$일 때 $\tilde{h}(i) := h(i+1)$로 정의하자. 그러면 보조정리 7.1.4를 다시 사용하여 식 (7.1)의 우변을 다음과 같이 다시 쓸 수 있다.

$$= \left(\sum_{i=1}^{j-1} f(\tilde{h}(i))\right) + f(x) + \left(\sum_{i=j}^{n} f(\tilde{h}(i))\right) = \left(\sum_{i=1}^{n} f(\tilde{h}(i))\right) + f(x)$$

이제 다음과 같은 식 (7.2)가 성립함을 보임으로써, 식 (7.1)이 성립함을 보일 수 있다.

$$\sum_{i=1}^{n} f(g(i)) = \sum_{i=1}^{n} f(\tilde{h}(i)) \tag{7.2}$$

그런데 $\{i \in \mathbb{N} : 1 \le i \le n\}$으로 제한한 함수 g는 $\{i \in \mathbb{N} : 1 \le i \le n\}$에서 $X - \{x\}$로 가는 전단사함수이다(그 이유는?). 함수 $\tilde{h}$도 마찬가지로 $\{i \in \mathbb{N} : 1 \le i \le n\}$에서 $X - \{x\}$로 가는 전단사함수이다(그 이유는? 보조정리 3.6.9 참고). 보조정리 3.6.9에 따르면 $X - \{x\}$는 원소가 n개이므로 식 (7.2)를 귀납 가정 $P(n)$에서 직접 유도할 수 있다. ■

참고 7.1.10 집합 X, 집합 X의 원소 x와 관련있는 성질 $P(x)$, 그리고 함수 $f : \{y \in X : P(y)$는 참이다.$\} \to \mathbb{R}$

을 생각하자. 그리고 다음과 같은 표현을 생각하자.

$$\sum_{x\in\{y\in X:P(y)\text{는 참이다.}\}} f(x)$$

이 표현은 $\sum_{x\in X:P(x)\text{는 참이다.}} f(x)$로 줄여서 나타내며, 혼란의 여지가 없다면 $\sum_{P(x)\text{는 참이다.}} f(x)$로 간단하게 나타내기도 한다. 예를 들어 $\sum_{n\in\mathbb{N}:2\le n\le 4} f(n)$ 또는 $\sum_{2\le n\le 4} f(n)$ 모두 $\sum_{n\in\{2,3,4\}} f(n) = f(2)+f(3)+f(4)$를 간단하게 줄인 표현이다. 현재 이렇게 표기법을 줄이는 것은 $\{y \in X : P(y)$는 참이다.$\}$가 유한집합일 때로 제한된다. 대신 급수를 무한집합에서도 정의하게 되면 이 표기법을 확장할 수 있다.

유한집합에서 합은 다음과 같은 성질을 만족한다. 이 성질은 명확해보여도 엄밀한 증명이 필요하다.

명제 7.1.11 유한집합에서 합에 관한 기본 성질

(a) 공집합 X와 함수 $f : X \to \mathbb{R}$(즉, f가 공함수)에 대해 다음이 성립한다.

$$\sum_{x\in X} f(x) = 0$$

(b) 한원소집합 $X = \{x_0\}$와 함수 $f : X \to \mathbb{R}$에 대해 다음이 성립한다.

$$\sum_{x\in X} f(x) = f(x_0)$$

(c) **치환** I : 유한집합 X와 함수 $f : X \to \mathbb{R}$, 그리고 전단사함수 $g : Y \to X$에 대해 다음이 성립한다.

$$\sum_{x\in X} f(x) = \sum_{y\in Y} f(g(y))$$

(d) **치환** II : 정수 n, m(단, $n \le m$)과 집합 $X := \{i \in \mathbb{Z} : n \le i \le m\}$을 생각하자. 각 정수 $i \in X$마다 a_i가 실수라면 다음이 성립한다.

$$\sum_{i=n}^{m} a_i = \sum_{i\in X} a_i$$

(e) 서로소인 두 유한집합 X, Y(즉, $X \cap Y = \varnothing$)와 함수 f: $X \cup Y \to \mathbb{R}$에 대해 다음이 성립한다.

$$\sum_{z\in X\cup Y} f(z) = \left(\sum_{x\in X} f(x)\right) + \left(\sum_{y\in Y} f(y)\right)$$

(f) **선형성** I : 유한집합 X와 두 함수 $f : X \to \mathbb{R}$, $g : X \to \mathbb{R}$에 대해 다음이 성립한다.

$$\sum_{x\in X} (f(x)+g(x)) = \sum_{x\in X} f(x) + \sum_{x\in X} g(x)$$

(g) **선형성 II** : 유한집합 X는 함수 $f : X \to \mathbb{R}$, 그리고 실수 c에 대해 다음이 성립한다.

$$\sum_{x \in X} cf(x) = c \sum_{x \in X} f(x)$$

(h) **단조성** : 유한집합 X와 두 함수 $f : X \to \mathbb{R}$, $g : X \to \mathbb{R}$을 생각하자. 모든 $x \in X$에 대해 $f(x) \leq g(x)$이면 다음이 성립한다.

$$\sum_{x \in X} f(x) \leq \sum_{x \in X} g(x)$$

(i) **삼각부등식** : 유한집합 X와 함수 $f : X \to \mathbb{R}$에 대해 다음이 성립한다.

$$\left| \sum_{x \in X} f(x) \right| \leq \sum_{x \in X} |f(x)|$$

명제 7.1.11의 증명은 연습문제 2로 남긴다.

참고 7.1.12 명제 7.1.11(c)의 치환법칙은 이름처럼 $x := g(y)$로 치환한다고 생각할 수 있다. (c)의 가정에서 g가 전단사인 것은 필수이다. 함수 g가 일대일함수 또는 전사함수가 아닐 때 규칙이 성립하지 않는 이유를 생각해보길 바란다. 명제 7.1.11의 (c)와 (d)로부터, 집합 $\{i \in \mathbb{Z} : n \leq i \leq m\}$에서 자기 자신으로 가는 임의의 전단사함수 f에 대해 다음 관계가 성립함을 확인할 수 있다.

$$\sum_{i=n}^{m} a_i = \sum_{i=n}^{m} a_{f(i)}$$

간단하게 생각하면 이 식은 유한수열의 항을 마음대로 재배열해도 여전히 같은 값을 얻을 수 있음을 뜻한다.

이제 이중 유한급수(유한급수의 유한급수)를 살펴보고 이를 어떻게 데카르트 곱과 연결할 수 있는지 알아보자.

보조정리 7.1.13 유한집합 X, Y와 함수 $f : X \times Y \to \mathbb{R}$을 생각하자. 그러면 다음이 성립한다.

$$\sum_{x \in X} \left(\sum_{y \in Y} f(x, y) \right) = \sum_{(x, y) \in X \times Y} f(x, y)$$

증명

집합 X의 원소의 개수를 n이라 두고, n에 관한 귀납법을 사용한다(명제 7.1.8 참고). 원소가 n개인 임의의 집합 X에 대해 보조정리 7.1.13이 참이라는 주장을 $P(n)$이라 하고, 임의의 유한집합 Y와 임의의 함수 $f : X \times Y \to \mathbb{R}$을 생각하자. 모든 자연수 n에 대해 $P(n)$이 참임을 보이려고 한다. 우선 $P(0)$은 명제 7.1.11(a)에서 바로 유도할 수 있으므로(그 이유는?) 참임을 쉽게 알 수 있다.

$P(n)$이 참이라고 가정하자. 그러면 $P(n+1)$이 참임을 증명해야 한다. 원소가 $n+1$인 집합을 X

라고 하자. 보조정리 3.6.9에 따르면 $X = X' \cup \{x_0\}$라 할 수 있으며, 이때 x_0는 X의 원소이고 $X' := X - \{x_0\}$는 원소가 n이다. 명제 7.1.11(e)에 따르면 다음이 성립한다.

$$\sum_{x\in X}\left(\sum_{y\in Y} f(x,y)\right) = \left(\sum_{x\in X'}\left(\sum_{y\in Y} f(x,y)\right)\right) + \left(\sum_{y\in Y} f(x_0,y)\right)$$

귀납 가정을 적용하면 위 식은 다음 식과 서로 같다.

$$\sum_{(x,\,y)\in X'\times Y} f(x,y) + \left(\sum_{y\in Y} f(x_0,y)\right)$$

명제 7.1.11(c)에 의해 다음 식과 서로 같다.

$$\sum_{(x,\,y)\in X'\times Y} f(x,y) + \left(\sum_{(x,\,y)\in\{x_0\}\times Y} f(x,y)\right)$$

명제 7.1.11(e)에 의해 다음 식과 서로 같다(그 이유는?)

$$\sum_{(x,\,y)\in X\times Y} f(x,y)$$

이로써 원하는 바가 증명되었다. ■

따름정리 7.1.14 유한급수에서의 푸비니 정리(Fubini's theorem)

유한집합 X, Y와 함수 $f : X \times Y \to \mathbb{R}$을 생각하자. 그러면 다음이 성립한다.

$$\begin{aligned}\sum_{x\in X}\left(\sum_{y\in Y} f(x,y)\right) &= \sum_{(x,\,y)\in X\times Y} f(x,y)\\ &= \sum_{(y,\,x)\in Y\times X} f(x,y)\\ &= \sum_{y\in Y}\left(\sum_{x\in X} f(x,y)\right)\end{aligned}$$

증명

보조정리 7.1.13에 비추어 볼 때, 다음 식이 성립함을 보이면 충분하다.

$$\sum_{(x,y)\in X\times Y} f(x,y) = \sum_{(y,x)\in Y\times X} f(x,y)$$

이 식은 전단사함수 $h\colon Y\times X \to X\times Y$를 $h(y,x) := (x,y)$로 정의하고 명제 7.1.11(c)에 적용하면 얻을 수 있다.

증명은 끝났지만 여기서 h가 전단사함수인 이유와, 명제 7.1.11(c)가 이 증명에서 원하는 바를 제공하는 이유를 추가로 생각해보길 바란다. ■

참고 7.1.15 보조정리 7.1.14를 EX 1.2.5와 비교해봐야 한다. 그래야 유한급수에서 무한급수로 넘어갈 때 무언가 흥미로운 일이 발생할 것으로 기대할 수 있다. 또, 정리 8.2.2를 참고하라.

7.1 연습문제

1. 보조정리 7.1.4를 증명하라.

힌트 귀납법이 필요할 것이다. 그러나 꼭 0에서 시작할 필요는 없다.

2. 명제 7.1.11을 증명하라.

힌트 증명은 처음에 보이는 것만큼 길지 않다. 이러한 합을 유한급수로 바꿀 때 올바른 전단사함수를 선택한 후, 보조정리 7.1.4를 적용하는 것이 중요하다.

3. 유한곱 $\prod_{i=1}^{n} a_i$와 $\prod_{x \in X} f(x)$의 정의를 만들어보라. 본문에서 유한급수에 대한 결과 중에 유한곱과 유사한 것은 무엇인가? 참고로, a_i 또는 $f(x)$ 중에서 일부가 0이거나 음수일 수 있으므로 로그를 적용하기엔 위험하다. 아직 이 책에서 로그를 정의하지 않았음을 상기하자.

4. 자연수 n에 대해 **계승함수(factorial function)** $n!$을 재귀적으로 정의한다. 즉 $0! := 1$과 $(n+1)! := n! \times (n+1)$로 정의한다. 실수 x, y와 모든 자연수 n에 대해 다음 식과 같이 **이항정리(binomial formula)**가 성립함을 보여라.

$$(x+y)^n = \sum_{j=0}^{n} \frac{n!}{j!(n-j)!} x^j y^{n-j}$$

힌트 n에 관한 귀납법을 사용한다.

5. 유한집합 X와 정수 m, 그리고 각각의 $x \in X$마다 수렴하는 실수 수열 $(a_n(x))_{n=m}^{\infty}$를 생각하자. 수열 $\left(\sum_{x \in X} a_n(x)\right)_{n=m}^{\infty}$가 수렴함을 보이고 다음 관계가 성립함도 보여라.

$$\lim_{n \to \infty} \sum_{x \in X} a_n(x) = \sum_{x \in X} \lim_{n \to \infty} a_n(x)$$

힌트 X의 크기에 귀납법을 사용한다. 또한 정리 6.1.19(**a**)도 사용한다.

따라서 유한급수와 수렴하는 극한의 순서를 항상 바꿀 수 있다. 하지만 무한급수에서 극한과 순서를 바꾸려면 고려해야 할 사항이 많다. 『TAO 해석학 II』의 따름정리 8.2.11을 참고하라.

6. 유한집합 I와 각각의 $i \in I$에 대해 유한집합 E_i를 생각하자. E_i가 서로 분리되어 있다고 (pairwise disjoint) 가정한다. 즉, $i,\ j \in I$가 서로 다를 때마다 $E_i \cap E_j = \varnothing$이다. 각각의 $x \in \bigcup_{i \in I} E_i$마다 실수 $f(x)$를 생각하자. 그러면 $\sum_{x \in \bigcup_{i \in I} E_i} f(x) = \sum_{i \in I} \sum_{x \in E_i} f(x)$임을 보여라.

7. 자연수 n, m과 각각의 i(단, $1 \leq i \leq n$)에 대해 $a_i \leq m$을 만족하는 자연수 a_i를 생각하자. 다음과 같은 항등식이 성립함을 보여라.

$$\sum_{i=1}^{n} a_i = \sum_{j=1}^{m} \#(\{1 \leq i \leq n : a_i \geq j\})$$

힌트 합 $\sum_{i=1}^{n} \sum_{j=1}^{m} c_{i,j}$에서 식 $c_{i,j}$를 잘 선택하고 따름정리 7.1.14를 사용하여 두 가지 방법으로 계산한다.

이러한 항등식을 사용한 계산법을 **이중계산(double counting)**이라고 하며, 조합론에서 유용하게 사용된다.

7.2 무한급수

이제 무한급수의 합을 살펴보자.

정의 7.2.1 형식적 무한급수

m을 정수라고 하고, 임의의 정수 $n(\geq m)$에 대해 실수 a_n을 생각하자. (형식적) 무한급수는 다음과 같이 표현한다.

$$\sum_{n=m}^{\infty} a_n$$

간혹 이 급수를 $a_m + a_{m+1} + a_{m+2} + \cdots$ 로 표기하기도 한다.

현재 이 급수는 **형식적**으로만 정의되었다. 아직 이 합이 어떤 실수와 동일하다고 설정하지 않았기 때문이다. 기호 $a_m + a_{m+1} + a_{m+2} + \cdots$ 는 합처럼 보이도록 설계됐지만, 기호 $\cdots$ 때문에 유한합이 아니다. 급수가 실제로 무엇을 합하는지 엄밀히 정의하려면 다른 정의가 필요하다.

정의 7.2.2 급수의 수렴

형식적 무한급수 $\sum_{n=m}^{\infty} a_n$을 생각하자.

- 임의의 정수 $N(\geq m)$에 대해 이 급수의 **N번째 부분합(N^{th} partial sum)**을 $S_N := \sum_{n=m}^{N} a_n$으로 정의한다. 따라서 S_N은 실수이다.
- 수열 $(S_N)_{N=m}^{\infty}$이 $N \to \infty$일 때 어떤 극한 L로 수렴하면, 무한급수 $\sum_{n=m}^{\infty} a_n$이 **수렴(convergence)**한다고 하거나 L로 **수렴한다**고 한다. 이를 기호로는 $L = \sum_{n=m}^{\infty} a_n$으로 표기한다. 이때 L은 무한급수 $\sum_{n=m}^{\infty} a_n$의 **합(sum)**이라 한다.
- 부분합 S_N이 발산한다면, 무한급수 $\sum_{n=m}^{\infty} a_n$은 **발산(divergence)**하고, 이 급수는 어떠한 실수에도 대응되지 않는다.

참고 7.2.3 극한의 유일성(명제 6.1.7 참고)에 따르면, 급수가 수렴하면 그 합이 고유하므로 수렴하는 급수 $L = \sum_{n=m}^{\infty} a_n$의 **유일한** 합[3]이라 말해도 무방하다.

---

3 (옮긴이) 원문에서 **the** sum $L = \sum_{n=m}^{\infty} a_n$ of a convergent series라고 나타냈는데, 영어의 정관사 'the'를 사용할 수 있는 이유를 설명한다.

EX 7.2.4

- 다음과 같은 형식적 무한급수를 생각하자.

$$\sum_{n=1}^{\infty} 2^{-n} = 2^{-1} + 2^{-2} + 2^{-3} + \cdots$$

이 급수의 부분합이 $S_N = \sum_{n=1}^{N} 2^{-n} = 1 - 2^{-N}$ 인 것은 간단한 귀납법(또는 보조정리 7.3.3 참고)으로 확인할 수 있다. 또한 $N \to \infty$ 일 때 수열 $1 - 2^{-N}$ 은 1로 수렴하기 때문에 다음이 성립한다.

$$\sum_{n=1}^{\infty} 2^{-n} = 1$$

따라서 주어진 무한급수는 수렴한다.

- 다음과 같은 형식적 무한급수를 생각하자.

$$\sum_{n=1}^{\infty} 2^{n} = 2^{1} + 2^{2} + 2^{3} + \cdots$$

이 급수의 부분합이 $S_N = \sum_{n=1}^{N} 2^{n} = 2^{N+1} - 2$ 이고, 이 수열이 유계되어 있지 않아서 그 합이 발산임을 쉽게 보일 수 있다. 그러므로 급수 $\sum_{n=1}^{\infty} 2^{n}$ 은 발산한다.

이제 급수가 수렴하는 시점에 관해 생각해보자. 다음 명제는 급수가 수렴할 필요충분조건이 임의의 수 $\varepsilon > 0$ 에 대해 수열의 '꼬리' 부분이 궁극적으로 ε 보다 작은 것임을 나타낸다.

명제 7.2.5 실수의 형식적 급수 $\sum_{n=m}^{\infty} a_n$ 을 생각하자. 급수 $\sum_{n=m}^{\infty} a_n$ 이 수렴할 필요충분조건은 모든 실수 $\varepsilon > 0$ 에 대해 정수 $N(\geq m)$ 이 존재해서 다음을 만족하는 것이다.

$$\text{모든 } p,\ q(\geq N) \text{ 에 대해 } \quad \left| \sum_{n=p}^{q} a_n \right| \leq \varepsilon$$

명제 7.2.5의 증명은 연습문제 2로 남긴다.

부분합 $\sum_{n=p}^{q} a_n$ 을 실제로 계산하기가 쉽지 않기 때문에 명제 7.2.5 자체는 그다지 유용하지 않다. 그러나 다음의 영 판정법[4]과 같은 유용한 따름정리를 만들어낸다.

4 (옮긴이) 따름정리 7.2.6은 **n항 판정법** 또는 **일반항 판정법**이라고도 한다.

따름정리 7.2.6 영 판정법(zero test)

- $\sum_{n=m}^{\infty} a_n$이 수렴하는 실수 급수이면 $\lim_{n\to\infty} a_n = 0$이다.
- $\lim_{n\to\infty} a_n$이 0이 아니거나 발산하면 급수 $\sum_{n=m}^{\infty} a_n$도 발산한다.

따름정리 7.2.6의 증명은 연습문제 3으로 남긴다.

EX 7.2.7

- 수열 $a_n := 1$은 $n \to \infty$일 때 0으로 수렴하지 않는다. 따라서 급수 $\sum_{n=1}^{\infty} 1$은 발산한다. 하지만 $1, 1, 1, 1, \cdots$은 수렴하는 **수열**임에 주의하라. 즉, 급수의 수렴과 수열의 수렴은 서로 다른 개념이다.
- 수열 $a_n := (-1)^n$은 발산하며, 특히 0으로 수렴하지 않는다. 따라서 급수 $\sum_{n=1}^{\infty}(-1)^n$ 또한 발산한다.

수열 $(a_n)_{n=m}^{\infty}$이 0으로 **수렴한다**고 해도 급수 $\sum_{n=m}^{\infty} a_n$은 수렴할 수도 있고, 수렴하지 않을 수도 있다. 급수의 수렴 여부는 급수 자체에 달려있기 때문이다. 앞으로 $n \to \infty$일 때 수열 $\frac{1}{n}$이 0으로 수렴하더라도 급수 $\sum_{n=1}^{\infty} \frac{1}{n}$이 발산함을 곧 확인할 것이다.

정의 7.2.8 절대수렴(absolutely convergence)

실수의 형식적 급수 $\sum_{n=m}^{\infty} a_n$을 생각하자. 이 급수가 **절대수렴**할 필요충분조건은 급수 $\sum_{n=m}^{\infty} |a_n|$이 수렴하는 것이다.

명제 7.2.9 절대수렴 판정법(absolute convergence test)

실수의 형식적 급수 $\sum_{n=m}^{\infty} a_n$을 생각하자. 급수 $\sum_{n=m}^{\infty} a_n$이 절대수렴하면 이 급수는 수렴한다. 또한 다음과 같은 삼각부등식도 성립한다.

$$\left|\sum_{n=m}^{\infty} a_n\right| \le \sum_{n=m}^{\infty} |a_n|$$

명제 7.2.9의 증명은 연습문제 4로 남긴다.

참고 7.2.10 명제 7.2.9의 역은 성립하지 않는다. EX 7.2.12처럼 수렴하지만 절대수렴하지 않는 급수가 존재하기 때문이다. 이와 같은 급수는 **조건수렴(conditionally convergence)**한다고 한다.

> **명제 7.2.11 교대급수 판정법(alternating series test)**
> 음이 아니고 감소하는 실수 수열 $(a_n)_{n=m}^{\infty}$을 생각하자. 즉, $a_n \geq 0$이고 모든 $n(\geq m)$에 대해 $a_n \geq a_{n+1}$이다. 이때 급수 $\sum_{n=m}^{\infty}(-1)^n a_n$이 수렴할 필요충분조건은 $n \to \infty$일 때 수열 a_n이 0으로 수렴하는 것이다.

증명

영 판정법에 의해 급수 $\sum_{n=m}^{\infty}(-1)^n a_n$이 수렴한다면 수열 $((-1)^n a_n)_{n=m}^{\infty}$은 0으로 수렴한다. 여기서 $(-1)^n a_n$과 a_n이 0에서 서로 같은 거리만큼 떨어져 있으므로 수열 $(a_n)_{n=m}^{\infty}$도 0으로 수렴한다.

역으로 수열 $(a_n)_{n=m}^{\infty}$이 0으로 수렴한다고 가정하자. 각각의 $N(\geq m)$마다 $S_N := \sum_{n=m}^{N}(-1)^n a_n$이라는 부분합을 생각하자. $(S_N)_{N=m}^{\infty}$이 수렴함을 보일 것이다. 그러면 다음이 성립한다.

$$\begin{aligned} S_{N+2} &= S_N + (-1)^{N+1}a_{N+1} + (-1)^{N+2}a_{N+2} \\ &= S_N + (-1)^{N+1}(a_{N+1} - a_{N+2}) \end{aligned}$$

가정에 따르면 $(a_{N+1} - a_{N+2})$는 음이 아니므로 N이 홀수이면 $S_{N+2} \geq S_N$이고, N이 짝수이면 $S_{N+2} \leq S_N$이다.

N이 짝수라고 가정하자. 지금까지 한 논의와 귀납법을 이용하면 모든 자연수 k에 대해 $S_{N+2k} \leq S_N$임을 알 수 있다(그 이유는?). 또한, $S_{N+2k+1} \geq S_{N+1} = S_N - a_{N+1}$이다(그 이유는?). 끝으로 $S_{N+2k+1} = S_{N+2k} - a_{N+2k+1} \leq S_{N+2k}$이다(그 이유는?). 따라서 모든 k에 대해 다음 관계식을 얻는다.

$$S_N - a_{N+1} \leq S_{N+2k+1} \leq S_{N+2k} \leq S_N$$

특히, 다음이 성립한다(그 이유는?).

$$\text{모든 } n(\geq N)\text{에 대해 } \; S_N - a_{N+1} \leq S_n \leq S_N$$

따라서 수열 S_n은 궁극적으로 a_{N+1}-안정적이다. 하지만 $N \to \infty$일 때 수열 $(a_N)_{N=m}^{\infty}$이 0으로 수렴하므로 모든 $\varepsilon > 0$에 대해 S_n이 궁극적으로 ε-안정적임을 뜻한다(그 이유는?). 그러므로 $(S_n)_{n=m}^{\infty}$이 수렴하고 급수 $\sum_{n=m}^{\infty}(-1)^n a_n$도 수렴한다. ■

EX 7.2.12 수열 $\left(\frac{1}{n}\right)_{n=1}^{\infty}$ 의 모든 항은 음이 아니고 감소수열이며 0으로 수렴한다. 따라서 급수 $\sum_{n=1}^{\infty} \frac{(-1)^n}{n}$ 은 수렴한다.[5] 그러므로 절대수렴하는 급수는 수렴하지만, 절대수렴하지 않는다고 해서 수렴하지 않는다는 의미가 아님을 다시 확인할 수 있다.

수렴하는 급수에 관한 기본적인 항등식을 소개한다.

명제 7.2.13 수렴하는 급수의 성질

(a) 실수 급수 $\sum_{n=m}^{\infty} a_n$ 이 x로 수렴하고 실수 급수 $\sum_{n=m}^{\infty} b_n$ 이 y로 수렴하면, 급수 $\sum_{n=m}^{\infty} (a_n+b_n)$ 은 $x+y$로 수렴한다. 이를 식으로 나타내면 다음과 같다.

$$\sum_{n=m}^{\infty} (a_n + b_n) = \sum_{n=m}^{\infty} a_n + \sum_{n=m}^{\infty} b_n$$

(b) 실수 급수 $\sum_{n=m}^{\infty} a_n$ 이 x로 수렴하고 c가 실수이면, 급수 $\sum_{n=m}^{\infty} (ca_n)$은 cx로 수렴한다. 이를 식으로 나타내면 다음과 같다.

$$\sum_{n=m}^{\infty} (ca_n) = c \sum_{n=m}^{\infty} a_n$$

(c) 실수 급수 $\sum_{n=m}^{\infty} a_n$과 정수 $k(\geq 0)$를 생각하자. 두 급수 $\sum_{n=m}^{\infty} a_n$과 $\sum_{n=m+k}^{\infty} a_n$ 중 하나가 수렴하면 다른 급수도 수렴하고, 다음 항등식이 성립한다.

$$\sum_{n=m}^{\infty} a_n = \sum_{n=m}^{m+k-1} a_n + \sum_{n=m+k}^{\infty} a_n$$

(d) 실수 급수 $\sum_{n=m}^{\infty} a_n$ 이 x로 수렴하고 k가 정수라고 하자. 그러면 급수 $\sum_{n=m+k}^{\infty} a_{n-k}$ 도 x로 수렴한다.

명제 7.2.13의 증명은 연습문제 5로 남긴다.

명제 7.2.13(c)에서 급수의 수렴 여부는 처음 몇 개 항에 의존하지 않는다. (물론 그 처음 몇 개 항은 분명히 수렴값에 영향을 미친다.) 이러한 이유로 급수가 몇 번째 항에서 시작하는지에 주의를 기울이지 않아도 된다.

급수 중 합을 계산하기 쉬운 한 가지 유형인 **망원급수**를 소개한다.

5 그러나 수열 $\sum_{n=1}^{\infty} \frac{1}{n}$ 이 발산하므로 급수 $\sum_{n=1}^{\infty} \frac{(-1)^n}{n}$ 은 절대수렴하지 않는다. 따름정리 7.3.7을 참고하라.

보조정리 7.2.14 망원급수(telescoping series)

수렴하는 실수 수열 $(a_n)_{n=0}^{\infty}$을 생각하자. 즉, $\lim_{n\to\infty} a_n = 0$이다. 그러면 급수 $\sum_{n=0}^{\infty}(a_n - a_{n+1})$은 a_0로 수렴한다.

보조정리 7.2.14의 증명은 연습문제 6으로 남긴다.

7.2 연습문제

1. 급수 $\sum_{n=1}^{\infty}(-1)^n$은 수렴하는지 발산하는지 결정하고, 그 근거를 제시하라. 이제 EX 1.2.2에서 겪은 문제를 해결할 수 있을지 확인하라.

2. 명제 7.2.5를 증명하라.

힌트 명제 6.1.12와 정리 6.4.18을 사용한다.

3. 명제 7.2.5를 사용하여 따름정리 7.2.6을 증명하라.

4. 명제 7.2.9를 증명하라.

힌트 명제 7.2.5와 보조정리 7.1.4(e)를 사용한다.

5. 명제 7.2.13을 증명하라.

힌트 정리 6.1.19를 사용한다.

6. 보조정리 7.2.14를 증명하라.

힌트 먼저 부분합 $\sum_{n=0}^{N}(a_n - a_{n+1})$이 어떻게 되는지 확인한 뒤, 귀납법으로 증명한다.

수열 a_n이 0으로 수렴하지 않고 다른 실수 L로 수렴한다고 가정하면 이 보조정리가 어떻게 변할지 설명하라.

7.3 음이 아닌 수의 합

수열 a_n의 모든 항이 음이 아닐 때, 합 $\sum_{n=m}^{\infty} a_n$을 생각하기 위해 앞에서 한 논의를 구체적으로 다룰 것이다. 이를테면 절대수렴 판정법에서 이런 상황이 발생하는데, 실수 a_n의 절댓값 $|a_n|$은 항상 음이 아니기 때문이다. 급수의 모든 항이 음이 아니면 수렴과 절대수렴 사이에는 차이점이 없다.

음이 아닌 실수로 구성된 급수 $\sum_{n=m}^{\infty} a_n$을 생각하자. 그러면 부분합 $S_N := \sum_{n=m}^{N} a_n$은 증가한다. 즉, 모든 $N(\geq m)$에 대해 $S_{N+1} \geq S_N$이다(그 이유는?). 명제 6.3.8과 따름정리 6.1.17에 의해 수열 $(S_N)_{N=m}^{\infty}$이 수렴할 필요충분조건은 S_N에 상계 M이 존재하는 것이다. 이를 정리하면 다음 명제와 같다.

명제 7.3.1 음이 아닌 실수로 구성된 형식적 급수 $\sum_{n=m}^{\infty} a_n$을 생각하자. 이 급수가 수렴할 필요충분조건은 실수 M이 존재해서 모든 정수 $N(\geq m)$에 대해 다음 부등식을 만족하는 것이다.

$$\sum_{n=m}^{N} a_n \leq M$$

이 명제에서 도출되는 간단한 따름정리는 다음과 같다.

따름정리 7.3.2 비교판정법(comparison test)
실수로 구성된 형식적 급수 $\sum_{n=m}^{\infty} a_n$, $\sum_{n=m}^{\infty} b_n$을 생각하고, 모든 $n(\geq m)$에 대해 $|a_n| \leq b_n$이라 하자. 만약 급수 $\sum_{n=m}^{\infty} b_n$이 수렴하면 급수 $\sum_{n=m}^{\infty} a_n$은 절대수렴한다. 실제로는 다음과 같은 부등식이 성립한다.

$$\left|\sum_{n=m}^{\infty} a_n\right| \leq \sum_{n=m}^{\infty} |a_n| \leq \sum_{n=m}^{\infty} b_n$$

따름정리 7.3.2의 증명은 연습문제 1로 남긴다.

비교판정법의 대우는 "모든 $n(\geq m)$에 대해 $|a_n| \leq b_n$이고 급수 $\sum_{n=m}^{\infty} a_n$이 절대수렴하지 않으면 급수 $\sum_{n=m}^{\infty} b_n$도 수렴하지 않는다."[6]이며, 이 명제를 사용할 수도 있다.

비교판정법에 사용할 수 있는 유용한 급수는 **기하급수** $\sum_{n=0}^{\infty} x^n$이다. 여기서 x는 실수이다.

보조정리 7.3.3 기하급수(geometric series)

실수 x를 생각하자.

- $|x| \geq 1$이면 급수 $\sum_{n=0}^{\infty} x^n$은 발산한다.
- $|x| < 1$이면 급수 $\sum_{n=0}^{\infty} x^n$은 절대수렴하고, 그 값은 다음과 같다.

$$\sum_{n=0}^{\infty} x^n = \frac{1}{1-x}$$

보조정리 7.3.3의 증명은 연습문제 2로 남긴다.

이제 각 항이 음이 아니며 항이 감소하는 급수가 수렴하는지 판별하기 위해 **코시 수렴 판정법**이라 하는 유용한 판정법을 소개한다.

명제 7.3.4 코시 수렴 판정법(Cauchy criterion)

각 항이 음이 아니며 감소하는 실수 수열 $(a_n)_{n=1}^{\infty}$을 생각하자. 즉, 모든 $n \geq 1$에 대해 $a_n \geq 0$이고 $a_{n+1} \leq a_n$이다. 급수 $\sum_{n=1}^{\infty} a_n$이 수렴할 필요충분조건은 다음과 같은 급수가 수렴하는 것이다.

$$\sum_{k=0}^{\infty} 2^k a_{2^k} = a_1 + 2a_2 + 4a_4 + 8a_8 + \cdots$$

참고 7.3.5 코시 수렴 판정법에서 흥미로운 점은 전체 급수가 수렴하는지의 여부를 판단하기 위해 수열 a_n 중 몇몇 항(특히 인덱스 n이 2의 거듭제곱인 항, 즉 $n = 2^k$인 항)만 사용한다는 것이다.

명제 7.3.4의 증명

급수 $\sum_{n=1}^{\infty} a_n$의 부분합 $S_N := \sum_{n=1}^{N} a_n$과, 급수 $\sum_{k=0}^{\infty} 2^k a_{2^k}$의 부분합 $T_K := \sum_{k=0}^{K} 2^k a_{2^k}$을 생각하자. 명제 7.3.1의 관점에서 보면 '수열 $(S_N)_{N=1}^{\infty}$이 유계일 필요충분조건은 수열 $(T_K)_{K=0}^{\infty}$가 유계인 것'임을 보여야 한다. 이 명제를 증명하기 위해 다음 보조정리가 필요하다. ■

6 왜 이 내용이 따름정리 7.3.2 바로 다음에 나오는지 그 이유를 생각해보라.

보조정리 7.3.6 임의의 자연수 K에 대해 $S_{2^{K+1}-1} \leq T_K \leq 2S_{2^K}$이다.

증명

K에 관한 귀납법을 사용하자. 우선 $K = 0$일 때 성립함을 증명하자. 즉, $S_1 \leq T_0 \leq 2S_1$임을 보이자. 이 부등식은 $a_1 \leq a_1 \leq 2a_1$이며, a_1이 음이 아니므로 성립한다.

보조정리 7.3.6이 K에 대해 증명되었다고 가정하자. 그러면 $K+1$일 때 다음 부등식이 성립함을 증명해야 한다.

$$S_{2^{K+2}-1} \leq T_{K+1} \leq 2S_{2^{K+1}}$$

분명히 $T_{K+1} = T_K + 2^{K+1}a_{2^{K+1}}$이다. 보조정리 7.1.4의 (a)와 (f), 그리고 수열 a_n이 감소한다는 가정에 따르면 다음 부등식도 성립한다.

$$S_{2^{K+1}} = S_{2^K} + \sum_{n=2^K+1}^{2^{K+1}} a_n \geq S_{2^K} + \sum_{n=2^K+1}^{2^{K+1}} a_{2^{K+1}} = S_{2^K} + 2^K a_{2^{K+1}}$$

따라서 다음이 성립한다.

$$2S_{2^{K+1}} \geq 2S_{2^K} + 2^{K+1}a_{2^{K+1}}$$

비슷하게 다음 관계도 성립한다.

$$S_{2^{K+2}-1} = S_{2^{K+1}-1} + \sum_{n=2^{K+1}}^{2^{K+2}-1} a_n \leq S_{2^{K+1}-1} + \sum_{n=2^{K+1}}^{2^{K+2}-1} a_{2^{K+1}} = S_{2^{K+1}-1} + 2^{K+1}a_{2^{K+1}}$$

이 부등식들을 귀납 가정과 결합하면, 다음 부등식을 얻는다.

$$S_{2^{K+1}-1} \leq T_K \leq 2S_{2^K}$$

그러므로 다음과 같이 원하는 식을 얻는다.

$$S_{2^{K+2}-1} \leq T_{K+1} \leq 2S_{2^{K+1}}$$

따라서 증명이 끝났다. ■

보조정리 7.3.6에 의해 수열 $(S_N)_{N=1}^{\infty}$이 유계이면 수열 $(S_{2^K})_{K=0}^{\infty}$도 유계이므로 수열 $(T_K)_{K=0}^{\infty}$도 유계임을 알 수 있다. 역으로 수열 $(T_K)_{K=0}^{\infty}$가 유계이면 보조정리 7.3.6에 의해 $S_{2^{K+1}-1}$도 유계이다. 즉, 어떤 M이 존재해서 모든 자연수 K에 대해 $S_{2^{K+1}-1} \leq M$이다. 그러나 귀납법을 사용하면 쉽게 $2^{K+1} - 1 \geq K+1$임을 보일 수 있다. 그러므로 모든 자연수 K에 대해 $S_{K+1} \leq M$이며 수열 $(S_N)_{N=1}^{\infty}$은 유계이다. 따라서 명제 7.3.4의 증명을 마쳤다.

따름정리 7.3.7 실수 $q(>0)$을 생각하자. 급수 $\sum_{n=1}^{\infty} \frac{1}{n^q}$은 $q>1$일 때 수렴하고, $q \le 1$일 때 발산한다.

증명

보조정리 5.6.9(d)와 명제 6.7.3에 따르면 수열 $\left(\frac{1}{n^q}\right)_{n=1}^{\infty}$의 모든 항은 음이 아니며 감소수열이다. 따라서 코시 수렴 판정법을 적용하면 따름정리의 급수가 수렴할 필요충분조건은 다음과 같은 급수가 수렴하는 것이다.

$$\sum_{k=0}^{\infty} 2^k \frac{1}{(2^k)^q}$$

하지만 지수법칙(보조정리 5.6.9와 명제 6.7.3 참고)에 의해 위 급수를 기하급수 $\sum_{k=0}^{\infty}(2^{1-q})^k$으로 다시 나타낼 수 있다. 보조정리 7.3.3에서 언급했듯이 기하급수 $\sum_{k=0}^{\infty} x^k$은 $|x|<1$일 때에만 수렴한다. 그러므로 급수 $\sum_{n=1}^{\infty} \frac{1}{n^q}$은 $|2^{1-q}|<1$일 때에만 수렴하며, 이는 $q>1$일 때와 동치[7]이다(그 이유는?). ■

특히 **조화급수(harmonic series)**로 알려져 있는 급수 $\sum_{n=1}^{\infty} \frac{1}{n}$은 발산한다. 그러나 급수 $\sum_{n=1}^{\infty} \frac{1}{n^2}$은 수렴한다.

참고 7.3.8 급수 $\sum_{n=1}^{\infty} \frac{1}{n^q}$이 수렴한다면 그 값을 q의 **리만-제타 함수**(Riemann-zeta function)라고 하고, 이를 기호로는 $\zeta(q)$로 표기한다. 이 함수는 소수(prime)의 분포를 특징지어주기 때문에 정수론에서 매우 중요하다. 또한 이 함수에 관해 유명한 미해결 난제인 **리만 가설**(Riemann hypothesis)이 존재하는데, 이 내용은 이 책의 범위를 넘어서므로 다루지 않는다. 이를 언급한 이유는 리만 가설을 해결한다면 상금이 100만 달러이며, 모든 수학자에게 명성을 날릴 수 있기 때문이다.

7 로그를 사용하지 않고 보조정리 5.6.9와 명제 6.7.3만 이용하여 증명해보길 바란다.

7.3 연습문제

1. 명제 7.3.1을 이용하여 따름정리 7.3.2를 증명하라.

2. 보조정리 7.3.3을 증명하라.

힌트 첫 번째 명제는 영 판정법으로 증명한다. 두 번째 명제는 귀납법으로 **기하급수 공식**(geometric series formula) $\sum_{n=0}^{N} x^n = \frac{1-x^{N+1}}{1-x}$(단, $x \neq 1$)을 증명한 후, 보조정리 6.5.2를 적용한다.

3. 실수로 구성된 급수 $\sum_{n=0}^{\infty} a_n$이 절대수렴하고, $\sum_{n=0}^{\infty} |a_n| = 0$이라고 하자. 모든 자연수 n에 대해 $a_n = 0$임을 보여라.

7.4 재배열 급수

유한합의 한 가지 특징은 바로 수열의 항을 어떻게 재배열해도 총합이 동일하다는 것이다. 한 가지 예로 a_1부터 a_5까지 항의 순서를 다음과 같이 임의로 바꾸어도 총합이 동일하다.

$$a_1 + a_2 + a_3 + a_4 + a_5 = a_4 + a_3 + a_5 + a_1 + a_2$$

이를 더 엄밀하게 다루는 명제는 전단사함수를 이용한다고 참고 7.1.12에서 언급한 적이 있다.

무한급수에서도 마찬가지로 성립하는지 물어볼 수 있다. 모든 항이 음이 아니라면 대답은 '그렇다'이다. 다음 명제를 살펴보자.

명제 7.4.1 음이 아닌 실수로 구성된 급수 $\sum_{n=0}^{\infty} a_n$이 수렴하고, $f : \mathbb{N} \to \mathbb{N}$이 전단사함수라고 하자. 그러면 급수 $\sum_{m=0}^{\infty} a_{f(m)}$도 수렴하고 그 값이 서로 같다. 즉, 다음이 성립한다.

$$\sum_{n=0}^{\infty} a_n = \sum_{m=0}^{\infty} a_{f(m)}$$

증명

부분합 $S_N := \sum_{n=0}^{N} a_n$ 과 $T_M := \sum_{m=0}^{M} a_{f(m)}$ 을 생각하자. $(S_N)_{N=0}^{\infty}$ 과 $(T_M)_{M=0}^{\infty}$ 은 증가수열이다. 두 수열의 상한을 각각 $L := \sup(S_N)_{N=0}^{\infty}$ 과 $L' := \sup(T_M)_{M=0}^{\infty}$ 이라 두자. 명제 6.3.8에 따르면 L은 유한이고, 실제로 $L = \sum_{n=0}^{\infty} a_n$ 이다. 다시 명제 6.3.8을 사용하면 $L' = L$ 임을 보이는 순간 바로 증명이 끝남을 알 수 있다.

M을 고정하고, 집합 $Y := \{m \in \mathbb{N} : m \leq M\}$을 정의하자. f가 Y에서 $f(Y)$로 가는 전단사함수임에 유의하라. 명제 7.1.11에 따르면 다음 관계가 성립한다.

$$T_M = \sum_{m=0}^{M} a_{f(m)} = \sum_{m \in Y} a_{f(m)} = \sum_{n \in f(Y)} a_n$$

수열 $(f(m))_{m=0}^{M}$은 유한이고 따라서 유계이다. 즉, 모든 $m(\leq M)$에 대해 어떤 N이 존재해서 $f(m) \leq N$이다. 특히 $f(Y)$는 $\{n \in \mathbb{N} : n \leq N\}$의 부분집합이므로 명제 7.1.11을 다시 적용하면 (그리고 모든 a_n이 음이 아니라는 가정을 사용하면) 다음 부등식이 성립한다.

$$T_M = \sum_{n \in f(Y)} a_n \leq \sum_{n \in \{n \in \mathbb{N} : n \leq N\}} a_n = \sum_{n=0}^{N} a_n = S_N$$

그러나 $(S_N)_{N=0}^{\infty}$이 L의 상한이므로 $S_N \leq L$이고, 모든 M에 대해 $T_M \leq L$이다. L'이 $(T_M)_{M=0}^{\infty}$의 최소상계이므로 $L' \leq L$이다.

f 대신 역함수 f^{-1}를 사용하여 아주 유사한 논증을 반복하면 모든 S_N이 L'에 의해 위로 유계임을 알 수 있다. 따라서 $L \leq L'$이다. 두 부등식으로부터 $L = L'$이며, 원하는 바가 증명되었다. ■

EX 7.4.2 따름정리 7.3.7을 이용하면 다음과 같은 급수가 수렴함을 알 수 있다.

$$\sum_{n=1}^{\infty} \frac{1}{n^2} = 1 + \frac{1}{4} + \frac{1}{9} + \frac{1}{16} + \frac{1}{25} + \frac{1}{36} + \cdots$$

모든 항의 순서쌍을 재배열하면 위 급수는 다음과 같으며, 이 급수 또한 수렴하고 합도 동일하다.

$$\frac{1}{4} + 1 + \frac{1}{16} + \frac{1}{9} + \frac{1}{36} + \frac{1}{25} + \cdots$$

참고로 이 급수의 합은 $\zeta(2) = \frac{\pi^2}{6}$ 이며 『TAO 해석학 II』의 5.5절 연습문제 2에서 증명할 것이다.

이제 급수의 모든 항이 0 또는 양수일 때가 아니라면 어떻게 되는지 살펴보자. 그러면 급수가 **절대수렴**한다면 항을 여전히 재배열할 수 있다.

명제 7.4.3 급수의 재배열

실수로 구성된 급수 $\sum_{n=0}^{\infty} a_n$이 절대수렴하고, $f : \mathbb{N} \to \mathbb{N}$이 전단사함수라고 하자. 그러면 급수 $\sum_{m=0}^{\infty} a_{f(m)}$도 절대수렴하고, 그 합이 동일하다. 이를 식으로 나타내면 다음과 같다.

$$\sum_{n=0}^{\infty} a_n = \sum_{m=0}^{\infty} a_{f(m)}$$

이 명제의 증명은 선택적으로 보아도 좋다.

명제 7.4.3의 증명

가정에 의해 음이 아니고 수렴하는 무한급수 $\sum_{n=0}^{\infty} |a_n|$에 명제 7.4.1을 적용하자. $L := \sum_{n=0}^{\infty} |a_n|$이라 하면 명제 7.4.1에 의해 급수 $\sum_{m=0}^{\infty} |a_{f(m)}|$도 마찬가지로 L로 수렴한다.

$L' := \sum_{n=0}^{\infty} a_n$으로 정의하자. 급수 $\sum_{m=0}^{\infty} a_{f(m)}$도 L'으로 수렴함을 보여야 한다. 즉, 임의의 $\varepsilon > 0$이 주어질 때마다 모든 $M'(\geq M)$에 대해 $\sum_{m=0}^{M'} a_{f(m)}$이 L'의 ε–근방에 속하게 하는 M을 찾아야 한다.

급수 $\sum_{n=0}^{\infty} |a_n|$이 수렴하므로, 명제 7.2.5를 사용하여 모든 p, $q(\geq N_1)$에 대해 $\sum_{n=p}^{q} |a_n| \leq \frac{\varepsilon}{2}$을 만족하는 N_1을 찾을 수 있다. 급수 $\sum_{n=0}^{\infty} a_n$이 L'으로 수렴하기 때문에, 부분합 $\sum_{n=0}^{N} a_n$도 마찬가지로 L'으로 수렴하므로 $N(\geq N_1)$이 존재해서 부분합 $\sum_{n=0}^{N} a_n$은 L'의 $\frac{\varepsilon}{2}$–근방에 속한다.

$(f^{-1}(n))_{n=0}^{N}$은 유한수열이므로 유계이다. 따라서 모든 n(단, $0 \leq n \leq N$)에 대해 M이 존재해서 $f^{-1}(n) \leq M$이다. 특히 임의의 $M'(\geq M)$에 대해 집합 $\{f(m) : m \in \mathbb{N}; m \leq M'\}$이 $\{n \in \mathbb{N} : n \leq N\}$을 포함한다(그 이유는?). 그래서 명제 7.1.11에 따르면 임의의 $M'(\geq M)$에 대해 다음 관계가 성립한다.

$$\sum_{m=0}^{M'} a_{f(m)} = \sum_{n \in \{f(m) : m \leq M' \text{일 때 } m \in \mathbb{N}\}} a_n = \sum_{n=0}^{N} a_n + \sum_{n \in X} a_n$$

이때 X는 집합 $X = \{f(m) : m \leq M'\text{일 때 } \ m \in \mathbb{N}\} \setminus \{n \in \mathbb{N} : n \leq N\}$이다. X는 유한집합이므로 어떤 자연수 q에 의해 유계이다. 따라서 다음과 같은 포함관계가 성립한다(그 이유는?).

$$X \subseteq \{n \in \mathbb{N} : N + 1 \leq n \leq q\}$$

자연수 N의 선택에 따라 다음 부등식이 성립한다.

$$\left|\sum_{n\in X} a_n\right| \le \sum_{n\in X} |a_n| \le \sum_{n=N+1}^{q} |a_n| \le \frac{\varepsilon}{2}$$

그러면 $\sum_{m=0}^{M'} a_{f(m)}$은 $\sum_{n=0}^{N} a_n$의 $\frac{\varepsilon}{2}$–근방에 속하고, 앞서 언급했듯이 L'의 $\frac{\varepsilon}{2}$–근방에 속한다. 이로써 모든 $M'(\ge M)$에 대해 $\sum_{m=0}^{M'} a_{f(m)}$은 L'의 ε–근방에 속한다. 이로써 증명을 마친다. ■

놀랍게도 급수가 절대수렴하지 않으면 급수를 재배열한 결과는 매우 좋지 않다.

EX 7.4.4 다음과 같은 급수를 생각하자.

$$\frac{1}{3} - \frac{1}{4} + \frac{1}{5} - \frac{1}{6} + \frac{1}{7} - \frac{1}{8} + \cdots$$

이 급수는 절대수렴하지 않는다(그 이유는?). 그러나 교대급수 판정법에 따르면 이 급수는 수렴하고, 실제로 그 합은 양수이다.[8] $\left(\frac{1}{3} - \frac{1}{4}\right)$, $\left(\frac{1}{5} - \frac{1}{6}\right)$, $\left(\frac{1}{7} - \frac{1}{8}\right)$ 등 모두 양수이므로 모든 부분합은 양수임을 나타낼 수 있다. 따라서 급수의 합은 양수이다.[9]

그런데 만약 양수항 사이에 음수항이 두 개씩 오도록 급수를 재배열한다고 해보자. 이를테면 다음과 같이 재배열한다고 생각할 수 있다.

$$\frac{1}{3} - \frac{1}{4} - \frac{1}{6} + \frac{1}{5} - \frac{1}{8} - \frac{1}{10} + \frac{1}{7} - \frac{1}{12} - \frac{1}{14} + \cdots$$

그러면 이때의 부분합은 빠르게 음수가 된다. 왜냐하면 $\left(\frac{1}{3} - \frac{1}{4} - \frac{1}{6}\right)$, $\left(\frac{1}{5} - \frac{1}{8} - \frac{1}{10}\right)$을 비롯하여 n번째 항인 $\left(\frac{1}{2n+1} - \frac{1}{4n} - \frac{1}{4n+2}\right)$도 음수이기 때문이다. 그러므로 이 급수는 음수로 수렴한다. 실제로 이렇게 재배열한 급수는 $\frac{\ln(2)-1}{2} = -0.153426\cdots$으로 수렴한다.

수렴하지만 절대수렴하지 않는 급수를 조건수렴(conditionally convergence)한다고 하는데, 조건수렴하는 급수를 재배열해서 **임의의** 값으로 수렴하게 할 수 있다는 리만의 놀라운 결과가 존재한다(정리 8.2.8 참고). 또는 발산하도록 재배열할 수도 있다(8.2절 연습문제 6 참고).

지금까지 다룬 내용을 요약하면, 급수의 재배열은 그 급수가 절대수렴할 때에만 안전하고 그 외의 경우에는 다소 위험하다. 절대수렴하지 않는 급수를 재배열한다고 해서 반드시 잘못된 결과가 나온다는

8 이 급수의 합은 $\ln(2) - \frac{1}{2} = 0.193147\cdots$로 수렴한다. 『TAO 해석학 II』의 EX 4.5.7을 참고하라.

9 그 이유는? 이 질문에 답하려면 부분합에 짝수항 또는 홀수항이 있는지의 여부에 따라 두 가지 경우로 구분해야 한다.

뜻은 아니지만,[10] 명제 7.4.3과 같은 엄밀한 결과가 뒷받침되지 않는데 재배열하면 위험하다.

7.4 연습문제

1. 절대수렴하는 실수 급수 $\sum_{n=0}^{\infty} a_n$과 증가함수 $f : \mathbb{N} \to \mathbb{N}$을 생각하자. 즉, 모든 $n \in \mathbb{N}$에 대해 $f(n+1) > f(n)$이다. 그러면 급수 $\sum_{n=0}^{\infty} a_{f(n)}$도 절대수렴함을 보여라.

힌트 각각의 부분합 $\sum_{n=0}^{\infty} a_{f(n)}$을 (조금 다른) 부분합 $\sum_{n=0}^{\infty} a_n$과 비교한다.

만약 f가 증가함수가 아니라 단순히 단사함수라고 가정하면 어떻게 될지 설명하라.

2. a_n을 $a_n + |a_n|$과 $|a_n|$의 차로 표현하고 명제 7.4.1과 명제 7.2.13을 이용하여 명제 7.4.3을 다른 방법으로 증명하라. 윌 발라드(Will Ballard)가 이러한 방법으로 증명했다.

7.5 근 판정법과 비 판정법

이제 수렴 여부를 보이는 유명한 두 가지 판정법을 살펴보고 이를 증명해보자.

정리 7.5.1 근 판정법(root test)

실수 급수 $\sum_{n=m}^{\infty} a_n$을 생각하고 $\alpha := \limsup_{n\to\infty} |a_n|^{1/n}$라 하자.

(a) $\alpha < 1$이면 급수 $\sum_{n=m}^{\infty} a_n$은 절대수렴한다. 따라서 이 급수는 수렴한다.

(b) $\alpha > 1$이면 급수 $\sum_{n=m}^{\infty} a_n$은 수렴하지 않는다. 따라서 이 급수는 절대수렴하지 않는다.

(c) $\alpha = 1$이면 어떤 결론도 내릴 수 없다.

10 이를테면 이론물리학에서는 종종 비슷한 조작을 수행해도 결국에는 (일반적으로) 정답을 얻을 수 있다.

증명

명제 7.2.13(**c**)에 의해 일반성을 잃지 않고 $m \geq 1$이라 가정한다. 특히 임의의 $n(\geq m)$에 대해 $|a_n|^{1/n}$은 잘 정의된다.

(**a**) $\alpha < 1$이라 가정하자. 모든 n에 대해 $|a_n|^{1/n} \geq 0$이므로 틀림없이 $\alpha \geq 0$이다. 그러면 $0 < \alpha + \varepsilon < 1$이 되는 $\varepsilon > 0$을 찾을 수 있다. 예를 들어 $\varepsilon := \dfrac{1-\alpha}{2}$로 설정하면 된다. 명제 6.4.12(**a**)에 따르면 $N(\geq m)$이 존재해서 모든 $n(\geq N)$에 대해 $|a_n|^{1/n} \leq \alpha + \varepsilon$이다. 즉, 모든 $n(\geq N)$에 대해 $|a_n| \leq (\alpha+\varepsilon)^n$이다. 그런데 $0 < \alpha + \varepsilon < 1$이므로 기하급수에 의해 $\displaystyle\sum_{n=N}^{\infty}(\alpha+\varepsilon)^n$은 절대수렴한다.[11] 따라서 비교판정법에 의해 급수 $\displaystyle\sum_{n=N}^{\infty} a_n$은 절대수렴한다. 그러므로 명제 7.2.13(**c**)를 다시 적용하면 급수 $\displaystyle\sum_{n=m}^{\infty} a_n$도 절대수렴한다.

(**b**) $\alpha > 1$이라 가정하자. 명제 6.4.12(**b**)에 따르면 모든 $N(\geq m)$에 대해 어떤 $n(\geq N)$이 존재해서 $|a_n|^{1/n} > 1$이다. 따라서 $|a_n| > 1$이다. 특히 임의의 N에 대해 수열 $(a_n)_{n=N}^{\infty}$은 0의 1-근방에 속하지 않으므로 수열 $(a_n)_{n=m}^{\infty}$도 0의 궁극적인 1-근방에 속하지 않는다. 즉, 수열 $(a_n)_{n=m}^{\infty}$은 0으로 수렴하지 않는다. 따라서 영 판정법에 의해 급수 $\displaystyle\sum_{n=m}^{\infty} a_n$은 수렴하지 않는다.

(**c**) $\alpha = 1$인 경우는 연습문제 3으로 남긴다. ■

근 판정법은 상극한을 사용하여 표현되지만, 극한 $\lim_{n\to\infty}|a_n|^{1/n}$이 수렴하면 극한과 상극한은 동일하다. 따라서 상극한 대신 극한을 이용하여 근 판정법을 표현할 수 있는데, 이는 **극한이 존재할 때에만** 가능하다.

근 판정법은 간혹 사용하기 어려울 때가 있다. 하지만 다음 보조정리를 이용하면 근 판정법을 쉽게 비 판정법으로 바꿀 수 있다.

보조정리 7.5.2 양수로 이루어진 수열 $(c_n)_{n=m}^{\infty}$을 생각하자. 그러면 다음이 성립한다.

$$\liminf_{n\to\infty}\frac{c_{n+1}}{c_n} \leq \liminf_{n\to\infty} c_n^{1/n} \leq \limsup_{n\to\infty} c_n^{1/n} \leq \limsup_{n\to\infty}\frac{c_{n+1}}{c_n}$$

증명

여기서 증명해야 할 부등식이 총 세 가지이다. 가운데 부등식은 명제 6.4.12(**c**)로 증명할 수 있다. 마지막 부등식은 지금 증명하고, 첫 번째 부등식은 연습문제 1로 남긴다.

11 명제 7.2.13(**c**)에서 N을 독립적으로 선택했음을 기억하자.

$L := \limsup_{n\to\infty} \frac{c_{n+1}}{c_n}$로 두자. $L = +\infty$이면 증명이 끝난다. 왜냐하면 모든 확장된 실수 x에 대해 $x \leq +\infty$이기 때문이다. 그러므로 L은 유한한 실수라고 가정할 수 있다. 참고로 L은 $-\infty$일 수 없다(그 이유는?). $\frac{c_{n+1}}{c_n}$은 항상 양수이므로 $L \geq 0$이다.

$\varepsilon > 0$을 생각하자. 명제 6.4.12(**a**)에 따르면 모든 $n(\geq N)$에 대해 $N(\geq m)$이 존재해서 $\frac{c_{n+1}}{c_n} \leq L+\varepsilon$이다. 일반성을 잃지 않고 $N \geq 1$이라고 가정하자. 이는 모든 $n(\geq N)$에 대해 $c_{n+1} \leq c_n(L+\varepsilon)$임을 의미한다. 귀납적으로 이는 모든 $n(\geq N)$에 대해 $c_n \leq c_N(L+\varepsilon)^{n-N}$이 성립함을 의미한다(그 이유는?). $A := c_N(L+\varepsilon)^{-N}$이라 두면 다음이 성립한다.

$$c_n \leq A(L+\varepsilon)^n$$

그래서 모든 $n(\geq N)$에 대해 $c_n^{1/n} \leq A^{1/n}(L+\varepsilon)$이다. 극한 법칙(정리 6.1.19 참고)과 보조정리 6.5.3을 이용하면 다음과 같이 극한이 존재한다.

$$\lim_{n\to\infty} A^{1/n}(L+\varepsilon) = L+\varepsilon$$

따라서 비교 성질(보조정리 6.4.13 참고)에 의해 $\limsup_{n\to\infty} c_n^{1/n} \leq L+\varepsilon$이다. 이는 모든 $\varepsilon > 0$에 대해 참이기 때문에, 다음 부등식이 성립한다(그 이유는? 귀류법으로 증명하라).

$$\limsup_{n\to\infty} c_n^{1/n} \leq L$$

이로써 바라는 바를 증명했다. ■

정리 7.5.1과 보조정리 7.5.2(그리고 연습문제 3)에 의해 다음 따름정리가 성립한다.

따름정리 7.5.3 비 판정법(ratio test)

영이 아닌 항으로 이루어진 급수 $\sum_{n=m}^{\infty} a_n$을 생각하자.[12]

- $\limsup_{n\to\infty} \frac{|a_{n+1}|}{|a_n|} < 1$이면 급수 $\sum_{n=m}^{\infty} a_n$은 절대수렴한다. 따라서 이 급수는 수렴한다.
- $\limsup_{n\to\infty} \frac{|a_{n+1}|}{|a_n|} > 1$이면 급수 $\sum_{n=m}^{\infty} a_n$은 수렴하지 않는다. 따라서 이 급수는 절대수렴하지 않는다.
- 나머지 경우에는 어떤 결론도 내릴 수 없다.

보조정리 7.5.2의 또다른 결과로 다음 극한도 얻을 수 있다.

12 $\frac{|a_{n+1}|}{|a_n|}$이 잘 정의될 수 있도록 급수의 항이 영이 아니라고 가정한다.

명제 7.5.4 $\lim_{n\to\infty} n^{1/n} = 1$

증명

보조정리 7.5.2, 명제 6.1.11과 극한 법칙(정리 6.1.19 참고)에 따르면 다음이 성립한다.

$$\limsup_{n\to\infty} n^{1/n} \le \limsup_{n\to\infty} \frac{n+1}{n} = \limsup_{n\to\infty}\left(1+\frac{1}{n}\right) = 1$$

비슷한 방법으로 $\liminf_{n\to\infty} n^{1/n} \ge \liminf_{n\to\infty} \frac{n+1}{n} = \liminf_{n\to\infty}\left(1+\frac{1}{n}\right) = 1$도 성립한다. 따라서 명제 6.4.12의 (c)와 (f)에 의해 주어진 명제는 참이다. ■

참고 7.5.5 근 판정법과 비 판정법에 더해 수렴 여부를 보이는 다른 유용한 수렴판정법으로 **적분판정법**(integral test)이 있다. 이는 명제 11.6.4에서 다룬다.

7.5 연습문제

1. 보조정리 7.5.2의 첫 번째 부등식인 $\liminf_{n\to\infty} \frac{c_{n+1}}{c_n} \le \liminf_{n\to\infty} c_n^{1/n}$을 증명하라.

2. $|x|<1$을 만족하는 실수 x와 실수 q를 생각하자. 급수 $\sum_{n=1}^{\infty} n^q x^n$이 절대수렴하고 $\lim_{n\to\infty} n^q x^n = 0$임을 보여라.

3. 다음 조건을 각각 만족하는 급수 $\sum_{n=1}^{\infty} a_n$과 $\sum_{n=1}^{\infty} b_n$의 예를 제시하라.

(a) 양수 a_n으로 이루어진 급수 $\sum_{n=1}^{\infty} a_n$이 발산하고 $\lim_{n\to\infty} \frac{a_{n+1}}{a_n} = \lim_{n\to\infty} a_n^{1/n} = 1$이다.

(b) 양수 b_n으로 이루어진 급수 $\sum_{n=1}^{\infty} b_n$이 수렴하고 $\lim_{n\to\infty} \frac{b_{n+1}}{b_n} = \lim_{n\to\infty} b_n^{1/n} = 1$이다.

힌트 따름정리 7.3.7을 이용한다.

이는 합이 양수이고 모든 극한이 수렴하는데도 근 판정법과 비 판정법이 급수의 수렴 여부를 결정하지 않을 수 있음을 보여준다.

8

무한집합

Infinite sets

이제 집합론을 다시 살펴보려고 한다. 특히 3.6절에서 처음 언급한 무한집합[1]의 크기를 되짚어보겠다.

8.1 가산성

명제 3.6.14(c)에 따르면 X가 유한집합이고 Y가 X의 진부분집합일 때, Y와 X의 크기는 서로 같지 않다. 그러나 무한집합에서는 이 성질을 만족하지 않는다. 일례로 정리 3.6.12에 따르면 자연수 집합 $\mathbb{N}$은 무한집합이다. 명제 3.6.14(a) 덕분에 집합 $\mathbb{N} - \{0\}$은 무한집합이고(그 이유는?) $\mathbb{N}$의 진부분집합이다. 이때 함수 $f : \mathbb{N} \to \mathbb{N} - \{0\}$을 $f(n) := n + 1$로 정의하면 f는 $\mathbb{N}$에서 $\mathbb{N} - \{0\}$으로의 전단사함수이므로(그 이유는?), 집합 $\mathbb{N} - \{0\}$이 $\mathbb{N}$보다 더 '작음'에도 두 집합의 크기가 서로 같다. 이것이 무한집합의 특징 중 하나이다. 연습문제 1에서 이를 상세히 다룬다.

무한집합은 가산집합과 비가산집합이라는 두 가지 유형으로 구분한다.

정의 8.1.1 가산집합(countable set)

- 집합 X가 **가산 무한집합(countably infinite set)**일 필요충분조건은 집합 X의 크기가 자연수 집합 $\mathbb{N}$의 크기와 같은 것이다. 가산 무한집합을 간단히 **가산집합**이라고도 한다.
- 집합 X가 **가산 이하 집합(at most countable set)**일 필요충분조건은 집합 X가 가산집합이거나 유한집합인 것이다.
- 집합 X가 **비가산집합(uncountable set)**일 필요충분조건은 집합 X가 무한집합이지만 가산집합은 아닌 것이다.

참고 8.1.2 가산집합은 **가부번집합**(denumerable set)이라고도 한다.

EX 8.1.3 이전에 논의한 내용에 따르면 $\mathbb{N}$은 가산집합이고, $\mathbb{N} - \{0\}$도 가산집합이다. 가산집합의 또다른 예로 짝수 자연수 집합 $\{2n : n \in \mathbb{N}\}$이 있는데, 함수 $f(n) := 2n$이 $\mathbb{N}$과 짝수 자연수 집합 사이의 전단사함수이기 때문이다(그 이유는?).

---

1 정의 3.6.10에서 무한집합을 임의의 자연수 n에 대해 집합의 크기가 n이 아닌 집합으로 설명했다.

가산집합 X를 생각하자. 정의에 따르면 전단사함수 $f : \mathbb{N} \to X$가 존재한다. 따라서 X의 모든 원소는 정확히 한 자연수 n에 대해 $f(n)$ 형태로 쓸 수 있다. f를 사용하면 X를 다음과 같이 표현할 수 있다.

$$X = \{f(0), f(1), f(2), f(3), \cdots\}$$

그러므로 가산집합을 영 번째[2] 원소가 $f(0)$, 첫 번째 원소가 $f(1)$, 두 번째 원소가 $f(2)$ 등인 수열로 배열할 수 있다. 모든 원소 $f(0)$, $f(1)$, $f(2)$, $\cdots$는 서로 다르고 이 원소를 모두 모으면 집합 X가 가득 채워진다. 이러한 집합을 **가산집합**이라 부르는 이유는 문자 그대로 원소를 $f(0)$부터 시작하여 $f(1)$, $f(2)$ 등으로 하나씩 셀 수 있기 때문이다.

이러한 관점에서 보면 다음의 세 집합은 모두 가산집합이다.

- 자연수 집합 $\mathbb{N} = \{0, 1, 2, 3, \cdots\}$
- 양의 정수 집합 $\mathbb{N} - \{0\} = \{1, 2, 3, \cdots\}$
- 짝수 자연수 집합 $\{0, 2, 4, 6, 8, \cdots\}$

그러나 다음 세 집합이 가산집합인지 아닌지의 여부는 확실하지 않다.

- 정수 집합 $\mathbb{Z} = \{\cdots, -3, -2, -1, 0, 1, 2, 3, \cdots\}$
- 유리수 집합 $\mathbb{Q} = \left\{0, \frac{1}{4}, -\frac{2}{3}, \cdots\right\}$
- 실수 집합 $\mathbb{R} = \{0, \sqrt{2}, -\pi, 2.5, \cdots\}$

이를테면 실수를 수열 $f(0)$, $f(1)$, $f(2)$, $\cdots$로 배열할 수 있을지의 여부를 아직 모르기 때문이다. 이 질문에 관해 곧 답할 수 있을 것이다.

명제 3.6.4와 정리 3.6.12에서 가산집합이 무한집합임을 알고 있지만, 모든 무한집합이 가산집합인지의 여부는 명확하지 않다. 이 질문의 답도 곧 확인할 수 있을 것이다. 그전에 먼저 중요한 원리를 알아두어야 한다.

명제 8.1.4 정렬원리(well-ordering principle)

자연수 집합 $\mathbb{N}$의 공집합이 아닌 부분집합 X를 생각하자. 그러면 원소 $n \in X$가 정확히 한 개 존재해서 임의의 $m \in X$에 대해 $n \le m$이다. 즉, 자연수 집합의 공집합이 아닌 부분집합은 모두 최소원소를 가진다.

2 (옮긴이) 첫 번째 원소가 아닌 이유는 정의 2.1.1에서 자연수를 0부터 시작한다고 정의했기 때문이다.

명제 8.1.4의 증명은 연습문제 2로 남긴다.

정렬원리에서 언급한 원소 n을 X의 **최솟값(minimum)**이라 하고 $\min(X)$로 표기한다. 예를 들어 집합 $\{2, 4, 6, 8, \cdots\}$의 최솟값은 2이다. 이 최솟값은 정의 5.5.10에서 정의한 X의 하한과 동일하다 (그 이유는?).

> **명제 8.1.5** 자연수 집합 $\mathbb{N}$의 무한 부분집합 X를 생각하자. 그러면 증가함수(즉, 모든 $n \in \mathbb{N}$에 대해 $f(n+1) > f(n)$)이자 전단사함수인 $f : \mathbb{N} \to X$가 유일하게 존재한다. 특히 X와 $\mathbb{N}$의 크기가 서로 같으므로 X는 가산집합이다.

증명

증명 과정 일부를 (?)로 표시하여 비워두었다. (?)로 표시한 부분을 채우는 과정은 연습문제 3으로 남긴다.

다음 공식을 이용하여 자연수로 이루어진 수열 a_0, a_1, a_2, $\cdots$를 재귀적으로 정의하자.

$$a_n := \min\{x \in X : \text{모든 } m(< n)\text{에 대해 } x \neq a_m\}$$

직관적으로 보면 a_0는 X에서 가장 작은 원소이고 a_1은 X에서 두 번째로 작은 원소이다.[3] a_2는 X에서 세 번째로 작은 원소이며, 이와 같이 계속 생각할 수 있다. a_n을 정의하려면 모든 $m(< n)$에 대해 a_m 값을 알아야 한다. 그래서 이 정의는 재귀적이다.

집합 X가 무한집합이므로 집합 $\{x \in X : \text{모든 } m(< n)\text{에 대해 } x \neq a_m\}$도 무한집합(?)이고, 즉, 공집합이 아니다. 정렬원리에 의해 최솟값 $\min\{x \in X : \text{모든 } m(< n)\text{에 대해 } x \neq a_m\}$은 항상 잘 정의된다.

또한 a_n이 증가수열, 즉 다음 관계를 만족함을 보일 수(?) 있다.

$$a_0 < a_1 < a_2 < \cdots$$

특히 모든 $n(\neq m)$에 대해 $a_n \neq a_m$이다(?). 또한 자연수 n마다 $a_n \in X$이다(?).

이제 함수 $f : \mathbb{N} \to X$를 $f(n) := a_n$으로 정의하자. 앞 문단에 의해 f는 단사함수이므로 이제 f가 전사함수임을 보이자. 즉, 모든 $x \in X$에 대해 n이 존재해서 $a_n = x$임을 보여야 한다.

$x \in X$를 생각하자. 귀류법을 사용하기 위해 모든 자연수 n에 대해 $a_n \neq x$라고 가정한다. 그러면 모든 n에 대해 x가 집합 $\{x \in X : \text{모든 } m(< n)\text{에 대해 } x \neq a_m\}$의 원소임을 의미한다(?). a_n의 정의에 따르면 모든 자연수 n에 대해 $x \geq a_n$임을 의미한다. 그런데 a_n이 증가수열이므로 $a_n \geq n$

3 즉, 집합 X에서 a_0를 제거하면 a_1이 가장 작은 원소이다.

이고(?), 즉, 모든 자연수 n에 대해 $x \geq n$이다. 특히 $x \geq x+1$이 성립하는데, 이는 모순이다. 그러므로 어떤 자연수 n에 대해 $a_n = x$이므로, f는 전사함수이다.

함수 $f : \mathbb{N} \to X$가 일대일함수이고 동시에 전사함수이므로 f는 전단사함수이다. 지금까지 $\mathbb{N}$에서 X로 가는 전단사함수 중 증가함수 f를 적어도 한 개 찾아냈다. 이제 귀류법을 사용하기 위해 $\mathbb{N}$에서 X로 가는 전단사함수 중 증가함수이며 f와는 서로 다른 함수인 g가 존재한다고 가정하자. 집합 $\{n \in \mathbb{N} : g(n) \neq f(n)\}$이 공집합이 아니므로 $m := \min\{n \in \mathbb{N} : g(n) \neq f(n)\}$을 정의하면, $g(m) \neq f(m) = a_m$이고 모든 $n(< m)$에 대해 $g(n) = f(n) = a_n$이다. 그런데 $g(m)$이 다음과 같은 이유로 a_m과 서로 같다(?).

$$g(m) = \min\{x \in X : t < m\text{을 만족하는 모든 } t\text{에 대해 } x \neq a_t\} = a_m$$

이로써 모순을 얻었다. 그러므로 $\mathbb{N}$에서 X로 가는 전단사함수 중 증가함수이지만 f가 아닌 함수는 존재하지 않는다. ■

정의 8.1.1에 따르면 유한집합은 가산 이하 집합이므로 다음과 같은 따름정리를 얻을 수 있다.

따름정리 8.1.6 자연수 집합의 모든 부분집합은 가산 이하 집합이다.

따름정리 8.1.7 X가 가산 이하 집합이고 Y가 X의 부분집합이면, Y는 가산 이하 집합이다.

증명

X가 유한집합이면 명제 3.6.14(c)에 의해 따름정리가 성립한다. 그러므로 X를 가산집합이라 가정하자. 그러면 X에서 $\mathbb{N}$으로 가는 전단사함수 $f : X \to \mathbb{N}$이 존재한다. Y가 X의 부분집합이고 f가 X에서 $\mathbb{N}$으로 가는 전단사함수이므로, f의 정의역을 Y로 제한하면 Y에서 $f(Y)$로 가는 전단사함수를 얻을 수 있다(왜 이 함수가 전단사인가?). 따라서 $f(Y)$는 Y와 그 크기가 서로 같다. 하지만 $f(Y)$가 $\mathbb{N}$의 부분집합이므로 따름정리 8.1.6에 의해 가산 이하 집합이다. 따라서 Y도 가산 이하 집합이다. ■

명제 8.1.8 집합 Y와 함수 $f : \mathbb{N} \to Y$를 생각하자. 그러면 $f(\mathbb{N})$은 가산 이하 집합이다.

명제 8.1.8의 증명은 연습문제 4로 남긴다.

따름정리 8.1.9 가산집합 X와 함수 $f : X \to Y$를 생각하자. 그러면 $f(X)$은 가산 이하 집합이다.

따름정리 8.1.9의 증명은 연습문제 5로 남긴다.

명제 8.1.10 가산집합 X와 Y를 생각하자. 그러면 $X \cup Y$는 가산집합이다.

명제 8.1.10의 증명은 연습문제 7로 남긴다.

지금까지 소개한 따름정리를 요약하면 가산집합의 임의의 부분집합이나 상(image)은 가산 이하 집합이고, 가산집합의 임의의 유한합집합도 여전히 가산집합이다. 이제 정수 집합의 가산성을 확인할 수 있다.

따름정리 8.1.11 정수 집합 $\mathbb{Z}$는 가산집합이다.

증명

이미 자연수 집합 $\mathbb{N} = \{0, 1, 2, 3, \cdots\}$은 가산집합임을 알고 있다. 집합 $-\mathbb{N}$을 다음과 같이 정의하자.

$$-\mathbb{N} := \{-n : n \in \mathbb{N}\} = \{0, -1, -2, -3, \cdots\}$$

집합 $-\mathbb{N}$도 가산집합인데, 사상 $f(n) := -n$이 $\mathbb{N}$에서 $-\mathbb{N}$으로 가는 전단사함수이기 때문이다. 정수 집합은 $\mathbb{N}$과 $-\mathbb{N}$의 합집합이므로 명제 8.1.10에 의해 가산집합이다. ■

유리수 집합의 가산성을 확인하려면, 데카르트 곱과 가산성을 연관지어야 한다. 특히 집합 $\mathbb{N} \times \mathbb{N}$이 가산집합임을 보여야 한다. 먼저 다음과 같은 보조정리가 필요하다.

보조정리 8.1.12 집합 $A := \{(n, m) \in \mathbb{N} \times \mathbb{N} : 0 \leq m \leq n\}$은 가산집합이다.

증명

$a_0 := 0$이고 모든 자연수 n에 대해 $a_{n+1} := a_n + n + 1$이라고 재귀적으로 정의한 수열 a_0, a_1, a_2, $\cdots$를 생각하자. 이 수열의 처음 몇 항을 나열하면 다음과 같다.

$$\begin{aligned} a_0 &= 0, \\ a_1 &= 0 + 1, \\ a_2 &= 0 + 1 + 2, \\ a_3 &= 0 + 1 + 2 + 3, \\ &\vdots \end{aligned}$$

귀납법을 이용하면 a_n이 증가수열($n > m$일 때 $a_n > a_m$)임을 보일 수 있다(그 이유는?).

이제 함수 $f : A \to \mathbb{N}$을 다음과 같이 정의하자.

$$f(n, m) := a_n + m$$

$$\begin{matrix} & & & & \cdots \\ & & & 14 & \cdots \\ & & 9 & 13 & \cdots \\ & 5 & 8 & 12 & \cdots \\ 2 & 4 & 7 & 11 & \cdots \\ 0 \quad 1 & 3 & 6 & 10 & \cdots \end{matrix}$$

[그림 8.1] $f(n, m)$의 도식화

f가 일대일함수임을 보이려고 한다. 즉, A의 서로 다른 두 원소 (n, m)과 (n', m')에 대해 $f(n, m) \neq f(n', m')$임을 보여야 한다.

이를 증명하기 위해 (n, m)과 (n', m')을 A의 서로 다른 두 원소라고 하자. 그러면 $n' = n$, $n' > n$, $n' < n$으로 세 가지 경우가 존재한다.

먼저 $n' = n$이라 가정하자. $m = m'$이라면 (n, m)과 (n', m')이 서로 같기 때문에 $m \neq m'$으로 둔다. 따라서 $a_n + m \neq a_n + m'$이므로 $f(n, m) \neq f(n', m')$이다.

이번에는 $n' > n$이라 가정하자. 그러면 $n' \geq n + 1$이므로 다음이 성립한다.

$$f(n', m') = a_{n'} + m' \geq a_{n'} \geq a_{n+1} = a_n + n + 1$$

그런데 $(n, m) \in A$이므로 $m \leq n < n + 1$이고, 다음 관계가 성립한다.

$$f(n', m') \geq a_n + n + 1 > a_n + m = f(n, m)$$

따라서 $f(n', m') \neq f(n, m)$이다.

$n' < n$인 경우도 $n' > n$일 때의 증명에서 n과 n'의 역할만 바꾸면 유사하게 보일 수 있다. 이를 정리하면 f는 일대일함수이다. 따라서 f는 A에서 $f(A)$로의 전단사함수이며, A와 $f(A)$의 크기는 서로 같다. $f(A)$는 $\mathbb{N}$의 부분집합이므로 따름정리 8.1.6에 의해 $f(A)$는 가산 이하 집합이다. 그러므로 A도 가산 이하 집합이다. 또한 A는 유한집합이 아니다(그 이유는?[4]). 따라서 A는 틀림없이 가산집합이다. ■

4 힌트를 주면, 유한집합 A의 모든 부분집합은 유한집합이다. 특히 $\{(n, 0) : n \in \mathbb{N}\}$도 유한집합이다. 그러나 이 집합은 가산 무한집합이므로 모순이다.

따름정리 8.1.13 집합 $\mathbb{N}\times\mathbb{N}$은 가산집합이다.

증명

다음과 같이 정의한 두 집합 A, B를 생각하자.

$$A := \{(n,m)\in\mathbb{N}\times\mathbb{N} : 0\le m\le n\},$$

$$B := \{(n,m)\in\mathbb{N}\times\mathbb{N} : 0\le n\le m\}$$

집합 A는 가산집합이다. 이는 집합 B 또한 가산집합임을 의미한다. $f(n,m) := (m,n)$으로 정의한 사상 $f : A\to B$가 A에서 B로의 전단사함수이기 때문이다(그 이유는?) 그러나 $\mathbb{N}\times\mathbb{N}$이 A와 B의 합집합이므로(그 이유는?) 명제 8.1.10에 의해 집합 $\mathbb{N}\times\mathbb{N}$은 가산집합이다. ■

따름정리 8.1.14 X와 Y가 가산집합이면 $X\times Y$도 가산집합이다.

따름정리 8.1.14의 증명은 연습문제 8로 남긴다.

따름정리 8.1.15 유리수 집합 $\mathbb{Q}$는 가산집합이다.

증명

정수 집합 $\mathbb{Z}$는 가산집합이고, 이는 0이 아닌 정수 집합 $\mathbb{Z}-\{0\}$도 가산집합임을 의미한다(그 이유는?). 따름정리 8.1.14에 의해 다음과 같은 집합도 가산집합이다.

$$\mathbb{Z}\times(\mathbb{Z}-\{0\}) = \{(a,b) : a,b\in\mathbb{Z}, b\neq 0\}$$

함수 $f : \mathbb{Z}\times(\mathbb{Z}-\{0\})\to\mathbb{Q}$를 $f(a,b) := \frac{a}{b}$로 정의하면[5] 따름정리 8.1.9에 의해 $f(\mathbb{Z}\times(\mathbb{Z}-\{0\}))$은 가산 이하 집합이다. 한편 $f(\mathbb{Z}\times(\mathbb{Z}-\{0\})) = \mathbb{Q}$이므로(그 이유는? 이것은 유리수 $\mathbb{Q}$의 정의 때문이다.) $\mathbb{Q}$는 가산 이하 집합이다. 다만 유리수 집합 $\mathbb{Q}$는 자연수 집합 $\mathbb{N}$을 부분집합으로 가지기 때문에 유한집합이 아니다. 그러므로 $\mathbb{Q}$는 가산집합이다. ■

참고 8.1.16 유리수 집합이 가산집합이기 때문에 **원칙적으로** 유리수를 다음과 같이 수열로 배열할 수 있다.

$$\mathbb{Q} = \{a_0, a_1, a_2, a_3, \cdots\}$$

이때 수열의 모든 원소는 서로 다르고, 이 수열의 원소를 모두 모으면 $\mathbb{Q}$이다.[6] 그러나 이러한 수열 a_0, a_1, a_2, $\cdots$를 명시적으로 구성하는 과정은 (불가능한 일은 아니지만) 꽤 어렵다. 이는 연습문제 10으로 남긴다.

5 이 함수는 b가 0이 될 수 없기 때문에 잘 정의된다.

6 즉, 모든 유리수는 수열의 원소 a_n 중 하나이다.

8.1 연습문제

1. 집합 X를 생각하자. X가 무한집합일 필요충분조건은 X와 크기가 같은 X의 진부분집합 $Y(\subsetneq X)$가 존재하는 것임을 보여라. 참고로 이 연습문제를 해결하려면 선택공리(공리 8.1 참고)가 필요하다.

2. 명제 8.1.4를 증명하라.

힌트 귀납법이나 무한강하법(4.4절 연습문제 2 참고), 또는 최소상계[최대하계]의 존재성(정리 5.5.9 참고)를 이용할 수 있다.

자연수를 정수로 대체해도 정렬원리가 작동하는지의 여부를 설명하라. 자연수를 양의 유리수로 대체하면 어떻게 되는지도 설명하라.

3. 명제 8.1.5의 증명 과정 중 (?)로 표시하여 비워둔 부분을 완성하라.

4. 명제 8.1.8을 증명하라.

힌트 여기는 기본적으로 f가 일대일함수라고 가정하지 않았다는 문제가 있다. $A := \{n \in \mathbb{N} :$ 모든 m(단, $0 \leq m < n$)에 대해 $f(m) \neq f(n)\}$이라는 집합을 정의하자. 간단하게 이해하자면 집합 A는 수열 $f(0), f(1), \cdots, f(n-1)$에 $f(n)$이 나타나지 않는 자연수 n을 원소로 가진다. f의 정의역을 A로 제한할 때, f가 A에서 $f(\mathbb{N})$으로 가는 전단사함수임을 증명한 후, 따름정리 8.1.6을 사용한다.

5. 명제 8.1.8을 이용하여 따름정리 8.1.9를 증명하라.

6. 집합 A를 생각하자. A가 가산 이하 집합일 필요충분조건은 A에서 $\mathbb{N}$으로 가는 단사사상 $f : A \to \mathbb{N}$이 존재하는 것임을 증명하라.

7. 명제 8.1.10을 증명하라.

힌트 가정에 따르면 두 전단사함수 $f : \mathbb{N} \to X$와 $g : \mathbb{N} \to Y$가 존재한다. 함수 $h : \mathbb{N} \to X \cup Y$를 임의의 자연수 n에 대해 $h(2n) := f(n)$, $h(2n+1) := g(n)$으로 정의하고 $h(\mathbb{N}) = X \cup Y$임을 보인 후, 따름정리 8.1.9를 이용하여 $X \cup Y$가 유한집합일 수 없음을 보인다.

8. 따름정리 8.1.13을 이용하여 따름정리 8.1.14를 증명하라.

9. I가 가산 이하 집합이라고 가정하고 각각의 $\alpha \in I$마다 A_α를 가산 이하 집합이라고 하자. 집합 $\bigcup_{\alpha \in I} A_\alpha$도 가산 이하 집합임을 보여라. 특히, 가산집합의 가산합집합은 가산집합이다. 참고로 이 연습문제를 해결하려면 8.4절의 선택공리가 필요하다.

10. 자연수에서 유리수로 가는 전단사함수 $f : \mathbb{N} \to \mathbb{Q}$를 찾아라. 참고로 이러한 함수를 명시적으로 구하는 과정은 f가 동시에 단사함수이자 전사함수가 되도록 만드는 게 어렵기 때문에 다소 까다롭다.

8.2 무한집합의 합

이번 절에서는 합이 절대수렴할 때, 잘 정의되는 **가산집합**의 합 개념을 소개한다.

정의 8.2.1 가산집합에서의 급수

가산집합 X와 함수 $f : X \to \mathbb{R}$을 생각하자. 급수 $\sum_{x \in X} f(x)$가 **절대수렴(absolutely convergence)**할 필요충분조건은 어떤 전단사함수 $g : \mathbb{N} \to X$에 대해 합 $\sum_{n=0}^{\infty} f(g(n))$이 절대수렴하는 것이다. 그러면 급수 $\sum_{x \in X} f(x)$의 합을 다음과 같이 정의한다.

$$\sum_{x \in X} f(x) = \sum_{n=0}^{\infty} f(g(n))$$

명제 7.4.3을 이용하면 정의 8.2.1이 g의 선택에 의존하지 않음을 보일 수 있다. 따라서 급수 $\sum_{x \in X} f(x)$의 합은 잘 정의된다.

다음으로 이중합(double summation)에 관한 중요한 이론을 소개한다.

정리 8.2.2 무한합의 푸비니 정리(Fubini's theorem)

급수 $\sum_{(n,m) \in \mathbb{N} \times \mathbb{N}} f(n, m)$이 절대수렴하는 함수 $f : \mathbb{N} \times \mathbb{N} \to \mathbb{R}$을 생각하자. 그러면 다음이 성립한다.

$$\sum_{n=0}^{\infty}\left(\sum_{m=0}^{\infty} f(n,m)\right) = \sum_{(n,\,m)\in\mathbb{N}\times\mathbb{N}} f(n,m)$$
$$= \sum_{(m,\,n)\in\mathbb{N}\times\mathbb{N}} f(n,m)$$
$$= \sum_{m=0}^{\infty}\left(\sum_{n=0}^{\infty} f(n,\,m)\right)$$

즉, **전체 합이 절대수렴하는** 무한합의 순서를 바꿀 수 있다. 이 내용과 EX 1.2.5를 서로 비교해보자.

정리 8.2.2의 두 번째 등식은 명제 7.4.3(과 명제 3.6.4)에서 쉽게 도출된다. 세 번째 등식은 n과 m의 역할만 바꾸면 첫 번째 등식과 유사한 과정으로 증명할 수 있다. 참고로 이 정리를 증명하는 과정은 다른 증명보다 훨씬 복잡하기 때문에 여기에서는 증명의 개요만 소개한다. 따라서 이 정리의 증명은 필요에 따라 선택적으로 보아도 좋다.

정리 8.2.2의 증명

지금은 첫 번째 등식의 증명을 간략하게 소개한다.

(일반적인 경우는 나중에 다루고) 우선 $f(n,m)$이 항상 음이 아닐 때를 생각하자. L을 다음과 같이 정의한다.

$$L := \sum_{(n,\,m)\in\mathbb{N}\times\mathbb{N}} f(n,m)$$

급수 $\displaystyle\sum_{n=0}^{\infty}\left(\sum_{m=0}^{\infty} f(n,m)\right)$이 L로 수렴하는 것을 보여야 한다.

모든 유한집합 $X \subseteq \mathbb{N}\times\mathbb{N}$에 대해 $\displaystyle\sum_{(n,\,m)\in X} f(n,m) \le L$임을 쉽게 보일 수 있다(그 이유는?[7]).

특히 모든 $n\in\mathbb{N}$과 $M\in\mathbb{N}$에 대해 $\displaystyle\sum_{m=0}^{M} f(n,m) \le L$이다. 이는 명제 6.3.8에 의해 $\displaystyle\sum_{m=0}^{\infty} f(n,m)$이 각각의 m에 대해 수렴함을 의미한다. 비슷하게 임의의 $N\in\mathbb{N}$과 $M\in\mathbb{N}$에 대해 (따름정리 7.1.14에 의해) 다음 부등식이 성립한다.

$$\sum_{n=0}^{N}\sum_{m=0}^{M} f(n,m) \le \sum_{(n,\,m)\in X} f(n,m) \le L$$

이때 X는 명제 3.6.14에 의해 유한집합 $\{(n,m)\in\mathbb{N}\times\mathbb{N} : n\le N, m\le M\}$이다. $M\to\infty$일 때 이 집합의 상한을 취하면 (극한 법칙과 N에 관한 귀납법에 의해) 다음을 알 수 있다.

$$\sum_{n=0}^{N}\sum_{m=0}^{\infty} f(n,m) \le L$$

7 $\mathbb{N}\times\mathbb{N}$에서 $\mathbb{N}$으로 가는 전단사함수 g를 이용한 후, $g(X)$가 유한집합이므로 유계라는 사실을 사용한다.

이는 명제 6.3.8에 의해 $\sum_{n=0}^{\infty}\sum_{m=0}^{\infty} f(n,m)$이 수렴하고 다음 부등식이 성립함을 의미한다.

$$\sum_{n=0}^{\infty}\sum_{m=0}^{\infty} f(n,m) \le L$$

모든 $\varepsilon > 0$에 대해 다음 식이 성립함을 보이면 증명을 끝내기에 충분하다.

$$\sum_{n=0}^{\infty}\sum_{m=0}^{\infty} f(n,m) \ge L - \varepsilon$$

(왜 충분할까? 귀류법으로 확인해보길 바란다.) 그러므로 $\varepsilon > 0$이라 하자. L의 정의에 따라 $\sum_{(n,m)\in X} f(n,m) \ge L - \varepsilon$을 만족하는 유한집합 $X(\subseteq \mathbb{N}\times\mathbb{N})$을 찾을 수 있다(그 이유는?). 이 집합은 유한집합이기 위해서 $Y := \{(n,m) \in \mathbb{N}\times\mathbb{N} : n \le N, m \le M\}$ 형태를 갖춘 어떤 집합에 포함되어야 한다. (그 이유는? 귀납법으로 확인해보길 바란다.) 그러므로 따름정리 7.1.14에 의해 다음이 성립한다.

$$\sum_{n=0}^{N}\sum_{m=0}^{M} f(n,m) = \sum_{(n,m)\in Y} f(n,m) \ge \sum_{(n,m)\in X} f(n,m) \ge L - \varepsilon$$

그리고 다음 식도 얻는다.

$$\sum_{n=0}^{\infty}\sum_{m=0}^{\infty} f(n,m) \ge \sum_{n=0}^{N}\sum_{m=0}^{\infty} f(n,m) \ge \sum_{n=0}^{N}\sum_{m=0}^{M} f(n,m) \ge L - \varepsilon$$

따라서 원하는 바를 증명했다.

지금까지 $f(n,m)$이 모두 음이 아닐 때를 증명했다.

$f(n,m)$이 모두 양이 아닐 때에도 이와 비슷하게 증명할 수 있다. 실제로는 방금 얻은 결과를 함수 $-f(n,m)$에 적용한 다음 극한 법칙을 사용하여 $-$를 제거하면 된다.

일반적으로 임의의 함수 $f(n,m)$은 $f_+(n,m) + f_-(n,m)$으로 표현할 수 있다(그 이유는?). 이때 $f_+(n,m)$은 f의 양수 부분이고 $f_-(n,m)$은 f의 음수 부분이다.[8] 급수 $\sum_{(n,m)\in\mathbb{N}\times\mathbb{N}} f(n,m)$이 절대수렴하면 $\sum_{(n,m)\in\mathbb{N}\times\mathbb{N}} f_+(n,m)$과 $\sum_{(n,m)\in\mathbb{N}\times\mathbb{N}} f_-(n,m)$도 절대수렴함을 쉽게 보일 수 있다. 방금 얻은 결과를 f_+와 f_-에 적용하고, 두 식을 극한 법칙을 이용하여 더하면 일반적인 f에 대한 결론을 내릴 수 있다. ■

절대수렴하는 급수의 다른 특징을 소개한다.

8 $f(n,m)$이 양수이면 $f_+(n,m) = f(n,m)$이고, 그 외에는 $f_+(n,m) = 0$이다. 그리고 $f(n,m)$이 음수이면 $f_-(n,m) = f(n,m)$이고, 그 외에는 $f_-(n,m) = 0$이다.

보조정리 8.2.3 가산집합 X와 함수 $f : X \to \mathbb{R}$을 생각하자. 급수 $\sum_{x \in X} f(x)$가 절대수렴할 필요충분조건은 $\sup\left\{\sum_{x \in A} |f(x)| : A \subseteq X,\ A\text{가 유한집합}\right\} < \infty$인 것이다.

보조정리 8.2.3의 증명은 연습문제 1로 남긴다.

보조정리 8.2.3에서 영감을 얻어 이제 X가 비가산집합일 때에도 절대수렴하는 급수 개념을 정의할 수 있다. 참고로 비가산집합의 몇 가지 예는 다음 절에서 소개한다.

정의 8.2.4 (비가산일 수도 있는) 집합 X와 함수 $f : X \to \mathbb{R}$을 생각하자. 급수 $\sum_{x \in X} f(x)$가 절대수렴할 필요충분조건은 $\sup\left\{\sum_{x \in A} |f(x)| : A \subseteq X,\ A\text{가 유한집합}\right\} < \infty$인 것이다.

아직 급수 $\sum_{x \in X} f(x)$가 무엇과 서로 같은지에 관해 다루지 않았는데, 다음 보조정리 8.2.5에서 이를 설명한다.

보조정리 8.2.5 (비가산일 수도 있는) 집합 X와 함수 $f : X \to \mathbb{R}$을 생각하자. 그래서 급수 $\sum_{x \in X} f(x)$가 절대수렴한다고 하자. 그러면 집합 $\{x \in X : f(x) \neq 0\}$은 가산 이하 집합이다.[9]

보조정리 8.2.5의 증명은 연습문제 2로 남긴다.

이것 때문에 비가산집합 X에서 절대수렴하는 급수의 합인 $\sum_{x \in X} f(x)$ 값은 다음과 같은 공식으로 정의할 수 있다.

$$\sum_{x \in X} f(x) := \sum_{x \in X : f(x) \neq 0} f(x)$$

왜냐하면 비가산집합 X의 합을 가산 이하 집합인 $\{x \in X : f(x) \neq 0\}$의 합으로 대체했기 때문이다. 참고로 앞의 합이 절대수렴하면 뒤의 합도 절대수렴한다. 또한 이 정의는 가산집합에서의 급수에 대한 기존 정의와 일치한다.

이제 임의의 집합에서 절대수렴하는 급수가 만족하는 성질을 알아보자.

9 이 결과를 설명하려면 선택공리가 필요하다. 8.4절을 참고하라.

명제 8.2.6 절대수렴 급수의 성질

(비가산일 수도 있는) 임의의 집합 X와 두 함수 $f : X \to \mathbb{R}$, $g : X \to \mathbb{R}$을 생각하자. 그래서 급수 $\sum_{x \in X} f(x)$와 $\sum_{x \in X} g(x)$가 절대수렴한다고 하자.

(a) 급수 $\sum_{x \in X}(f(x) + g(x))$는 절대수렴하고 다음이 성립한다.

$$\sum_{x \in X}(f(x) + g(x)) = \sum_{x \in X} f(x) + \sum_{x \in X} g(x)$$

(b) c가 실수이면 급수 $\sum_{x \in X} cf(x)$는 절대수렴하고 다음이 성립한다.

$$\sum_{x \in X} cf(x) = c \sum_{x \in X} f(x)$$

(c) 서로소인 두 집합 X_1, X_2에 대해 $X = X_1 \cup X_2$이면 급수 $\sum_{x \in X_1} f(x)$와 $\sum_{x \in X_2} f(x)$는 절대수렴하고 다음이 성립한다.

$$\sum_{x \in X_1 \cup X_2} f(x) = \sum_{x \in X_1} f(x) + \sum_{x \in X_2} f(x)$$

역으로 함수 $h : X \to \mathbb{R}$에 대해 급수 $\sum_{x \in X_1} h(x)$와 $\sum_{x \in X_2} h(x)$가 절대수렴하면 급수 $\sum_{x \in X_1 \cup X_2} h(x)$도 절대수렴하고 다음이 성립한다.

$$\sum_{x \in X_1 \cup X_2} h(x) = \sum_{x \in X_1} h(x) + \sum_{x \in X_2} h(x)$$

(d) Y가 다른 집합이고 $\phi : Y \to X$가 전단사함수이면 급수 $\sum_{y \in Y} f(\phi(y))$는 절대수렴하고 다음이 성립한다.

$$\sum_{y \in Y} f(\phi(y)) = \sum_{x \in X} f(x)$$

비가산집합 X에 대해서도 같은 결과를 얻으려면 선택공리가 필요하다. 8.4절을 참고하라.

명제 8.2.6의 증명은 연습문제 3으로 남긴다.

EX 7.4.4에서 급수가 조건수렴하면(수렴하지만 절대수렴하지 않으면) 급수를 재배열한 결과가 매우 좋지 않았음을 알 수 있었다. 이제 이 현상을 자세히 분석하자.

보조정리 8.2.7 조건수렴하는 실수 급수 $\sum_{n=0}^{\infty} a_n$을 생각하자. 집합 $A_+ := \{n \in \mathbb{N} : a_n \geq 0\}$과 $A_- := \{n \in \mathbb{N} : a_n < 0\}$을 정의하면 $A_+ \cup A_- = \mathbb{N}$이고 $A_+ \cap A_- = \varnothing$이다. 그러므로 급수 $\sum_{n \in A_+} a_n$과 $\sum_{n \in A_-} a_n$은 모두 절대수렴하지 않는다.

보조정리 8.2.7의 증명은 연습문제 4로 남긴다.

게오르크 리만(Georg Riemann, 1826–1866)은 조건수렴하지만 절대수렴하지 않는 급수를 임의의 값으로 수렴하도록 재배열할 수 있음을 보였다. 이제 그 놀라운 정리를 소개한다.

정리 8.2.8 조건수렴하는 급수 $\sum_{n=0}^{\infty} a_n$과 임의의 실수 L을 생각하자. 그러면 전단사함수 $f : \mathbb{N} \to \mathbb{N}$이 존재해서 급수 $\sum_{m=0}^{\infty} a_{f(m)}$이 L로 조건수렴한다.

이 정리의 증명은 필요에 따라 건너뛰어도 좋다.

정리 8.2.8의 증명

여기에서는 증명의 개요만 제시한다. 증명의 빈 부분을 채우는 과정은 연습문제 5로 남긴다.

보조정리 8.2.7에서 정의한 집합 A_+와 A_-를 생각하자. 이 보조정리에 따르면 급수 $\sum_{n \in A_+} a_n$과 $\sum_{n \in A_-} a_n$은 모두 절대수렴하지 않는다. 특히 A_+와 A_-는 무한집합이다(그 이유는?). 명제 8.1.5에 의해 증가하는 전단사함수 $f_+ : \mathbb{N} \to A_+$와 $f_- : \mathbb{N} \to A_-$를 찾을 수 있다. 따라서 급수 $\sum_{m=0}^{\infty} a_{f_+(m)}$과 $\sum_{m=0}^{\infty} a_{f_-(m)}$의 합은 모두 절대수렴하지 않는다(그 이유는?). 이제 발산하는 급수 $\sum_{m=0}^{\infty} a_{f_+(m)}$와 $\sum_{m=0}^{\infty} a_{f_-(m)}$의 항을 잘 선택된 순서로 골라서 그 차가 L로 수렴하도록 만들어야 한다.

자연수 수열 $n_0, n_1, n_2, \cdots$를 다음과 같이 재귀적으로 정의한다. j가 자연수이고 n_i가 모든 $i(< j)$에 대해 정의되었다고 가정하자. (이 정의는 $j = 0$일 때 공진리이다.) n_j를 다음 규칙을 만족하도록 정의하자.

(I) $\sum_{0 \leq i < j} a_{n_i} < L$이면 $n_j := \min\{n \in A_+ :$ 모든 $i(< j)$에 대해 $n \neq n_i\}$로 둔다.

(II) $\sum_{0 \leq i < j} a_{n_i} \geq L$이면 $n_j := \min\{n \in A_- :$ 모든 $i(< j)$에 대해 $n \neq n_i\}$로 둔다.

A_+와 A_-가 무한집합이고 두 집합 $\{n \in A_+ :$ 모든 $i(< j)$에 대해 $n \neq n_i\}$와 $\{n \in A_- :$ 모든 $i(< j)$에 대해 $n \neq n_i\}$가 공집합이 전혀 아니므로, 이 재귀적 정의는 잘 정의된다.[10] 그러면 다음과 같은 명제가 성립함을 확인할 수 있다.

- 사상 $j \mapsto n_j$는 단사함수이다(그 이유는?).
- 경우 (I), (II)는 무한히 많이 발생한다. (그 이유는? 이는 귀류법으로 확인한다.)

10 직관적으로 부분합이 너무 작으면 급수에 음이 아닌 수를 더하고, 반대로 부분합이 너무 크면 음수를 더한다.

- 사상 $j \mapsto n_j$ 는 전사함수이다(그 이유는?).
- $\lim_{j\to\infty} a_{n_j} = 0$ (그 이유는? 따름정리 7.2.6에 의해 $\lim_{n\to\infty} a_n = 0$이다.)
- $\lim_{j\to\infty} \sum_{0\le i\le j} a_{n_i} = L$ (그 이유는?)

모든 i에 대해 $f(i) := n_i$로 설정하면 주어진 정리는 참이다. ■

8.2 연습문제

1. 보조정리 8.2.3을 증명하라.

힌트 3.6절 연습문제 3이 유용하게 쓰일 것이다.

2. 보조정리 8.2.5를 증명하라.

힌트 먼저 $M := \sup\left\{ \sum_{x\in A} |f(x)| : A \subseteq X,\ A\text{는 유한집합}\right\}$으로 정의하면 집합 $\left\{x \in X : |f(x)| > \frac{1}{n}\right\}$은 모든 양의 정수 n에 대해 크기가 최대 Mn인 유한집합임을 보인다. 그런 다음 (8.4절의 선택공리를 사용하는) 8.1절 연습문제 9를 이용한다.

3. 명제 8.2.6을 증명하라.

힌트 7장에서 도출한 모든 결과를 사용할 수 있다.

4. 보조정리 8.2.7을 증명하라.

힌트 귀류법으로 증명하고, 극한 법칙을 적용한다.

5. 정리 8.2.8의 증명에서 (그 이유는?)이라고 표시한 부분이 모두 참임을 보여라.

6. 조건수렴 급수 $\sum_{n=0}^{\infty} a_n$을 생각하자. 전단사함수 $f : \mathbb{N} \to \mathbb{N}$이 존재해서 급수 $\sum_{m=0}^{\infty} a_{f(m)}$이 $+\infty$로 발산함을 보여라. 더 정확하게는 다음 식이 성립함을 보여라.

$$\liminf_{N\to\infty} \sum_{m=0}^{N} a_{f(m)} = \limsup_{N\to\infty} \sum_{m=0}^{N} a_{f(m)} = +\infty$$

물론 $+\infty$를 $-\infty$로 대체해도 유사한 명제가 성립한다.

8.3 비가산집합

지금까지 유리수 집합처럼 수열로 배열하는 방법이 명확하지 않은 경우를 포함해 많은 무한집합이 가산집합임을 보였다. 그렇다면 실수 집합과 같은 다른 무한집합도 가산집합이기를 희망할 수도 있다. 실수는 결국 유리수의 (형식적) 극한에 지나지 않으며 이미 유리수 집합은 가산집합임을 보였으니, 실수 집합도 가산집합인 게 타당해 보인다.

그러니 1873년에 게오르크 칸토어(Georg Cantor, 1845–1918)가 실수 $\mathbb{R}$을 비롯해 특정 집합이 비가산집합이며, 아무리 노력해도 실수 집합 $\mathbb{R}$을 수열 $a_0, a_1, a_2, \cdots$의 형태로 배열할 수 없음을 증명했을 때 당대 수학자들은 큰 충격을 받았다. 물론 실수 집합 $\mathbb{R}$은 $0, 1, 2, 3, 4, \cdots$와 같은 무한수열을 많이 **포함**할 수 있다. 그런데 칸토어는 그러한 수열들로 실수 집합을 **소진**시킬 수 없음을 증명했다. 즉, 그 어떤 실수 수열을 선택하더라도 그 수열에 포함되지 않는 실수가 존재한다는 뜻이다.

참고 3.4.11에서 집합 X의 **멱집합**을 X의 모든 부분집합의 집합이라 정의하고 이를 기호로 $2^X := \{A : A \subseteq X\}$로 표기했음을 떠올리자. 예를 들면 집합 $\{1, 2\}$의 멱집합은 $2^{\{1,2\}} = \{\varnothing, \{1\}, \{2\}, \{1, 2\}\}$이다. 연습문제 1에서 기호 2^X를 사용하는 이유를 살펴볼 것이다.

> **정리 8.3.1 칸토어 정리(Cantor's theorem)**
> 임의의 집합 X를 생각하자. 이 집합은 유한집합이든 무한집합이든 상관하지 않는다. 그러면 집합 X와 2^X의 크기는 서로 같지 않다.

증명

귀류법을 사용하기 위해 두 집합 X와 2^X의 크기가 서로 같다고 가정하자. 그러면 X와 X의 멱집합 사이에 전단사함수 $f: X \to 2^X$가 존재한다. 이제 집합 A를 다음과 같이 정의하자.

$$A := \{x \in X : x \notin f(x)\}$$

$f(x)$가 2^X의 원소이므로 집합 A는 잘 정의되며, 따라서 X의 부분집합이다. A가 X의 부분집합이므로 A는 2^X의 원소이다. f가 전단사함수이므로 $x \in X$가 존재해서 $f(x) = A$이다. 이제 $x \in A$와 $x \notin A$인 경우로 나누어 볼 수 있다.

$x \in A$이면 A의 정의에 의해 $x \notin f(x)$이며, 따라서 $x \notin A$이므로 모순이다. 반면에 $x \notin A$이면 $x \notin f(x)$이며, A의 정의에 의해 $x \in A$이므로 모순이다. 두 가지 경우에 모두 모순이 있으므로, 원하는 바가 증명되었다. ■

참고 8.3.2 칸토어 정리의 증명과 러셀의 역설(3.2절 참고)을 비교해보길 바란다. 요점은 X에서 2^X으로 가는 전단사함수는 집합 X가 '자기 자신을 포함한다'는 개념에 위험할 정도로 근접할 수 있다는 것이다.

따름정리 8.3.3 $2^{\mathbb{N}}$은 비가산집합이다.

증명

정리 8.3.1에 따르면 $2^{\mathbb{N}}$과 $\mathbb{N}$의 크기는 서로 같지 않으므로, $2^{\mathbb{N}}$은 비가산집합이거나 유한집합이다. 그러나 $2^{\mathbb{N}}$은 한원소집합으로 이루어진 집합 $\{\{n\} : n \in \mathbb{N}\}$을 부분집합으로 가지는데, 집합 $\{\{n\} : n \in \mathbb{N}\}$은 $\mathbb{N}$ 사이에 전단사함수가 존재하므로 가산 무한집합이다. 따라서 명제 3.6.14에 의해 $2^{\mathbb{N}}$은 유한집합이 아니므로 비가산집합이다. ■

칸토어 정리는 다음과 같이 중요하면서도 직관적이지 않은 결과를 이끌어낸다.

따름정리 8.3.4 $\mathbb{R}$은 비가산집합이다.

증명

다음과 같이 정의되는 사상 $f : 2^{\mathbb{N}} \to \mathbb{R}$을 생각하자.

$$f(A) := \sum_{n\in A} 10^{-n}$$

보조정리 7.3.3에 따르면 $\sum_{n=0}^{\infty} 10^{-n}$이 절대수렴하는 급수이므로, 명제 8.2.6(c)에 의해 급수 $\sum_{n\in A} 10^{-n}$도 절대수렴한다. 따라서 사상 f는 잘 정의된다.

이제 f가 단사함수임을 보이자. 귀류법을 사용하기 위해 $f(A) = f(B)$를 만족하는 서로 다른 두 집합 $A, B \in 2^{\mathbb{N}}$이 존재한다고 가정한다. $A \neq B$이므로 집합 $(A \backslash B) \cup (B \backslash A)$는 공집합이 아니며 $\mathbb{N}$의 부분집합이다. 정렬원리(명제 8.1.4 참고)를 사용하여 이 집합의 최솟값을 $n_0 := \min(A\backslash B) \cup (B\backslash A)$라고 정의할 수 있다. 그러면 n_0는 $A\backslash B$ 또는 $B\backslash A$의 원소이다. 대칭성에 의해 n_0가 $A\backslash B$의 원소라고 가정하자. 그러면 $n_0 \in A$, $n_0 \notin B$이고, 모든 $n(< n_0)$에 대해 $n \in A, B$ 또는 $n \notin A, B$이다. 그러므로 식을 다음과 같이 전개할 수 있다.

$$\begin{aligned}
0 &= f(A) - f(B) \\
&= \sum_{n\in A} 10^{-n} - \sum_{n\in B} 10^{-n} \\
&= \left(\sum_{n<n_0 : n\in A} 10^{-n} + 10^{-n_0} + \sum_{n>n_0 : n\in A} 10^{-n} \right) - \left(\sum_{n<n_0 : n\in B} 10^{-n} + \sum_{n>n_0 : n\in B} 10^{-n} \right)
\end{aligned}$$

$$
\begin{aligned}
&= 10^{-n_0} + \sum_{n>n_0:n\in A} 10^{-n} - \sum_{n>n_0:n\in B} 10^{-n} \\
&\geq 10^{-n_0} + 0 - \sum_{n>n_0} 10^{-n} \\
&\geq 10^{-n_0} - \frac{1}{9}10^{-n_0} \\
&> 0
\end{aligned}
$$

여기서 $0 > 0$이므로 모순이다. 위 계산 과정 중 기하급수(보조정리 7.3.3 참고)를 사용하여 다음과 같이 합을 구했다.

$$\sum_{n>n_0} 10^{-n} = \sum_{m=0}^{\infty} 10^{-(n_0+1+m)} = 10^{-n_0-1} \sum_{m=0}^{\infty} 10^{-m} = \frac{1}{9}10^{-n_0}$$

이로써 f는 단사이다. 그리고 이는 $f(2^{\mathbb{N}})$과 $2^{\mathbb{N}}$의 크기와 서로 같으므로 $f(2^{\mathbb{N}})$이 비가산집합임을 의미한다. $f(2^{\mathbb{N}})$이 $\mathbb{R}$의 부분집합이므로 $\mathbb{R}$ 또한 비가산집합이다. 참고로 $\mathbb{R}$이 비가산집합이 아니라면 따름정리 8.1.7에 모순이 생긴다. ■

참고 8.3.5 따름정리 8.3.4는 측도론을 이용하면 다르게 증명할 수 있으며, 이는 『TAO 해석학 II』의 7.2절 연습문제 6을 참고하면 된다.

참고 8.3.6 따름정리 8.3.4는 (3.6절 연습문제 7의 관점에서) 실수 집합이 자연수 집합보다 크기가 더 큰 집합임을 보여준다. 이제 자연수 집합보다 크고 실수 집합보다 작은 집합이 존재하는지 의문을 가질 수 있다. **연속체 가설**(continuum hypothesis)은 그런 집합이 존재하지 않음을 설명한다. 흥미롭게도 쿠르트 괴델(Kurt Gödel, 1906–1978)과 폴 코언(Paul Cohen, 1934–2007)은 각자의 연구로 연속체 가설이 다른 집합론 공리와 독립적임을, 즉 연속체 가설은 지금 공리계에서[11] 증명할 수도 반증할 수도 없음을 밝혔다.

11 공리계에 일관성(consistency)이 있는 경우에 한하여 밝혔다. 공리계의 독립성, 일관성과 같은 개념은 이 책의 범위를 벗어나므로 자세히 다루지 않는다.

8.3 연습문제

1. 크기가 n인 유한집합 X를 생각하자. 2^X이 그 크기가 2^n이며 유한집합임을 보여라.

힌트 n에 관한 귀납법을 사용한다.

2. 집합 A, B, C가 $A \subseteq B \subseteq C$를 만족한다고 하고, 단사함수 $f : C \to A$가 존재한다고 가정한다. 집합 D_0, D_1, D_2, $\cdots$를 재귀적으로 정의하는데, $D_0 := B \backslash A$이고 모든 자연수 n에 대해 $D_{n+1} := f(D_n)$으로 두자. 집합 D_0, D_1, D_2, $\cdots$는 쌍마다 서로소임을 증명하라. 즉, $n \neq m$일 때 $D_n \cap D_m = \varnothing$임을 보여라.

또한 함수 $g : A \to B$가 $x \in \bigcup_{n=1}^{\infty} D_n$일 때 $g(x) := f^{-1}(x)$이고 $x \notin \bigcup_{n=1}^{\infty} D_n$일 때 $g(x) := x$로 정의되면, g는 실제로 A를 B에 사상하며 A에서 B로 가는 전단사함수임을 증명하라. 특히 두 집합 A와 B의 크기는 서로 같다.

3. 3.6절 연습문제 7에 따르면 집합 A의 크기가 집합 B의 크기보다 작거나 같을 필요충분조건은 A에서 B로 가는 단사사상 $f : A \to B$가 존재하는 것이다. 연습문제 2를 이용하여 집합 A의 크기가 집합 B의 크기보다 작거나 같고 집합 B의 크기가 집합 A의 크기보다 작거나 같으면 A와 B의 크기가 서로 같음을 보여라. 참고로 이 내용은 에른스트 슈뢰더(Ernst Schröder, 1841–1902)와 펠릭스 번스타인(Felix Bernstein, 1878–1956)의 이름을 따서 **슈뢰더-번슈타인 정리(Schröder-Bernstein theorem)**로 알려져 있다.

4. (3.6절 연습문제 7의 관점에서) A의 크기가 B의 크기 이하이지만 A와 B의 크기가 서로 같지 않으면 집합 A의 크기가 집합 B의 크기 **미만**(strictly lesser)이라고 하자. 임의의 집합 X의 크기가 집합 2^X의 크기 미만임을 보여라. 또한 A의 크기가 B의 크기 미만이고 B의 크기가 C의 크기 미만이면 A의 크기가 C의 크기 미만임을 보여라.

5. 집합의 어떤 멱집합도 가산 무한집합이 아님을 보여라(단, 어떤 집합 X에 대해 멱집합은 2^X 형태인 집합).

8.4 선택공리

이번 절에서는 표준 집합론의 ZFC 공리계[12]를 구성하는 마지막 공리인 **선택공리**(axiom of choice)를 다룬다. 해석학의 기초 내용 중 상당 부분을 선택공리 없이 구성할 수 있음을 보이기 위해, 지금까지 선택공리를 도입하지 않고 미뤄왔다. 하지만 이렇게 강력한 공리를 새로 도입하면 해석학 이론을 더 깊게 전개할 수 있다는 점에서, 선택공리는 매우 편리하고 경우에 따라 필수적인 개념이기도 하다.

반면에 선택공리를 도입하면 자칫 **바나흐-타르스키 역설**(Banach–Tarski paradox)[13]처럼 직관적이지 않은 결과를 여럿 초래할 수 있으며, 철학적으로는 다소 불만족스러운 증명으로 이어질 수 있다. 그럼에도 선택공리는 수학계에서 거의 보편적으로 받아들여진다. 이렇게 확신하는 이유는 위대한 수리논리학자인 쿠르트 괴델(Kurt Gödel)이 제시한 정리 덕분이다. 괴델은 '선택공리를 사용하여 증명한 결과는[14] 선택공리 없이 증명한 결과와 모순되지 않음'을 보였다. 정확히는 선택공리가 **결정불가능**함을 증명했다. 선택공리는 집합론의 다른 공리를 이용하여 증명도 반증도 할 수 없다. (일련의 공리에 일관성이 없다면 그 집합에서는 모든 명제가 동시에 참과 거짓임을 증명할 수 있다.)

실제로 해석학을 '실생활'에서 응용(정확히는 '결정가능한' 질문만 포함하는 모든 응용)한다고 해보자. 이러한 응용은 선택공리를 사용하여 엄밀하게 설명할 수 있지만, 선택공리를 사용하지 않고도 엄밀하게 설명할 수 있음을 의미한다. 그러나 선택공리를 사용할 수 없다면 훨씬 더 복잡하고 긴 논증 과정을 거쳐야 한다. 따라서 선택공리는 해석학을 학습할 때 편리하면서도 안전하며 작업을 줄일 수 있는 수단으로 볼 수 있다. 아직 결정불가능한 질문이 많은 집합론처럼 수학의 다른 분야에서는 선택공리를 받아들이는 데 수학적, 논리적, 심지어 철학적인 논쟁이 생길 여지가 있다. 그러나 여기에서는 이러한 문제까지 다루지 않겠다.

이제 정의 3.5.6에서 다룬 유한 데카르트 곱 개념을 무한 데카르트 곱으로 일반화할 것이다.

정의 8.4.1 무한 데카르트 곱

(아마도 무한집합인) 집합 I를 생각하고, 각각의 $\alpha \in I$마다 집합 X_α를 생각하자. 데카르트 곱 $\prod_{\alpha \in I} X_\alpha$를 다음과 같은 집합으로 정의한다.

12 (옮긴이) 보조정리 3.4.13에서 간단히 소개했다.

13 『TAO 해석학 II』의 7.3절에서 간단한 형태로 다룬다.

14 마찬가지로, 공리계에 일관성이 있는 경우에 한하여 밝혔다.

$$\prod_{\alpha\in I} X_\alpha = \left\{(x_\alpha)_{\alpha\in I} \in \left(\bigcup_{\beta\in I} X_\beta\right)^I : \text{모든 } \alpha\in I \text{에 대해 } x_\alpha \in X_\alpha\right\}$$

공리 3.11에 따르면 $\left(\bigcup_{\alpha\in I} X_\alpha\right)^I$은 모든 함수 $(x_\alpha)_{\alpha\in I}$로 이루어진 집합이다. 이때 이 함수는 $\alpha\in I$마다 원소 $x_\alpha \in \bigcup_{\beta\in I} X_\beta$를 할당한다. 따라서 $\prod_{\alpha\in I} X_\alpha$는 $\alpha\in I$마다 원소 $x_\alpha \in \bigcup_{\beta\in I} X_\beta$를 할당하는 함수 $(x_\alpha)_{\alpha\in I}$ 대신 구성되며, 함수로 이루어진 집합의 부분집합이다.

다음 두 예가 성립하는 이유를 각각 생각해보라.

EX 8.4.2

- 임의의 집합 $I(\neq \varnothing)$, X에 대해 $\prod_{\alpha\in I} X = X^I$이다.
- 집합 I를 $I := \{i \in \mathbb{N} : 1 \leq i \leq n\}$으로 정의하면 $\prod_{\alpha\in I} X_\alpha$는 정의 3.5.6에서 정의한 집합 $\prod_{1\leq i\leq n} X_i$와 서로 같은 집합이다.[15]

보조정리 3.5.11에 따르면 $X_1, \cdots, X_n$이 공집합이 아닌 집합의 유한 모임일 때, 유한 데카르트 곱 $\prod_{1\leq i\leq n} X_i$도 마찬가지로 공집합이 아니다. 선택공리는 이 명제가 무한 데카르트 곱에서도 성립함을 보인다.

공리 8.1 선택공리(axiom of choice)

집합 I를 생각하고, 각각의 $\alpha\in I$에 대해 공집합이 아닌 집합 X_α를 생각하자. 그러면 $\prod_{\alpha\in I} X_\alpha$도 공집합이 아니다. 즉, 각각의 $\alpha\in I$에 원소 $x_\alpha \in X_\alpha$를 할당하는 함수[16] $(x_\alpha)_{\alpha\in I}$가 존재한다.

참고 8.4.3 선택공리로 미루어 볼 때 직관적으로 다음을 알 수 있다. 공집합이 아닌 집합 X_α로 이루어진 (아마도 무한) 모임이 주어지면, 각 집합에서 원소 x_α를 하나씩 선택할 수 있어야 하고 이렇게 선택한 원소들로 (아마도 무한) 순서쌍 $(x_\alpha)_{\alpha\in I}$를 만들 수 있어야 한다.

선택공리는 직관적으로 매력적이며, 어떤 면에서는 보조정리 3.1.5를 반복하여 적용한 것에 가깝다. 하지만 이러한 선택을 하는 **방법**에 관한 명시적인 규칙이 아직 없는데 임의의 선택을 무한히 많이 한다는 사실이 조금 당황스러울 수 있다. 실제로 선택공리를 사용하여 증명된 많은 정리는 특정 성질을 만족하는 어떤 객체(object) x가 추상적으로 존재한다고 주장하지만, 그 객체가 **무엇**이고 이 객체를 구성하는 방법에 대해서는 전혀 언급하지 않는다. 따라서

15 두 집합 사이에 표준 전단사함수(canonical bijection)가 존재한다는 관점에서 두 집합은 서로 같다.

16 (옮긴이) 이 함수를 선택함수(choice function)라고도 한다.

선택공리는 실제로 객체를 눈에 보이게 구성하지 않은 채 존재성만 입증하는 **비구성적**인 증명으로 이어질 수 있다. 이러한 문제는 보조정리 3.1.5에서도 나타났듯이 선택공리에만 국한된 것이 아니다. 그럼에도 선택공리를 사용하여 존재성을 입증한 객체는 비구축성의 정도에서 다소 극단적인 경향을 보인다. 여기서 비구성적인 존재 명제와 구성적인 존재 명제[17] 사이에 어떤 차이점이 있는지 안다면, 철학적 수준만 제외하고는 어떤 어려움도 없다.

참고 8.4.4 선택공리와 동치인 명제가 여럿 존재하는데, 그중 몇 가지를 연습문제에서 살펴보겠다.

해석학에서는 선택공리의 힘을 완전하게 사용하지 않아도 되는 경우가 종종 있다. 이를테면 **가산선택공리**(axiom of countable choice)만 있어도 되는데, 인덱스집합 I가 가산 이하 집합으로 제한된 것만 빼면 선택공리와 동일하다. 이에 관한 전형적인 예를 살펴보자.

보조정리 8.4.5 실수의 공집합이 아닌 부분집합 E를 생각하고 $\sup(E) < \infty$(즉, E는 위로 유계)를 만족한다고 하자. 그러면 원소 a_n이 모두 E에 속하는 수열 $(a_n)_{n=1}^{\infty}$이 존재해서 $\lim_{n\to\infty} a_n = \sup(E)$이다.

증명

각각의 양의 자연수 n마다 다음과 같은 집합 X_n을 생각하자.

$$X_n := \left\{x \in E : \sup(E) - \frac{1}{n} \leq x \leq \sup(E)\right\}$$

$\sup(E)$가 E의 최소상계이므로 $\sup(E) - \frac{1}{n}$은 E의 상계가 될 수 없다. 즉, X_n은 각각의 n마다 공집합이 아니다. 또 선택공리(혹은 가산선택공리)를 사용하면 모든 $n(\geq 1)$에 대해 $a_n \in X_n$인 수열 $(a_n)_{n=1}^{\infty}$을 찾을 수 있다. 특히 모든 n에 대해 $a_n \in E$이고 $\sup(E) - \frac{1}{n} \leq a_n \leq \sup(E)$이다. 따라서 조임정리(따름정리 6.4.14 참고)에 의해 $\lim_{n\to\infty} a_n = \sup(E)$이다. ■

참고 8.4.6 많은 특수한 경우에 선택공리를 사용하지 않고도 보조정리 8.4.5의 결론을 얻을 수 있다. 예를 들어 E가 닫힌집합(『TAO 해석학 II』의 정의 1.2.12 참고)이면 공식 $a_n := \inf(X_n)$을 이용하지 않아도 a_n을 정의할 수 있다. E가 닫혀있다는 가정이 a_n이 E에 속함을 의미하기 때문이다.

선택공리의 또 다른 형태는 다음과 같다.

명제 8.4.7 집합 X와 Y를 생각하자. 그리고 모든 $x \in X$에 대해 $y \in Y$가 적어도 하나 존재해서 $P(x, y)$를 만족하는, 즉 두 객체 $x \in X$와 $y \in Y$에 관련있는 성질 $P(x, y)$를 생각하자. 그러면 함수 $f : X \to Y$가 존재해서 모든 $x \in X$에 대해 $P(x, f(x))$가 참이다.

17 구성적인 존재 명제가 더 바람직하지만, 많은 경우에 반드시 필요한 것은 아니다.

명제 8.4.7의 증명은 연습문제 1로 남긴다.

8.4 연습문제

1. 선택공리가 명제 8.4.7을 함의함을 보여라.

힌트 각각의 $x \in X$마다 집합 $Y_x := \{y \in Y : P(x, y)$가 참이다.$\}$를 이용한다.

역으로 명제 8.4.7이 참이면 선택공리 또한 참임을 보여라.

2. 집합 I를 생각하자. 그리고 각각의 $\alpha \in I$마다 공집합이 아닌 집합 X_α를 생각하자. 모든 집합 X_α가 서로소(즉, 서로 다른 α, $\beta \in I$에 대해 $X_\alpha \cap X_\beta = \varnothing$)라고 가정한다. 선택공리를 사용하여 집합 Y가 존재해서 모든 $\alpha \in I$에 대해 $\#(Y \cap X_\alpha) = 1$임을 보여라. 즉, Y와 X_α의 교집합은 정확히 원소 한 개이다. 역으로, 집합 I와 공집합이 아니면서 서로소인 집합 X_α를 임의로 선택할 때 방금 서술한 명제가 참이라면 선택공리가 참임을 보여라.

힌트 문제는 공리 8.1에서 집합 X_α를 서로소라고 가정하지 않는다는 점이다. 그러나 집합을 $\{\alpha\} \times X_\alpha = \{(\alpha, x) : x \in X_\alpha\}$라 하면 문제를 해결할 수 있다.

3. 전사함수 $g : B \to A$가 존재하는 집합 A와 B를 생각하자. 선택공리를 사용하여 $g \circ f : A \to A$가 항등함수가 되는 어떤 단사함수 $f : A \to B$가 존재함을 보여라. 특히 3.6절 연습문제 7의 관점으로 보면 A의 크기가 B의 크기보다 작거나 같다.

힌트 각각의 $a \in A$마다 역상 $g^{-1}(\{a\})$를 생각한다.

이 내용을 3.6절 연습문제 8과 비교하라. 역으로 임의의 집합 A, B와 전사함수 $g : B \to A$에 대해 방금 서술한 명제가 참이라면 선택공리가 참임을 보여라.

힌트 연습문제 2를 사용한다.

8.5 순서집합

선택공리는 **순서집합**(ordered set) 이론과 밀접하게 연관이 있다. 순서집합의 종류는 다양하며, 이번 절에서 **부분순서집합**, **전순서집합**, **정렬집합**을 다룰 것이다.

정의 8.5.1 부분순서집합(partially ordered set, poset)

부분순서집합은 집합 X이며, 집합 X에 주어진 관계 $\leq_X$가 함께 있다.[18] 그러므로 임의의 두 원소 $x, y \in X$에 대해 명제 $x \leq_X y$는 참이거나 거짓일 수 있다. 그리고 관계 $\leq_X$는 다음 세 가지 성질을 만족한다고 가정한다.

- **반사성** : 임의의 $x \in X$에 대해 $x \leq_X x$이다.
- **반대칭성** : $x, y \in X$가 $x \leq_X y$와 $y \leq_X x$를 만족하면 $x = y$이다.
- **추이성** : $x, y, z \in X$가 $x \leq_X y$이고 $y \leq_X z$를 만족하면 $x \leq_X z$이다.

관계 $\leq_X$를 **순서관계**(ordering relation)라고 한다. 대부분은 문맥에서 집합 X가 무엇인지 알 수 있으며, 그 때는 $\leq_X$ 대신 $\leq$로 표현한다. 또 $x \leq_X y$이지만 $x \neq y$이면 $x <_X y$(줄여서 $x < y$)로 표현한다.

EX 8.5.2

- 작거나 같음을 나타내는 보통순서관계[19] $\leq$(정의 2.2.11 참고)가 주어진 자연수 집합 $\mathbb{N}$은 명제 2.2.12에 의해 부분순서집합이다. 정수 집합 $\mathbb{Z}$, 유리수 집합 $\mathbb{Q}$, 실수 집합 $\mathbb{R}$, 확장된 실수 집합 $\mathbb{R}^*$도 부분순서집합이며 (적절한 정의와 명제를 사용한) 비슷한 논증을 거쳐 보일 수 있다.
- X가 집합의 임의 모임이고 부분집합 관계 $\subseteq$(정의 3.1.14 참고)를 순서관계 $\leq_X$로 두면, 순서관계 $\leq_X$가 주어진 X는 명제 3.1.17에 의해 부분순서집합이다. 이러한 집합에 표준순서가 아닌 다른 부분순서를 줄 수 있음에 주목하라. 이에 관해서는 연습문제 3에서 더 살펴본다.

---

18 엄밀히 말하면 부분순서집합은 집합 X이라기보다는 순서쌍 $(X, \leq_X)$이다. 그러나 대부분은 순서 $\leq_X$가 무엇인지 문맥상 명확하게 파악할 수 있으니, 기술적으로 부정확해도 집합 X 자체를 부분순서집합이라고 표현하겠다.

19 **(옮긴이)** usual으로 소개하는 개념은 일반적으로 떠올리는 대상을 의미하므로, '보통'을 붙여 번역하였다.

정의 8.5.3 전순서집합(totally ordered set)

순서관계 $\leq_X$가 주어진 부분순서집합 X를 생각하자. X의 부분집합 Y가 임의의 $y,\ y' \in Y$에 대해 $y \leq_X y'$ 또는 $y' \leq_X y$를 만족하면(또는 두 식을 동시에 만족하면) **전순서(totally ordered)**라고 한다. 만약 X가 그 자체로 전순서이면, X는 순서관계 $\leq_X$가 주어진 **전순서집합** 또는 **사슬(chain)**이라고 한다.

EX 8.5.4

- 보통순서관계 $\leq$가 주어진 자연수 집합 $\mathbb{N}$, 정수 집합 $\mathbb{Z}$, 유리수 집합 $\mathbb{Q}$, 실수 집합 $\mathbb{R}$, 확장된 실수 집합 $\mathbb{R}^*$는 전순서이다.[20]
- 전순서집합의 임의의 부분집합은 다시 전순서집합이다(그 이유는?).
- 관계 $\subseteq$가 주어진 집합의 모임은 일반적으로 전순서가 아니다. 한 가지 예로 집합 $X = \{\{1,2\}, \{2\}, \{2,3\}, \{2,3,4\}, \{5\}\}$에 집합의 포함관계 $\subseteq$가 주어졌다고 하자. X의 원소 $\{1,2\}$와 $\{2,3\}$은 크기를 서로 비교할 수 없다. 즉, $\{1,2\} \not\subseteq \{2,3\}$이고 $\{2,3\} \not\subseteq \{1,2\}$이다.

정의 8.5.5 극대원소와 극소원소

부분순서집합 X와 X의 부분집합 Y를 생각하자.

- $y \in Y$이고 $y' < y$를 만족하는 원소 $y' \in Y$가 존재하지 않으면 y를 Y의 **극소원소(minimal element)**라 한다.
- $y \in Y$이고 $y < y'$을 만족하는 원소 $y' \in Y$가 존재하지 않으면 y를 Y의 **극대원소(maximal element)**라 한다.

EX 8.5.6 EX 8.5.4의 집합 $X = \{\{1,2\}, \{2\}, \{2,3\}, \{2,3,4\}, \{5\}\}$를 생각하자. $\{2\}$는 극소원소이고 $\{1,2\}$와 $\{2,3,4\}$는 극대원소이며, $\{5\}$는 극대원소인 동시에 극소원소이고 $\{2,3\}$은 극대원소도 극소원소도 아니다. 이로써 부분순서집합에는 극대원소와 극소원소가 여럿 존재할 수 있음을 알 수 있다. 전순서집합은 그렇지 않은데, 이는 연습문제 7에서 다시 살펴본다.

---

20 각각 명제 2.2.13, 보조정리 4.1.11, 명제 4.2.9, 명제 5.4.7, 명제 6.2.5를 이용하여 보일 수 있다.

EX 8.5.7 순서 $\leq$가 주어진 자연수 집합 $\mathbb{N}$에는 극소원소가 0으로 존재하지만, 극대원소가 존재하지 않는다. 정수 집합 $\mathbb{Z}$에는 극소원소와 극대원소 모두 존재하지 않는다.

정의 8.5.8 정렬집합(well-ordered set)

부분순서집합 X를 생각하고 X의 전순서 부분집합을 Y라고 하자. Y의 공집합이 아닌 모든 부분집합 Z에 극소원소 $\min(Z)$가 존재하면 Y를 **정렬집합**이라 한다.

EX 8.5.9

- 명제 8.1.4에 의해 자연수 집합 $\mathbb{N}$은 정렬집합이다.
- 정수 집합 $\mathbb{Z}$, 유리수 집합 $\mathbb{Q}$, 실수 집합 $\mathbb{R}$은 정렬집합이 아니다(8.1절 연습문제 2 참고).
- 유한 전순서집합은 모두 정렬집합이다(연습문제 8 참고).
- 정렬집합의 모든 부분집합은 정렬집합이다(그 이유는?).

정렬집합은 강한 귀납적 원리를 자동으로 만족한다는 장점이 있다. 다음 명제를 명제 2.2.14의 강한 귀납적 정리와 비교해보길 바란다.

명제 8.5.10 강한 귀납적 원리

순서관계 $\leq$가 주어진 정렬집합 X를 생각하고, $P(n)$은 원소 $n \in X$에 관련있는 성질이라 하자. 즉, 각각의 $n \in X$마다 $P(n)$은 참인 명제 또는 거짓인 명제이다. 모든 $n \in X$에 대해 "$m < n$을 만족하는 모든 $m \in X$에 대해 $P(m)$이 참이면 $P(n)$도 참이다."라는 함의가 참이라고 하자. 그러면 모든 $n \in X$에 대해 $P(n)$은 참이다.

명제 8.5.10의 증명은 연습문제 10으로 남긴다.

참고 8.5.11 강한 귀납적 원리에는 공리 2.5의 가설 $P(0)$에 해당하는 '기본' 사례가 없다는 점이 이상하게 보일 수 있다. 이러한 기본 사례는 강한 귀납적 원리에 자동으로 포함된다. 실제로 0이 X의 극소원소이면 "$m <_X n$을 만족하는 모든 $m \in X$에 대해 $P(m)$이 참이면 $P(n)$ 또한 참이다."라는 가정을 $n = 0$일 때로 특수화해서 $P(0)$이 참이라는 결론을 자동으로 얻는다(그 이유는?).

지금까지 선택공리가 어떤 역할을 하는 것을 보지 못했지만, 다음 개념을 도입하면 선택공리가 어떤 역할을 맡았는지 알 수 있다.

정의 8.5.12 상계와 순상계

순서관계 $\leq$가 주어진 부분순서집합 X를 생각하고 Y를 X의 부분집합이라 하자.

- $x \in X$일 때 x가 Y의 **상계(upper bound)**일 필요충분조건은 모든 $y \in Y$에 대해 $y \leq x$인 것이다.
- 상계에 조건 $x \notin Y$를 추가하면 x는 Y의 **순상계(strict upper bound)**라고 한다. x가 Y의 순상계일 필요충분조건은 모든 $y \in Y$에 대해 $y < x$인 것이다(이 명제와 앞의 정의가 동치인 이유는?).

EX 8.5.13 보통순서 $\leq$가 주어진 실수체계 $\mathbb{R}$을 생각하자. 2는 집합 $\{x \in \mathbb{R} : 1 \leq x \leq 2\}$의 상계이지만, 순상계는 아니다. 3은 이 집합의 순상계이다.

보조정리 8.5.14 순서관계 $\leq$가 주어진 부분순서집합 X를 생각하고 x_0를 X의 원소라 하자. 그러면 X의 정렬 부분집합 Y가 존재해서 x_0가 Y의 극소원소이고, Y에는 순상계가 존재하지 않는다.

증명

이 보조정리로 미루어 볼 때 직관적으로 다음 알고리즘을 수행하려는 것을 알 수 있다. $Y := \{x_0\}$로 시작하자. Y에 순상계가 존재하지 않으면 증명이 끝난다. 그렇지 않으면 순상계를 선택한 뒤 Y에 추가한다. 다음으로 Y에 순상계가 존재하는지 살펴본다. Y에 순상계가 존재하지 않으면 증명이 끝난다. 그렇지 않으면 순상계를 선택한 뒤 Y에 추가한다. 이러한 알고리즘을 순상계가 모두 사라질 때까지 '무한히 자주' 반복한다. 이때 무한히 많은 선택이 포함되기 때문에 선택공리가 나타난다.

그러나 알고리즘을 '무한히 자주' 수행하는 것이 무엇을 의미하는지 정확히 정의하기란 매우 어렵기 때문에 이것은 엄밀한 증명이 아니다. 그 대신 **좋은 집합**(good set)이라고 부르는, '부분적으로 완비인' 집합 Y로 이루어진 모임(collection)을 분리한다. 그런 뒤에 이러한 좋은 집합을 모두 합집합하여 '완성된' 객체 Y_∞를 얻는다. 이러한 Y_∞에는 순상계가 존재하지 않는다.

이제 엄밀한 증명을 시작하자. 귀류법을 사용하기 위해 X의 모든 정렬 부분집합 Y에 극소원소 x_0가 존재하고, 이러한 Y에 순상계가 적어도 하나 존재한다고 가정한다. (명제 8.4.7 형태의) 선택공리를 사용하면 X의 모든 정렬 부분집합 Y에 순상계 $s(Y) \in X$를 할당할 수 있다. 이때 Y에는 극소원소 x_0가 존재한다.

이제 순상계 함수 s를 하나 고정한다. 다음으로 X의 부분집합 Y로 이루어진 특별한 집합류(class)

를 정의하자. X의 부분집합 Y가 **좋은**(good) 집합일 필요충분조건은 Y가 정렬집합이고 극소원소가 x_0이며, 다음과 같은 성질 x를 만족하는 것이다.

$$\text{모든 } x \in Y \setminus \{x_0\}\text{에 대해 } x = s(\{y \in Y : y < x\})$$

$x \in Y \setminus \{x_0\}$이면 집합 $\{y \in Y : y < x\}$는 X의 부분집합이고 정렬집합이며 극소원소가 x_0임을 참고하자. $\Omega := \{Y \subseteq X : Y\text{는 좋은 집합}\}$을 X의 좋은 부분집합을 모두 모은 모임(collection)이라 하자. 모임 Ω는 X의 부분집합 $\{x_0\}$가 명백히 좋은 집합이기 때문에(그 이유는?) 공집합이 아니다.

다음과 같이 중요한 관찰을 할 수 있다. 두 집합 Y와 Y'이 X의 좋은 부분집합이면 $Y' \setminus Y$의 모든 원소는 Y의 순상계이고, $Y \setminus Y'$의 모든 원소는 Y'의 순상계이다. 연습문제 13을 참고하라. 특히, 임의의 좋은 집합 Y와 Y'이 주어지면 $Y' \setminus Y$와 $Y \setminus Y'$ 중 적어도 하나는 반드시 공집합이다(두 집합이 각각에 대해 순상계이기 때문). 다시 말해 Ω는 집합의 포함관계에 대해 전순서집합이다. 즉, 좋은 집합 Y와 Y'가 주어지면 $Y \subseteq Y'$ 또는 $Y' \subseteq Y$이다.

$Y_\infty := \bigcup \Omega$를 정의하자. 즉, Y_∞는 X의 좋은 부분집합 중 적어도 하나에 속하는 X의 원소를 모두 모은 집합이므로 $x_0 \in Y_\infty$이다. 또한 X의 좋은 부분집합은 각각 극소원소로 x_0를 포함하기 때문에 집합 Y_∞의 극소원소도 x_0이다(그 이유는?).

다음으로 Y_∞가 전순서집합임을 보이자. Y_∞의 두 원소 x, x'을 생각하자. Y_∞의 정의에 따르면 x는 어떤 좋은 부분집합 Y의 원소이고 x'은 좋은 부분집합 Y'의 원소이다. 그런데 Ω가 전순서집합이므로 좋은 부분집합 Y, Y' 중 하나는 나머지를 포함한다. 따라서 x와 x'은 한 개의 좋은 부분집합(Y나 Y' 중 한 집합)에 포함된다. 좋은 집합은 전순서집합이므로 $x \leq x'$ 또는 $x' \leq x$이며, Y_∞는 전순서집합이다.

이번에는 Y_∞가 정렬집합임을 보이자. A는 Y_∞의 공집합이 아닌 임의의 부분집합이라고 하자. 그러면 원소 $a \in A$를 택할 수 있고, 이러한 a는 Y_∞의 원소이다. 따라서 $a \in Y$를 만족하는 좋은 집합 Y가 존재한다. 그러면 집합 $A \cap Y$는 Y의 공집합이 아닌 부분집합이다. Y가 정렬집합이어서 $A \cap Y$에 극소원소가 존재한다. 이 극소원소를 b라고 하자. 임의의 다른 좋은 집합 Y'에 대해 $Y' \setminus Y$의 모든 원소는 Y의 순상계이며, 특히 b보다 크다는 것을 기억하라. b가 $A \cap Y$의 극소원소이므로, 이는 b가 $A \cap Y' \neq \varnothing$을 만족하는 임의의 좋은 집합 Y'에 대해 $A \cap Y'$의 극소원소임을 함의한다(그 이유는?). A의 모든 원소는 Y_∞에 속하고 이런 이유로 적어도 한 개의 좋은 집합 Y'에 속하기 때문에, b는 A의 극소원소이다. 따라서 Y_∞는 정렬집합이다.

Y_∞가 극소원소 x_0를 포함하는 정렬집합이므로 Y_∞에 순상계 $s(Y_\infty)$가 존재한다. 하지만 $Y_\infty \cup \{s(Y_\infty)\}$는 정렬집합(그 이유는? 연습문제 11 참고)이고, 극소원소로 x_0를 포함한다(그 이유는?)

이제 $Y_\infty \cup \{s(Y_\infty)\}$가 좋은 집합임을 보이자. 앞선 논의에 따르면 $x \in (Y_\infty \cup \{s(Y_\infty)\}) \setminus \{x_0\}$ 일 때 $x = s(\{y \in Y_\infty \cup \{s(Y_\infty)\} : y < x\}$임을 보여주면 충분하다. $x = s(Y_\infty)$라면 이때 $\{y \in Y_\infty \cup \{s(Y_\infty)\} : y < x\} = Y_\infty$이므로 명확하다. 대신 $x \in Y_\infty$라면 어떤 좋은 집합 Y에 대해 $x \in Y$이다. 그러면 집합 $\{y \in Y_\infty \cup \{s(Y_\infty)\} : y < x\}$와 $\{y \in Y : y < x\}$는 서로 같은 집합이다(그 이유는?[21]). 그리고 Y가 좋은 집합이므로 $Y_\infty \cup \{s(Y_\infty)\}$는 참이다.

Y_∞의 정의에 따르면 좋은 집합 $Y_\infty \cup \{s(Y_\infty)\}$는 Y_∞에 포함된다는 결론을 내릴 수 있다. 그러나 $s(Y_\infty)$가 Y_∞의 **순상계**이므로 이는 모순이다. 이제 순상계가 존재하지 않는 집합을 구성하였으므로 증명을 마친다. ■

보조정리 8.5.14의 주요한 결과를 소개한다.

> **보조정리 8.5.15 초른 보조정리(Zorn's lemma)**
> 공집합이 아닌 부분순서집합 X를 생각하고, X의 공집합이 아닌 전순서 부분집합 Y가 모두 상계를 가진다고 하자. 그러면 X는 극대원소를 적어도 하나 가진다.

보조정리 8.5.15의 증명은 연습문제 14로 남긴다.

초른 보조정리에 관한 응용 몇 가지를 연습문제에 소개한다.

8.5 연습문제

1. 공집합 순서관계 $\leq_\varnothing$가 주어진 공집합 $\varnothing$을 생각하자. (참고로 공집합에는 원소가 존재하지 않으므로 공집합 순서관계는 의미가 없다.) 이 집합이 부분순서집합인지, 전순서집합인지, 정렬집합인지 판단하고 그 이유를 설명하라.

2. 다음을 만족하는 집합 X와 관계 $\leq$의 예를 제시하라.

(a) 관계 $\leq$는 반사성과 반대칭성을 만족하지만 추이성을 만족하지 않는다.

(b) 관계 $\leq$는 반사성과 추이성을 만족하지만 반대칭성을 만족하지 않는다.

(c) 관계 $\leq$는 반대칭성과 추이성을 만족하지만 반사성을 만족하지 않는다.

21 앞서 $Y' \setminus Y$의 모든 원소가 모든 좋은 집합 Y'에 대해 x의 상계임을 관찰했으므로 이를 이용한다.

3. 두 양의 정수 $n, m \in \mathbb{N} \setminus \{0\}$ 이 주어질 때, $m = na$를 만족하는 양의 정수 a가 존재하면 n이 m을 **나눈다(divide)**고 하고 이를 $n|m$으로 표기한다. 순서관계 $|$가 주어진 집합 $\mathbb{N} \setminus \{0\}$은 부분순서집합이지만 전순서집합이 아님을 보여라. 참고로 $|$는 $\mathbb{N} \setminus \{0\}$의 보통순서 $\leq$와 다른 순서관계이다.

4. 양의 실수 집합 $\mathbb{R}^+ := \{x \in \mathbb{R} : x > 0\}$에 극소원소가 존재하지 않음을 보여라.

5. 한 집합 X에서 다른 집합 Y로 가는 함수 $f : X \to Y$를 생각하자. Y는 어떤 순서관계 $\leq_Y$가 주어진 부분순서집합이라 가정한다. X의 관계 $\leq_X$를 '$x \leq_X x'$일 필요충분조건이 $f(x) <_Y f(x')$ 또는 $x = x'$인 것'으로 정의한다. 이러한 관계 $\leq_X$가 X를 부분순서집합으로 만든다는 것을 보여라. 추가로 관계 $\leq_Y$가 Y를 전순서집합으로 만든다면, 이것이 관계 $\leq_X$가 X도 전순서집합으로 만든다는 것을 의미하는가? 그렇지 않다면 관계 $\leq_X$가 X를 전순서집합으로 만들 수 있도록 f에 어떤 가정을 추가해야 하는지 설명하라.

6. 부분순서집합 X를 생각하자. 임의의 $x \in X$에 대해 **순서 아이디얼(order ideal)** $(x) \subseteq X$를 집합 $(x) := \{y \in X : y \leq x\}$로 정의한다. 모든 순서 아이디얼을 모은 집합을 $(X) := \{(x) : x \in X\}$라고 하고, $f(x) := (x)$로 정의한(즉, X의 모든 원소 x를 그 순서 아이디얼로 보내는) 사상 $f : X \to (X)$를 생각하자. f가 전단사함수임을 보이고, 임의의 $x, y \in X$에 대해 $x \leq_X y$일 필요충분조건이 $f(x) \subseteq f(y)$임을 보여라. 이 연습문제는 임의의 부분순서집합이 집합 포함관계에 의해 순서관계가 주어진 집합의 모음으로 **나타낼 수 있음**을 설명한다.

7. 부분순서집합 X와, X의 전순서 부분집합 Y를 생각하자. Y에 극대원소와 극소원소가 각각 많아야 한 개 존재함을 보여라.

8. 전순서집합의 공집합이 아닌 유한 부분집합은 모두 극소원소와 극대원소를 가짐을 보여라.

힌트 귀납법을 사용한다.

특히 유한 전순서집합은 모두 정렬집합임을 유도하라.

9. 전순서집합 X를 생각하고, X의 공집합이 아닌 부분집합이 모두 극소원소와 극대원소를 동시에 가진다고 하자. X가 유한집합임을 보여라.

힌트 귀류법을 사용하기 위해 X가 무한집합이라 가정한다. X의 극소원소 x_0에서 시작하여 X의 증가수열 $x_0 < x_1 < \cdots$을 구성한다.

10. 선택공리를 사용하지 않고 명제 8.5.10을 증명하라.

힌트 집합 $Y := \{n \in X : m \leq_X n$을 만족하는 어떤 $m \in X$에 대해 $P(m)$은 거짓이다.$\}$를 생각하고, Y가 공집합이 아님을 보여서 모순을 이끌어낸다.

11. 부분순서집합 X와, X의 전순서 부분집합 Y와 Y'을 생각하자. $Y \cup Y'$이 정렬집합일 필요충분조건은 $Y \cup Y'$이 전순서집합인 것임을 보여라.

12. 순서관계 $\leq_X$, $\leq_Y$가 각각 주어진 부분순서집합 X, Y를 생각하자. 데카르트 곱 $X \times Y$에서 $x \leq_X x'$일 때, 또는 $x = x'$이고 $y \leq_Y y'$일 때 $(x, y) \leq_{X \times Y} (x', y')$으로 관계 $\leq_{X \times Y}$를 정의한다. $X \times Y$는 $\leq_{X \times Y}$가 순서관계로 주어진 부분순서집합임을 보여라. 또한 X와 Y가 전순서집합이면 $X \times Y$도 전순서집합이며, X와 Y가 정렬집합이면 $X \times Y$도 정렬집합임을 보여라.

참고로 관계 $\leq_{X \times Y}$를 정의한 방식을 $X \times Y$의 **사전식 순서(lexicographical order)**라고 하며, 이는 영어의 사전식 순서와 유사하다. 사전에서 영단어 w가 다른 영단어 w'보다 먼저 나오려면 w의 처음 알파벳이 w'의 처음 알파벳보다 먼저 나와야 한다. 두 단어의 처음 알파벳이 서로 같다면 w의 두 번째 알파벳이 w'의 두 번째 알파벳보다 먼저 나와야 한다. 이와 같은 방식으로 계속 생각할 수 있다.

13. 보조정리 8.5.14의 증명에 나오는 주장을 증명하라. 즉, $Y' \setminus Y$의 모든 원소가 Y의 상계이고 그 반대도 성립함을 증명하라.

힌트 명제 8.5.10을 사용하여 모든 $a \in Y \cap Y'$에 대해 관계식 $\{y \in Y : y \leq a\} = \{y \in Y' : y \leq a\} = \{y \in Y \cap Y' : y \leq a\}$가 성립함을 보인다. 다음으로 $Y \cap Y'$이 좋은 집합이므로 $s(Y \cap Y')$가 존재한다는 결론을 내린다. 만약 $Y' \setminus Y$가 공집합이 아니면 $s(Y \cap Y') = \min(Y' \setminus Y)$임을 보이고, Y와 Y'를 바꾸어 유사한 과정을 반복한다. $Y' \setminus Y$와 $Y \setminus Y'$이 서로소이므로 둘 중 한 집합은 공집합이라는 결론을 내릴 수 있고, 이 시점에서 주장이 쉽게 참이 된다.

14. 보조정리 8.5.14를 사용하여 보조정리 8.5.15를 증명하라.

힌트 먼저 X에 극대원소가 존재하지 않으면, 상계가 존재하는 X의 임의의 부분집합에 순상계 또한 존재함을 보인다.

15. 공집합이 아닌 두 집합 A, B에 대해 A의 크기는 B의 크기보다 작거나 같지 않다고 하자. 초른 보조정리를 사용하여 B의 크기가 A의 크기보다 작거나 같음을 증명하라.

힌트 X가 B의 부분집합이고 $\iota : X \to A$가 단사함수일 때, 순서쌍 (X, ι)의 집합에 적절한 부분순서를 준 뒤 초른 보조정리를 적용한다.

이 연습문제를 8.3절 연습문제 3과 결합하면, 선택공리를 가정하는 한 임의의 두 집합은 집합의 크기를 비교할 수 있음을 보여준다.

16. 집합 X를 생각하고 X의 모든 부분순서로 이루어진 집합을 P라고 하자. 만약 임의의 $x, y \in P$에 대해 $(x \leq y) \Longrightarrow (x \leq' y)$이면 부분순서 $\leq \in P$는 다른 부분순서 $\leq' \in P$보다 **성기다(coarse)**고 한다. 만약 $\leq$가 $\leq'$보다 성기면 $\leq \preceq \leq'$로 표기한다. (예를 들어 $X := \mathbb{N} \setminus \{0\}$이면 보통부분순서 $\leq$와 연습문제 3의 부분순서 $|$ 모두 P의 원소이다. 그리고 연습문제 3의 부분순서 $|$는 보통부분순서 $\leq$보다 성기다.)

관계 $\preceq$가 P를 부분순서집합으로 만든다는 것을 보여라. 그러므로 X의 부분순서로 이루어진 집합은 그 자체로 부분순서집합이다. P에는 극소원소가 단 하나 존재한다. 이 극소원소가 무엇인지 설명하라. P의 극대원소는 정확히 P의 전순서와 일치함을 보여라. 초른 보조정리를 사용하여 X의 임의의 부분순서 $\leq$가 주어지면 전순서 $\leq'$이 존재해서 $\leq$가 $\leq'$보다 성김을 보여라.

17. 초른 보조정리를 사용하여 8.4절 연습문제 2를 다른 방법으로 증명하라.

힌트 $Y \subseteq \bigcup_{\alpha \in I} X_\alpha$를 만족하는 모든 Y로 이루어진 집합 Ω를 생각하자. 이때 모든 $\alpha \in I$에 대해 $\#(Y \cap X_\alpha) \leq 1$이다. 즉, 각각의 X_α와 교차하는 집합의 원소는 많아야 한 개이다. 초른 보조정리를 사용하여 Ω의 극대원소를 찾는다.

초른 보조정리와 선택공리가 실제 논리적으로 동치(서로가 서로를 유도할 수 있음)을 보여라.

18. 초른 보조정리를 사용하여 다음의 **하우스도르프 극대원리(Hausdorff's maximality principle)**를 증명하라. 만약 X가 부분순서집합이면 집합의 포함관계에 의해 극대원소인 X의 전순서 부분집합 Y가 존재한다(즉, Y를 포함하는 X의 다른 전순서 부분집합 Y'이 존재하지 않는다). 역으로 하우스도르프 극대원리가 성립하면 초른 보조정리도 성립함을 보여라. 따라서 연습문제 17에 의해 두 명제는 모두 선택공리와 논리적으로 동치이다.

19. 집합 X를 생각하고 모든 순서쌍 $(Y, \leq)$로 이루어진 공간 Ω를 생각하자. 이때 Y는 X의 부분집합이고 $\leq$는 Y의 정렬순서(well–ordering)이다. $(Y, \leq)$와 $(Y', \leq')$이 Ω의 원소일 때 $x \in Y'$이 존재해서 $Y := \{y \in Y' : y <' x\}$이고(특히 $Y \subsetneq Y'$이고), 임의의 $y, y' \leq Y$에 대해 $y \leq y'$일 필요충분조건이 $y \leq' y'$이라고 하자. 그러면 $(Y, \leq)$는 $(Y', \leq')$의 **앞절편(initial segment)**이라고 한다.

$(Y, \leq) = (Y', \leq')$ 이거나 $(Y, \leq)$ 가 $(Y', \leq')$ 의 앞절편일 때 Ω의 관계 $\preceq$를 $(Y, \leq) \preceq (Y', \leq')$ 으로 정의하자. $\preceq$가 Ω의 부분순서임을 보여라. Ω에는 극소원소가 단 하나 존재한다. 이 극소원소가 무엇인지 설명하라. Ω의 극대원소는 X의 정렬순서 $(X, \leq)$임을 보여라. 초른 보조정리를 사용하여 **정렬원리**를 도출하라. 즉, 모든 집합 X에 정렬순서가 적어도 하나 있음을 보여라. 역으로 정렬원리를 사용하여 선택공리(공리 8.1 참고)를 증명하라.

힌트 $\bigcup_{\alpha \in I} X_\alpha$에 정렬순서 $\leq$를 주고, 각 X_α의 극소원소를 생각한다.

이를 통해 선택공리와 초른 보조정리, 정렬원리가 서로 논리적으로 동치임을 알 수 있다.

20. 집합 X와, X의 부분집합으로 이루어진 모임 $\Omega(\subseteq 2^X)$을 생각하자. Ω가 공집합 $\varnothing$을 원소로 포함하지 않는다고 가정한다. 초른 보조정리를 사용하여 다음 두 성질을 만족하는 부분모임 $\Omega'(\subseteq \Omega)$이 존재함을 보여라.

(a) Ω'의 모든 원소는 쌍마다 서로소이다. 즉, A와 B가 Ω'의 서로 다른 원소이면 항상 $A \cap B = \varnothing$이다.

(b) Ω의 모든 원소는 Ω'의 원소 중 적어도 하나와 교차한다. 즉, 모든 $C \in \Omega$에 대해 $A \in \Omega'$이 존재하여, $C \cap A \neq \varnothing$이다.

힌트 원소가 모두 쌍으로 서로소인, Ω의 모든 부분집합을 고려하고, 이러한 모임의 극대원소를 찾는다.

역으로 앞의 주장이 참이라면, 이는 8.4절 연습문제 2를 함의하기 때문에 이것이 선택공리와 논리적으로 동치인 또다른 주장임을 보여라.

힌트 $\alpha \in I$이고 $x_\alpha \in X_\alpha$일 때, 집합 Ω의 원소가 $\{(0, \alpha), (1, x_\alpha)\}$ 형태인 모든 순서쌍 집합으로 이루어져 있다고 생각한다.

ℝ에서의 연속함수

Continuous functions on ℝ

8장까지는 **수열**에 주로 초점을 맞추어 해석학을 설명했다. 수열 $(a_n)_{n=0}^{\infty}$은 $\mathbb{N}$에서 $\mathbb{R}$로 가는 함수로 생각할 수 있다. 즉, 각각의 자연수 n마다 실수 a_n을 할당하는 객체(object)이다. 그런 다음 $\mathbb{N}$에서 $\mathbb{R}$로 가는 이러한 함수를 사용하여 (함수가 수렴한다는 가정하에) 무한대에서 극한을 취하거나 상한, 하한 등을 형성하는 등 다양한 개념을 살펴보고 (급수가 수렴한다는 가정하에) 수열에서 모든 원소의 합을 계산했다.

이제부터는 **이산적**(discrete)인 자연수 $\mathbb{N}$에 대한 함수가 아니라, 실수 $\mathbb{R}$이나 구간 $\{x \in \mathbb{R} : a \leq x \leq b\}$와 같은 **연속체**(continuum) 위에서의 함수를 살펴보려고 한다.[1] 궁극적으로는 이러한 함수의 극한을 구하고, 미분이나 적분을 계산하는 등 여러 가지 연산을 수행할 것이다. 이 장에서는 주로 함수의 극한에 관한 기초 개념을 학습하고 **연속함수** 개념에 집중하겠다.

함수를 다루기 전에 먼저 실선(real line)의 부분집합을 나타내는 표기법을 정해야 한다.

9.1 실선의 부분집합

해석학에서는 실선 전체인 $\mathbb{R}$이 아니라 양의 실수축 $\{x \in \mathbb{R} : x > 0\}$처럼 실선의 특정 부분집합에서 생각하는 경우가 많다. 또는 6.2절의 확장된 실선 $\mathbb{R}^*$ 또는 그 부분집합에서 생각하기도 한다.

물론 실선의 부분집합은 무한히 많이 존재한다. 실제로 칸토어 정리(정리 8.3.1 또는 8.3절 연습문제 4 참고)는 실수의 개수보다 훨씬 더 많은 집합이 존재함을 설명한다. 하지만 실선(과 확장된 실선)에는 자주 등장하는 특별한 부분집합이 있다. 여러분에게도 친숙한 이 집합족은 바로 **구간**이다.

정의 9.1.1 구간(interval)

확장된 실수 a, $b \in \mathbb{R}^*$를 생각하자. 다음은 모두 **구간**이다.

- **닫힌구간(closed interval)** $[a, b] := \{x \in \mathbb{R}^* : a \leq x \leq b\}$
- **반열린구간(half-open interval)** $[a, b) := \{x \in \mathbb{R}^* : a \leq x < b\}$,
  $(a, b] := \{x \in \mathbb{R}^* : a < x \leq b\}$
- **열린구간(open interval)**[2] $(a, b) := \{x \in \mathbb{R}^* : a < x < b\}$
- 이러한 구간에서 a를 **왼쪽 끝점(left endpoint)**, b를 **오른쪽 끝점(right endpoint)**이라 한다.

1 이 책에서는 두 개념을 다음과 같이 개략적으로만 설명하겠다. 집합의 각 원소와 나머지 원소 사이의 거리가 0이 아니면 **이산적**이라고 한다. 집합이 연결되어 있고 '구멍(hole)'이 없으면 **연속체**라고 한다.

참고 9.1.2 정의 9.1.1을 도입하며 괄호에 더 많은 의미가 부여되었다. 2와 3 사이의 실수를 나타내는 열린구간 $(2,3)$과 데카르트 평면 $\mathbb{R}^2 := \mathbb{R} \times \mathbb{R}$ 위의 순서쌍 $(2,3)$의 표기법이 같아졌다. 이로써 $(2,3)$이 무엇을 나타내는지 약간 모호해질 수 있지만 문맥에 따라 괄호의 의미를 적절하게 해석할 수 있어야 한다. 어떤 교재에서는 구간을 나타낼 때 소괄호를 뒤집음으로써 이 문제를 해결하기도 한다. 이를테면 $[a,b)$ 대신 $[a,b[$, $(a,b]$ 대신 $]a,b]$, (a,b) 대신 $]a,b[$로 표기하는 식이다.

EX 9.1.3 a와 b가 실수이면($+\infty$나 $-\infty$가 아니면) $[2,3) = \{x \in \mathbb{R} : 2 \le x < 3\}$처럼 정의 9.1.1에서 설명한 모든 구간은 실선의 부분집합이다. 양의 실수축 $\{x \in \mathbb{R} : x > 0\}$은 열린구간 $(0,+\infty)$이고, 음이 아닌 실수축 $\{x \in \mathbb{R} : x \ge 0\}$은 반열린구간 $[0,+\infty)$이다. 유사하게 음의 실수축 $\{x \in \mathbb{R} : x < 0\}$은 열린구간 $(-\infty,0)$이고, 양이 아닌 실수축 $\{x \in \mathbb{R} : x \le 0\}$은 반열린구간 $(-\infty,0]$이다. 끝으로 실선 $\mathbb{R}$ 자체는 열린구간 $(-\infty,+\infty)$이고 확장된 실선 $\mathbb{R}^*$은 닫힌구간 $[-\infty,+\infty]$이다.

구간의 한쪽 끝점이 무한($+\infty$ 또는 $-\infty$)이면 **반무한구간(half-infinite interval)**이라 하고 양쪽 끝점이 모두 무한이면 **양쪽무한구간(doubly-infinite interval)**이라 한다. 이를 제외한 모든 구간은 **유계구간(bounded interval)**이라 한다. 따라서 $[2,3)$은 유계구간이고 양의 실수축과 음의 실수축은 반무한구간이며, $\mathbb{R}$이나 $\mathbb{R}^*$는 무한구간이다.

EX 9.1.4 $a > b$이면 구간 $[a,b]$, $[a,b)$, $(a,b]$, (a,b)는 모두 공집합이다(그 이유는?). $a = b$이면 구간 $[a,b)$, $(a,b]$, (a,b)는 공집합이지만 구간 $[a,b]$는 한원소집합 $\{a\}$이다(그 이유는?). 지금 소개한 구간을 **퇴화구간(degenerate interval)**이라 하는데, 해석학에서는 대부분 퇴화구간을 제외하고 생각한다.

물론 실선에서 구간이 유일하게 흥미로운 부분집합인 것은 아니다. 다른 중요한 예로 **자연수** $\mathbb{N}$, **정수** $\mathbb{Z}$, **유리수** $\mathbb{Q}$가 있다. 합집합과 교집합 연산(3.1절 참고)을 사용하면 더 많은 형태의 집합을 만들 수 있다. $(1,2) \cup [3,4]$처럼 연결되지 않은 두 구간을 합집합 구간으로 만들 수 있으며, -1과 1을 포함하여 두 수 사이에 있는 모든 유리수로 이루어진 집합 $[-1,1] \cap \mathbb{Q}$도 생각할 수 있다. 이러한 연산으로 만들 수 있는 집합은 무한히 많이 있다.

실수 수열에 **집적점**(limit point)이 존재하듯이 실수 집합에도 **밀착점**(adherent point)이 존재한다.

2 (옮긴이) 교재에 따라 닫힌구간은 폐구간, 반열린구간은 반개구간, 반닫힌구간(half-closed interval) 또는 반폐구간이라고도 한다. 또 열린구간은 개구간이라고도 한다.

정의 9.1.5 ε–밀착점

$\mathbb{R}$의 부분집합 X를 생각하고 $\varepsilon > 0$, $x \in \mathbb{R}$이라 하자. x가 X에 **ε–밀착(ε–adherent)**할 필요충분조건은 x의 ε–근방에 속하는 어떤 $y \in X$가 존재하는 것(즉, $|x-y| \le \varepsilon$)이다.

참고 9.1.6 정의 9.1.5에서 소개한 'ε – 밀착'이라는 용어는 표준이 아니지만, 일반적으로 사용하는 표준 밀착점 개념을 정의하기 전까지 사용하려고 한다.

EX 9.1.7

- 점 1.1은 열린구간 $(0,1)$에 0.5–밀착하지만 0.1–밀착하지 않는다(그 이유는?).
- 점 1.1은 유한집합 $\{1,2,3\}$에 0.5–밀착한다.
- 점 1 또한 집합 $\{1,2,3\}$에 0.5–밀착한다(그 이유는?).

정의 9.1.8 밀착점(adherent point)

$\mathbb{R}$의 부분집합 X를 생각하고 $x \in \mathbb{R}$이라 하자. x가 X의 **밀착점**일 필요충분조건은 모든 $\varepsilon > 0$에 대해 x가 X에 ε–밀착한 것이다.

EX 9.1.9

- 수 1은 모든 $\varepsilon > 0$에 대해 열린구간 $(0,1)$과 ε–밀착한다(그 이유는?). 그러므로 1은 열린구간 $(0,1)$의 밀착점이다.
- 수 0.5도 마찬가지로 열린구간 $(0,1)$의 밀착점이다.
- 수 2는 열린구간 $(0,1)$의 밀착점이 아니다. 이를테면 2는 $(0,1)$에 0.5–밀착하지 않기 때문이다.

정의 9.1.10 폐포(closure)

$\mathbb{R}$의 부분집합 X를 생각하자. X의 밀착점을 모두 모은 집합을 X의 **폐포**라 하고 $\overline{X}$로 표기한다.

보조정리 9.1.11 폐포의 기본 성질

$\mathbb{R}$의 임의의 부분집합 X, Y를 생각하자. 그러면 다음이 성립한다.

- $X \subseteq \overline{X}$
- $\overline{X \cup Y} = \overline{X} \cup \overline{Y}$
- $\overline{X \cap Y} \subseteq \overline{X} \cap \overline{Y}$
- $X \subseteq Y$이면 $\overline{X} \subseteq \overline{Y}$이다.

보조정리 9.1.11의 증명은 연습문제 1로 남긴다.

몇몇 집합의 폐포를 계산해보자.

보조정리 9.1.12 구간의 폐포

$a < b$인 실수 a, b를 생각하자.

- I가 구간 (a, b), $(a, b]$, $[a, b)$, $[a, b]$ 중 하나이면 I의 폐포는 $[a, b]$이다.
- 구간 (a, ∞), $[a, \infty)$의 폐포는 $[a, \infty)$이다.
- 구간 $(-\infty, a)$, $(-\infty, a]$의 폐포는 $(-\infty, a]$이다.
- 구간 $(-\infty, \infty)$의 폐포는 $(-\infty, \infty)$이다.

증명

여기에서는 구간 (a, b)의 폐포가 $[a, b]$임을 보이겠다.

먼저 $[a, b]$의 모든 원소가 구간 (a, b)의 밀착점임을 보이자. $x \in [a, b]$를 생각하자. $x \in (a, b)$이면 x는 자명하게 구간 (a, b)의 밀착점이다. $x = b$이면 x는 역시 (a, b)의 밀착점이다(그 이유는?). $x = a$일 때에도 비슷하게 (a, b)의 밀착점임을 보일 수 있다. 따라서 $[a, b]$의 모든 점은 (a, b)의 밀착점이다.

이번에는 (a, b)의 밀착점 x가 모두 $[a, b]$에 속함을 보이자. 귀류법을 사용하여 x가 $[a, b]$에 속하지 않는다고 가정한다. 그러면 $x > b$ 또는 $x < a$이다. $x > b$이면 x는 구간 (a, b)에 $(x - b)$–밀착하지 않으므로(그 이유는?) (a, b)의 밀착점이 아니다. 유사하게 $x < a$이면 x는 구간 (a, b)에 $(a - x)$–밀착하지 않으므로 (a, b)의 밀착점이 아니다. 이러한 모순은 x가 사실 $[a, b]$에 속함을 의미한다. 따라서 증명이 끝났다.

다른 명제도 이와 유사하게 증명할 수 있다(또는 연습문제 6을 사용할 수 있다). ■

보조정리 9.1.13

- $\mathbb{N}$의 폐포는 $\mathbb{N}$이다.
- $\mathbb{Z}$의 폐포는 $\mathbb{Z}$이다.
- $\mathbb{Q}$의 폐포는 $\mathbb{R}$이다.
- $\mathbb{R}$의 폐포는 $\mathbb{R}$이다.
- 공집합 $\varnothing$의 폐포는 $\varnothing$이다.

보조정리 9.1.13의 증명은 연습문제 2로 남긴다.

다음 보조정리는 집합 X의 밀착점을 X에 속한 원소들의 극한으로 얻을 수 있음을 설명한다.

보조정리 9.1.14 $\mathbb{R}$의 부분집합 X를 생각하고 $x \in \mathbb{R}$이라 하자. x가 X의 밀착점일 필요충분조건은 X의 원소로 구성된 수열 $(a_n)_{n=0}^{\infty}$이 존재해서 x로 수렴하는 것이다.

보조정리 9.1.14의 증명은 연습문제 4로 남긴다.

정의 9.1.15 $\mathbb{R}$의 부분집합 E(즉, $E \subseteq \mathbb{R}$)를 생각하자. $\overline{E} = E$를 만족하면 E는 **닫힌집합(closed set)**이다. 즉, E가 자기 자신의 모든 밀착점을 포함하면 E는 닫힌집합이다.

EX 9.1.16

- $a < b$인 실수 a, b를 생각하자. 보조정리 9.1.12에 따르면 구간 $[a, b]$, $[a, +\infty)$, $(-\infty, a]$, $(-\infty, +\infty)$는 닫힌집합이고, 구간 (a, b), $(a, b]$, $[a, b)$, $(a, +\infty)$, $(-\infty, a)$는 닫힌집합이 아니다.
- 보조정리 9.1.13에 따르면 $\mathbb{N}$, $\mathbb{Z}$, $\mathbb{R}$, $\varnothing$은 닫힌집합이고, $\mathbb{Q}$는 닫힌집합이 아니다.

보조정리 9.1.14를 이용하면 수열의 관점으로 폐포를 정의할 수 있다.

따름정리 9.1.17 $\mathbb{R}$의 부분집합 X를 생각하자. X가 닫힌집합이고 $(a_n)_{n=0}^{\infty}$이 X의 원소로 구성되고 수렴하는 수열이면, $\lim_{n \to \infty} a_n$은 X의 원소이다. 역으로 X의 원소로 구성되고 수렴하는 수열 $(a_n)_{n=0}^{\infty}$에 대해 모든 수열 $(a_n)_{n=0}^{\infty}$의 극한이 X에 속하면, X는 닫힌집합이다.

10장에서 미분을 다룰 때 밀착점 개념을 밀접한 관련이 있는 **집적점** 개념으로 바꿀 것이다.

정의 9.1.18 집적점(limit point, cluster point)

실선의 부분집합 X를 생각하자.

- x가 X의 **집적점**일 필요충분조건은 x가 $X \setminus \{x\}$의 밀착점인 것이다.
- $x \in X$이고, 어떤 $\varepsilon > 0$이 존재해서 모든 $y \in X \setminus \{x\}$에 대해 $|x - y| > \varepsilon$이면 x를 X의 **고립점(isolated point)**이라 한다.

EX 9.1.19 집합 $X = (1,2) \cup \{3\}$을 생각하자.

- 3은 X의 밀착점이지만 집적점이 아니다. 3이 $X \backslash \{3\} = (1,2)$에 밀착하지 않기 때문이다. 대신에 3은 X의 고립점이다.
- 2는 X의 집적점인데, 2가 $X \backslash \{2\} = X$에 밀착하기 때문이다. 그러나 2는 X의 고립점이 아니다(그 이유는?).

참고 9.1.20 보조정리 9.1.14에 따르면 x가 X의 집적점일 필요충분조건은 x가 아닌 X의 원소로 구성된 수열 $(a_n)_{n=0}^{\infty}$이 존재하고 이 수열이 x로 수렴하는 것이다. 이 사실에서 밀착점 집합을 집적점 집합과 고립점 집합으로 나눌 수 있음을 확인할 수 있다(연습문제 9 참고).

보조정리 9.1.21 (무한구간일 수 있는) 구간 I를 생각하자. 즉, $a < b$인 실수 a, b에 대해 I는 (a,b), $(a,b]$, $[a,b)$, $[a,b]$, $(a,+\infty)$, $[a,+\infty)$, $(-\infty,a)$, $(-\infty,a]$ 형태의 집합이다. 그러면 I의 모든 원소는 I의 집적점이다.

증명

여기에서는 $I = [a,b]$일 때를 증명한다.

$x \in I$를 생각하자. x가 I의 집적점임을 보이려고 한다. 이때 x는 $x = a$, $a < x < b$, $x = b$로 세 가지 경우를 고려할 수 있다.

$x = a$이면 수열 $\left(x + \frac{1}{n}\right)_{n=N}^{\infty}$을 생각하자. 이 수열은 x로 수렴하고 N을 충분히 크게 선택하면 $I \setminus \{a\} = (a,b]$에 속한다(그 이유는?). 따라서 참고 9.1.20에 의해 $x = a$는 $[a,b]$의 집적점이다. $a < x < b$일 때도 유사한 논증으로 x가 $[a,b]$의 집적점임을 보일 수 있다. $x = b$이면 수열 $\left(x - \frac{1}{n}\right)_{n=N}^{\infty}$을 생각하자(그 이유는?). 그러면 똑같은 과정으로 x가 $[a,b]$의 집적점임을 보일 수 있다.

구간 I가 다른 형태일 때에도 비슷한 방법으로 증명할 수 있다. ■

이제 유계집합 개념을 정의하자.

정의 9.1.22 유계집합(bounded set)
실선의 부분집합 X를 생각하자. 어떤 실수 $M > 0$에 대해 $X \subseteq [-M, M]$을 만족하면 X를 **유계집합**이라 한다. 그렇지 않은 집합 X를 **유계가 아닌 집합(unbounded set)**이라 한다.

EX 9.1.23

- 임의의 실수 a, b에 대해 구간 $[a, b]$는 유계집합이다. $M := \max(|a|, |b|)$로 정의하면 $[a, b]$는 $[-M, M]$에 포함되기 때문이다.
- 반무한구간 $[0, +\infty)$는 유계가 아닌 집합이다(그 이유는?). 실제로 어떤 반무한구간이나 양쪽 무한구간도 유계집합이 될 수 없다.
- 집합 $\mathbb{N}$, $\mathbb{Z}$, $\mathbb{Q}$, $\mathbb{R}$은 모두 유계가 아닌 집합이다(그 이유는?).

닫힌집합 및 유계집합과 관련된 기본 성질을 소개한다.

정리 9.1.24 실선에서의 하이네–보렐 정리(Heine–Borel theorem)

$\mathbb{R}$의 부분집합 X를 생각하자. 그러면 다음 두 명제는 동치이다.

(a) X는 닫혀있고 유계이다.

(b) X의 원소로 구성된 실수 수열 $(a_n)_{n=0}^{\infty}$이 임의로 주어지면(즉, 모든 n에 대해 $a_n \in X$이면) 원래 수열의 부분수열 $(a_{n_j})_{j=0}^{\infty}$가 존재하며, 이 부분수열은 X의 어떤 수 L로 수렴한다.

정리 9.1.24의 증명은 연습문제 13으로 남긴다.

참고 9.1.25 하이네-보렐 정리는 다음 절부터 중요한 역할을 한다. 위상수학에서 거리공간의 언어로 표현하면 (『TAO 해석학 II』의 1.5절 참고), 하이네-보렐 정리는 실선에서 닫혀있고 유계인 모든 부분집합은 콤팩트함을 의미한다. 정리 9.1.24의 일반화된 형태는 에두아르트 하이네(Eduard Heine, 1821–1881)와 에밀 보렐(Emile Borel, 1871–1956)이 증명했으며, 『TAO 해석학 II』의 정리 1.5.7에서 확인할 수 있다.

9.1 연습문제

1. 보조정리 9.1.11을 증명하라.

2. 보조정리 9.1.13을 증명하라.

힌트 $\mathbb{Q}$의 폐포는 명제 5.4.14를 이용하여 구한다.

3. $\overline{X \cap Y} \neq \overline{X} \cap \overline{Y}$를 만족하는 실선의 부분집합 X, Y의 예를 제시하라.

4. 보조정리 9.1.14를 증명하라.

힌트 양쪽 방향의 함의 중 하나를 증명하려면 보조정리 8.4.5 형태의 선택공리가 필요하다.

5. $\mathbb{R}$의 부분집합 X를 생각하자. $\overline{X}$가 닫힌집합임을 보여라. 즉, $\overline{\overline{X}} = \overline{X}$임을 보이면 된다. 또한 Y가 X를 포함하는 임의의 닫힌집합이면, Y는 $\overline{X}$도 포함함을 보여라. 그러므로 X의 폐포 $\overline{X}$는 X를 포함하는 가장 작은 닫힌집합이다.

6. 실선의 임의의 부분집합 X와 $X \subseteq Y \subseteq \overline{X}$를 만족하는 집합 Y를 생각하자. $\overline{Y} = \overline{X}$임을 보여라.

7. 양의 정수 $n(\geq 1)$과 $\mathbb{R}$의 닫힌 부분집합 $X_1, \cdots, X_n$을 생각하자. $X_1 \cup X_2 \cup \cdots \cup X_n$도 닫힌집합임을 보여라.

8. (무한일 수도 있는) 공집합이 아닌 집합 I를 생각하자. 그리고 각각의 $\alpha \in I$에 대해 $\mathbb{R}$의 닫힌 부분집합 X_α를 생각하자. (식 (3.3)에서 정의한) 교집합 $\bigcap_{\alpha \in I} X_\alpha$도 닫힌집합임을 보여라.

9. 실선의 부분집합 X를 생각하자. X의 모든 밀착점은 X의 집적점 또는 고립점이지만, 밀착점은 집적점인 동시에 고립점이 될 수 없음을 보여라. 역으로 X의 집적점 또는 고립점은 모두 X의 밀착점임을 보여라.

10. $\mathbb{R}$의 공집합이 아닌 부분집합 X를 생각하자. X가 유계집합일 필요충분조건이 $\inf(X)$와 $\sup(X)$가 유한한 값임을 보여라.

11. X가 $\mathbb{R}$의 유계인 부분집합이면 폐포 $\overline{X}$도 유계집합임을 보여라.

12. $\{X_i | X_i \subset \mathbb{R}, i = 1, 2, \cdots, n\}$이 $\mathbb{R}$의 유계인 부분집합들의 모임(collection)이라고 할 때, 그 합집합 $X = \bigcup_{i=1}^{n} X_i$도 여전히 유계집합임을 보여라. 유한개 모은 모임이라는 조건을 무한하게 모은 모임으로 바꾸어도 결론이 여전히 성립하는가?

13. 정리 9.1.24를 증명하라.

힌트 (a) $\Longrightarrow$ (b)를 보이려면 볼차노-바이어슈트라스 정리(정리 6.6.8 참고)와 따름정리 9.1.17을 사용한다. (b) $\Longrightarrow$ (a)를 보이려면 귀류법과 따름정리 9.1.17을 사용하여 X가 닫힌집합임을 보여야 한다. X가 유계집합임을 보이려면 보조정리 8.4.5 형태의 선택공리가 필요하다.

14. $\mathbb{R}$의 임의의 유한 부분집합은 유계이고 닫힌집합임을 보여라.

15. $\mathbb{R}$의 공집합이 아닌 유계 부분집합 E를 생각하고 $S := \sup(E)$를 E의 최소상계라 하자. (참고로 정리 5.5.9의 최소상계 성질에 따르면 S는 실수이다.) S가 E의 밀착점이고 동시에 $\mathbb{R} \setminus E$의 밀착점임을 보여라.

9.2 실숫값함수의 연산

실선에서 실선으로 가는 함수 $f : \mathbb{R} \to \mathbb{R}$은 여러분에게도 친숙한 대상일 것이다. 이러한 함수의 예로 $f(x) := x^2 + 3x + 5$, $f(x) := \dfrac{2^x}{x^2+1}$, $f(x) := \sin(x)\exp(x)$ 등이 있다.[3] 이러한 함수들은 모든 실수 x에 하나의 실수 $f(x)$를 할당하기 때문에 $\mathbb{R}$에서 $\mathbb{R}$로 가는 함수라고 한다. 이제 조금 더 이색적인 함수를 생각해보자.

$$f(x) := \begin{cases} 1 & (x \in \mathbb{Q}) \\ 0 & (x \notin \mathbb{Q}) \end{cases}$$

3 사인함수(sin)와 지수함수(exp)는 『TAO 해석학 II』의 4장에서 정의한다.

이러한 함수 f는 **대수적**(algebraic)이지 않다.[4] 그럼에도 f는 각각의 x(단, $x \in \mathbb{R}$)를 실수 $f(x)$에 할당하기 때문에 $\mathbb{R}$에서 $\mathbb{R}$로 가는 함수이다.

앞서 모두 $\mathbb{R}$에서 정의된 함수 $f : \mathbb{R} \to \mathbb{R}$ 중 임의의 함수를 택하고 정의역을 더 작은 집합인 $X \subseteq \mathbb{R}$로 **제한**(restrict)함으로써 X에서 $\mathbb{R}$로 가는 새로운 함수를 만들 수 있다. 이때의 함수를 $f|_X$로 표기한다. $f|_X$는 원래 함수 f와 동일하지만 더 작은 정의역에서 정의된다. (그러므로 $x \in X$일 때 $f|_X(x) := f(x)$로 정의하고 $x \notin X$일 때 $f|_X(x)$를 정의하지 않는다.) 이를테면 $\mathbb{R}$에서 $\mathbb{R}$로 가는 함수 $f(x) := x^2$을 생각하고 이 함수를 구간 $[1, 2]$로 제한하여 새로운 함수 $f|_{[1,2]} : [1, 2] \to \mathbb{R}$을 만들 수 있다. 이 함수는 $x \in [1, 2]$일 때 $f|_{[1,2]}(x) = x^2$이고 다른 곳에서는 정의되지 않는다.

$f(x)$ 값이 모두 Y의 원소라는 가정하에 공역을 $\mathbb{R}$에서 $\mathbb{R}$의 더 작은 부분집합인 Y로 제한할 수 있다. 이를테면 $f(x) := x^2$으로 정의한 함수 $f : \mathbb{R} \to \mathbb{R}$은 $\mathbb{R}$에서 $\mathbb{R}$로 가는 함수가 아니라 $\mathbb{R}$에서 $[0, \infty)$로 가는 함수로도 생각할 수 있다. 형식적으로 이 두 함수는 서로 다른 함수이지만 둘 사이에 차이가 미미하다. 그래서 앞으로 함수를 다룰 때 치역을 좀 더 가볍게 생각할 것이다.

엄밀하게 말하면 **함수** f와 점 x에서의 **함숫값** $f(x)$는 서로 다른 개념이다. f는 함수이고, $f(x)$는 (독립변수 x에 의존하는) 종속변수이다. 이 구분은 조금 미묘해서 너무 강조하지는 않겠지만, 가끔 함수와 함숫값 개념을 구분해야 할 때가 있다. 여기에 두 가지 예를 소개한다.

첫 번째는 $f(x) := x^2$으로 정의한 함수 $f : \mathbb{R} \to \mathbb{R}$을 생각하자. 그리고 f를 구간 $[1, 2]$로 제한한 함수 $g := f|_{[1,2]}$를 생각하자. 두 함수 f와 g는 $f(x) = x^2$이고 $g(x) = x^2$으로 모두 제곱 연산을 수행한다. 그러나 두 함수는 정의역이 서로 다르기 때문에 서로 다른 함수(즉, $f \neq g$)로 취급한다. 이러한 차이가 있는데도 "$f(x) := x^2 + 2x + 3$으로 정의된 함수 $f : \mathbb{R} \to \mathbb{R}$을 생각하자."라고 함수를 언급하는 대신 부주의하게 "함수 $x^2 + 2x + 3$을 생각하자."라고 함숫값을 말할 때가 있다. 참고로 함수와 함숫값 개념은 미분할 때 그 차이점이 더욱 드러난다. 두 번째는 $f : \mathbb{R} \to \mathbb{R}$이 함수 $f(x) = x^2$이라고 해보자. 함숫값은 $f(3) = 9$이다. 3일 때 f를 미분한 값은 6인데 9를 미분한 값은 0이다. 그래서 $f(3) = 9$의 '양변을 미분해서' $6 = 0$이라는 결론을 내리면 안 된다.

$\mathbb{R}$의 부분집합 X와 함수 $f : X \to \mathbb{R}$을 생각하자. 그러면 함수 f의 **그래프(graph)** $\{(x, f(x)) : x \in X\}$를 만들 수 있다. f의 그래프는 $X \times \mathbb{R}$의 부분집합이며, 유클리드 평면 $\mathbb{R}^2 = \mathbb{R} \times \mathbb{R}$의 부분집합이기도 하다. 따라서 $\mathbb{R}^2$ 평면에서 함수 $f : X \to \mathbb{R}$의 그래프에 접선이나 넓이 개념 등 기하학을 접목하여 함수를 분석할 수 있다. 그러나 이 책에서는 이러한 함수를 분석할 때 실수의 속성에 의존하는, 보다 '해석적(analytic)'인 방법을 추구한다. 기하학적으로 접근하면 시각적인 직관을 더 많이 얻을 수 있지만, 해석적으로 접근하면 엄밀성과 정확성을 얻을 수 있으므로 두 접근법은

4 즉, 함수 f를 표준 대수 연산인 $+$, $-$, $\times$, $/$, $\sqrt{\ }$ 등을 사용하여 표현할 수 없다. 이러한 개념을 다루는 것은 이 책의 범위를 벗어난다.

상호보완적이다. 기하학적 직관과 해석적 형식주의는 일변수 해석학을 다변수 해석학으로(심지어 무한변수로) 확장할 때에도 유용하다.

수를 산술적으로 조작할 수 있듯이 함수도 산술적으로 조작할 수 있다. 두 함수의 합과 곱은 모두 함수이다. 다음 정의를 살펴보자.

정의 9.2.1 함수의 산술 연산

두 함수 $f : X \to \mathbb{R}$과 $g : X \to \mathbb{R}$에 대해 다음과 같은 함수를 정의할 수 있다.

- 두 함수의 합(sum) $f + g : X \to \mathbb{R}$

$$(f+g)(x) := f(x) + g(x)$$

- 두 함수의 차(difference) $f - g : X \to \mathbb{R}$

$$(f-g)(x) := f(x) - g(x)$$

- 두 함수의 최댓값(maximum) $\max(f, g) : X \to \mathbb{R}$

$$\max(f,g)(x) := \max(f(x), g(x))$$

- 두 함수의 최솟값(minimum) $\min(f, g) : X \to \mathbb{R}$

$$\min(f,g)(x) := \min(f(x), g(x))$$

- 두 함수의 곱(product) $fg : X \to \mathbb{R}$(또는 $f \cdot g : X \to \mathbb{R}$)

$$(fg)(x) := f(x)g(x)$$

- 두 함수의 몫(quotient) f/g: $X \to \mathbb{R}$ (단, 모든 $x \in X$에 대해 $g(x) \neq 0$)

$$(f/g)(x) := \frac{f(x)}{g(x)}$$

- c가 실수일 때 함수 $cf : X \to \mathbb{R}$(또는 $c \cdot f : X \to \mathbb{R}$)

$$(cf)(x) := c \times f(x)$$

EX 9.2.2 $f(x) := x^2$인 함수 $f : \mathbb{R} \to \mathbb{R}$과 $g(x) := 2x$인 함수 $g : \mathbb{R} \to \mathbb{R}$을 생각하자.

- $f + g : \mathbb{R} \to \mathbb{R}$은 함수 $(f+g)(x) := x^2 + 2x$이다.
- $fg : \mathbb{R} \to \mathbb{R}$은 함수 $(fg)(x) := 2x^3$이다.
- $f - g(x) : \mathbb{R} \to \mathbb{R}$은 함수 $(f-g)(x) := x^2 - 2x$이다.
- $6f : \mathbb{R} \to \mathbb{R}$은 함수 $(6f)(x) := 6x^2$이다.

그러나 fg는 $x \mapsto 4x^2$인 함수 $f \circ g$와 다른 함수이고, 또 $x \mapsto 2x^2$인 함수 $g \circ f$와도 다른 함수이다 (그 이유는?). 따라서 함수의 곱셈과 함수의 합성은 서로 다른 연산이다.

9.2 연습문제

1. 함수 $f : \mathbb{R} \to \mathbb{R}$, $g : \mathbb{R} \to \mathbb{R}$, $h : \mathbb{R} \to \mathbb{R}$을 생각하자. 다음 식이 참이면 증명하고, 거짓이면 반례를 제시하라.

(a) $(f + g) \circ h = (f \circ h) + (g \circ h)$

(b) $f \circ (g + h) = (f \circ g) + (f \circ h)$

(c) $(f + g) \cdot h = (f \cdot h) + (g \cdot h)$

(d) $f \cdot (g + h) = (f \cdot g) + (f \cdot h)$

9.3 함수의 극한

6장에서 수열 $(a_n)_{n=0}^{\infty}$이 극한 L로 수렴하는 것의 의미를 정의했다. 이제 실선이나 실선의 어떤 부분집합에서 정의된 함수 f가 한 점에서 어떤 값으로 수렴하는 것의 의미에도 비슷한 개념을 부여하려고 한다. 수열의 극한에서 ε–근방과 궁극적인 ε–근방 개념을 사용했듯이, 함수의 극한에서도 ε–근방과 국소적인 ε–근방 개념이 필요하다.

정의 9.3.1 ε–근방

$\mathbb{R}$의 부분집합 X, 함수 $f : X \to \mathbb{R}$, 실수 L과 $\varepsilon > 0$을 생각하자. 함수 f가 L의 **ε–근방** **(ε–close)**에 속할 필요충분조건은 모든 $x \in X$에 대해 $f(x)$가 L의 ε–근방에 속하는 것이다.

EX 9.3.2 함수 $f(x) := x^2$을 구간 $[1,3]$으로 제한하자. 그러면 $x \in [1,3]$일 때 $1 \leq f(x) \leq 9$이므로 $|f(x) - 4| \leq 5$이다. 따라서 함수 $f|_{[1,3]}$은 4의 5–근방에 속한다. 이번에는 함수 f를 좀 더 작은 구간인 $[1.9, 2.1]$로 제한하자. 그러면 $x \in [1.9, 2.1]$일 때 $3.61 \leq f(x) \leq 4.41$이므로 $|f(x) - 4| \leq 0.41$이다. 따라서 함수 $f|_{[1.9,\, 2.1]}$은 4의 0.41–근방에 속한다.

정의 9.3.3 국소적 ε–근방

$\mathbb{R}$의 부분집합 X, 함수 $f : X \to \mathbb{R}$, 실수 L, 집합 X의 밀착점 x_0, 실수 $\varepsilon > 0$을 생각하자. 함수 f가 x_0 근처에서 L의 **ε–근방**에 속할 필요충분조건은 $\delta > 0$이 존재해서 함수 f가 집합 $\{x \in X : |x - x_0| < \delta\}$로 제한될 때 f가 L의 ε–근방에 속하는 것이다.

EX 9.3.4 $f(x) := x^2$을 구간 $[1,3]$으로 제한한 함수 $f : [1,3] \to \mathbb{R}$을 생각하자. $f(1)$이 4의 0.1–근방에 속하지 않으므로, 함수 f는 4의 0.1–근방에 속하지 않는다. 그러나 집합 $\{x :\in [1,3] : |x-2| < 0.01\}$로 제한하면 함수 f가 4의 0.1–근방에 속하므로, 함수 f는 2 근처에서 4의 0.1–근방에 속한다. 이때 $|x - 2| < 0.01$이므로 $1.99 < x < 2.01$이고, 따라서 $3.9601 < f(x) < 4.0401$이다. 특히 f는 4의 0.1–근방에 속한다.

EX 9.3.5 $f(x) := x^2$을 구간 $[1,3]$으로 제한한 함수 $f : [1,3] \to \mathbb{R}$을 생각하자. $f(1)$이 9의 0.1–근방에 속하지 않으므로, 함수 f는 9의 0.1–근방에 속하지 않는다. 그러나 집합 $\{x \in [1,3] : |x-3| < 0.01\}$[5]로 제한하면 함수 f는 3 근처에서 9의 0.1–근방에 속하고, 함수 f는 9의 0.1–근방에 속한다. $2.99 < x \leq 3$이면 $8.9401 < f(x) \leq 9$이고, $f(x)$는 9의 0.1–근방에 속하기 때문이다.

정의 9.3.6 점에서 수렴하는 함수

$\mathbb{R}$의 부분집합 X, 함수 $f : X \to \mathbb{R}$, X의 부분집합 E, 집합 E의 밀착점 x_0, 실수 L을 생각하자.

- f가 E의 원소 x_0에서 L로 **수렴(convergence)**할 필요충분조건은 E로 제한한 함수 f가 모든 $\varepsilon > 0$에 대해 x_0 근처에서 L의 ε–근방에 속하는 것이다. 그리고 이를 기호로 $\lim_{x \to x_0; x \in E} f(x) = L$로 표기한다.

5 이 집합은 반열린구간 $(2.99, 3]$이다(그 이유는?).

- 함수 f가 x_0에서 어떤 수 L로도 수렴하지 않으면 f는 x_0에서 **발산(divergence)**한다고 한다. 그리고 $\lim_{x \to x_0; x \in E} f(x)$를 정의하지 않는다.

즉, $\lim_{x \to x_0; x \in E} f(x) = L$일 필요충분조건은 임의의 양수 $\varepsilon > 0$에 대해 $\delta > 0$이 존재해서, $|x - x_0| < \delta$이면 모든 $x \in E$에 대해 $|f(x) - L| \le \varepsilon$인 것이다. (이 정의가 정의 9.3.6과 동치인 이유는?)

참고 9.3.7 많은 경우에 정의 9.3.6에서 집합 E를 생략하여 표기하곤 한다. 즉, f가 x_0에서 L에 수렴한다고 하거나 $\lim_{x \to x_0} f(x) = L$라고 표기하는 식인데, 이렇게 쓰면 조금 위험할 수 있다. E가 실제로 x_0를 포함하는지 포함하지 않는지에 따라 차이가 생길 수 있기 때문이다. 한 가지 예로 $x = 0$일 때 $f(x) = 1$이고, $x \neq 0$일 때 $f(x) = 0$으로 정의한 함수 $f : \mathbb{R} \to \mathbb{R}$을 생각하자. 그러면 $\lim_{x \to 0; x \in \mathbb{R} \setminus \{0\}} f(x) = 0$이지만 $\lim_{x \to 0; x \in \mathbb{R}} f(x)$는 정의되지 않는다.

어떤 교재에는 E가 x_0를 포함하지 않을 때에만[6] 극한 $\lim_{x \to x_0; x \in E} f(x)$를 정의하기도 하고 $\lim_{x \to x_0; x \in E \setminus \{x_0\}} f(x)$를 표기하기 위해 $\lim_{x \to x_0; x \in E} f(x)$를 사용하기도 한다. 이 책에서는 조금 더 일반적인 표기법을 택하여 E가 x_0를 포함할 가능성을 허용한다.

EX 9.3.8 함수 $f : [1, 3] \to \mathbb{R}$을 $f(x) := x^2$으로 정의하자. 이미 EX 9.3.4에서 f는 2 근처에서 4의 0.1–근방에 속함을 살펴보았다. (더 작은 δ를 선택하고) 유사한 논증 과정을 거치면 f가 2 근처에서 4의 0.01–근방에 속함을 보일 수 있다.

정의 9.3.6은 조금 다루기 어렵다. 하지만 이 정의를 수열의 극한과 관련 있고 더욱 친숙한 형태로 다시 나타낼 수 있다.

명제 9.3.9 $\mathbb{R}$의 부분집합 X, 함수 $f : X \to \mathbb{R}$, 집합 X의 부분집합 E, 집합 E의 밀착점 x_0, 실수 L을 생각하자. 그러면 다음 두 명제는 동치이다.[7]

(a) f는 E의 원소 x_0에서 L로 수렴한다.

(b) E의 원소로 구성되고 x_0로 수렴하는 모든 수열 $(a_n)_{n=0}^{\infty}$에 대해 수열 $(f(a_n))_{n=0}^{\infty}$은 L로 수렴한다.

명제 9.3.9의 증명은 연습문제 1로 남긴다.

6 그래서 x_0는 E의 밀착점이라기보단 집적점이다.

7 (옮긴이) 이 명제를 '수열판정법'이라고도 한다.

명제 9.3.9의 관점에서 'f가 x_0에서 L로 수렴한다' 또는 '$\lim_{x \to x_0} f(x) = L$'이라고 표현하는 대신 '$E$에서 $x \to x_0$일 때 $f(x) \to L$' 또는 'f는 E의 x_0에서 극한 L을 가진다'라고 표현하기도 한다.

참고 9.3.10 명제 9.3.9의 표기법을 이용하면 다음 따름정리를 얻는다.
만약 $\lim_{x \to x_0; x \in E} f(x) = L$이고 $\lim_{n \to \infty} a_n = x_0$이면 $\lim_{n \to \infty} f(a_n) = L$이다.

참고 9.3.11 x_0가 E의 밀착점일 때에만 x_0에서 함수 f의 극한을 생각한다. x_0가 E의 밀착점이 아니라면 극한 개념을 정의할 가치가 없다. (왜 문제가 발생하는지 이해하였는가?)

참고 9.3.12 극한을 나타내는 데 사용한 변수 x는 임시변수이다. x를 다른 변수로 대체해도 동일한 극한값을 얻을 수 있기 때문이다. 예를 들어 $\lim_{x \to x_0; x \in E} f(x) = L$이면 $\lim_{y \to x_0; y \in E} f(y) = L$이고 그 역도 성립한다(그 이유는?).

명제 9.3.9에서 몇몇 따름정리를 바로 도출할 수 있다. 예를 들어 함수는 각 점마다 극한을 최대 한 개 가진다.[8]

따름정리 9.3.13 $\mathbb{R}$의 부분집합 X, 집합 X의 부분집합 E, 집합 E의 밀착점 x_0, 함수 $f : X \to \mathbb{R}$을 생각하자. 그러면 f는 E의 점 x_0에서 극한을 최대 한 개 가진다.

증명

귀류법을 사용하여 서로 다른 두 수 L, L'이 존재해서 f가 E의 점 x_0에서 L에 수렴하고, 또 L'에도 수렴한다고 가정하자. x_0가 E의 밀착점이므로 보조정리 9.1.14에 의해 E의 원소로 구성되며 x_0로 수렴하는 수열 $(a_n)_{n=0}^{\infty}$이 존재한다. f가 E의 점 x_0에서 극한 L을 가지기 때문에, 명제 9.3.9에 의해 $(f(a_n))_{n=0}^{\infty}$은 L로 수렴한다. 하지만 f가 E의 점 x_0에서 극한 L'도 가지기 때문에, $(f(a_n))_{n=0}^{\infty}$은 L'으로도 수렴한다. 그러나 이는 수열의 극한의 유일성(명제 6.1.7 참고)에 모순이다. ■

수열의 극한 법칙을 사용하면 함수의 극한 법칙을 이끌어 낼 수 있다.

명제 9.3.14 함수의 극한 법칙

$\mathbb{R}$의 부분집합 X, 집합 X의 부분집합 E, 집합 E의 밀착점 x_0, 함수 $f : X \to \mathbb{R}$과 $g : X \to \mathbb{R}$을 생각하자. 함수 f가 E의 점 x_0에서 극한 L을 가지고 함수 g가 E의 점 x_0에서 극한 M을 가진다고 하자. 그러면 다음이 성립한다.

- $f + g$는 E의 점 x_0에서 극한 $L + M$을 가진다.

8 (옮긴이) 이 성질을 '극한의 유일성'이라고도 한다.

- $f-g$는 E의 점 x_0에서 극한 $L-M$을 가진다.
- $\max(f,g)$는 E의 점 x_0에서 극한 $\max(L,M)$을 가진다.
- $\min(f,g)$는 E의 점 x_0에서 극한 $\min(L,M)$을 가진다.
- fg는 E의 점 x_0에서 극한 LM을 가진다.
- c가 실수이면 cf는 E의 점 x_0에서 극한 cL을 가진다.
- g가 E에서 영이 아니고(즉, 모든 $x \in E$에 대해 $g(x) \neq 0$) M도 영이 아니면 $\frac{f}{g}$는 E의 점 x_0에서 극한 $\frac{L}{M}$을 가진다.

증명

여기에서는 첫 번째 명제를 증명한다.

E의 원소로 구성되고 x_0로 수렴하는 임의의 수열 $(a_n)_{n=0}^{\infty}$을 생각하자. f가 E의 점 x_0에서 극한 L을 가지므로 명제 9.3.9에 의해 $(f(a_n))_{n=0}^{\infty}$은 L로 수렴한다. 이와 유사하게 $(g(a_n))_{n=0}^{\infty}$은 M으로 수렴한다. 수열의 극한 법칙(정리 6.1.19 참고)에 따르면 $((f+g)(a_n))_{n=0}^{\infty}$은 $L+M$으로 수렴한다. 명제 9.3.9를 다시 사용하면 $f+g$는 E의 점 x_0에서 극한 $L+M$을 가진다. 수열 $(a_n)_{n=0}^{\infty}$이 x_0로 수렴하는 E의 임의의 수열이기 때문이다. 이로써 증명을 마친다.

다른 명제도 비슷한 방법으로 증명할 수 있으므로 연습문제 2로 남긴다. ■

참고 9.3.15 명제 9.3.14를 이해하기 쉽게 표현하면 다음과 같다. 참고로 간결하게 표현하기 위해 제한 조건 $x \in E$를 생략했다.

- $\lim_{x \to x_0} (f \pm g)(x) = \lim_{x \to x_0} f(x) \pm \lim_{x \to x_0} g(x)$
- $\lim_{x \to x_0} \max(f,g)(x) = \max\left(\lim_{x \to x_0} f(x), \lim_{x \to x_0} g(x)\right)$
- $\lim_{x \to x_0} \min(f,g)(x) = \min\left(\lim_{x \to x_0} f(x), \lim_{x \to x_0} g(x)\right)$
- $\lim_{x \to x_0} (fg)(x) = \lim_{x \to x_0} f(x) \lim_{x \to x_0} g(x)$
- $\lim_{x \to x_0} \left(\frac{f}{g}\right)(x) = \frac{\lim_{x \to x_0} f(x)}{\lim_{x \to x_0} g(x)}$

주의해야 할 점이 몇 가지 있다. 이러한 항등식은 우변이 의미가 있을 때에만 참이다. 또한 마지막 항등식이 성립하려면 g가 영이 아니어야 하고, $\lim_{x \to x_0} g(x)$도 영이 아니어야 한다. EX 1.2.4에서 극한을 부주의하게 조작하면 어떤 문제가 발생하는지 소개한 바 있다.

명제 9.3.14의 극한 법칙을 사용하면 몇 가지 극한값을 유도할 수 있다. 먼저 임의의 실수 x_0, c에 대해 다음과 같이 기본 극한이 성립함을 쉽게 확인할 수 있다(그 이유는? 명제 9.3.9 참고).

$$\lim_{x \to x_0; x \in \mathbb{R}} c = c, \qquad \lim_{x \to x_0; x \in \mathbb{R}} x = x_0$$

극한 법칙을 이용하면 임의의 실수 c, d에 대해 다음 극한값을 유도할 수 있다.

$$\lim_{x \to x_0; x \in \mathbb{R}} x^2 = x_0^2$$

$$\lim_{x \to x_0; x \in \mathbb{R}} cx = cx_0$$

$$\lim_{x \to x_0; x \in \mathbb{R}} (x^2 + cx + d) = x_0^2 + cx_0 + d$$

f가 X의 점 x_0에서 L로 수렴하고 Y가 X의 임의의 부분집합이며 x_0가 Y의 밀착점이기도 하면, f는 Y의 점 x_0에서도 L로 수렴한다(그 이유는?). 그러므로 큰 집합에서 수렴하면 더 작은 집합에서도 수렴한다. 하지만 역은 성립하지 않는다. 반례를 살펴보자.

EX 9.3.16 부호함수(signum function)

부호함수 sgn : $\mathbb{R} \to \mathbb{R}$을 다음과 같이 정의하자.

$$\operatorname{sgn}(x) := \begin{cases} 1 & (x > 0) \\ 0 & (x = 0) \\ -1 & (x < 0) \end{cases}$$

그러면 $\lim_{x \to 0; x \in (0, \infty)} \operatorname{sgn}(x) = 1$이고(그 이유는?) $\lim_{x \to 0; x \in (-\infty, 0)} \operatorname{sgn}(x) = -1$인데(그 이유는?), $\lim_{x \to 0; x \in \mathbb{R}} \operatorname{sgn}(x)$는 정의되지 않는다(그 이유는?). 이렇게 집합 E를 생략하고 극한을 표현하면 가끔 위험할 때가 있다.

그러나 대부분은 E를 생략하고 극한을 표현해도 안전하다. 예를 들면 $\lim_{x \to x_0; x \in \mathbb{R}} x^2 = x_0^2$이므로 x_0가 밀착점인 임의의 집합 X에 대해 $\lim_{x \to x_0; x \in X} x^2 = x_0^2$이다(그 이유는?). 따라서 $\lim_{x \to x_0} x^2 = x_0^2$으로 표기해도 좋다.

EX 9.3.17 함수 $f(x)$를 다음과 같이 정의하자.

$$f(x) := \begin{cases} 1 & (x = 0) \\ 0 & (x \neq 0) \end{cases}$$

그러면 $\lim_{x \to 0; x \in \mathbb{R} \setminus \{0\}} f(x) = 0$이지만(그 이유는?) $\lim_{x \to 0; x \in \mathbb{R}} f(x)$는 정의되지 않는다(그 이유는?).[9]

---

9 이때 f는 0에서 **제거가능한 특이점**(removable singularity) 또는 **제거가능한 불연속점**(removable discontinuity)을 가진다고 한다. 이러한 특이점 때문에 $\lim_{x \to x_0} f(x)$를 쓸 때 집합에서 x_0를 자동으로 제외하는 관례가 있다. 어떤 교재에서는 $\lim_{x \to x_0; x \in X \setminus \{x_0\}} f(x)$를 짧게 줄여서 $\lim_{x \to x_0} f(x)$로 나타내기도 한다.

x_0에서의 극한은 x_0 근처의 함숫값에만 영향을 받는다. x_0에서 멀리 떨어진 함숫값은 의미 없기 때문이다. 이 직관을 반영한 명제를 소개한다.

명제 9.3.18 극한은 국소적이다

$\mathbb{R}$의 부분집합 X, 집합 X의 부분집합 E, 집합 E의 밀착점 x_0, 함수 $f : X \to \mathbb{R}$, 실수 L을 생각하자. 그리고 $\delta > 0$을 생각하자. 그러면 다음이 성립한다.

$$\lim_{x \to x_0; x \in E} f(x) = L \iff \lim_{x \to x_0; x \in E \cap (x_0 - \delta,\, x_0 + \delta)} f(x) = L$$

명제 9.3.18의 증명은 연습문제 3으로 남긴다.

명제 9.3.18을 간단하게 생각하면 다음 관계가 성립한다고 이해할 수 있다.

$$\lim_{x \to x_0; x \in E} f(x) = \lim_{x \to x_0; x \in E \cap (x_0 - \delta,\, x_0 + \delta)} f(x)$$

x_0에서 함수 f의 극한이 존재한다면, 이 극한은 x_0 근처의 f 값에만 의존하며 x_0에서 멀리 떨어진 값은 극한에 영향을 주지 않는다.

극한값에 관한 몇 가지 예를 더 소개한다.

EX 9.3.19 $f(x) := x + 2$로 정의한 함수 $f : \mathbb{R} \to \mathbb{R}$과 $g(x) := x + 1$로 정의한 함수 $g : \mathbb{R} \to \mathbb{R}$을 생각하자. 그러면 $\lim_{x \to 2; x \in \mathbb{R}} f(x) = 4$이고 $\lim_{x \to 2; x \in \mathbb{R}} g(x) = 3$이다. 극한 법칙을 이용하면 $\lim_{x \to 2; x \in \mathbb{R}} \dfrac{f(x)}{g(x)} = \dfrac{4}{3}$, 즉 $\lim_{x \to 2; x \in \mathbb{R}} \dfrac{x+2}{x+1} = \dfrac{4}{3}$이다.

엄밀히 따지면 $x = -1$일 때 $x + 1$이 영이므로 $\dfrac{f(x)}{g(x)}$를 정의할 수 없고, 명제 9.3.14를 사용할 수 없다. 그러나 f와 g의 정의역을 $\mathbb{R}$보다 더 작은 $\mathbb{R} \setminus \{-1\}$로 제한하면 문제를 쉽게 해결할 수 있다. 이제 명제 9.3.14를 사용할 수 있으며 $\lim_{x \to 2; x \in \mathbb{R} \setminus \{-1\}} \dfrac{x+2}{x+1} = \dfrac{4}{3}$가 성립한다.

EX 9.3.20 $f(x) := \dfrac{x^2 - 1}{x - 1}$로 정의된 함수 $f: \mathbb{R} \setminus \{1\} \to \mathbb{R}$을 생각하자. 이 함수는 1을 제외한 모든 실수에서 잘 정의되고, $f(1)$에서 정의되지 않는다. 그러나 1은 $\mathbb{R} \setminus \{1\}$의 밀착점이고 (그 이유는?) 극한 $\lim_{x \to 1; x \in \mathbb{R} \setminus \{1\}} f(x)$도 정의된다. 왜냐하면 정의역 $\mathbb{R} \setminus \{1\}$에서 항등식 $\dfrac{x^2 - 1}{x - 1} = \dfrac{(x+1)(x-1)}{x - 1} = x + 1$이 성립하고 $\lim_{x \to 1; x \in \mathbb{R} \setminus \{1\}} (x + 1) = 2$이기 때문이다.

EX 9.3.21 함수 $f : \mathbb{R} \to \mathbb{R}$을 다음과 같이 정의하자.

$$f(x) := \begin{cases} 1 & (x \in \mathbb{Q}) \\ 0 & (x \notin \mathbb{Q}) \end{cases}$$

$f(x)$가 $\mathbb{R}$의 점 0에서 극한을 갖지 않음을 보이려고 한다.

귀류법을 사용하여 $f(x)$가 $\mathbb{R}$의 점 0에서 어떤 극한 L을 가진다고 가정하자. 그러면 영이 아닌 수로 이루어지며 0으로 수렴하는 수열 $(a_n)_{n=1}^{\infty}$이 있을 때마다 $\lim_{n\to\infty} f(a_n) = L$이다. 수열 $\left(\frac{1}{n}\right)_{n=1}^{\infty}$이 이와 같은 조건을 만족하므로 다음 관계식이 성립한다.

$$L = \lim_{n\to\infty} f\left(\frac{1}{n}\right) = \lim_{n\to\infty} 1 = 1$$

그런데 영이 아닌 수로 이루어지며 0으로 수렴하는 수열 중 $\left(\frac{\sqrt{2}}{n}\right)_{n=1}^{\infty}$도 있다.[10] 이 수열에 대해서는 다음 관계식이 성립한다.

$$L = \lim_{n\to\infty} f\left(\frac{\sqrt{2}}{n}\right) = \lim_{n\to\infty} 0 = 0$$

각각의 극한값이 1, 0이고 $1 \neq 0$이므로 모순이 생긴다. 따라서 이 함수는 0에서 극한을 갖지 않는다.

9.3 연습문제

1. 명제 9.3.9를 증명하라.

2. 명제 9.3.14의 증명 과정 중 남은 부분을 완성하라.

3. 명제 9.3.18을 증명하라.

4. 상극한 $\limsup_{x\to x_0;x\in E} f(x)$와 하극한 $\liminf_{x\to x_0;x\in E} f(x)$의 정의를 제시하고, 그 정의에 기반하여 명제 9.3.9를 변형하라. 변형한 명제가 참임을 증명해본다면 좋은 과제가 될 것이다.

10 수열 $\left(\frac{1}{n}\right)_{n=1}^{\infty}$과 $\left(\frac{\sqrt{2}}{n}\right)_{n=1}^{\infty}$는 각 항이 유리수와 무리수라는 차이가 있다.

5. **[조임정리의 연속 버전]** $\mathbb{R}$의 부분집합 X, 집합 X의 부분집합 E, 집합 E의 밀착점 x_0, 세 함수 $f : X \to \mathbb{R}$, $g : X \to \mathbb{R}$, $h : X \to \mathbb{R}$을 생각하자. 그리고 모든 $x \in E$에 대해 $f(x) \leq g(x) \leq h(x)$를 만족한다고 하자. 어떤 실수 L에 대해 $\lim_{x \to x_0; x \in E} f(x) = \lim_{x \to x_0; x \in E} h(x) = L$이면 $\lim_{x \to x_0; x \in E} g(x) = L$임을 보여라.

9.4 연속함수

이제 함수이론에서 가장 기본인 **연속성** 개념을 소개한다.

정의 9.4.1 연속함수

$\mathbb{R}$의 부분집합 X, 함수 $f : X \to \mathbb{R}$, 집합 X의 원소 x_0를 생각하자. 함수 f가 x_0에서 **연속(continuous)**일 필요충분조건은 다음 식을 만족하는 것이다.

$$\lim_{x \to x_0; x \in X} f(x) = f(x_0)$$

즉, x가 X의 원소 x_0으로 수렴할 때 $f(x)$의 극한이 존재하고, 그 값이 $f(x_0)$와 같은 것이다. f가 X에서 **연속**일 필요충분조건은 모든 $x_0 \in X$에 대해 f가 x_0에서 연속인 것이다. f가 x_0에서 연속이 아니면 f가 x_0에서 **불연속(discontinuous)**이라고 한다.

이러한 개념을 $\mathbb{R}$의 부분집합 Y에 대한 함수 $f : X \to Y$로 확장할 수 있다. 이는 모든 곳에서 f와 같은 값을 가지지만[11] 공역을 Y에서 $\mathbb{R}$로 확장한 함수 $\tilde{f} : X \to \mathbb{R}$와 동일시하면 가능하다.

EX 9.4.2 실수 c를 생각하고, $f(x) := c$로 정의된 상수함수 $f : \mathbb{R} \to \mathbb{R}$이 있다고 하자. 그러면 모든 실수 $x_0 \in \mathbb{R}$에 대해 다음이 성립한다.

$$\lim_{x \to x_0; x \in \mathbb{R}} f(x) = \lim_{x \to x_0; x \in \mathbb{R}} c = c = f(x_0)$$

따라서 f는 모든 점 $x_0 \in \mathbb{R}$에서 연속이다. 즉, f는 $\mathbb{R}$에서 연속이다.

---

11 즉, 모든 $x \in X$에 대해 $\tilde{f}(x) = f(x)$이다.

EX 9.4.3 $f(x) := x$로 정의된 항등함수 $f : \mathbb{R} \to \mathbb{R}$을 생각하자. 그러면 모든 실수 $x_0 \in \mathbb{R}$에 대해 다음이 성립한다.

$$\lim_{x \to x_0; x \in \mathbb{R}} f(x) = \lim_{x \to x_0; x \in \mathbb{R}} x = x_0 = f(x_0)$$

따라서 f는 모든 점 $x_0 \in \mathbb{R}$에서 연속이다. 즉, f는 $\mathbb{R}$에서 연속이다.

EX 9.4.4 EX 9.3.16에서 정의한 부호함수 $\text{sgn} : \mathbb{R} \to \mathbb{R}$을 생각하자. 함수 $\text{sgn}(x)$는 0이 아닌 모든 x에서 연속이다. 예를 들어 $x = 1$에서 다음이 성립한다. 식을 전개할 때 명제 9.3.18을 이용했음을 참고하자.

$$\begin{aligned}\lim_{x \to 1; x \in \mathbb{R}} \text{sgn}(x) &= \lim_{x \to 1; x \in (0.9, 1.1)} \text{sgn}(x) \\ &= \lim_{x \to 1; x \in (0.9, 1.1)} 1 = 1 \\ &= \text{sgn}(1)\end{aligned}$$

반면에 $\lim_{x \to 0; x \in \mathbb{R}} \text{sgn}(x)$가 존재하지 않으므로 함수 sgn은 0에서 연속이 아니다.

EX 9.4.5 함수 $f : \mathbb{R} \to \mathbb{R}$을 다음과 같이 정의하자.

$$f(x) := \begin{cases} 1 & (x \in \mathbb{Q}) \\ 0 & (x \notin \mathbb{Q}) \end{cases}$$

EX 9.3.21에서 논의했듯이 함수 f는 0에서 연속이 아니다. 사실 f는 모든 실수 x_0에서 연속이 아니다. (그 이유를 설명할 수 있는가?)

EX 9.4.6 함수 $f : \mathbb{R} \to \mathbb{R}$을 다음과 같이 정의하자.

$$f(x) := \begin{cases} 1 & (x \geq 0) \\ 0 & (x < 0) \end{cases}$$

함수 f는 0이 아닌 모든 실수에서 연속(그 이유는?)이지만 0에서는 불연속이다. 그런데 함수 f의 정의역을 0의 오른쪽 실선인 $[0, \infty)$로 제한하면 함수 $f|_{[0,\infty)}$는 0을 포함한 모든 정의역에서 연속이다. 그러므로 함수의 정의역을 제한하면 불연속함수를 연속함수로 만들 수 있다.

명제 'f는 x_0에서 연속이다.'를 설명하는 다양한 방법을 소개한다.

명제 9.4.7 연속성과 동치인 명제

$\mathbb{R}$의 부분집합 X, 함수 $f : X \to \mathbb{R}$, 집합 X의 원소 x_0를 생각하자. 다음 세 명제는 논리적으로 동치이다.

(a) f는 x_0에서 연속이다.

(b) X의 원소로 구성되고 $\lim_{n\to\infty} a_n = x_0$를 만족하는 모든 수열 $(a_n)_{n=0}^{\infty}$에 대해 $\lim_{n\to\infty} f(a_n) = f(x_0)$이다.

(c) 임의의 $\varepsilon > 0$에 대해 $\delta > 0$이 존재해서 $|x - x_0| < \delta$인 모든 $x \in X$에 대해 $|f(x) - f(x_0)| < \varepsilon$이다.

명제 9.4.7의 증명은 연습문제 1로 남긴다.

참고 9.4.8 명제 9.4.7로 알 수 있는 결과 중 유용한 내용을 소개한다. 만약 f가 x_0에서 연속이고 $n \to \infty$일 때 $a_n \to x_0$이면, $n \to \infty$일 때 $f(a_n) \to f(x_0)$이다.[12] 따라서 연속함수는 극한을 계산할 때 매우 유용하다.

정의 9.4.1에서 소개한 연속 정의와 명제 9.3.14의 극한 법칙을 조합하면 다음이 성립한다.

명제 9.4.9 함수의 산술 연산은 연속성을 보존한다

$\mathbb{R}$의 부분집합 X, 두 함수 $f : X \to \mathbb{R}$와 $g : X \to \mathbb{R}$, 그리고 $x_0 \in X$를 생각하자. 함수 f와 g가 모두 x_0에서 연속이면 함수 $f+g$, $f-g$, $\max(f,g)$, $\min(f,g)$, fg도 x_0에서 연속이다. 만약 g가 X에서 0이 아니라면 함수 f/g도 x_0에서 연속이다.

특히 연속함수의 합, 차, 최대, 최소, 곱도 연속함수이다. 분모가 0이 되지 않으면 두 연속함수의 몫도 연속함수이다.

명제 9.4.9를 사용하면 많은 함수가 연속임을 보일 수 있다. 예를 들어, 상수함수와 항등함수 $f(x) = x$가 연속이라는 사실(연습문제 2 참고)에서 출발하면 함수 $g(x) := \dfrac{\max(x^3 + 4x^2 + x + 5, x^4 - x^3)}{x^2 - 4}$이 분모가 정의되지 않는 두 점 $x = +2$, $x = -2$를 제외한 모든 실수 $\mathbb{R}$에서 연속임을 보일 수 있다.

이외에도 어떤 연속함수가 있는지 살펴보자.[13]

---

12 물론 수열 $(a_n)_{n=0}^{\infty}$의 모든 항은 f의 정의역에 속해야 한다.

13 (옮긴이) 명제 9.4.13을 먼저 학습한 뒤 다음 내용을 보면 조금 더 논리적으로 이해할 수 있다.

명제 9.4.10 지수의 연속성 I

양의 실수 $a > 0$을 생각하자. $f(x) := a^x$으로 정의된 함수 $f : \mathbb{R} \to \mathbb{R}$은 연속이다.

명제 9.4.10의 증명은 연습문제 3으로 남긴다.

명제 9.4.11 지수의 연속성 II

실수 p를 생각하자. $f(x) := x^p$으로 정의된 함수 $f : (0, \infty) \to \mathbb{R}$은 연속이다.

명제 9.4.11의 증명은 연습문제 4로 남긴다.

명제 9.4.10과 명제 9.4.11보다 더 강력한 명제가 있다. 바로, 거듭제곱은 지수와 밑에서 모두 **동시에 연속적**(jointly continuous)이라는 것인데 이 사실은 다변수함수의 연속을 다루어야 하므로 『TAO 해석학 II』의 4.5절 연습문제 10을 참고하라.

명제 9.4.12 절댓값함수는 연속이다

$f(x) := |x|$로 정의된 함수 $f : \mathbb{R} \to \mathbb{R}$는 연속이다.

증명

$|x| = \max(x, -x)$이고 두 함수 x, $-x$가 연속이므로 주어진 함수 f는 연속이다. ■

연속함수는 사칙연산에 닫혀있으며, 합성연산에도 닫혀있다.

명제 9.4.13 합성함수의 연속성

$\mathbb{R}$의 부분집합인 X와 Y, 두 함수 $f : X \to Y$와 $g : Y \to \mathbb{R}$, 집합 X의 원소 x_0를 생각하자. f가 x_0에서 연속이고 g가 $f(x_0)$에서 연속이면, 합성함수 $g \circ f : X \to \mathbb{R}$은 x_0에서 연속이다.

명제 9.4.13의 증명은 연습문제 5로 남긴다.

EX 9.4.14 함수 $f(x) := 3x + 1$은 $\mathbb{R}$에서 연속이고 함수 $g(x) := 5^x$은 $\mathbb{R}$에서 연속이므로, 함수 $g \circ f(x) = 5^{3x+1}$도 $\mathbb{R}$에서 연속이다.

또한 $h(x) := \dfrac{|x^2 - 8x + 7|^{\sqrt{2}}}{x^2 + 1}$처럼 복잡한 함수도 연속임을 보일 수 있다(함수 h가 연속인 이유는 무엇인가?). 하지만 $k(x) := x^x$과 같이 연속성을 판정하기 쉽지 않은 함수가 아직 남아있다. 이러한 함수는 로그 개념을 이용하면 쉽게 다룰 수 있으며, 이 개념은 『TAO 해석학 II』의 4.5절에서 살펴보기로 한다.

9.4 연습문제

1. 명제 9.4.7을 증명하라.

힌트 본문에서 다룬 명제와 보조정리를 적용하여 증명한다. (a), (b), (c)가 동치임을 보이기 위해 여섯 개의 함의를 모두 증명할 필요는 없다. 그러나 적어도 세 개의 함의는 증명해야 한다. 이 문제를 해결하는 데 가장 짧거나 간단한 방법은 아닐 수 있지만 (a)이면 (b)이고, (b)이면 (c)이며, (c)이면 (a)임을 보이면 충분하다.

2. $\mathbb{R}$의 부분집합 X와 $c \in \mathbb{R}$을 생각하자. $f(x) := c$로 정의한 상수함수 $f : X \to \mathbb{R}$이 연속임을 보이고, $g(x) := x$로 정의된 항등함수 $g : X \to \mathbb{R}$도 연속임을 보여라.

3. 명제 9.4.10을 증명하라.

힌트 조임정리(따름정리 6.4.14 참고) 및 명제 6.7.3과 함께 보조정리 6.5.3을 사용한다.

4. 명제 9.4.11을 증명하라.

힌트 함수의 극한 법칙(명제 9.3.14 참고)으로부터 모든 정수 n에 대해 $\lim_{x \to 1} x^n = 1$임을 보일 수 있다. 이 사실과 조임정리(따름정리 6.4.14 참고)를 이용하여 모든 실수 p에 대해 $\lim_{x \to 1} x^p = 1$임을 유도한다. 끝으로 명제 6.7.3을 적용한다.

5. 명제 9.4.13을 증명하라.

6. $\mathbb{R}$의 부분집합 X와 연속함수 $f : X \to \mathbb{R}$을 생각하자. Y가 X의 부분집합일 때 f의 정의역을 Y로 제한한 함수 $f|_Y : Y \to \mathbb{R}$도 연속함수임을 보여라.

힌트 이 결과는 간단하지만, 정의를 조심스럽게 적용한다.

7. 정수 $n \geq 0$을 생각하고 각각의 $0 \leq i \leq n$마다 실수 c_i를 생각하자. 그리고 함수 $P : \mathbb{R} \to \mathbb{R}$을 다음과 같이 정의한다고 하자.

$$P(x) := \sum_{i=0}^{n} c_i x^i$$

이러한 함수를 **일변수다항식**(polynomial of one variable)이라고 하며, $P(x) = 6x^4 - 3x^2 + 4$와 같은 식이다. 함수 P가 연속임을 보여라.

9.5 좌극한과 우극한

이번 절에서는 좌극한와 우극한 개념을 소개한다. 이 개념은 완전한 극한 $\lim_{x \to x_0; x \in X} f(x)$를 '절반'씩 두 개로 분리하는 것처럼 생각할 수 있다.

정의 9.5.1 좌극한과 우극한

$\mathbb{R}$의 부분집합 X, 함수 $f : X \to \mathbb{R}$, 실수 x_0를 생각하자.

- x_0가 $X \cap (x_0, \infty)$의 밀착점이면 x_0에서 f의 **우극한(right limit)** $f(x_0+)$를 다음과 같은 식으로 정의한다. (단, 오른쪽 식의 극한이 존재할 때에만 정의한다.)

$$f(x_0+) := \lim_{x \to x_0; x \in X \cap (x_0, \infty)} f(x)$$

- x_0가 $X \cap (-\infty, x_0)$의 밀착점이면 x_0에서 f의 **좌극한(left limit)** $f(x_0-)$를 다음과 같은 식으로 정의한다. (단, 오른쪽 식의 극한이 존재할 때에만 정의한다.)

$$f(x_0-) := \lim_{x \to x_0; x \in X \cap (-\infty, x_0)} f(x)$$

따라서 많은 경우에 $f(x_0+)$와 $f(x_0-)$가 정의되지 않는다.

문맥상 f의 정의역 X가 명확하면 다음 식의 왼쪽처럼 표기를 생략할 수도 있다.

$$\lim_{x \to x_0+} f(x) := \lim_{x \to x_0; x \in X \cap (x_0, \infty)} f(x),$$

$$\lim_{x \to x_0-} f(x) := \lim_{x \to x_0; x \in X \cap (-\infty, x_0)} f(x)$$

EX 9.5.2 EX 9.3.16에서 정의한 부호함수 $\operatorname{sgn} : \mathbb{R} \to \mathbb{R}$을 생각하자. 정의에 따르면 $\operatorname{sgn}(0) = 0$이지만 우극한과 좌극한은 각각 다음과 같다.

- 우극한 : $\operatorname{sgn}(0+) = \lim_{x \to 0; x \in \mathbb{R} \cap (0, \infty)} \operatorname{sgn}(x) = \lim_{x \to 0; x \in \mathbb{R} \cap (0, \infty)} 1 = 1$
- 좌극한 : $\operatorname{sgn}(0-) = \lim_{x \to 0; x \in \mathbb{R} \cap (-\infty, 0)} \operatorname{sgn}(x) = \lim_{x \to 0; x \in \mathbb{R} \cap (-\infty, 0)} -1 = -1$

$f(x_0+)$나 $f(x_0-)$를 정의하기 위해 f가 x_0에서 반드시 정의되어야 할 필요는 없다. $f(x) := \dfrac{x}{|x|}$로 정의한 함수 $f : \mathbb{R} \backslash \{0\} \to \mathbb{R}$을 생각하자. $f(0)$은 정의되지 않았지만 $f(0+) = 1$이고 $f(0-) = -1$이다(그 이유는?).

명제 9.3.9로부터, 우극한 $f(x_0+)$가 존재하고 X의 수열 $(a_n)_{n=0}^{\infty}$이 오른쪽(즉, 모든 $n \in \mathbb{N}$에 대해 $a_n > x_0$)에서 x_0로 수렴하면 $\lim_{n\to\infty} f(a_n) = f(x_0+)$이다. 유사하게 X의 수열 $(b_n)_{n=0}^{\infty}$이 왼쪽(즉, 모든 $n \in \mathbb{N}$에 대해 $b_n < x_0$)에서 x_0로 수렴하면 $\lim_{n\to\infty} f(b_n) = f(x_0-)$이다.

x_0가 $X \cap (x_0, \infty)$와 $X \cap (-\infty, x_0)$의 밀착점이라고 하자. f가 x_0에서 연속이면 명제 9.4.7에 의해 $f(x_0+)$와 $f(x_0-)$는 동시에 존재하고 그 값은 $f(x_0)$와 같다. (그 이유를 설명할 수 있는가?) 이 명제의 역도 참이다(명제 6.4.12(**f**)와 비교하라.).

> **명제 9.5.3** $\mathbb{R}$의 부분집합 X가 실수 x_0를 포함하고, x_0가 $X \cap (x_0, \infty)$와 $X \cap (-\infty, x_0)$의 밀착점이라고 하자. 그리고 함수 $f : X \to \mathbb{R}$을 생각하자. $f(x_0+)$와 $f(x_0-)$가 동시에 존재하고 그 값이 $f(x_0)$와 같으면 f는 x_0에서 연속이다.

증명

$L := f(x_0)$라고 하자. 가정에 따르면 식 (9.1), (9.2)가 모두 성립한다.

$$\lim_{x\to x_0; x\in X\cap(x_0,\infty)} f(x) = L \tag{9.1}$$

$$\lim_{x\to x_0; x\in X\cap(-\infty,x_0)} f(x) = L \tag{9.2}$$

주어진 $\varepsilon > 0$을 생각하자. 함수 f를 $X \cap (x_0, +\infty)$로 제한하고 식 (9.1)에 정의 9.3.6, 정의 9.3.3을 적용해보자. 그러면 어떤 $\delta_+ > 0$이 존재해서 모든 $x \in X \cap (x_0, \infty)$에 대해 $|x - x_0| < \delta_+$이면 $|f(x) - L| < \varepsilon$이다. 유사한 방법으로 식 (9.2)에 의해 어떤 $\delta_- > 0$이 존재해서 모든 $x \in X \cap (-\infty, x_0)$에 대해 $|x - x_0| < \delta_-$이면 $|f(x) - L| < \varepsilon$이다.

이제 $\delta := \min(\delta_-, \delta_+)$라 하면 $\delta > 0$이다(그 이유는?). $x \in X$가 $|x - x_0| < \delta$를 만족한다고 가정하자. 그러면 $x > x_0$, $x = x_0$, $x < x_0$처럼 세 가지 경우를 생각할 수 있다. 그런데 모든 경우에 $|f(x) - L| < \varepsilon$이 성립한다. (그 이유는? 각각의 경우에 성립하는 이유가 서로 다르다.) 명제 9.4.7에 의해 f는 x_0에서 연속이다. 따라서 증명이 끝났다. ■

EX 9.3.16에서 다룬 부호함수처럼 x_0 에서 f 의 좌극한 $f(x_0-)$ 와 우극한 $f(x_0+)$ 가 동시에 존재하지만 두 값이 서로 다를 수 있다. 이런 경우에 f 는 x_0 에 **점프 불연속점**(jump discontinuity)이 있다고 한다. 부호함수는 0 에 점프 불연속점이 있다.

또한 좌극한 $f(x_0-)$ 와 우극한 $f(x_0+)$ 가 동시에 존재하고 두 값이 서로 같지만, 그 값이 $f(x_0)$ 와 서로 다를 수 있다. 이런 경우에 f 는 x_0 에 **제거가능한 불연속점**(removable discontinuity) 또는 **제거가능한 특이점**(removable singularity)이 있다고 한다. 예를 들어 다음과 같은 함수 $f:\mathbb{R}\to\mathbb{R}$ 을 생각하자.

$$f(x) := \begin{cases} 1 & (x = 0) \\ 0 & (x \neq 0) \end{cases}$$

$f(0+)$ 와 $f(0-)$ 가 동시에 존재하고 두 값이 0 으로 서로 같지만(그 이유는?), $f(0) = 1$ 이다. 따라서 f 는 0 에 제거가능한 불연속점이 있다.

참고 9.5.4 불연속점 중에는 점프 불연속점과 제거가능한 불연속점이 아닌 것도 있다. 또다른 불연속점으로 무한 불연속점(infinity at the discontinuity)이 있다.

$f(x) := \dfrac{1}{x}$ 로 정의된 함수 $f:\mathbb{R}\setminus\{0\}\to\mathbb{R}$ 은 0 에 불연속점이 있는데, 이 불연속점은 점프 불연속점도 아니고 제거가능한 불연속점도 아니다. 함수 f 를 간단하게 살펴보자. x 가 0 의 오른쪽에서 0 에 접근할 때 $f(x)$ 는 $+\infty$ 로 수렴하고, x 가 0 의 왼쪽에서 0 에 접근할 때 $f(x)$ 는 $-\infty$ 로 수렴한다. 이러한 특이점을 점근선을 가지는 불연속점(asymptotic discontinuity)이라고 한다.

함수가 유계이지만 x_0 근처에서 극한이 존재하지 않는 **진동 불연속점**(oscillatory discontinuity)도 있다. 이러한 예로 다음과 같은 함수 $f:\mathbb{R}\to\mathbb{R}$ 을 생각할 수 있다.

$$f(x) := \begin{cases} 1 & (x \in \mathbb{Q}) \\ 0 & (x \notin \mathbb{Q}) \end{cases}$$

함수 f 는 0 에 진동 불연속점이 있다. 사실 모든 실수에 진동 불연속점이 있다. 따라서 함수가 유계임에도 f 는 0 에서 좌극한과 우극한을 갖지 않는다.

불연속점 또는 특이점(singularity)은 복소해석학에서 중요한 역할을 하는 등 여러 분야에서 깊게 연구할 수 있는 내용이지만, 이 책의 범위를 넘어서므로 더 다루지 않는다.

9.5 연습문제

1. $\mathbb{R}$의 부분집합 E, 함수 $f : E \to \mathbb{R}$, 집합 E의 밀착점 x_0를 생각하자. 극한 $\lim_{x \to x_0; x \in E} f(x)$가 존재하고 그 값이 $+\infty$ 또는 $-\infty$인 것이 무엇을 의미하는지에 관한 정의를 내려라. 함수 $f : \mathbb{R} \setminus \{0\} \to \mathbb{R}$을 $f(x) := \dfrac{1}{x}$로 정의할 때, 직접 정의한 정의를 사용하여 $f(0+) = +\infty$이고 $f(0-) = -\infty$임을 보여라. 그리고 명제 9.3.9를 $L = +\infty$ 또는 $L = -\infty$일 때로 변형하여 서술하고, 이를 증명하라.

9.6 최대원리

9.4절과 9.5절에서 모든 함수가 연속은 아니지만 연속인 함수가 많이 있음을 살펴보았다. 이제 연속함수의 유용한 성질을 증명하려고 한다. 이러한 성질은 정의역이 닫힌집합일 때 특히 유용하다. 이번 절을 통해 정리 9.1.24의 하이네–보렐 정리의 진정한 힘을 확인할 수 있다.

정의 9.6.1 $\mathbb{R}$의 부분집합 X와 함수 $f : X \to \mathbb{R}$을 생각하자.

- f가 **위로 유계(bounded from above)**일 필요충분조건은 어떤 실수 M이 존재해서 모든 $x \in X$에 대해 $f(x) \le M$인 것이다.
- f가 **아래로 유계(bounded from below)**일 필요충분조건은 어떤 실수 M이 존재해서 모든 $x \in X$에 대해 $f(x) \ge -M$인 것이다.
- f가 **유계(bounded)**일 필요충분조건은 어떤 실수 M이 존재해서 모든 $x \in X$에 대해 $|f(x)| \le M$인 것이다.

참고 9.6.2 함수가 유계일 필요충분조건은 그 함수가 위로 유계인 동시에 아래로 유계인 것이다(그 이유는?[14]). 그리고 함수 $f : X \to \mathbb{R}$이 유계일 필요충분조건은 함수의 상 $f(X)$가 정의 9.1.22의 관점에서 유계집합인 것이다(그 이유는?).

14 참고로 '필요충분조건'의 한쪽 방향은 다른 방향보다 증명하기 좀 더 까다롭다.

모든 연속함수가 유계인 것은 아니다. 함수 $f(x) := x$는 정의역 $\mathbb{R}$에서 연속이지만 유계가 아니다(그 이유는?). 반면에 $f(x) = x$는 $[1,2]$와 같은 더 작은 정의역에서 유계이다. 이번에는 함수 $f(x) := \frac{1}{x}$을 생각하자. 함수 f는 $[1,2]$에서 연속이며 유계이지만, $(0,1)$에서 연속임에도 유계가 아니다(그 이유는?). 그러나 연속함수의 정의역이 닫혀있고 유계인 구간이면 그 함수는 유계이다.

> **보조정리 9.6.3** 실수 a, b(단, $a < b$)를 생각하고, 함수 $f : [a,b] \to \mathbb{R}$이 $[a,b]$에서 연속이라고 하자. 그러면 f는 유계함수이다.

증명

귀류법을 사용하여 f가 유계가 아니라고 가정한다. 따라서 모든 실수 M에 대해 원소 $x \in [a,b]$가 존재해서 $|f(x)| \geq M$이 성립한다.

특히 모든 자연수 n에 대해 집합 $\{x \in [a,b] : |f(x)| \geq n\}$은 공집합이 아니다. 따라서 $[a,b]$에서의 수열 $(x_n)_{n=0}^{\infty}$을 선택하여[15] 모든 n에 대해 $|f(x_n)| \geq n$이 되게 할 수 있다. 이 수열은 $[a,b]$에 속하기 때문에 정리 9.1.24에 의해 부분수열 $(x_{n_j})_{j=0}^{\infty}$가 존재하며 어떤 극한 $L \in [a,b]$로 수렴한다. 단, $n_0 < n_1 < n_2 < \cdots$는 자연수로 이루어진 증가수열이다. 특히 모든 $j \in \mathbb{N}$에 대해 $n_j \geq j$가 성립한다(그 이유는? 귀납법을 사용하여 확인하라).

f가 $[a,b]$에서 연속이므로 f는 L에서 연속이다. 특히 다음 관계가 성립한다.

$$\lim_{j \to \infty} f(x_{n_j}) = f(L)$$

따라서 수열 $(f(x_{n_j}))_{j=0}^{\infty}$는 수렴하므로 유계이다. 반면에 모든 j에 대해 $|f(x_{n_j})| \geq n_j \geq j$라고 구성하였으므로 수열 $(f(x_{n_j}))_{j=0}^{\infty}$은 유계가 아니다. 이는 모순이므로 증명이 끝났다. ■

참고 **9.6.4** 보조정리 9.6.3을 증명하는 과정에서 주목해야 할 점이 두 가지 있다. 첫 번째는 이 증명이 바로 왜 하이네-보렐 정리(정리 9.1.24 참고)가 유용한지를 보여준다. 두 번째는 이 증명이 간접증명이라는 것이다. 이 증명은 f의 유계를 찾는 **방법**을 설명하지 않고, f가 유계가 아니라고 가정하여 모순임을 보인다.

보조정리 9.6.3을 다양하게 활용해보자.

---

15 엄밀히 말하면 보조정리 8.4.5의 선택공리를 이용해야 한다. 그러나 $x_n := \sup\{x \in [a,b] : |f(x)| \geq n\}$으로 정의하고 f의 연속성을 사용하여 $|f(x_n)| \geq n$을 보이면 선택공리를 사용하지 않아도 된다. 이를 증명하는 과정은 여러분에게 남긴다.

정의 9.6.5 최대와 최소

집합 X와 함수 $f : X \to \mathbb{R}$, 그리고 $x_0 \in X$를 생각하자. 모든 $x \in X$에 대해 $f(x_0) \geq f(x)$이면(즉, 점 x_0에서의 f 값이 X의 다른 점에서의 f 값보다 크거나 같으면) f는 x_0에서 **최댓값(maximum)**을 가진다. 모든 $x \in X$에 대해 $f(x_0) \leq f(x)$이면 f는 x_0에서 **최솟값(minimum)**을 가진다.

참고 9.6.6 함수가 어딘가에서 최댓값을 가지면 이 함수는 위로 유계이다(그 이유는?). 유사하게 함수가 어딘가에서 최솟값을 가지면 이 함수는 아래로 유계이다. 최대와 최소는 **대역적**(global)인 개념이며, 이와 관계 있는 **국소적**(local)인 개념은 정의 10.2.1에서 다룰 것이다.

명제 9.6.7 최대원리(maximum principle)[16]

실수 a, b(단, $a < b$)를 생각하고, 함수 $f : [a, b] \to \mathbb{R}$이 $[a, b]$에서 연속이라고 하자. 그러면 f는 어떤 점 $x_{\max} \in [a, b]$에서 최댓값을 가지고, 어떤 점 $x_{\min} \in [a, b]$에서 최솟값을 가진다.

참고 9.6.8 엄격히 말하면 명제 9.6.7의 '최대원리'는 최솟값과도 관련이 있으므로 이름이 잘못되었다. 이 개념을 조금 더 명확하게 표현하려면 '극값 원리(extremum principle)'라고 해야 할 것이다. 영어 단어 extremum은 최댓값 또는 최솟값을 표기할 때 사용하기 때문이다.

명제 9.6.7의 증명

함수 f가 어딘가에서 최댓값을 가짐을 보이자.

보조정리 9.6.3에 의해 f는 유계이다. 따라서 M이 존재하며, 각 $x \in [a, b]$마다 $-M \leq f(x) \leq M$이다. E를 다음과 같은 집합으로 정의하자.

$$E := \{f(x) : x \in [a, b]\}$$

그러면 $E := f([a, b])$이다. 앞서 설명했듯이 이 집합은 구간 $[-M, M]$의 부분집합이다. 집합 E는 공집합도 아닌데, 점 $f(a)$와 같은 원소를 포함하기 때문이다. 따라서 최소상계 성질에 의해 실수인 상한 $\sup(E)$를 가진다.

$m := \sup(E)$라 하자. 최소상계 정의에 따르면 모든 $y \in E$에 대해 $y \leq m$이다. 집합 E의 정의를 고려하면 모든 $x \in [a, b]$에 대해 $f(x) \leq m$이 성립한다. 따라서 f가 어딘가에서 최댓값을 가짐을

16 (옮긴이) 다른 교재에서는 이 개념을 최대·최소 정리(extreme value theorem)로 소개한다.

보이려면, 어떤 $x_{\max} \in [a,b]$를 찾아서 $f(x_{\max}) = m$가 성립함을 보이면 충분하다. (왜 이 사실만 보이면 충분한가?)

임의의 정수 $n \geq 1$을 생각하자. 그러면 $m - \frac{1}{n} < m = \sup(E)$이다. $\sup(E)$가 E의 최소상계이므로 $m - \frac{1}{n}$은 E의 상계가 될 수 없다. 그러므로 $y \in E$가 존재해서 $m - \frac{1}{n} < y$를 만족한다. E의 정의를 이용하면, 이는 $x \in [a,b]$가 존재해서 $m - \frac{1}{n} < f(x)$임을 함의한다.

이제 수열 $(x_n)_{n=1}^{\infty}$을 선택하는데, 각각의 n마다 x_n이 $[a,b]$의 원소이며 $m - \frac{1}{n} < f(x_n)$을 만족하도록 한다.[17] 이 수열은 $[a,b]$에 속하기 때문에 하이네–보렐 정리(정리 9.1.24 참고)에 의해 부분수열 $(x_{n_j})_{j=1}^{\infty}$를 찾을 수 있으며, 이때 $n_1 < n_2 < \cdots$이고 이 부분수열은 $x_{\max} \in [a,b]$에 수렴한다. 수열 $(x_{n_j})_{j=1}^{\infty}$가 $x_{\max}$에 수렴하고 f는 $x_{\max}$에서 연속이므로 다음 관계가 성립한다.

$$\lim_{j \to \infty} f(x_{n_j}) = f(x_{\max})$$

반면에 수열을 구성하는 과정에서 다음 부등식이 성립한다.

$$f(x_{n_j}) > m - \frac{1}{n_j} \geq m - \frac{1}{j}$$

주어진 식의 양변에 극한을 취하자. 그러면 다음과 같다.

$$f(x_{\max}) = \lim_{j \to \infty} f(x_{n_j}) \geq \lim_{j \to \infty} \left(m - \frac{1}{j} \right) = m$$

한편 모든 $x \in [a,b]$에 대해 $f(x) \leq m$이므로 특히 $f(x_{\max}) \leq m$이다. 두 부등식을 연립하면 원하는 결과인 $f(x_{\max}) = m$을 얻는다.

최솟값에 관한 증명은 이와 유사하기 때문에 여러분에게 남긴다. ■

최대원리는 함수가 두 개 이상의 점에서 최댓값이나 최솟값을 가지는 것을 막지 않는다. 그래서 구간 $[-2,2]$에서 정의된 함수 $f(x) := x^2$은 서로 다른 두 점 -2와 2에서 최댓값을 가진다.

$\sup\{f(x) : x \in [a,b]\}$를 간단하게 $\sup_{x \in [a,\,b]} f(x)$로 표기한다. 마찬가지로 $\inf\{f(x) : x \in [a,b]\}$를 간단하게 $\inf_{x \in [a,\,b]} f(x)$로 표기한다. 그러므로 최대원리는 $m := \sup_{x \in [a,\,b]} f(x)$가 실수이며 $[a,b]$에서 f의 **최댓값(maximum value)**이 m임을 의미한다. 즉, $[a,b]$에 적어도 한 개의 점 $x_{\max}$가 존재해서 $f(x_{\max}) = m$이며, 그 외의 모든 $x \in [a,b]$에서 $f(x)$ 값은 m보다 작거나 같다. 이와 유사하게 $\inf_{x \in [a,\,b]} f(x)$는 $[a,b]$에서 f의 **최솟값(minimum value)**이다.

17 이 수열을 선택하는 데 선택공리가 필요하다. 그러나 선택공리 없이도 이 정리를 증명할 수 있다. 예를 들어 『TAO 해석학 II』의 명제 2.3.2에서 다룰 **콤팩트**(compactness) 개념을 사용하면 더욱 좋은 증명을 할 수 있다.

이제 닫힌구간에서 모든 연속함수는 유계이며, 최댓값과 최솟값을 적어도 각각 한 개씩은 가짐을 알았다. 이 사실은 열린구간이나 무한구간에서는 성립하지 않는다. 연습문제 1을 참고하라.

참고 **9.6.9** 연속함수 대신 해석함수(analytic function)나 조화함수(harmonic function)를 생각하는 복소해석학이나 편미분방정식을 학습한다면 명제 9.6.7의 최대원리[18] 와 다소 다른 '최대원리'를 배울 것이다. 복소해석학이나 편미분방정식의 '최대원리' 또한 최댓값이 존재하는지, 최댓값이 어디에 존재하는지를 다루지만 명제 9.6.7의 최대원리와는 직접적으로 관계가 없다.

9.6 연습문제

1. 다음 조건을 만족하는 함수 f의 예를 들어라.

(a) 최솟값을 가지지만 어느 곳에서도 최댓값을 가지지 않으며, 연속이고 유계인 함수 $f : (1, 2) \to \mathbb{R}$

(b) 최댓값을 가지지만 어느 곳에서도 최솟값을 가지지 않으며, 연속이고 유계인 함수 $f : [0, \infty) \to \mathbb{R}$

(c) 어느 곳에서도 최솟값과 최댓값을 가지지 않는 유계함수 $f : [-1, 1] \to \mathbb{R}$

(d) 상계와 하계가 존재하지 않는 함수 $f : [-1, 1] \to \mathbb{R}$

예로 든 함수 f 중 최대원리를 위배한 사례가 없는 이유를 설명하라. 참고로, 최대원리의 가정을 **주의 깊게** 읽어야 한다.

2. 두 함수 $f,\ g : X \to \mathbb{R}$이 유계함수이면 $f+g,\ f-g,\ f \cdot g$도 유계함수임을 보여라. 모든 $x \in X$에서 $g(x) \neq 0$이라는 가정을 추가하면 $\dfrac{f}{g}$가 유계인지 판정하고, 이를 증명하거나 반례를 제시하라.

18 (옮긴이) 저자가 최대·최소 정리 대신 사용한 용어이다. 앞에서 언급했듯이 이는 일반적인 용어가 아니라 변경해서 사용하였다.

9.7 중간값정리

지금까지 닫힌구간에서 정의된 연속함수는 최댓값과 최솟값을 모두 가짐을 살펴보았다. 이번에는 함수 f가 최댓값과 최솟값 사이의 모든 값을 가짐을 보일 것이다. 이를 보이기 위해 먼저 다음과 같이 아주 직관적인 정리를 증명해보자.

정리 9.7.1 중간값정리(intermediate value theorem)[19]

두 실수 a, b(단, $a < b$)와 $[a, b]$에서 연속인 함수 $f : [a, b] \to \mathbb{R}$을 생각하자. 그리고 $f(a)$와 $f(b)$ 사이의 실수 y를 생각하자. 즉, $f(a) \leq y \leq f(b)$ 또는 $f(a) \geq y \geq f(b)$이다. 그러면 $c \in [a, b]$가 존재해서 $f(c) = y$이다.

증명

여기에서는 $f(a) \leq y \leq f(b)$일 때를 가정하여 증명한다. $f(a) \geq y \geq f(b)$일 때의 증명은 이와 유사하므로 여러분에게 남긴다.

$y = f(a)$ 또는 $y = f(b)$일 때, $c = a$ 또는 $c = b$라 하고 증명하면 아주 쉽다. 그러므로 $f(a) < y < f(b)$라고 가정하고, E를 다음과 같은 집합으로 정의하자.

$$E := \{x \in [a, b] : f(x) < y\}$$

E는 명백히 $[a, b]$의 부분집합이므로 유계이다. 또한 $f(a) < y$이므로 a는 E의 원소이며, 즉 E는 공집합이 아니다. E의 상한을 다음과 같이 c라고 하자.

$$c := \sup(E)$$

최소상계 성질에 의해 c는 유한이다. E는 b에 의해 유계이므로 $c \leq b$이며, E는 a를 포함하므로 $c \geq a$이다. 즉, $c \in [a, b]$이다. 증명을 마치려면 $f(c) = y$임을 보여야 한다. 증명의 아이디어는 c의 왼쪽에서 $f(c) \leq y$임을 보이고, c의 오른쪽에서 $f(c) \geq y$임을 보이는 것이다.

정수 $n \geq 1$을 생각하자. 수 $c - \frac{1}{n}$은 $c = \sup(E)$보다 작기 때문에 E의 상계일 수 없으므로 $c - \frac{1}{n}$보다 큰 E의 원소가 존재한다. 이를 x_n이라고 하자. 이때 c가 E의 상계이므로 $x_n \leq c$이다. 따라서 다음 부등식이 성립한다.

$$c - \frac{1}{n} \leq x_n \leq c$$

19 (옮긴이) 사잇값 정리라고도 한다.

따름정리 6.4.14의 조임정리에 의해 $\lim_{n\to\infty} x_n = c$임을 알 수 있다. f가 c에서 연속이므로 $\lim_{n\to\infty} f(x_n) = f(c)$이다. 그러나 모든 n에 대해 x_n이 E의 원소이므로, 모든 n에 대해 $f(x_n) < y$이다. 보조정리 6.4.13의 비교 성질에 따르면 $f(c) \leq y$이다. $f(b) > f(c)$이므로 $c \neq b$라는 결론을 내릴 수 있다.

$c \neq b$이고 $c \in [a, b]$이므로 $c < b$이다. 특히 ($n \to \infty$일 때 $c + \frac{1}{n}$이 c로 수렴하기 때문에) $N > 0$이 존재하며, 모든 $n > N$에 대해 $c + \frac{1}{n} < b$이다. c가 E의 상한이고 $c + \frac{1}{n} > c$이기 때문에, 모든 $n > N$에 대해 $c + \frac{1}{n} \notin E$이다. $c + \frac{1}{n} \in [a, b]$이기 때문에 모든 $n \geq N$에 대해 $f\left(c + \frac{1}{n}\right) \geq y$이다. 그러나 $c + \frac{1}{n}$은 c로 수렴하고 f는 c에서 연속이므로, $f(c) \geq y$이다. 이미 $f(c) \leq y$임을 증명했으므로 $f(c) = y$이다. 이로써 증명을 마친다. ■

중간값정리는 f가 $f(a)$와 $f(b)$ 값을 가지면, f는 두 수 사이에 있는 수를 모두 함숫값으로 가질 수 있음을 설명한다. 만약 f가 연속임을 가정하지 않으면, 중간값정리는 더 이상 효력이 없다. 다음과 같이 정의되는 함수 $f : [-1, 1] \to \mathbb{R}$을 생각하자.

$$f(x) := \begin{cases} -1 & (x \leq 0) \\ 1 & (x > 0) \end{cases}$$

$f(-1) = -1$이고 $f(1) = 1$이지만 $f(c) = 0$을 만족하는 $c \in [-1, 1]$은 존재하지 않는다. 따라서 불연속함수는 중간값을 '뛰어넘을 수(jump)' 있다. 하지만 연속함수는 그럴 수 없다.

참고 9.7.2 연속함수는 중간값을 여러 번 가질 수 있다. 예를 들어 $f(x) := x^3 - x$로 정의한 함수 $f : [-2, 2] \to \mathbb{R}$을 생각하자. $f(-2) = -6$이고 $f(2) = 6$이므로 $f(c) = 0$을 만족하는 $c \in [-2, 2]$가 존재한다. 사실 $f(-1) = f(0) = f(1) = 0$이므로 함숫값이 0인 c는 세 개 있다.

참고 9.7.3 중간값정리를 사용하여 어떤 수에 n제곱근을 취할 수 있음을 다른 방법으로 설명할 수 있다. 2의 제곱근을 구성하기 위해 $f(x) = x^2$으로 정의한 함수 $f : [0, 2] \to \mathbb{R}$을 생각하자. 함수 f는 연속함수이며, $f(0) = 0$이고 $f(2) = 4$이다. 따라서 어떤 $c \in [0, 2]$가 존재해서 $f(c) = 2$(즉, $c^2 = 2$)를 만족한다. 참고로 이 논증은 2의 제곱근이 정확히 한 개 존재함을 의미하지 않는다. 단지 2의 제곱근이 **적어도 한 개** 존재함을 증명한다.

따름정리 9.7.4 연속함수의 상

실수 a, b(단, $a < b$)와 $[a, b]$에서 연속인 함수 $f : [a, b] \to \mathbb{R}$을 생각하자. 그리고 f의 최댓값을 $M := \sup_{x \in [a, b]} f(x)$라 하고, 최솟값을 $m := \inf_{x \in [a, b]} f(x)$라 하자. m과 M 사이의 실수 y를 생각하자. 즉, $m \leq y \leq M$이다. 또한 어떤 $c \in [a, b]$가 존재해서 $f(c) = y$이다. 또한 $f([a, b]) = [m, M]$이 성립한다.

따름정리 9.7.4의 증명은 연습문제 1로 남긴다.

9.7 연습문제

1. 따름정리 9.7.4를 증명하라.

힌트 중간값정리와 9.4절 연습문제 6을 이용한다.

2. 연속함수 $f : [0,1] \to [0,1]$을 생각하자. 어떤 실수 x가 $[0,1]$에 존재해서 $f(x) = x$임을 증명하라.

힌트 함수 $f(x) - x$에 중간값정리를 적용한다.

이러한 점 x를 f의 **고정점(fixed point)**이라고 한다. 이 결과는 특정한 해석학에서 중요한 역할을 하는 **고정점정리**(fixed point theorem)의 기본 예이다.

9.8 단조함수

이번 절에서는 연속함수와는 다른 개념이지만 성질이 비슷한 함수에 대해 알아본다.

정의 9.8.1 단조함수(monotone function)

$\mathbb{R}$의 부분집합 X와 함수 $f : X \to \mathbb{R}$을 생각하자.

- f가 **단조증가(monotone increasing)**할 필요충분조건은 $x,\ y \in X$이고 $y > x$일 때 $f(y) \geq f(x)$인 것이다.
- f가 **순증가(strictly monotone increasing)**할 필요충분조건은 $x,\ y \in X$이고 $y > x$일 때 $f(y) > f(x)$인 것이다.
- f가 **단조감소(monotone decreasing)**할 필요충분조건은 $x,\ y \in X$이고 $y > x$일 때 $f(y) \leq f(x)$인 것이다.
- f가 **순감소(strictly monotone decreasing)**할 필요충분조건은 $x,\ y \in X$이고 $y > x$일 때 $f(y) < f(x)$인 것이다.
- 함수 f가 단조증가하거나 단조감소하면 **단조함수**라고 하고, 함수 f가 순증가하거나 순감소하면 **순단조함수(strictly monotone function)**라고 한다.

EX 9.8.2 함수 $f(x) := x^2$의 정의역을 $[0, \infty)$로 제한하면 f는 순증가함수이다(그 이유는?). 그리고 이 함수의 정의역을 $(-\infty, 0]$로 제한하면 순감소함수이다(그 이유는?). 따라서 함수 f는 $(-\infty, 0]$과 $[0, \infty)$ 모두에서 순단조함수이지만, 전체 실선인 $(-\infty, \infty)$에서는 순단조함수(또는 단조함수)가 아니다. 어떤 함수가 정의역 X에서 순단조함수이면, 자동으로 같은 정의역에서 단조함수가 됨에 주목하라. 한편 상수함수 $f(x) := 6$을 임의의 정의역 $X(\subset \mathbb{R})$로 제한하면 이 함수는 단조증가하는 동시에 단조감소하지만, 순단조함수는 아니다. (이 사실은 X가 최대 한 점으로 구성된 집합이어도 마찬가지이다. 그 이유는?)

모든 연속함수가 단조함수인 것은 아니다. 방금 살펴본 $\mathbb{R}$에서 정의한 함수 $f(x) = x^2$을 생각하면 쉽다. 마찬가지로 모든 단조함수가 연속인 것은 아니다. 아래와 같이 정의한 함수 $f : [-1, 1] \to \mathbb{R}$을 다시 생각해보자.

$$f(x) := \begin{cases} -1 & (x \leq 0) \\ 1 & (x > 0) \end{cases}$$

단조함수는 최대원리를 따르지만(연습문제 1 참고), 중간값정리를 만족하지 않는다(연습문제 2 참고). 반면에 단조함수는 아주 많은 불연속점을 가질 수 있다(연습문제 5 참고).

어떤 함수가 순단조함수이자 연속함수이면, 이 함수는 아주 좋은 성질을 지닌다. 바로, 이 함수에 역함수가 존재한다.

> **명제 9.8.3** 실수 a, b(단, $a < b$)와 $[a, b]$에서 연속이며 순증가하는 함수 $f : [a, b] \to \mathbb{R}$을 생각하자. 그러면 f는 $[a, b]$에서 $[f(a), f(b)]$로 가는 전단사함수이고, 그 역함수 $f^{-1} : [f(a), f(b)] \to [a, b]$ 또한 연속이며 순증가한다.

명제 9.8.3의 증명은 연습문제 4로 남긴다.

순감소함수에 관해 이와 유사한 명제를 생각할 수 있다. 연습문제 4를 참고하라.

EX 9.8.4 양의 정수 n과 $R > 0$을 생각하자. 함수 $f(x) := x^n$이 구간 $[0, R]$에서 순증가하므로 명제 9.8.3에 따르면 함수 f는 $[0, R]$에서 $[0, R^n]$으로 가는 전단사함수이다. 따라서 $[0, R^n]$에서 $[0, R]$로 가는 역함수가 존재한다. 이미 보조정리 5.6.5에서 어떤 수 $x \in [0, R]$에 대해 n제곱근 $x^{1/n}$을 구성했지만, 이렇게 다른 방법으로도 구성할 수 있다.

9.8 연습문제

1. 최대원리에서 f가 연속함수라는 가정을 f가 단조함수 또는 순단조함수라는 가정으로 대체해도 여전히 성립하는 이유를 설명하라. (참고로 두 경우를 모두 한 가지 이유로 설명할 수 있다.)

2. 중간값정리에서 f가 연속함수라는 가정을 f가 단조함수 또는 순단조함수라는 가정으로 대체할 때, 중간값정리가 성립하지 않는 예를 제시하라. (참고로 두 경우를 모두 한 가지 반례로 설명할 수 있다.)

3. 실수 a, b(단, $a < b$)를 생각하고, 함수 $f : [a, b] \to \mathbb{R}$이 연속함수인 동시에 단사함수라고 하자. f가 순단조함수임을 보여라.

힌트 $f(a) < f(b)$, $f(a) = f(b)$, $f(a) > f(b)$일 때로 나누어 생각한다. $f(a) = f(b)$이면 바로 모순임을 보일 수 있다. $f(a) < f(b)$이면 귀류법과 중간값정리를 사용하여 f가 순증가함수임을 보일 수 있다. $f(a) > f(b)$이면 비슷한 논증을 거쳐 f가 순감소함수임을 보일 수 있다.

4. 명제 9.8.3을 증명하라.

힌트 f^{-1}가 연속임을 보일 때, 명제 9.4.7(c)의 '$\varepsilon - \delta$(엡실론-델타)' 논법을 사용하면 가장 쉽다.

함수가 연속이라는 가정을 삭제하거나 순단조함수라는 조건을 단조함수로 바꾸어도 이 명제가 성립하는지 판단하라. 순증가함수 대신 순감소함수로 바꾸려면 명제를 어떻게 수정해야 할지 설명하라.

5. 이 연습문제는 모든 유리수점에서 불연속이지만 모든 무리수점에서 연속인 함수를 소개한다. 유리수는 가산이므로 $\mathbb{N}$에서 $\mathbb{Q}$로 가는 전단사함수 $q : \mathbb{N} \to \mathbb{Q}$에 대해 유리수 집합을 $\mathbb{Q} = \{q(0), q(1), q(2), \cdots\}$로 나타낼 수 있다. 함수 $g : \mathbb{Q} \to \mathbb{R}$을 각각의 자연수 n마다 $g(q(n)) := 2^{-n}$으로 정의하자. 그러면 g는 $q(0)$을 1로 보내고, $q(1)$을 2^{-1}으로 보낸다. $\sum_{n=0}^{\infty} 2^{-n}$이 절대수렴하기 때문에 $\sum_{r \in \mathbb{Q}} g(r)$ 또한 절대수렴한다. 이제 함수 $f : \mathbb{R} \to \mathbb{R}$을 다음과 같은 식으로 정의하자.

$$f(x) := \sum_{r \in \mathbb{Q} : r < x} g(r)$$

$\sum_{r \in \mathbb{Q}} g(r)$이 절대수렴하기 때문에 $f(x)$는 모든 실수 x에서 잘 정의된다. 다음 물음에 답하라.

(a) f가 순증가함수임을 보여라.

힌트 명제 5.4.14를 사용할 수 있다.

(b) 모든 유리수 r에 대해 f가 r에서 불연속임을 보여라.

힌트 r이 유리수이므로 어떤 자연수 n에 대해 $r = q(n)$이다. 모든 $x > r$에 대해 $f(x) \geq f(r) + 2^{-n}$임을 보인다.

(c) 모든 무리수 x에 대해 f가 x에서 연속임을 보여라.

힌트 먼저 함수 $f_n(x) := \sum_{r \in \mathbb{Q}: r < x,\, g(r) \geq 2^{-n}} g(r)$이 x에서 연속임을 보이고, $|f(x) - f_n(x)| \leq 2^{-n}$이 성립함을 보인다.

9.9 균등연속

닫힌구간 $[a, b]$에서 정의된 연속함수는 유계임을 학습했다.[20] 그러나 닫힌구간을 열린구간으로 바꾸면 연속함수는 더이상 유계함수일 필요가 없다. 한 가지 예로 $f(x) := \frac{1}{x}$로 정의한 함수 $f : (0, 2) \to \mathbb{R}$을 생각해보자. 함수 f는 구간 $(0, 2)$의 모든 점에서 연속이므로 구간 $(0, 2)$에서 연속이지만, 유계가 아니다. 간단하게 설명하면 여기서 함수가 열린구간 $(0, 2)$의 모든 점에서 실제로 연속이지만, 끝점 0에 가까워질수록 '점점 덜' 연속적이게 되는 문제가 있다.

연속성의 $\varepsilon - \delta$ 논법(명제 9.4.7(c) 참고)을 사용하여 이 현상을 자세히 분석해볼 것이다. 함수 $f : X \to \mathbb{R}$이 x_0에서 연속이면, 모든 $\varepsilon > 0$에 대해 δ가 존재해서 $x \in X$가 x_0의 δ–근방에 속할 때마다 $f(x)$가 $f(x_0)$의 ε–근방에 속할 것이다. 즉, x가 x_0에 충분히 근접하면 $f(x)$가 강제로 $f(x_0)$의 ε–근방에 속하게 만들 수 있다. 이에 대해 한 가지 생각할 수 있는 방법은 모든 점 x_0 주변에 '안정성의 섬(island of stability)' $(x_0 - \delta, x_0 + \delta)$가 존재하는 것이며, 이때 함수 $f(x)$가 $f(x_0)$에서 ε보다 더 멀리 퍼지지 않는 것이다.

EX 9.9.1 함수 $f(x) := \frac{1}{x}$과 점 $x_0 = 1$을 다시 생각하자. $f(x)$가 $f(x_0)$의 0.1–근방에 속함을 보장하려면, x_0의 $\frac{1}{11}$–근방에 속하는 x를 택해도 충분하다. 왜냐하면 x가 x_0의 $\frac{1}{11}$–근방에 속하면 $\frac{10}{11} < x < \frac{12}{11}$이고 $\frac{11}{12} < f(x) < \frac{11}{10}$이므로 $f(x)$는 $f(x_0)$의 0.1–근방에 속한다. 따라서 $f(x)$가 $f(x_0)$의 0.1–근방에 속하게 만들어 주는 'δ'는 점 $x_0 = 1$에서 약 $\frac{1}{11}$ 정도이다.

---

20 실제로, 최대원리에 의해 최댓값과 최솟값을 가진다.

이번에는 $x_0 = 0.1$로 바꿔서 살펴보겠다. 함수 $f(x) = \dfrac{1}{x}$은 점 0.1에서도 연속이지만, 연속성을 보이기 좀 더 어려워졌다. $f(x)$가 $f(x_0)$의 0.1–근방에 속함을 보장하려면, x_0의 $\dfrac{1}{1010}$–근방에 속하는 x를 택하면 충분하다. 사실 x가 x_0의 $\dfrac{1}{1010}$–근방에 속하면 $\dfrac{10}{101} < x < \dfrac{102}{1010}$이고 $9.901 < f(x) < 10.1$이므로 $f(x)$는 $f(x_0)$의 0.1–근방에 속한다. 그러므로 같은 ε에 대해서도 훨씬 더 작은 'δ'가 필요하다. 즉, $f(x)$가 0.1–안정적임을 유지하려고 할 때 1 주변보다 0.1 주변에서 '안정성의 섬'의 크기가 훨씬 작다는 관점으로 보면 1 주변보다 0.1 주변에서 $f(x)$가 더 '불안정'하다.

반면에 이러한 행동을 관찰할 수 없는 또 다른 연속함수가 존재한다. $g(x) := 2x$로 정의한 함수 $g : (0, 2) \to \mathbb{R}$을 생각하자. $\varepsilon = 0.1$로 고정하고 이전처럼 $x_0 = 1$ 주변에서 '안정성의 섬'을 조사하려고 한다. x가 x_0의 0.05–근방에 속하면 명백하게 $g(x)$는 $g(x_0)$의 0.1–근방에 속한다. 이 경우 $x_0 = 1$에서 δ를 0.05로 택할 수 있다. 그리고 x_0를 적당히 옮겨 0.1이라 하여도 δ는 변하지 않는다. x_0가 1 대신 0.1에 있다고 해도, x가 x_0의 0.05–근방에 속할 때마다 $g(x)$는 $g(x_0)$의 0.1–근방에 속할 것이다. 실제로 모든 x_0에 대해 동일한 δ라 할 수 있다. 이러한 현상이 발생하면 함수 g는 **균등연속**이라고 한다. 더 정확하게는 다음과 같이 정의한다.

정의 9.9.2 균등연속(uniformly continuous)

$\mathbb{R}$의 부분집합 X와 함수 $f : X \to \mathbb{R}$을 생각하자. 모든 $\varepsilon > 0$에 대해 $\delta > 0$이 존재해서 X의 두 점 x, $x_0 \in X$가 δ–근방에 속할 때 $f(x)$와 $f(x_0)$가 ε–근방에 속하면 f는 **균등연속**이라 한다.

참고 9.9.3 균등연속의 정의는 연속성 개념(명제 9.4.7 참고)과 비교해야 한다. 명제 9.4.7(c)에서 임의의 $\varepsilon > 0$과 $x_0 \in X$에 대해 $\delta > 0$이 존재해서 $x \in X$가 x_0의 δ – 근방에 속할 때마다, $f(x)$와 $f(x_0)$가 ε – 근방에 속하면 함수 f는 **연속**임을 살펴보았다. 균등연속과 연속은 δ의 선택에서 차이점이 있다. 바로 균등연속은 모든 $x_0 \in X$에 대해 δ를 하나 선택하고, 보통의 연속은 각각의 $x_0 \in X$마다 서로 다른 δ를 선택한다는 점이다. 따라서 모든 균등연속함수는 연속함수이지만 그 역은 성립하지 않는다.

EX 9.9.4 간단하게 이해하기

함수 $f : (0, 2) \to \mathbb{R}$을 $f(x) := \dfrac{1}{x}$로 정의하자. 함수 f는 $(0, 2)$에서 연속이지만 균등연속이 아니다. $x \to 0$로 갈수록 연속성(정확하게 말하면 δ가 ε에 의존하는 것)이 더욱 악화되기 때문이다. EX 9.9.10에서 상세하게 살펴보겠다.

밀착점과 연속함수 개념에 몇 가지 동치인 명제가 있음을 기억하자. (ε–근방 개념을 포함한) '$\varepsilon - \delta$' 논법이 있고, 보조정리 9.1.14와 명제 9.3.9처럼 (수열의 수렴을 포함한) '수열' 형태의 명제가 있다. 이와 유사하게 균등연속 개념도 수열 형태로 표현할 수 있다. 이번에는 **수열의 동치**(equivalent sequence) 개념을 사용한다. 정의 5.2.6과 비교해보길 바란다. 유리수 수열 대신 실수 수열로 일반화하고, 코시 수열이 아닌 수열까지 동치 수열의 동치 개념을 확장한다.

정의 9.9.5 수열의 동치

정수 m과 실수 수열 $(a_n)_{n=m}^{\infty}$, $(b_n)_{n=m}^{\infty}$을 생각하자. 그리고 $\varepsilon > 0$이 주어져 있다고 하자.

- $(a_n)_{n=m}^{\infty}$이 $(b_n)_{n=m}^{\infty}$의 **ε–근방(ε–close)**에 속할 필요충분조건은 각각의 $n(\geq m)$마다 a_n이 b_n의 ε–근방에 속하는 것이다.
- $(a_n)_{n=m}^{\infty}$이 $(b_n)_{n=m}^{\infty}$의 **궁극적인 ε–근방(eventually ε–close)**에 속할 필요충분조건은 $N(\geq m)$이 존재해서 수열 $(a_n)_{n=N}^{\infty}$과 $(b_n)_{n=N}^{\infty}$이 ε–근방에 속하는 것이다.
- 두 수열 $(a_n)_{n=m}^{\infty}$과 $(b_n)_{n=m}^{\infty}$이 **동치(equivalent)**일 필요충분조건은 각각의 $\varepsilon > 0$마다 수열 $(a_n)_{n=m}^{\infty}$과 $(b_n)_{n=m}^{\infty}$이 궁극적인 ε–근방에 속하는 것이다.

참고 9.9.6 정의 9.9.5에서 주어진 ε이 유리수인지 실수인지에 대한 논쟁이 있을 수 있지만, 명제 6.1.4를 조금만 수정해도 정의 9.9.5와 아무런 차이가 없음을 알 수 있다.

수열의 동치 개념은 극한이라는 수학적 언어를 사용하면 더 간결하게 표현할 수 있다.

보조정리 9.9.7 실수 수열 $(a_n)_{n=1}^{\infty}$과 $(b_n)_{n=1}^{\infty}$을 생각하자. 이 수열은 꼭 유계이거나 수렴하는 수열일 필요가 없다. $(a_n)_{n=1}^{\infty}$과 $(b_n)_{n=1}^{\infty}$이 동치일 필요충분조건은 $\lim_{n\to\infty}(a_n - b_n) = 0$인 것이다.

보조정리 9.9.7의 증명은 연습문제 1로 남긴다.

수열의 동치를 사용하면 균등연속 개념을 설명할 수 있다.

명제 9.9.8 $\mathbb{R}$의 부분집합 X와 함수 $f : X \to \mathbb{R}$을 생각하자. 다음 두 명제는 동치이다.

(a) f는 X에서 균등연속이다.

(b) X의 원소로 구성되고 동치인 두 수열 $(x_n)_{n=0}^{\infty}$과 $(y_n)_{n=0}^{\infty}$이 있을 때마다, 수열 $(f(x_n))_{n=0}^{\infty}$와 $(f(y_n))_{n=0}^{\infty}$도 동치이다.

명제 9.9.8의 증명은 연습문제 2로 남긴다.

참고 9.9.9 명제 9.9.8과 명제 9.3.9를 비교할 수 있어야 한다. 명제 9.3.9는 f가 연속이면 이 함수는 수렴하는 수열을 수렴하는 수열로 보내줌을 설명한다. 이에 반해 명제 9.9.8은 f가 **균등연속**이면 이 함수는 **동치**인 두 수열을 동치인 두 수열로 보내줌을 설명한다. 두 명제가 어떻게 연결되는지 보이려면, 보조정리 9.9.7에서 $(x_n)_{n=0}^{\infty}$이 x_*로 수렴할 필요충분조건이 수열 $(x_n)_{n=0}^{\infty}$과 $(x_*)_{n=0}^{\infty}$가 동치임을 알아내야 한다.

EX 9.9.10 EX 9.9.4에서 소개한 함수 $f:(0,2)\to\mathbb{R}$, $f(x):=\dfrac{1}{x}$을 생각하자. 보조정리 9.9.7에 의해 수열 $\left(\dfrac{1}{n}\right)_{n=1}^{\infty}$과 $\left(\dfrac{1}{2n}\right)_{n=1}^{\infty}$은 구간 $(0,2)$에서 동치이다. 그런데 수열 $\left(f\left(\dfrac{1}{n}\right)\right)_{n=1}^{\infty}$과 $\left(f\left(\dfrac{1}{2n}\right)\right)_{n=1}^{\infty}$은 동치가 아니다(그 이유는? 보조정리 9.9.7 참고). 따라서 명제 9.9.8에 의해 f는 균등연속이 아니다. 참고로 여기에 소개한 수열은 항 번호가 0 대신 1에서 시작한다. 그럼에도 이 변화가 앞선 논의와 어떠한 차이점도 없음을 쉽게 알 수 있다.

EX 9.9.11 $f(x):=x^2$으로 정의한 함수 $f:\mathbb{R}\to\mathbb{R}$을 생각하자. 함수 f는 $\mathbb{R}$에서 연속이지만 균등연속이 아닌 것으로 밝혀졌다. 즉, 무한대에 가까워질수록 f의 연속성이 '더욱 악화'된다는 의미로 볼 수 있다. 균등연속이 아님을 보이는 한 가지 방법으로 명제 9.9.8을 활용하는 방법이 있다.

수열 $(n)_{n=1}^{\infty}$과 $\left(n+\dfrac{1}{n}\right)_{n=1}^{\infty}$을 생각하자. 보조정리 9.9.7에 의해 두 수열은 동치이다. 그러나 수열 $(f(n))_{n=1}^{\infty}$과 $\left(f\left(n+\dfrac{1}{n}\right)\right)_{n=1}^{\infty}$은 동치가 아니다. 왜냐하면 $f\left(n+\dfrac{1}{n}\right)=n^2+2+\dfrac{1}{n^2}=f(n)+2+\dfrac{1}{n^2}$이 $f(n)$의 궁극적인 2–근방에 속하지 않기 때문이다. 그러므로 명제 9.9.8에 의해 f가 균등연속이 아니라는 결론을 내릴 수 있다.

균등연속의 또 다른 성질은 코시 수열을 코시 수열로 보내주는 것이다.

> **명제 9.9.12** $\mathbb{R}$의 부분집합 X와 균등연속함수 $f:X\to\mathbb{R}$을 생각하자. 그리고 X의 원소로 구성된 코시 수열 $(x_n)_{n=0}^{\infty}$을 생각하자. 그러면 $(f(x_n))_{n=0}^{\infty}$도 코시 수열이다.

명제 9.9.12의 증명은 연습문제 3으로 남긴다.

EX 9.9.13 EX 9.9.4와 EX 9.9.10에서 다룬 함수 $f:(0,2)\to\mathbb{R}$, $f(x):=\dfrac{1}{x}$이 균등연속이

아님을 보이자. 수열 $\left(\frac{1}{n}\right)_{n=1}^{\infty}$ 은 $(0,2)$에서 코시 수열이지만, 수열 $\left(f\left(\frac{1}{n}\right)\right)_{n=1}^{\infty}$ 은 코시 수열이 아니다(그 이유는?). 그러므로 명제 9.9.12에 의해 f는 균등연속이 아니다.

따름정리 9.9.14 $\mathbb{R}$의 부분집합 X, 균등연속함수 $f: X \to \mathbb{R}$, 집합 X의 밀착점 x_0를 생각하자. 그러면 극한 $\lim_{x \to x_0; x \in X} f(x)$가 존재한다. (특히, 이 수는 실수이다.)

따름정리 9.9.14의 증명은 연습문제 4로 남긴다.

이제 균등연속함수가 유계집합을 유계집합으로 보냄을 보일 것이다.

명제 9.9.15 $\mathbb{R}$의 부분집합 X와 균등연속함수 $f: X \to \mathbb{R}$을 생각하자. E가 X의 유계인 부분집합이라 하자. 그러면 $f(E)$도 유계집합이다.

명제 9.9.15의 증명은 연습문제 5로 남긴다.

반복해서 살펴봤듯이 모든 연속함수가 균등연속함수인 것은 아니다. 그러나 함수의 정의역이 닫힌구간이면 연속함수는 사실 균등연속함수이다.

정리 9.9.16 실수 a, b(단, $a < b$)와 구간 $[a, b]$에서 연속인 함수 $f: [a, b] \to \mathbb{R}$을 생각하자. 그러면 f는 균등연속이다.

증명

귀류법을 사용하여 f가 균등연속이 아니라고 가정하자. 명제 9.9.8에 의해 동치인 두 수열 $(x_n)_{n=0}^{\infty}$과 $(y_n)_{n=0}^{\infty}$이 $[a, b]$에 존재하는데 수열 $(f(x_n))_{n=0}^{\infty}$과 $(f(y_n))_{n=0}^{\infty}$은 동치가 아니어야 한다. 특히 $\varepsilon > 0$을 찾을 수 있으며, 이때 $(f(x_n))_{n=0}^{\infty}$과 $(f(y_n))_{n=0}^{\infty}$이 궁극적인 ε–근방에 속하지 않는다.

이러한 ε 값을 고정하고 E를 다음과 같은 집합으로 정의하자.

$$E := \{n \in \mathbb{N} : f(x_n)\text{과 } f(y_n)\text{은 } \varepsilon\text{–근방에 속하지 않는다.}\}$$

이 집합 E는 무한집합이어야 한다. 만약 E가 유한집합이라면 $(f(x_n))_{n=0}^{\infty}$과 $(f(y_n))_{n=0}^{\infty}$이 궁극적인 ε–근방에 속하기 때문이다(그 이유는?).

명제 8.1.5에 의해 E는 가산집합이다. 실제로 명제 8.1.5의 증명과정에서 E의 원소로 구성된 무한

수열 $n_0 < n_1 < n_2 < \cdots$ 을 찾을 수 있다. 특히 식 (9.3)이 성립한다.

$$\text{모든 } j \in \mathbb{N}\text{에 대해 } |f(x_{n_j}) - f(y_{n_j})| > \varepsilon \tag{9.3}$$

반면에 수열 $(x_{n_j})_{j=0}^{\infty}$는 $[a, b]$의 수열이고, 하이네–보렐 정리(정리 9.1.24 참고)에 따르면 $[a, b]$의 어떤 극한 L로 수렴하는 부분수열 $(x_{n_{j_k}})_{k=0}^{\infty}$가 존재한다. 특히 f는 L에서 연속이므로 명제 9.4.7에 의해 다음과 같은 극한을 얻는다.

$$\lim_{k\to\infty} f(x_{n_{j_k}}) = f(L) \tag{9.4}$$

참고로 보조정리 6.6.4에 의해 $(x_{n_{j_k}})_{k=0}^{\infty}$는 $(x_n)_{n=0}^{\infty}$의 부분수열이고 $(y_{n_{j_k}})_{k=0}^{\infty}$는 $(y_n)_{n=0}^{\infty}$의 부분수열이다. 한편 보조정리 9.9.7에 따르면 $\lim_{n\to\infty}(x_n - y_n) = 0$이 성립한다. 명제 6.6.5에 의해 이를 $\lim_{k\to\infty}(x_{n_{j_k}} - y_{n_{j_k}}) = 0$과 같이 나타낼 수 있다. $k \to \infty$일 때 $x_{n_{j_k}}$는 L에 수렴하므로, 극한 법칙을 이용하면 $\lim_{k\to\infty} y_{n_{j_k}} = L$과 같다. 그리고 f가 L에서 연속이므로 이를 $\lim_{k\to\infty} f(y_{n_{j_k}}) = f(L)$과 같이 나타낼 수 있다. 극한 법칙을 사용하여 식 (9.4)에서 이 식을 빼면 다음을 얻는다.

$$\lim_{k\to\infty}(f(x_{n_{j_k}}) - f(y_{n_{j_k}})) = 0$$

그러나 이 식은 식 (9.3)에 모순이다(그 이유는?). 이로써 실제로 f는 균등연속이다. ■

참고 9.9.17 명제 9.9.15와 정리 9.9.16을 결합하면 보조정리 9.6.3이 나온다는 점에 주목하라.

9.9 연습문제

1. 보조정리 9.9.7을 증명하라.

2. 명제 9.9.8을 증명하라.

힌트 보조정리 9.9.7을 사용하지 말고 정의 9.9.5에 소개한 수열의 동치 개념으로 돌아가야 한다.

3. 명제 9.9.12를 증명하라.

힌트 정의 9.9.2를 직접 사용한다.

4. 명제 9.9.12를 사용하여 따름정리 9.9.14를 증명하라. 이 따름정리를 사용하여 EX 9.9.10의 결과에 대한 다른 증명을 제시하라.

5. 명제 9.9.15를 증명하라.

힌트 보조정리 9.6.3의 증명을 모방하라. 몇몇 부분에서 명제 9.9.12 또는 따름정리 9.9.14가 필요할 수 있다.

6. $\mathbb{R}$의 부분집합 X, Y, Z를 생각하자. X에서 균등연속인 함수 $f : X \to Y$와 Y에서 균등연속인 함수 $g : Y \to Z$를 생각하자. 함수 $g \circ f : X \to Z$가 X에서 균등연속임을 보여라.

9.10 무한에서의 극한

지금까지 x_0가 **실수**인 경우 $x \to x_0$일 때 함수 $f : X \to \mathbb{R}$이 극한을 가지는 의미를 논의했다. 이제 x_0가 $+\infty$ 또는 $-\infty$일 때 극한을 가지는 의미를 간략하게 논의하려고 한다. 참고로 이 내용은 위상공간에서 연속함수를 다루는 일반적인 이론의 일부이다. 상세한 내용은 『TAO 해석학 II』의 2.5절을 참고하라.

먼저, 집합의 밀착점이 $+\infty$ 또는 $-\infty$인 것이 의미하는 바를 살펴보아야 한다.

정의 9.10.1 무한 밀착점

$\mathbb{R}$의 부분집합 X를 생각하자.

- $+\infty$가 X의 **밀착점(adherent point)**일 필요충분조건은 모든 $M \in \mathbb{R}$에 대해 $x \in X$가 존재해서 $x > M$인 것이다.
- $-\infty$가 X의 **밀착점**일 필요충분조건은 모든 $M \in \mathbb{R}$에 대해 $x \in X$가 존재해서 $x < M$인 것이다.

즉, $+\infty$가 X의 밀착점일 필요충분조건은 X에 상계가 존재하지 않는 것이며, 이와 동치로 $\sup(X) = +\infty$인 것이다. 유사하게 $-\infty$가 X의 밀착점일 필요충분조건은 X에 하계가 존재하지 않는 것이며, 이와 동치로 $\inf(X) = -\infty$인 것이다. 따라서 집합이 유계일 필요충분조건은 $+\infty$와 $-\infty$가 밀착점이 아닌 것이다.

참고 9.10.2 정의 9.10.1은 정의 9.1.8과 다소 다르게 보일 수 있지만, 확장된 실선 $\mathbb{R}^*$ 의 위상구조를 사용하면 통합할 수 있다. 그러나 이에 관해서는 더 이상 다루지 않는다.

정의 9.10.3 무한에서의 극한

$\mathbb{R}$의 부분집합 X와 함수 $f : X \to \mathbb{R}$을 생각하자. 이때 $+\infty$는 X의 밀착점이다.

- X에서 $x \to +\infty$일 때 f가 L에 **수렴(convergence)**할 필요충분조건은 모든 $\varepsilon > 0$에 대해 M이 존재하여 $X \cap (M, +\infty)$에서 f가 L의 ε–근방에 속하는 것이다. 즉, $x > M$을 만족하는 모든 $x \in X$에 대해 $|f(x) - L| \le \varepsilon$인 것이다. f가 L에 수렴하는 것을 기호로 $\lim_{x \to +\infty; x \in X} f(x) = L$로 표기한다.
- X에서 $x \to -\infty$일 때 $f(x)$가 L에 **수렴**할 필요충분조건은 모든 $\varepsilon > 0$에 대해 M이 존재하여 $X \cap (-\infty, M)$에서 f가 L의 ε–근방에 속하는 것이다.

EX 9.10.4 $f(x) := \dfrac{1}{x}$로 정의한 함수 $f : (0, \infty) \to \mathbb{R}$을 생각하자.
그러면 $\lim_{x \to +\infty; x \in (0, \infty)} \dfrac{1}{x} = 0$이다. (정의부터 이 사실이 성립하는 이유를 보일 수 있는가?)

무한대에서도 다른 점 x_0의 극한에서 했던 것과 동일하게 다양한 작업을 수행할 수 있다. 예를 들어 모든 극한 법칙은 이 경우에도 여전히 성립한다. 그러나 이 책에서는 무한에서의 극한을 많이 사용하지 않으므로 크게 신경쓰지 않겠다. 다만 이 정의가 수열의 극한 개념과 동일하다는 점에 주목할 것이다 (연습문제 1 참고).

9.10 연습문제

1. 실수 수열 $(a_n)_{n=0}^{\infty}$을 생각하자. a_n은 각 자연수 n을 실수 a_n으로 보내주는, 즉 $\mathbb{N}$에서 $\mathbb{R}$로의 함수로도 생각할 수 있다. 다음 식이 성립함을 보여라.

$$\lim_{n \to +\infty; n \in \mathbb{N}} a_n = \lim_{n \to \infty} a_n$$

이때 좌변의 극한은 정의 9.10.3에서 정의했고, 우변의 극한은 정의 6.1.8에서 정의했다. 더 정확하게는 위 식에서 한 극한이 존재하면 다른 극한도 존재하고, 그 값이 동시에 서로 같음을 보여라. 결국 극한의 두 개념은 서로 같다.

10

함수의 미분
Differentiation of functions

10.1 기본 정의

드디어 미분 개념부터 시작하여 본격적으로 미분적분학을 엄밀하게 다룰 수 있다. 도함수를 정의할 때 접선을 이용한 기하학적 정의 대신, 극한을 이용하여 해석적으로 정의할 수 있다. 도함수와 미분을 해석적으로 검토하면 다음 두 가지 장점이 있다.

(a) 기하학의 공리를 알 필요가 없다.

(b) 스칼라 대신 벡터에서 정의된 함수 또는 다변수함수를 다루더라도 정의를 확장할 수 있다.

게다가 3차원 이상의 차원을 다루게 되면 기하학적 직관에 의존하기 어려워진다. 반대로, 해석적으로 엄밀하게 다룬 경험을 사용하면 기하학적 직관을 추상적으로 확장할 수 있다. 앞서 언급했듯이 두 관점은 서로 대립하는 것이 아니라 상호보완적이다.

정의 10.1.1 한 점에서 미분가능성

$\mathbb{R}$의 부분집합 X와 X의 집적점 $x_0 \in X$, 함수 $f : X \to \mathbb{R}$을 생각하자. 다음과 같은 극한이 어떤 실수 L로 수렴한다고 하자.

$$\lim_{x \to x_0; x \in X \setminus \{x_0\}} \frac{f(x) - f(x_0)}{x - x_0}$$

그러면 f는 X의 점 x_0에서 **미분가능(differentiable)**하며 그 **도함수(derivative)**의 값[1]은 L이라고 한다. 이를 기호로는 $f'(x_0) := L$로 표기한다. 만약 극한이 존재하지 않거나, x_0가 X의 원소가 아니거나, x_0가 X의 집적점이 아니면 $f'(x_0)$는 정의되지 않는다. 그리고 f는 X의 점 x_0에서 **미분불가능(not differentiable)**하다고 한다.

참고 10.1.2 x_0가 $X \setminus \{x_0\}$의 밀착점이 되려면 x_0가 집적점이어야 한다. 그렇지 않으면 다음 극한은 자동으로 정의되지 않는다.

$$\lim_{x \to x_0; x \in X \setminus \{x_0\}} \frac{f(x) - f(x_0)}{x - x_0}$$

특히 고립점에서 함수의 도함수를 정의하지 않았다. 예를 들어 함수 $f : \mathbb{R} \to \mathbb{R}$을 $f(x) := x^2$으로 정의하고 정의역을 $X := [1, 2] \cup \{3\}$으로 제한하자. 그러면 함수 f는 3에서 미분불가능하다(단, 연습문제 1 참고). 실제로 정의역 X는 거의 대부분 구간이어서 보조정리 9.1.21에 따르면 X의 모든 원소 x_0는 자동으로 집적점이다. 그리고 이러한 문제는 크게 신경 쓸 필요가 없다.

1 (옮긴이) 이 극한값 L을 f의 x_0에서의 미분값이라고도 한다.

EX 10.1.3 함수 $f : \mathbb{R} \to \mathbb{R}$을 $f(x) := x^2$으로 정의하고 임의의 실수 x_0를 생각하자. f가 $\mathbb{R}$의 점 x_0에서 미분가능한지 판별하려면 다음 극한을 계산해야 한다.

$$\lim_{x \to x_0; x \in \mathbb{R} \setminus \{x_0\}} \frac{f(x) - f(x_0)}{x - x_0} = \lim_{x \to x_0; x \in \mathbb{R} \setminus \{x_0\}} \frac{x^2 - x_0^2}{x - x_0}$$

오른쪽 극한식의 분자를 $(x^2 - x_0^2) = (x - x_0)(x + x_0)$로 인수분해하자. $x \in \mathbb{R} \setminus \{x_0\}$이므로 분자와 분모에서 $(x - x_0)$를 약분할 수 있고, 극한을 다음과 같이 쓸 수 있다.

$$\lim_{x \to x_0; x \in \mathbb{R} \setminus \{x_0\}} (x + x_0)$$

극한 법칙을 사용하면 극한값은 $2x_0$이다. 따라서 함수 $f(x)$는 x_0에서 미분가능하고, 그 도함수의 값은 $2x_0$이다.

참고 10.1.4 지금 설명하려는 내용은 자명하지만 언급할 가치가 있다. 만약 함수 $f : X \to \mathbb{R}$이 x_0에서 미분가능하고 함수 $g : X \to \mathbb{R}$이 f와 서로 같은 함수이면(즉, 모든 $x \in X$에서 $g(x) = f(x)$이면) g도 x_0에서 미분가능하고 $g'(x_0) = f'(x_0)$이다(그 이유는?). 그러나 두 함수 f, g가 단순히 x_0에서 같은 **값**(즉, $g(x_0) = f(x_0)$)을 가진다고 해서 $g'(x_0) = f'(x_0)$임을 함의하는 것은 아니다. (반례를 제시할 수 있는가?) 그러므로 두 함수가 전체 정의역에서 서로 같은 함수인 것과, 한 점에서 서로 같은 함수인 것에는 큰 차이가 있다.

참고 10.1.5 f' 대신에 $\frac{df}{dx}$를 사용하기도 한다. 이 기호는 당연히 매우 친숙하고 편리하지만 사용할 때 조금 주의해야 한다. 왜냐하면 x가 f의 입력값을 나타낼 때 사용하는 유일한 변수일 때에만 사용해야 안전하기 때문이다. 그렇지 않으면 모든 종류의 문제가 발생할 수 있다.

예를 들어 $f(x) := x^2$으로 정의된 함수 $f : \mathbb{R} \to \mathbb{R}$은 그 도함수의 값이 $\frac{df}{dx} = 2x$이지만 $g(y) := y^2$으로 정의된 함수 $g : \mathbb{R} \to \mathbb{R}$은 그 도함수의 값이 $\frac{dg}{dx} = 0$이다. 이러한 일이 발생하는 이유는 g와 f가 정확히 서로 같은 함수임에도 y와 x가 독립변수이기 때문이다. 이러한 혼란을 고려하여, $\frac{df}{dx}$ 표기법을 자제하려고 한다.[2]

EX 10.1.6 함수 $f : \mathbb{R} \to \mathbb{R}$을 $f(x) := |x|$로 정의하고 $x_0 = 0$이라 하자. f가 $\mathbb{R}$의 점 0에서 미분가능한지 확인하기 위해, 다음 극한을 계산하자.

$$\lim_{x \to 0; x \in \mathbb{R} \setminus \{0\}} \frac{f(x) - f(0)}{x - 0} = \lim_{x \to 0; x \in \mathbb{R} \setminus \{0\}} \frac{|x|}{x}$$

우극한과 좌극한을 각각 구하면 다음과 같이 그 값이 다르다.

- 우극한 : $\displaystyle \lim_{x \to 0; x \in (0, \infty)} \frac{|x|}{x} = \lim_{x \to 0; x \in (0, \infty)} \frac{x}{x} = \lim_{x \to 0; x \in (0, \infty)} 1 = 1$

2 이러한 혼란은 다변수 미분적분학에서 더 심해지고, 표준 표기법인 $\frac{\partial f}{\partial x}$는 의미가 모호해지는 몇 가지 심각한 문제를 일으킬 수 있다. 모호한 문제를 해결하기 위해 벡터장에서 미분 개념을 도입하는 방법이 도움이 될 수 있지만, 이는 이 책의 범위를 벗어나므로 다루지 않는다.

• 좌극한 : $\lim_{x\to 0; x\in(-\infty,0)} \frac{|x|}{x} = \lim_{x\to 0; x\in(-\infty,0)} \frac{-x}{x} = \lim_{x\to 0; x\in(-\infty,0)} -1 = -1$

따라서 극한 $\lim_{x\to 0; x\in\mathbb{R}\setminus\{0\}} \frac{|x|}{x}$ 는 존재하지 않고, f 는 $\mathbb{R}$ 의 점 0 에서 미분불가능하다. 그러나 f 의 정의역을 $[0,\infty)$ 으로 제한한 함수 $f|_{[0,\infty)}$ 는 $[0,\infty)$ 의 점 0 에서 **미분가능**하고 그 도함수의 값은 1 이다. 이를 식으로 나타내면 다음과 같다.

$$\lim_{x\to 0; x\in[0,\infty)\setminus\{0\}} \frac{f(x)-f(0)}{x-0} = \lim_{x\to 0; x\in(0,\infty)} \frac{|x|}{x} = 1$$

유사하게 f 의 정의역을 $(-\infty,0]$ 으로 제한한 함수 $f|_{(-\infty,0]}$ 는 $(-\infty,0]$ 의 점 0 에서 미분가능하고 그 도함수의 값은 -1 이다. 따라서 함수가 미분불가능하더라도 정의역을 제한하면 그 함수가 미분가능하게 만들 수도 있다.

어떤 함수가 x_0 에서 미분가능하면 그 함수는 x_0 근처에서 근사적으로 직선 형태이다.

명제 10.1.7 뉴턴 근사(Newton's approximation)

$\mathbb{R}$ 의 부분집합 X 와 집합 X 의 집적점 $x_0 \in X$, 함수 $f : X \to \mathbb{R}$, 실수 L 을 생각하자. 그러면 다음 명제는 서로 동치이다.

(a) f 는 X 의 점 x_0 에서 미분가능하고 그 도함수의 값은 L 이다.

(b) 임의의 $\varepsilon > 0$ 에 대해 어떤 $\delta > 0$ 이 존재해서 $x \in X$ 가 x_0 의 δ–근방에 속할 때마다 $f(x)$ 는 $f(x_0) + L(x - x_0)$ 의 $\varepsilon|x - x_0|$–근방에 속한다. 즉, $x \in X$ 이고 $|x - x_0| \le \delta$ 일 때마다 다음 부등식이 성립한다.

$$|f(x) - (f(x_0) + L(x - x_0))| \le \varepsilon|x - x_0|$$

명제 10.1.7의 증명은 연습문제 2로 남긴다.

참고 10.1.8 뉴턴 근사는 위대한 수학자이자 과학자인 아이작 뉴턴(Isaac Newton, 1642 – 1727)의 이름을 따서 지었다. 뉴턴은 미분적분학을 창시한 사람 중 한 명이기도 하다.

참고 10.1.9 명제 10.1.7을 간단하게 이해할 수 있도록 표현하면 다음과 같다. 만약 f 가 x_0 에서 미분가능하면 함수 f 를 $f(x) \approx f(x_0) + f'(x_0)(x - x_0)$ 로 근사할 수 있고 그 역도 참이다.

$f(x) := |x|$ 로 정의한 함수 $f : \mathbb{R} \to \mathbb{R}$ 을 예로 들어 살펴봤듯이 함수는 한 점에서 미분불가능해도 연속일 수 있다. 그러나 미분가능성과 연속성 사이에는 다음과 같은 관계가 성립한다.

명제 10.1.10 미분가능하면 연속이다
$\mathbb{R}$의 부분집합 X와 집합 X의 집적점 $x_0 \in X$, 함수 $f : X \to \mathbb{R}$을 생각하자. f가 x_0에서 미분가능하면 f는 x_0에서 연속이다.

명제 10.1.10의 증명은 연습문제 3으로 남긴다.

정의 10.1.11 정의역에서 미분가능성
$\mathbb{R}$의 부분집합 X와 함수 $f : X \to \mathbb{R}$을 생각하자. 모든 집적점 $x_0(\in X)$에 대해 f가 X의 점 x_0에서 미분가능하면 f는 X에서 **미분가능**하다.

명제 10.1.10과 정의 10.1.11을 비롯하여 함수가 정의역의 모든 고립점에서 자동으로 연속이라는 사실에 의해 다음 따름정리도 곧바로 얻을 수 있다.

따름정리 10.1.12 $\mathbb{R}$의 부분집합 X와 집합 X에서 미분가능한 함수 $f : X \to \mathbb{R}$을 생각하자. 그러면 f는 X에서 연속이다.

이미 여러분에게 친숙한 도함수의 기본 성질을 소개한다.

정리 10.1.13 도함수의 성질
$\mathbb{R}$의 부분집합 X와 집합 X의 집적점 $x_0 \in X$, 함수 $f : X \to \mathbb{R}$과 $g : X \to \mathbb{R}$을 생각하자.

(a) f가 상수함수라고 하자. 즉, 어떤 실수 c가 존재해서 모든 $x \in X$에 대해 $f(x) = c$라고 하자. 그러면 f는 x_0에서 미분가능하고 $f'(x_0) = 0$이다.

(b) f가 항등함수라고 하자. 즉, 모든 $x \in X$에 대해 $f(x) = x$라고 하자. 그러면 f는 x_0에서 미분가능하고 $f'(x_0) = 1$이다.

(c) **합의 미분** : f와 g가 x_0에서 미분가능하면 $f+g$도 x_0에서 미분가능하고 $(f+g)'(x_0) = f'(x_0) + g'(x_0)$이다.

(d) **곱의 미분** : f와 g가 x_0에서 미분가능하면 fg도 x_0에서 미분가능하고 $(fg)'(x_0) = f'(x_0)g(x_0) + f(x_0)g'(x_0)$이다.

(e) f가 x_0에서 미분가능하고 c가 실수이면 cf도 x_0에서 미분가능하고 $(cf)'(x_0) = cf'(x_0)$이다.

(f) **차의 미분** : f와 g가 x_0에서 미분가능하면 $f-g$도 x_0에서 미분가능하고 $(f-g)'(x_0) = f'(x_0) - g'(x_0)$이다.

(g) g가 x_0에서 미분가능하고 X에서 0이 아니라고(즉, 모든 $x \in X$에서 $g(x) \neq 0$) 하자. 그러면 $\dfrac{1}{g}$도 x_0에서 미분가능하고 다음이 성립한다.

$$\left(\frac{1}{g}\right)'(x_0) = -\frac{g'(x_0)}{g(x_0)^2}$$

(h) **몫의 미분** : f와 g가 x_0에서 미분가능하고 g가 X에서 0이 아니면 $\dfrac{f}{g}$도 x_0에서 미분가능하고 다음이 성립한다.

$$\left(\frac{f}{g}\right)'(x_0) = \frac{f'(x_0)g(x_0) - f(x_0)g'(x_0)}{g(x_0)^2}$$

정리 10.1.13의 증명은 연습문제 4로 남긴다.

참고 10.1.14 곱의 미분은 **라이프니츠 법칙(Leibniz rule)**이라고도 한다. 라이프니츠 법칙은 뉴턴과 별도로 미분적분학을 창시한 사람 중 한 명인 고트프리트 라이프니츠(Gottfried Leibniz, 1646 - 1716)의 이름을 딴 것이다.

정리 10.1.13을 사용하면 많은 도함수를 쉽게 계산할 수 있다. 예를 들어 $f(x) := \dfrac{x-2}{x-1}$로 정의한 함수 $f : \mathbb{R} \setminus \{1\} \to \mathbb{R}$에 정리 10.1.13을 사용하면 모든 $x_0 \in \mathbb{R} \setminus \{1\}$에 대해 $f'(x_0) = \dfrac{1}{(x_0-1)^2}$임을 쉽게 확인할 수 있다. (그 이유는? $\mathbb{R} \setminus \{1\}$의 모든 점 x_0가 $\mathbb{R} \setminus \{1\}$의 집적점임을 참고한다.)

미분가능한 함수의 다른 기본 성질로 아래의 연쇄법칙이 있다.

정리 10.1.15 연쇄법칙(chain rule)

$\mathbb{R}$의 부분집합 X와 Y, 집합 X의 집적점 $x_0 \in X$, 집합 Y의 집적점 $y_0 \in Y$, 함수 $f : X \to Y$를 생각하자. 이때 f는 $f(x_0) = y_0$이고 x_0에서 미분가능하다. 함수 $g : Y \to \mathbb{R}$이 y_0에서 미분가능하다고 가정하자. 그러면 함수 $g \circ f : X \to \mathbb{R}$은 x_0에서 미분가능하고 다음 식이 성립한다.

$$(g \circ f)'(x_0) = g'(y_0)f'(x_0)$$

정리 10.1.15의 증명은 연습문제 7로 남긴다.

EX 10.1.16 함수 $f : \mathbb{R}\setminus\{1\} \to \mathbb{R}$을 $f(x) := \dfrac{x-2}{x-1}$로 정의하고 함수 $g : \mathbb{R} \to \mathbb{R}$을 $g(y) := y^2$으로 정의하자. 그러면 $g \circ f(x) = \left(\dfrac{x-2}{x-1}\right)^2$이고, 연쇄법칙에 의해 다음이 성립한다.

$$(g \circ f)'(x_0) = 2\left(\frac{x_0-2}{x_0-1}\right)\frac{1}{(x_0-1)^2}$$

참고 **10.1.17** $f(x)$를 y로, $g(y)$를 z로 표현하면 연쇄법칙을 $\frac{dz}{dx} = \frac{dz}{dy}\frac{dy}{dx}$로 쓸 수 있다. 그러면 종속변수와 독립변수의 구분이 모호해지는데, 특히 y 때문에 오해의 소지가 있다. 또한 수량자 dz, dy, dx를 실수처럼 조작할 수 있다고 착각할 수 있다. 그러나 이 수량자는 실수가 아니며[3] 실수로 취급하면 향후 문제가 생길 수 있다. 예를 들어 f의 종속변수가 x_1과 x_2이고, x_1과 x_2의 종속변수가 t라면 다변수 연쇄법칙에 의해 $\frac{df}{dt} = \frac{\partial f}{\partial x_1}\frac{dx_1}{dt} + \frac{\partial f}{\partial x_2}\frac{dx_2}{dt}$이다. 하지만 연쇄법칙에서 df, dt 등을 실수로 취급하면 이상해 보일 수 있다. 지금 무엇을 하는지 알고 있다면 dy, dx 등을 **무한소 실수**(infinitesimal real number)로 생각할 수 있지만, 이제 막 해석학을 시작했으며 엄격하게 학습하고 싶은 사람들에게는 이렇게 접근하는 방식을 권하지 않는다.[4]

10.1 연습문제

1. $\mathbb{R}$의 부분집합 X와 집합 X의 집적점 x_0, x_0에서 미분가능한 함수 $f : X \to \mathbb{R}$을 생각하자. 집합 $Y(\subseteq X)$에 대해 $x_0 \in Y$이고 x_0가 Y의 집적점도 된다고 하자. 제한함수 $f|_Y : Y \to \mathbb{R}$도 x_0에서 미분가능하고, 그 도함수의 값이 x_0에서 f의 도함수의 값과 서로 같음을 증명하라. 이 사실이 참고 10.1.2에서 논의한 내용과 모순이 아닌 이유를 설명하라.

2. 명제 10.1.7을 증명하라.

힌트 $x = x_0$와 $x \neq x_0$일 때로 나누어 증명한다.

3. 명제 10.1.10을 증명한다.

힌트 명제 9.3.14의 극한 법칙 또는 명제 10.1.7을 사용한다.

4. 정리 10.1.13을 증명하라.

힌트 명제 9.3.14의 극한 법칙을 사용한다. 또 정리 10.1.13의 앞부분을 사용하여 뒷부분을 증명하면 된다. 곱의 미분을 증명할 때, 다음 항등식을 사용한다.

$$\begin{aligned} f(x)g(x) - f(x_0)g(x_0) &= f(x)g(x) - f(x)g(x_0) + f(x)g(x_0) - f(x_0)g(x_0) \\ &= f(x)(g(x) - g(x_0)) + (f(x) - f(x_0))g(x_0) \end{aligned}$$

이처럼 어떤 항을 더하고 다시 빼는 트릭은 해석학에서 아주 유용하다.

---

3 사실 지금까지 dz, dy, dx에 어떤 의미도 부여하지 않았다.

4 다변수 미분적분학에서도 적용할 수 있도록 모든 작업을 엄밀하게 만드는 방법이 있다. 바로 접벡터(tangent vector)와 미분사상(derivative map) 개념을 이용하는 것인데, 이 책의 범위를 벗어나기 때문에 다루지 않는다.

5. 자연수 n과 $f(x) := x^n$으로 정의한 함수 $f : \mathbb{R} \to \mathbb{R}$을 생각하자. f가 $\mathbb{R}$에서 미분가능하고 모든 $x \in \mathbb{R}$에 대해 $f'(x) = nx^{n-1}$임을 보여라. (단, $n = 0$일 때 $nx^{n-1} = 0$으로 표기함을 받아들이자.)

힌트 정리 10.1.13과 귀납법을 사용한다.

6. **음의** 정수 n과 $f(x) := x^n$으로 정의한 함수 $f : \mathbb{R} \setminus \{0\} \to \mathbb{R}$을 생각하자. f가 $\mathbb{R} \setminus \{0\}$에서 미분가능하고, 모든 $x \in \mathbb{R} \setminus \{0\}$에 대해 $f'(x) = nx^{n-1}$임을 보여라.

힌트 정리 10.1.13과 연습문제 5를 사용한다.

7. 정리 10.1.15를 증명하라.

힌트 명제 10.1.7의 뉴턴 근사를 사용하는 방법이 있다. 아니면 이 문제에 명제 9.3.9와 명제 10.1.10을 사용하여 수열의 극한을 포함한 형태로 바꾸는 방법이 있다. 그러나 두 번째 방법은 $f'(x_0) = 0$이라면 0으로 나누는 애매한 상황이 발생할 수 있기 때문에 $f'(x_0) = 0$일 때를 따로 생각한다.

10.2 극대, 극소와 도함수

기본 미분적분학 수업에서 배웠겠지만 도함수를 응용하는 가장 흔한 방법은 극소와 극대를 찾는 것이다. 이 내용을 좀 더 엄밀하게 살펴보겠다.

정의 9.6.5에서 함수 $f : X \to \mathbb{R}$이 $x_0 \in X$에서 최댓값과 최솟값을 가지는 의미를 살펴보았다. 이 정의를 국소화하면 다음과 같다.

정의 10.2.1 극대와 극소

$\mathbb{R}$의 부분집합 X, 함수 $f : X \to \mathbb{R}$, 그리고 $x_0 \in X$를 생각하자.

- f가 x_0에서 **극댓값(local maximum)**을 가질 필요충분조건은 어떤 $\delta > 0$이 존재해서 f의 정의역을 $X \cap (x_0 - \delta, x_0 + \delta)$로 제한한 제한함수 $f|_{X \cap (x_0 - \delta,\, x_0 + \delta)}$가 x_0에서 최댓값을 가지는 것이다.
- f가 x_0에서 **극솟값(local minimum)**을 가질 필요충분조건은 어떤 $\delta > 0$이 존재해서 f의 정의역을 $X \cap (x_0 - \delta, x_0 + \delta)$로 제한한 제한함수 $f|_{X \cap (x_0 - \delta,\, x_0 + \delta)}$가 x_0에서 최솟값을 가지는 것이다.

참고 10.2.2 f가 x_0에서 최댓값을 가지면, 방금 정의한 극댓값과 구별하기 위해 f가 x_0에서 **대역적**(global) 최댓값을 가진다고 말한다. 만약 f가 x_0에서 대역적 최댓값을 가지면 명백하게 이 x_0에서 극댓값을 가진다. 이는 최솟값과 극솟값에 대해서도 마찬가지로 성립한다.

EX 10.2.3 $f(x) := x^2 - x^4$으로 정의한 함수 $f : \mathbb{R} \to \mathbb{R}$을 생각하자. $f(2) = -12 < 0 = f(0)$이므로 이 함수는 0에 대역적 최솟값이 존재하지 않는다. 하지만 $\delta := 1$이라 하고 f의 정의역을 구간 $(-1, 1)$로 제한하면, 모든 $x \in (-1, 1)$에 대해 $x^4 \leq x^2$이고 $f(x) = x^2 - x^4 \geq 0 = f(0)$이다. 따라서 $f|_{(-1,1)}$은 0에 대역적 최솟값이 존재한다. 따라서 함수 f는 0에 극솟값이 존재한다.

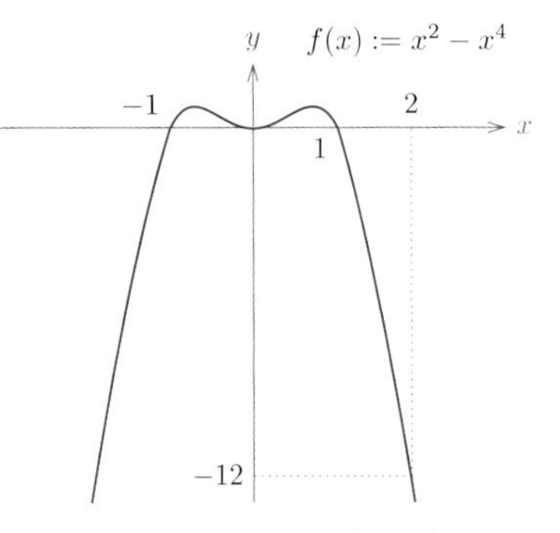

[그림 10.1] 함수 $f(x) := x^2 - x^4$

EX 10.2.4 정수에서만 정의한 함수 $f : \mathbb{Z} \to \mathbb{R}$, $f(x) := x$를 생각하자. 이 함수는 대역적 최댓값과 대역적 최솟값을 가지지 않지만(그 이유는?), 모든 정수 n에서 극댓값과 극솟값을 동시에 가진다(그 이유는?).

참고 10.2.5 함수 $f : X \to \mathbb{R}$이 X의 점 x_0에서 극댓값을 가지고 X의 부분집합 $Y(\subseteq X)$가 원소로 x_0를 포함한다면, 제한함수 $f|_Y : Y \to \mathbb{R}$은 x_0에서 극댓값을 가진다(그 이유는?). 극솟값에서도 유사한 결과를 얻을 수 있다.

극댓값과 극솟값 그리고 도함수 사이에 다음과 같은 관계가 있다.

> **명제 10.2.6 극값에서는 함숫값이 정체되어 있다**
>
> 실수 a, b(단, $a < b$)와 함수 $f : (a, b) \to \mathbb{R}$을 생각하자. $x_0 \in (a, b)$이고 f가 x_0에서 미분가능하며 극댓값 또는 극솟값을 가지면 $f'(x_0) = 0$이다.[5]

명제 10.2.6의 증명은 연습문제 1로 남긴다.

명제 10.2.6이 성립하려면 f는 반드시 미분가능해야 한다(연습문제 2 참고). 또한 열린구간 (a, b)를 닫힌구간 $[a, b]$로 바꾸면 이 명제는 성립하지 않는다. $f(x) := x$로 정의한 함수 $f : [1, 2] \to \mathbb{R}$은 $x_0 = 2$에서 극댓값을 가지고 $x_0 = 1$에서 극솟값을 가진다(사실 이 극값이 최댓값과 최솟값이다).

5 (옮긴이) 이를 '내부극값 정리'라고도 한다.

하지만 두 점 모두에서 도함수 값은 $f'(x_0) = 0$이 아니라 $f'(x_0) = 1$이다. 따라서 구간의 끝점에서는 도함수 값이 0이 아니어도 극댓값과 극솟값을 가질 수 있다. 끝으로 이 명제 10.2.6의 역은 성립하지 않는다(연습문제 3 참고).

명제 10.2.6과 최대원리(명제 9.6.7 참고)를 결합하면 다음을 얻을 수 있다.

정리 10.2.7 롤의 정리(Rolle's theorem)
실수 a, b(단, $a < b$)와 구간 (a,b)에서 미분가능한 연속함수 $g : [a,b] \to \mathbb{R}$을 생각하자. $g(a) = g(b)$라고 가정하자. 그러면 어떤 $x \in (a,b)$가 존재해서 $g'(x) = 0$을 만족한다.

정리 10.2.7의 증명은 연습문제 4로 남긴다.

참고 10.2.8 롤의 정리는 f가 닫힌구간 $[a,b]$에서 미분가능하다고 가정해도 성립한다. 그런데 $[a,b]$는 (a,b)보다 큰 구간이므로 f가 열린구간 (a,b)에서 미분가능하다고만 가정했음에 주목하자.

롤의 정리에서 중요한 따름정리를 도출할 수 있다.

따름정리 10.2.9 평균값정리(mean value theorem)
실수 a, b(단, $a < b$)와 구간 $[a,b]$에서 연속이고 (a,b)에서 미분가능한 함수 $f : [a,b] \to \mathbb{R}$을 생각하자. 그러면 어떤 $x \in (a,b)$가 존재해서 $f'(x) = \dfrac{f(b) - f(a)}{b - a}$를 만족한다.

따름정리 10.2.9의 증명은 연습문제 5로 남긴다.

10.2 연습문제

1. 명제 10.2.6을 증명하라.

2. 0에서 연속이고 대역적 최댓값을 가지지만, 0에서 미분불가능한 함수 $f : (-1,1) \to \mathbb{R}$의 예를 제시하라. 이 함수가 명제 10.2.6의 반례가 아닌 이유를 설명하라.

3. 0에서 미분가능하고 도함수 값이 0이지만, 0이 극댓값도 극솟값도 아닌 함수 $f : (-1,1) \to \mathbb{R}$의 예를 제시하라. 이 함수가 명제 10.2.6의 반례가 아닌 이유를 설명하라.

4. 정리 10.2.7을 증명하라.

힌트 명제 9.6.7의 최대원리를 사용한 뒤에 명제 10.2.6을 사용한다. 최대원리는 최댓값 또는 최솟값이 열린구간 (a, b)에 있는지, 아니면 경계값인 a 또는 b 중 하나인지 설명하지 않으므로, 여러 경우로 나눈 뒤 $g(a) = g(b)$라는 가정을 잘 사용한다.

5. 정리 10.2.7을 사용하여 따름정리 10.2.9를 증명하라.

힌트 실수 c를 잘 선택하고 $f(x) - cx$ 형태의 함수를 생각한다.

6. $M > 0$을 생각하자. 그리고 함수 $f : [a, b] \to \mathbb{R}$이 $[a, b]$에서 연속이고 (a, b)에서 미분가능하며, 모든 $x \in (a, b)$에 대해 $|f'(x)| \leq M$(즉, f의 도함수가 유계)이라고 하자. 임의의 x, $y \in [a, b]$에 대해 부등식 $|f(x) - f(y)| \leq M|x - y|$가 성립함을 보여라.

힌트 따름정리 10.2.9의 평균값정리를 f의 적절한 제한함수에 적용한다.

참고로 $|f(x) - f(y)| \leq M|x - y|$를 만족하므로 이 함수 f를 **립시츠 연속함수(Lipschitz continuous function)**라고 하고, 이때의 M을 **립시츠 상수(Lipschitz constant)**라고 한다. 따라서 이 문제는 유계인 도함수를 가지는 함수는 립시츠 연속임을 보여준다.

7. 미분가능하고 그 도함수 f'이 유계인 함수 $f : \mathbb{R} \to \mathbb{R}$을 생각하자. f가 균등연속임을 보여라.

힌트 앞서 살펴본 연습문제를 이용한다.

10.3 단조함수와 도함수

기초 미분적분학 수업에서 도함수 값이 양이면 증가함수를 의미하고, 도함수 값이 음이면 감소함수를 의미함을 배웠을 것이다. 이 명제는 완전히 정확하진 않지만 의미가 거의 들어맞는다. 이번 절에서 더 정확한 명제를 소개하려고 한다.

명제 10.3.1 $\mathbb{R}$의 부분집합 X와 집합 X의 집적점 $x_0 \in X$, 함수 $f : X \to \mathbb{R}$을 생각하자. 만약 f가 단조증가하고 x_0에서 미분가능하면 $f'(x_0) \geq 0$이다. 만약 f가 단조감소하고 x_0에서 미분가능하면 $f'(x_0) \leq 0$이다.

명제 10.3.1의 증명은 연습문제 1로 남긴다.

참고 10.3.2 반드시 함수 f가 x_0에서 미분가능하다고 가정해야 한다. 왜냐하면 단조함수이지만 항상 미분가능한 것은 아닌 함수가 존재하기 때문이며(연습문제 2 참고), f가 x_0에서 미분불가능하면 당연히 $f'(x_0) \geq 0$이나 $f'(x_0) \leq 0$이라는 결론을 내릴 수 없다.

만약 f가 **순증가함수**이고 x_0에서 미분가능하다면, 도함수 값 $f'(x_0)$는 단순히 음이 아닌 대신 0보다 큰 양수여야 한다고 막연하게 생각할 수 있으나, 이것이 항상 성립한다고는 할 수 없다(연습문제 3 참고).

반면에 역은 성립한다. 만약 어떤 함수의 도함수 값이 0보다 큰 양수이면, 그 함수는 순증가함수이다.

명제 10.3.3 실수 a, b(단, $a < b$)와 미분가능한 함수 $f : [a, b] \to \mathbb{R}$을 생각하자.

- 모든 $x \in [a, b]$에 대해 $f'(x) > 0$이면 f는 순증가함수이다.
- 모든 $x \in [a, b]$에 대해 $f'(x) < 0$이면 f는 순감소함수이다.
- 모든 $x \in [a, b]$에 대해 $f'(x) = 0$이면 f는 상수함수이다.

명제 10.3.3의 증명은 연습문제 4로 남긴다.

10.3 연습문제

1. 명제 10.3.1을 증명하라.

2. 연속이고 단조증가하지만 0에서 미분불가능한 함수 $f : (-1, 1) \to \mathbb{R}$의 예를 제시하라. 이 함수가 명제 10.3.1의 반례가 아닌 이유를 설명하라.

3. 순증가하고 미분가능하지만 0에서 도함수 값이 0인 함수 $f : \mathbb{R} \to \mathbb{R}$의 예를 제시하라. 이 함수가 명제 10.3.1 또는 명제 10.3.3의 반례가 아닌 이유를 설명하라.

힌트 10.2절 연습문제 3을 참고한다.

4. 명제 10.3.3을 증명하라.

힌트 아직 적분이나 미분적분학의 기본정리를 도입하지 않았으므로 이 방법으로 증명할 수 없다. 그래도 따름정리 10.2.9의 평균값정리를 이용하면 보일 수 있다.

5. 어떤 부분집합 $X \subseteq \mathbb{R}$과 함수 $f : X \to \mathbb{R}$에 대해 f가 X에서 미분가능하고, 모든 $x \in X$에서 $f'(x) > 0$이지만 f가 순증가함수가 아니라고 하자. 이러한 집합 X와 함수 f의 예를 제시하라.

힌트 조건이 명제 10.3.3과 미묘하게 다르다. 두 조건 사이에 어떤 차이점이 있고, 또 이러한 차이점을 어떻게 사용하여 X와 f의 예를 얻을 수 있을지 생각한다.

10.4 역함수와 도함수

이러한 질문을 생각해보자. 만약 함수 $f : X \to Y$가 미분가능하고 그 역함수 $f^{-1} : Y \to X$가 있다면, f^{-1}의 미분가능성에 대해 무엇을 말할 수 있을까? 이 질문은 많은 응용 분야에서 유용한데, 이를테면 함수 $f(x) := x^{1/n}$을 미분하고 싶을 때에도 생각할 수도 있다.

중요한 보조정리를 먼저 소개한다.

보조정리 10.4.1 $\mathbb{R}$의 부분집합 X와 Y를 생각하고, 함수 $f : X \to Y$는 가역함수이며 그 역함수가 $f^{-1} : Y \to X$라고 하자. $x_0 \in X$와 $y_0 \in Y$가 각각 X와 Y의 집적점이며 $y_0 = f(x_0)$(이는 $x_0 = f^{-1}(y_0)$인 것도 함의한다)를 만족한다고 가정하자. 만약 f가 x_0에서 미분가능하고 f^{-1}가 y_0에서 미분가능하면 다음 관계가 성립한다.

$$(f^{-1})'(y_0) = \frac{1}{f'(x_0)}$$

증명

정리 10.1.15의 연쇄법칙을 이용하면 다음이 성립한다.

$$(f^{-1} \circ f)'(x_0) = (f^{-1})'(y_0)f'(x_0)$$

좌변의 $f^{-1} \circ f$는 X에서 항등함수이므로, 정리 10.1.13(b)에 따르면 $(f^{-1} \circ f)'(x_0) = 1$이다. 이로써 증명을 마친다. ■

보조정리 10.4.1의 중요한 따름정리로 다음을 알 수 있다. f가 x_0에서 미분가능하고 $f'(x_0) = 0$이면, f^{-1}는 $y_0 = f(x_0)$에서 미분불가능하다. 왜냐하면 $\dfrac{1}{f'(x_0)}$이 정의되지 않기 때문이다. 그래서 $g(y) := y^{1/3}$으로 정의한 함수 $g : [0, \infty) \to [0, \infty)$는 0에서 미분불가능하다. g는 $f(x) := x^3$으로 정의한 함수 $f : [0, \infty) \to [0, \infty)$의 역함수 $g = f^{-1}$이고, $f^{-1}(0) = 0$에서 도함수 값이 0이기 때문이다.

식을 $y = f(x)$라고 표기한다면 $x = f^{-1}(y)$이므로, 보조정리 10.4.1의 결론을 근사하게 $\dfrac{dx}{dy} = \dfrac{1}{\frac{dy}{dx}}$로 쓸 수 있다. 그러나 참고 10.1.17에서도 언급했듯이, 이 표현은 기억하기 좋고 편리하지만 오해의 소지가 있다. 특히 다변수 해석학에서 문제가 자주 발생한다.

보조정리 10.4.1은 역함수를 미분하는 방법에 대한 질문에 답하는 것처럼 보인다. 하지만 한 가지 치명적인 약점이 있다. 이 보조정리는 f^{-1}가 미분가능함을 **먼저** 가정해야만 비로소 사용할 수 있다. 따라서 f^{-1}가 미분가능한지 모른다면 보조정리 10.4.1로 f^{-1}의 도함수를 구할 수 없다.

그래도 보조정리 10.4.1의 단점을 보완할 수 있는데, f^{-1}의 미분가능성을 연속성으로 완화하면 된다.

정리 10.4.2 역함수정리(inverse function theorem)

$\mathbb{R}$의 두 부분집합 X, Y를 생각하고, 함수 $f : X \to Y$는 가역함수이며 그 역함수가 $f^{-1} : Y \to X$라고 하자. $x_0 \in X$와 $y_0 \in Y$가 각각 X와 Y의 집적점이며 $f(x_0) = y_0$를 만족한다고 가정하자. 만약 f가 x_0에서 미분가능하고 f^{-1}가 y_0에서 연속이며 $f'(x_0) \neq 0$이면, f^{-1}는 y_0에서 미분가능하고 다음 관계가 성립한다.

$$(f^{-1})'(y_0) = \frac{1}{f'(x_0)}$$

증명

먼저 $\displaystyle\lim_{y \to y_0; y \in Y \setminus \{y_0\}} \frac{f^{-1}(y) - f^{-1}(y_0)}{y - y_0} = \frac{1}{f'(x_0)}$이 성립함을 보여야 한다. 명제 9.3.9에 따르면, $Y \setminus \{y_0\}$의 원소로 구성되고 y_0로 수렴하는 임의의 수열 $(y_n)_{n=1}^{\infty}$에 대해 다음 관계식이 성립함을 보이면 충분하다.

$$\lim_{n \to \infty} \frac{f^{-1}(y_n) - f^{-1}(y_0)}{y_n - y_0} = \frac{1}{f'(x_0)}$$

이 식을 증명하기 위해 $x_n := f^{-1}(y_n)$이라 하자. 그러면 $(x_n)_{n=1}^{\infty}$은 $X \setminus \{x_0\}$의 원소로 구성된 수열이다. (그 이유는? 참고로 f^{-1}는 전단사함수이다.) 가정에서 f^{-1}가 연속이므로 $x_n = f^{-1}(y_n)$은 $n \to \infty$일 때 $f^{-1}(y_0) = x_0$로 수렴한다. 따라서 f가 x_0에서 미분가능하므로 명제 9.3.9를 다시

적용하여 다음을 얻는다.

$$\lim_{n\to\infty}\frac{f(x_n)-f(x_0)}{x_n-x_0}=f'(x_0)$$

그런데 $x_n \neq x_0$이고 f가 전단사함수이므로 몫 $\dfrac{f(x_n)-f(x_0)}{x_n-x_0}$는 0이 아니다. 또한, 가정에서 $f'(x_0)$도 0이 아니다. 그러므로 극한 법칙에 의해 다음이 성립한다.

$$\lim_{n\to\infty}\frac{x_n-x_0}{f(x_n)-f(x_0)}=\frac{1}{f'(x_0)}$$

$x_n = f^{-1}(y_n)$이고 $x_0 = f^{-1}(y_0)$임을 이용하면, 우리가 원하는 식을 얻는다.

$$\lim_{n\to\infty}\frac{f^{-1}(y_n)-f^{-1}(y_0)}{y_n-y_0}=\frac{1}{f'(x_0)}$$

이로써 증명을 마친다. ■

이어지는 연습문제에서 역함수정리의 몇 가지 응용을 살펴볼 것이다.

10.4 연습문제

1. 자연수 $n(\geq 1)$을 생각하고, 함수 $g:(0,\infty)\to(0,\infty)$를 $g(x):=x^{1/n}$으로 정의하자. 다음 물음에 답하라.

(a) g가 $(0,\infty)$에서 연속임을 보여라.

힌트 명제 9.4.11을 사용한다.

(b) g가 $(0,\infty)$에서 미분가능함을 보이고, 모든 $x\in(0,\infty)$에 대해 $g'(x)=\dfrac{1}{n}x^{1/n-1}$임을 보여라.

힌트 역함수정리와 (a)에서 증명한 내용을 사용한다.

2. 유리수 q를 생각하고, 함수 $f:(0,\infty)\to\mathbb{R}$을 $f(x):=x^q$으로 정의하자. 다음 물음에 답하라.

(a) f가 $(0,\infty)$에서 미분가능함을 보이고, $f'(x)=qx^{q-1}$임을 보여라.

힌트 연습문제 1을 비롯하여 정리 10.1.13과 정리 10.1.15에서 다룬 미분 법칙을 사용한다.

(b) 모든 유리수 q에 대해 $\lim_{x \to 1; x \in (0, \infty) \setminus \{1\}} \frac{x^q - 1}{x - 1} = q$임을 보여라.

힌트 (a)에서 증명한 내용과 정의 10.1.1을 사용한다. 다음 절에서 학습할 로피탈 법칙을 사용하면 다른 방법으로도 증명할 수 있다.

3. 실수 α를 생각하고, 함수 $f : (0, \infty) \to \mathbb{R}$을 $f(x) := x^\alpha$으로 정의하자. 다음 물음에 답하라.

(a) $\lim_{x \to 1; x \in (0, \infty) \setminus \{1\}} \frac{f(x) - f(1)}{x - 1} = \alpha$임을 보여라.

힌트 연습문제 2와 보조정리 6.4.13의 비교 성질을 사용한다. 좌극한과 우극한을 따로 생각해야 할 수도 있다. 명제 5.4.14가 도움이 될 수 있다.

(b) f가 $(0, \infty)$에서 미분가능하고, $f'(x) = \alpha x^{\alpha - 1}$임을 보여라.

힌트 (a)에서 증명한 내용과 명제 6.7.3의 지수법칙, 그리고 정의 10.1.1을 사용한다.

10.5 로피탈 법칙

이제 매우 친숙한 로피탈 법칙(L'Hôpital's rule)을 소개한 뒤 이번 장을 마무리한다.

명제 10.5.1 로피탈 법칙 I

$\mathbb{R}$의 부분집합 X, 집합 X의 집적점 $x_0 \in X$, 두 함수 $f : X \to \mathbb{R}$과 $g : X \to \mathbb{R}$을 생각하자. $f(x_0) = g(x_0) = 0$이고 f와 g는 모두 x_0에서 미분가능하며 $g'(x_0) \neq 0$이라고 가정한다. 그러면 어떤 $\delta > 0$이 존재해서 모든 $x \in (X \cap (x_0 - \delta, x_0 + \delta)) \setminus \{x_0\}$에 대해 $g(x) \neq 0$이고 다음 극한이 성립한다.

$$\lim_{x \to x_0; x \in (X \cap (x_0 - \delta, x_0 + \delta)) \setminus \{x_0\}} \frac{f(x)}{g(x)} = \frac{f'(x_0)}{g'(x_0)}$$

명제 10.5.1의 증명은 연습문제 1로 남긴다.

이 명제에서 δ의 존재가 다소 낯설게 보일 수 있지만 꼭 필요하다. 왜냐하면 $g(x)$가 x_0이 아닌 점에서 사라질 수 있기 때문이며, 이는 몫 $\frac{f(x)}{g(x)}$가 $X \setminus \{x_0\}$의 모든 점에서 반드시 정의되어야 함을 의미하지는 않는다.

로피탈 법칙을 더 정교하게 표현하면 다음과 같다.

명제 10.5.2 로피탈 법칙 II

실수 a, b(단, $a < b$)를 생각하고, 두 함수 $f : [a,b] \to \mathbb{R}$과 $g : [a,b] \to \mathbb{R}$이 $[a,b]$에서 연속이고 $(a,b]$에서 미분가능하다고 하자. $f(a) = g(a) = 0$이고 g'이 $(a,b]$에서 0이 아니라고(즉, 모든 $x \in (a,b]$에 대해 $g'(x) \neq 0$) 가정하며, 극한 $\displaystyle\lim_{x \to a; x \in (a,b]} \frac{f'(x)}{g'(x)}$가 존재하고 그 값이 L이라고 하자. 그러면 모든 $x \in (a,b]$에 대해 $g(x) \neq 0$이고, 극한 $\displaystyle\lim_{x \to a; x \in (a,b]} \frac{f(x)}{g(x)}$가 존재하며 그 값은 L이다.

참고 10.5.3 이 명제는 a의 우극한만 다루고 있지만, a의 좌극한이나 a의 양쪽 극한에 대해 유사한 명제를 쉽게 제시하고 증명할 수 있다. 간단하게 이해하자면, 로피탈 법칙을 적용하기 전에 명제의 모든 조건이 성립함을 확실하게 해두면 다음 식이 성립한다는 뜻이다.

$$\lim_{x \to a} \frac{f(x)}{g(x)} = \lim_{x \to a} \frac{f'(x)}{g'(x)}$$

특히 이 식은 $f(a) = g(a) = 0$이고 우변의 극한이 존재해야 성립한다.

명제 10.5.2의 증명은 필요에 따라 건너뛰어도 좋다.

명제 10.5.2의 증명

먼저 모든 $x \in (a,b]$에 대해 $g(x) \neq 0$임을 보이자. 귀류법을 사용하여 어떤 $x \in (a,b]$에 대해 $g(x) = 0$이 성립한다고 가정하자. $g(a)$가 0이므로 롤의 정리를 적용하면 어떤 y(단, $a < y < x$)에 대해 $g'(y) = 0$이 성립한다. 그런데 이는 g'이 $[a,b]$에서 0이 아니라는 가정에 모순이다.

다음으로 $\displaystyle\lim_{x \to a; x \in (a,b]} \frac{f(x)}{g(x)} = L$임을 보이자. 명제 9.3.9에 따르면 $(a,b]$의 원소로 이루어지고 a로 수렴하는 임의의 수열 $(x_n)_{n=1}^{\infty}$에 대해 다음 극한이 성립함을 보이면 충분하다.

$$\lim_{n \to \infty} \frac{f(x_n)}{g(x_n)} = L$$

x_n 하나를 생각하고, 다음과 같이 정의한 함수 $h_n : [a, x_n] \to \mathbb{R}$이 있다고 하자.

$$h_n(x) := f(x)g(x_n) - g(x)f(x_n)$$

함수 h_n은 $[a, x_n]$에서 연속이고 a와 x_n에서 함숫값이 모두 0이다. 또한 함수 h_n은 (a, x_n)에서 미분가능하고 그 도함수 값이 $h_n'(x) = f'(x)g(x_n) - g'(x)f(x_n)$이다. (참고로 $f(x_n)$과 $g(x_n)$은 x에 관한 상수함수이다.) 롤의 정리(정리 10.2.7 참고)에 따르면 $h_n'(y_n) = 0$을 만족하는 $y_n \in (a, x_n)$을 찾을 수 있다. 그리고 이는 다음이 성립함을 함의한다.

$$\frac{f(x_n)}{g(x_n)} = \frac{f'(y_n)}{g'(y_n)}$$

모든 n에 대해 $y_n \in (a, x_n)$이고, x_n은 $n \to \infty$일 때 a로 수렴하므로 따름정리 6.4.14의 조임정리를 이용하면 y_n도 $n \to \infty$일 때 a로 수렴한다. 따라서 $\frac{f'(y_n)}{g'(y_n)}$은 L로 수렴하고 $\frac{f(x_n)}{g(x_n)}$도 L로 수렴한다. 이로써 원하는 바를 증명했다. ■

10.5 연습문제

1. 명제 10.5.1을 증명하라.

힌트 x_0 근처에서 $g(x) \neq 0$임을 보이려면 명제 10.1.7의 뉴턴 근사를 사용하고 싶을 수도 있다. 명제의 나머지 부분을 증명하려면 명제 9.3.14의 극한 법칙을 사용한다.

2. EX 1.2.12가 명제 10.5.1과 명제 10.5.2에 모순되지 않는 이유를 설명하라.

11

리만 적분
The Riemann integral

10장에서 일변수 미분적분학의 두 중심축 중 하나인 **미분**(differentiation)에 대해 살펴보았다. 나머지 중심축은 이번 장에서 중점적으로 다룰 **적분**(integration)이다. 더 정확하게 말하면 고정된 구간에서의 함수를 적분한 **정적분**(definite integral)을 다룬다. 정적분과 대조되는 개념으로 **부정적분**(indefinite integral)이 있으며, 역도함수(antiderivate)라고도 한다. 미분과 적분 개념은 추후 언급할 **미분적분학의 기본정리**를 통해 연결할 것이다.

정적분에 관한 학습은 구간 I[1]와 함수 $f : I \to \mathbb{R}$로 시작하여 어떤 수 $\int_I f$로 이어질 것이다. 이러한 적분을 $\int_I f(x)dx$와 같이 쓸 수도 있으며 당연히 x를 다른 임시변수로 대체할 수 있다. 만약 I에 끝점 a, b가 있으면 이 적분을 $\int_a^b f$ 또는 $\int_a^b f(x)dx$로 쓸 수 있다.

실제로 이 적분 $\int_I f$를 **정의**하는 것은 (넓이와 같은 기하학적 개념에 관한 어떤 공리도 가정하고 싶지 않으면) 다소 까다로운 문제이며, 모든 함수 f가 적분가능한 것도 아니다. 적분을 정의하는 방법은 적어도 두 가지가 있다. 한 가지는 **리만 적분(Riemann integral)**[2]이며, 이번 장에서 다루고 응용할 내용에 거의 적합하다. 다른 한 가지는 **르베그 적분(Lebesgue integral)**[3]이며, 르베그 적분은 리만 적분을 대체하고 더 큰 함수류(class of function)에서도 사용할 수 있다. 르베그 적분은 『TAO 해석학 II』의 8장에서 다룬다. 리만 적분을 일반화한 **리만-스틸체스 적분(Riemann-Stieltjes integral)**[4]이 있다. 이 개념은 $\int_I f(x)d\alpha(x)$로 표기하며 11.8절에서 살펴볼 것이다.

리만 적분을 다음과 같이 정의하려고 한다. 먼저 아주 단순한 함수류인 **조각마다 상수**(piecewise constant)인 함수에서 적분 개념을 정의한다. 이러한 함수는 매우 원시적이지만 적분이 매우 쉽다는 장점이 있으며, 유용한 성질을 확인할 수 있다. 그런 뒤에 일반적인 함수는 조각마다 상수인 함수를 근사(approximation)하여 다룰 것이다.

1 이 구간은 열린구간, 닫힌구간, 반열린구간일 수 있다.

2 리만 적분은 게오르크 리만(Georg Riemann, 1826–1866)의 이름을 따서 붙였다.

3 르베그 적분은 앙리 르베그(Henri Lebesgue, 1875–1941)의 이름을 따서 붙였다.

4 리만-스틸체스 적분은 토마스 요아너스 스틸체스(Thomas Joannes Stieltjes, 1856–1894)의 이름을 따서 붙였다.

11.1 분할

적분 개념을 소개하기에 앞서 큰 구간을 작은 구간으로 나누는 방법을 알아볼 필요가 있다. 이번 장에서 설명하는 모든 구간은 유계구간으로 간주한다(정의 9.1.1에서 정의한 일반적인 구간 개념과는 반대된다).

정의 11.1.1 $\mathbb{R}$의 부분집합 X를 생각하자. X가 **연결집합(connected set)**일 필요충분조건은 X가 공집합이 아니고, X의 원소 x, y가 $x < y$를 만족할 때마다 유계구간 $[x, y]$가 X의 부분집합인 것이다. 즉, x와 y 사이의 모든 수도 X에 속하는 것이다.

참고 11.1.2 『TAO 해석학 II』의 2.4절에서 더 일반적인 연결성(connectedness) 개념을 정의한다. 이 개념은 임의의 거리공간에 적용할 수 있다.

EX 11.1.3 집합 $[1, 2]$는 연결집합이다. 왜냐하면 x, y(단, $x < y$)가 $[1, 2]$에 속하면 $1 \leq x < y \leq 2$이므로 x와 y 사이의 모든 원소도 $[1, 2]$에 속하기 때문이다. 유사한 논증으로 집합 $(1, 2)$도 연결집합임을 보일 수 있다. 그러나 집합 $[1, 2] \cup [3, 4]$는 연결집합이 아니다(그 이유는?). 실선(real line)은 연결집합이다(그 이유는?). $\{3\}$과 같은 모든 한원소집합은 연결집합이지만 그 이유가 자명한 편이다(이런 집합에는 $x < y$를 만족하는 두 원소 x, y가 존재하지 않는다).

보조정리 11.1.4 공집합이 아닌 실선의 부분집합 X를 생각하자. 그러면 다음 두 명제는 동치이다.

(a) X는 유계이고 연결집합이다.

(b) X는 유계구간이다.

보조정리 11.1.4의 증명은 연습문제 1로 남긴다.

참고 11.1.5 한원소집합(예를 들어 퇴화구간 $[2, 2] = \{2\}$)이나 공집합도 구간이다.

따름정리 11.1.6 I와 J가 유계구간이면, 교집합 $I \cap J$도 유계구간이다.

따름정리 11.1.6의 증명은 연습문제 2로 남긴다.

EX 11.1.7 유계구간인 $[2,4]$와 $[4,6]$의 교집합은 유계구간 $\{4\}$이다. 구간 $(2,4)$와 $(4,6)$의 교집합은 $\varnothing$이다.

이제 유계구간에 길이를 부여하자.

정의 11.1.8 구간의 길이

I가 유계구간이면, I의 **길이(length)**를 다음과 같이 정의하며, 이를 $|I|$로 표기한다. 만약 I가 어떤 실수 a, b(단, $a < b$)에 대해 구간 $[a,b]$, (a,b), $[a,b)$, $(a,b]$ 중 하나라면 $|I| := b - a$로 정의한다. 반면에 I가 한원소집합이거나 공집합이면 $|I| = 0$으로 정의한다.

EX 11.1.9 구간 $[3,5]$의 길이는 2이고 구간 $(3,5)$의 길이도 2이다. 그러나 $\{5\}$와 공집합의 길이는 모두 0이다.

정의 11.1.10 분할(partition)

유계구간 I를 생각하자. I의 **분할**은 유계구간 $\{J_i : i = 1, 2, \cdots, n\}$으로 구성된 크기 n인 유한집합 $\mathbf{P}$이다. 이때 I의 모든 원소 x는 $\mathbf{P}$의 유계구간 J_i 중 정확히 하나에만 속한다.

참고 11.1.11 분할은 구간으로 구성된 집합이고, 구간 자체는 실수로 이루어진 집합이다. 따라서 분할은 다른 집합으로 구성된 집합이다.

EX 11.1.12 유계구간으로 구성된 집합 $\mathbf{P} = \{\{1\}, (1,3), [3,5), \{5\}, (5,8], \varnothing\}$은 $[1,8]$의 분할이다. $\mathbf{P}$의 모든 구간은 $[1,8]$에 속하고, $[1,8]$의 각 원소는 $\mathbf{P}$의 구간 중 정확히 하나에만 속하기 때문이다. 참고로 $\mathbf{P}$에서 공집합을 제거해도 여전히 분할이다.

집합 $\{[1,4], [3,5]\}$는 $[1,5]$의 분할이 아니다. $[1,5]$의 어떤 원소는 그 집합의 구간 중 한 개 이상에 포함되기 때문이다.

집합 $\{(1,3), (3,5)\}$는 $(1,5)$의 분할이 아니다. $(1,5)$의 어떤 원소는 그 집합의 구간 중 어떤 것에도 포함되지 않기 때문이다.

집합 $\{(0,3), [3,5)\}$는 $(1,5)$의 분할이 아니다. 그 집합의 구간 중 $(1,5)$에 포함되지 않는 구간이 존재하기 때문이다.

구간의 길이에 대한 기본 성질을 살펴보자.

정리 11.1.13 길이는 유한가법적(finitely additive)이다

유계구간 I와 자연수 n을 생각하고, $\mathbf{P}$는 I의 분할이며 그 크기가 n이라고 하자. 그러면 다음이 성립한다.

$$|I| = \sum_{J \in \mathbf{P}} |J|$$

증명

n에 관한 귀납법을 사용하자. 성질 $P(n)$은 I가 유계구간이고 $\mathbf{P}$가 I의 분할이며 그 크기가 n일 때마다 $|I| = \sum_{J \in \mathbf{P}} |J|$를 만족하는 것이라 하자.

기본 경우인 $P(0)$은 자명하다. I를 공분할(empty partition)로 분할하는 방법은 I가 그 자체로 공집합일 때에만 유일하게 가능하다(그 이유는?). 그리고 이를 쉽게 보일 수 있다.

$P(1)$도 아주 편하게 보일 수 있다. I를 한원소집합 $\{J\}$로 분할하는 방법은 $J = I$일 때에만 유일하게 가능하다(그 이유는?). 이 또한 쉽게 보일 수 있다.

이제 어떤 $n(\geq 1)$에 대해 $P(n)$이 참임을 귀납적으로 가정하고, $P(n+1)$이 성립함을 증명하자. I를 유계구간이라 하고 $\mathbf{P}$가 I의 분할이며 그 크기가 $n+1$이라 하자.

I가 공집합이거나 한원소집합이면, $\mathbf{P}$에 속한 모든 구간은 공집합이거나 한 점이다(그 이유는?). 따라서 모든 구간의 길이는 0이므로 증명이 끝난다. 이제 I가 구간 (a, b), $(a, b]$, $[a, b)$, $[a, b]$ 중 하나라고 가정한다.

먼저 $b \in I$라 가정하자. 즉, I가 $(a, b]$이거나 $[a, b]$라 가정한다. $b \in I$이므로 b를 포함하는 $\mathbf{P}$의 어떤 구간 K가 존재한다. K는 I의 부분집합이므로, 어떤 실수 c(단, $a \leq c \leq b$)에 대해 $(c, b]$, $[c, b]$, $\{b\}$[5] 중 하나이다. 이는 특히 $c > a$일 때 집합 $I - K$가 $[a, c]$, (a, c), $(a, c]$, $[a, c)$ 중 하나이고, $a = c$일 때 집합 $I - K$가 한원소집합이거나 공집합임을 의미한다. 각각의 경우마다 다음 관계가 성립함을 쉽게 확인할 수 있다.

$$|I| = |K| + |I - K|$$

반면에 $\mathbf{P}$는 I의 분할이므로 $\mathbf{P} - \{K\}$는 $I - K$의 분할이다(그 이유는?). 귀납 가정에 의해 다음 식을 얻는다.

$$|I - K| = \sum_{J \in \mathbf{P} - \{K\}} |J|$$

5 이 경우엔 $K = \{b\}$이므로 $c := b$라 한다.

두 항등식을 결합하고, 유한집합에서 합에 관한 기본 성질(명제 7.1.11 참고)을 사용하면 원하는 결과를 얻을 수 있다.

$$|I| = \sum_{J \in \mathbf{P}} |J|$$

이제 $b \notin I$라 가정하자. 즉, I는 (a,b) 또는 $[a,b)$이다. 그러면 K의 구간 중 하나는 (c,b) 또는 $[c,b)$ 중 하나이다(연습문제 3 참고). 이는 특히 $c > a$일 때 집합 $I - K$가 $[a,c]$, (a,c), $(a,c]$, $[a,c)$ 중 하나이고, $a = c$일 때 집합 $I - K$가 한원소집합이거나 공집합임을 의미한다. 그 이후의 논증은 앞선 바와 동일하게 전개하면 된다. ■

분할에 관해 알아야 할 내용이 두 가지 있다. 하나는 분할이 다른 분할보다 세밀한 경우이고, 나머지는 두 분할의 공통 세분에 관한 것이다.

정의 11.1.14 세밀한 분할과 성긴 분할

유계구간 I의 두 분할 $\mathbf{P}$와 $\mathbf{P}'$을 생각하자. $\mathbf{P}'$의 모든 J에 대해 $\mathbf{P}$의 원소 K가 존재해서 $J \subseteq K$이면, $\mathbf{P}'$은 $\mathbf{P}$보다 **세밀한**(finer) 분할이라고 한다. 이와 동치로 $\mathbf{P}$는 $\mathbf{P}'$보다 **성긴**(coarser) 분할이라고 한다.

EX 11.1.15 $\{[1,2), \{2\}, (2,3), [3,4]\}$는 $\{[1,2], (2,4]\}$보다 세밀한 분할이다(그 이유는?). 두 분할은 $\{[1,4]\}$보다 세밀하며, 이 분할은 $[1,4]$에서 가장 성긴 분할이다. 참고로 $[1,4]$의 '가장 세밀한(finest)' 분할은 존재하지 않는다. (그 이유는? 모든 분할이 유한이라고 가정했음을 상기하라.)

서로 다른 구간의 분할은 비교 대상이 아니다. 예를 들어 $\mathbf{P}$가 $[1,4]$의 분할이고 $\mathbf{P}'$가 $[2,5]$의 분할이라면 $\mathbf{P}$와 $\mathbf{P}'$ 중 어떤 분할이 더 세밀하고 성긴지에 관해 생각하지 않는다.

정의 11.1.16 공통 세분(common refinement)

유계구간 I의 두 분할 $\mathbf{P}$와 $\mathbf{P}'$을 생각하자. $\mathbf{P}$와 $\mathbf{P}'$의 **공통 세분 $\mathbf{P} \# \mathbf{P}'$**을 다음 집합으로 정의한다.

$$\mathbf{P} \# \mathbf{P}' := \{K \cap J : K \in \mathbf{P}\text{이고 } J \in \mathbf{P}'\}$$

EX 11.1.17 $[1,4]$의 분할 $\mathbf{P} := \{[1,3), [3,4]\}$, $\mathbf{P}' := \{[1,2], (2,4]\}$를 생각하자. 그러면 $\mathbf{P} \# \mathbf{P}'$은 집합 $\{[1,2], (2,3), [3,4], \varnothing\}$이다(그 이유는?).

보조정리 11.1.18 유계구간 I의 두 분할 $\mathbf{P}$와 $\mathbf{P}'$을 생각하자. 그러면 $\mathbf{P} \# \mathbf{P}'$은 I의 분할이며, $\mathbf{P}$보다 세밀한 분할인 동시에 $\mathbf{P}'$보다 세밀한 분할이다.

보조정리 11.1.18의 증명은 연습문제 4로 남긴다.

11.1 연습문제

1. 보조정리 11.1.4를 증명하라.

힌트 X가 공집합이 아닌 경우, (a)이면 (b)임을 보일 때 X의 상한과 하한을 고려한다.

2. 따름정리 11.1.6을 증명하라.

힌트 보조정리 11.1.4를 사용하고 두 개의 유계집합의 교집합이 자동으로 유계집합인 이유를 설명한다. 그 다음 두 연결집합의 교집합이 자동으로 연결집합인 이유도 설명한다.

3. 실수 a, b(단, $a < b$)에 대해 유계구간 I가 $I = (a,b)$ 또는 $I = [a,b)$라고 하자. I의 분할 I_1, $\cdots$, I_n을 생각하자. 이 분할의 한 구간 I_j가 어떤 c(단, $a \le c \le b$)에 대해 $I_j = (c,b)$ 또는 $I_j = [c,b)$임을 보여라.

힌트 귀류법을 사용한다. 먼저 I_j가 임의의 c(단, $a \le c \le b$)에 대해 (c,b) 또는 $[c,b)$가 **아니라면**, $\sup I_j < b$임을 보인다.

4. 보조정리 11.1.18을 증명하라.

11.2 조각마다 상수인 함수

이번 절에서는 매우 쉽게 적분할 수 있는 '간단한' 함수를 살펴본다.

정의 11.2.1 상수함수(constant function)

$\mathbb{R}$의 부분집합 X와 함수 $f : X \to \mathbb{R}$을 생각하자. f가 **상수함수**일 필요충분조건은 어떤 실수 c가 존재해서 모든 $x \in X$에 대해 $f(x) = c$를 만족하는 것이다. 이번에는 X의 부분집합 E를 생각하자. f를 E로 제한한 함수 $f|_E$가 상수함수이면, 즉 어떤 실수 c가 존재해서 모든 $x \in E$에 대해 $f(x) = c$이면 f는 **E에서 상수인 함수**이다. 이러한 c를 E에서 f의 **상숫값**(constant value)이라 한다.

참고 11.2.2 E가 공집합이 아니면 E에서 상수인 함수는 상숫값이 단 하나이다. 예를 들어 어떤 함수가 E에서 항상 3인 동시에 항상 4인 것은 불가능하다. 그러나 E가 공집합이면 모든 실수 c가 f의 E에서 상숫값이 될 수 있다(그 이유는?).

정의 11.2.3 조각마다 상수인 함수 I

유계구간 I, 함수 $f : I \to \mathbb{R}$, 구간 I의 분할 $\mathbf{P}$를 생각하자. 만약 모든 $J \in \mathbf{P}$에 대해 f가 J에서 상수인 함수이면, f는 $\mathbf{P}$에 대해 **조각마다 상수인 함수**(piecewise constant)라고 한다.

EX 11.2.4 함수 $f : [1,6] \to \mathbb{R}$을 다음과 같이 정의하자.

$$f(x) = \begin{cases} 7 & (1 \le x < 3) \\ 4 & (x = 3) \\ 5 & (3 < x < 6) \\ 2 & (x = 6) \end{cases}$$

함수 f는 $[1,6]$의 분할 $\{[1,3), \{3\}, (3,6), \{6\}\}$에 대해 조각마다 상수인 함수이다. 함수 f는 다른 분할에 대해서도 조각마다 상수인 함수인데, 예를 들면 분할 $\{[1,2), \{2\}, (2,3), \{3\}, (3,5), [5,6), \{6\}, \varnothing\}$에 대해서도 조각마다 상수인 함수이다.

정의 11.2.5 조각마다 상수인 함수 II

유계구간 I와 함수 $f : I \to \mathbb{R}$을 생각하자. I의 어떤 분할 $\mathbf{P}$가 존재해서 f가 $\mathbf{P}$에 대해 조각마다 상수인 함수라면, f는 I에서 **조각마다 상수인 함수**라고 한다.

EX 11.2.6 EX 11.2.4에 소개한 함수는 $[1, 6]$에서 조각마다 상수인 함수이다. 또한 유계구간 I에서 상수함수는 모두 자동으로 조각마다 상수인 함수이다(그 이유는?).

보조정리 11.2.7 유계구간 I의 분할 $\mathbf{P}$와 $\mathbf{P}$에 대해 조각마다 상수인 함수 $f : I \to \mathbb{R}$을 생각하자. $\mathbf{P}'$은 I의 분할이며 $\mathbf{P}$보다 세밀한 분할이라 하자. 그러면 f는 $\mathbf{P}'$에서도 조각마다 상수인 함수이다.

보조정리 11.2.7의 증명은 연습문제 1로 남긴다.

조각마다 상수인 함수로 이루어진 공간은 대수연산에 대해 닫혀있다.

보조정리 11.2.8 유계구간 I에서 조각마다 상수인 함수 $f : I \to \mathbb{R}$과 $g : I \to \mathbb{R}$을 생각하자.

- 함수 $f + g$, $f - g$, $\max(f, g)$, fg도 I에서 조각마다 상수인 함수이다.[6]
- 만약 g가 I의 모든 곳에서 0이 아니면(즉, 모든 $x \in I$에 대해 $g(x) \neq 0$이면) $\dfrac{f}{g}$도 I에서 조각마다 상수인 함수이다.

보조정리 11.2.8의 증명은 연습문제 2로 남긴다.

조각마다 상수인 함수를 적분할 준비가 모두 끝났다. 적분을 분할과 연관지어 임시로 정의해보겠다.

정의 11.2.9 조각마다 상수인 함수의 적분 I

유계구간 I의 분할 $\mathbf{P}$와 $\mathbf{P}$에 대해 조각마다 상수인 함수 $f : I \to \mathbb{R}$을 생각하자. 분할 $\mathbf{P}$에 대해 **조각마다 상수인 함수의 적분(piecewise constant integral)**을 $p.c. \int_{[\mathbf{P}]} f$로 표기하고, 다음과 같이 정의한다.

$$p.c. \int_{[\mathbf{P}]} f := \sum_{J \in \mathbf{P}} c_J |J|$$

이때 c_J는 $\mathbf{P}$의 각 구간 J마다, J에서 f의 상숫값을 의미한다.

6 단, $\max(f, g) : I \to \mathbb{R}$은 $\max(f, g)(x) := \max(f(x), g(x))$로 정의한 함수이다.

참고 11.2.10 정의 11.2.9는 J가 공집합일 때 J에서 f의 상숫값인 c_J로 모든 수를 사용할 수 있으므로 잘못 정의된 것처럼 보일 수 있다. 그러나 이때 다행히도 $|J|$가 0이므로 c_J를 어떤 수로 선택해도 문제가 없다.
기호 $p.c.\int_{[\mathbf{P}]} f$는 다소 인위적이지만, 이보다 더 유용한 정의를 도입하는 과정에서 한시적으로만 사용할 것이다. 또한 $\mathbf{P}$가 유한이므로 합 $\sum_{J\in\mathbf{P}} c_J|J|$는 (발산하지도 않고 무한도 아니므로) 잘 정의된다.

참고 11.2.11 조각마다 상수인 함수의 적분은 넓이 개념과 관련이 있다. 직사각형의 넓이가 가로와 세로 길이의 곱임을 떠올려보면 된다. 물론 f 값이 어떤 곳에서 음수라면 '넓이' $c_J|J|$가 음수일 수도 있다.

EX 11.2.12 함수 $f:[1,4]\to\mathbb{R}$을 다음과 같이 정의하자.

$$f(x)=\begin{cases}2 & (1\le x<3)\\ 4 & (x=3)\\ 6 & (3<x\le 4)\end{cases}$$

분할 $\mathbf{P}:=\{[1,3),\{3\},(3,4]\}$를 생각하자. 그러면 조각마다 상수인 함수 f의 적분은 다음과 같다.

$$\begin{aligned}p.c.\int_{[\mathbf{P}]} f &= c_{[1,3)}|[1,3)|+c_{\{3\}}|\{3\}|+c_{(3,4]}|(3,4]|\\ &=2\times 2+4\times 0+6\times 1\\ &=10\end{aligned}$$

분할 $\mathbf{P}':=\{[1,2),[2,3),\{3\},(3,4],\varnothing\}$을 택하면 조각마다 상수인 함수 f의 적분은 다음과 같다.

$$\begin{aligned}p.c.\int_{[\mathbf{P}']} f &= c_{[1,2)}|[1,2)|+c_{[2,3)}|[2,3)|+c_{\{3\}}|\{3\}|+c_{(3,4]}|(3,4]|+c_\varnothing|\varnothing|\\ &=2\times 1+2\times 1+4\times 0+6\times 1+c_\varnothing\times 0\\ &=10\end{aligned}$$

EX 11.2.12는 어떤 함수가 선택한 분할에 대해 조각마다 상수인 함수이기만 하면 그 함수의 적분은 선택한 분할에 따라 변하지 않음을 유추할 수 있다. 실제로도 그렇다.

명제 11.2.13 조각마다 상수인 함수의 적분은 분할에 독립적이다
유계구간 I와 함수 $f:I\to\mathbb{R}$을 생각하자. $\mathbf{P}$와 $\mathbf{P}'$은 I의 분할이고, f가 $\mathbf{P}$와 $\mathbf{P}'$에 대해 각각 조각마다 상수인 함수라고 하자. 그러면 $p.c.\int_{[\mathbf{P}]} f = p.c.\int_{[\mathbf{P}']} f$이다.

명제 11.2.13의 증명은 연습문제 3으로 남긴다.

명제 11.2.13 덕분에 다음과 같은 정의를 내릴 수 있다.

정의 11.2.14 조각마다 상수인 함수의 적분 II

유계구간 I에서 조각마다 상수인 함수 $f : I \to \mathbb{R}$을 생각하자. **조각마다 상수인 함수의 적분** $p.c.\int_I f$를 다음 공식으로 정의한다.

$$p.c.\int_I f := p.c.\int_{[\mathbf{P}]} f$$

단, $\mathbf{P}$는 I의 임의의 분할이며 이때 f는 $\mathbf{P}$에서 조각마다 상수인 함수이다. 참고로 명제 11.2.13에 따르면 분할의 선택이 적분에 영향을 주지 않는다.

EX 11.2.15 EX 11.2.12에 주어진 함수 f에 대해 $p.c.\int_{[1,4]} f = 10$이다.

조각마다 상수인 함수의 적분에 관한 기본 성질을 살펴보자. 이 성질은 추후 리만 적분에 관한 법칙(정리 11.4.1 참고)으로 대체할 것이다.

정리 11.2.16 적분의 법칙

유계구간 I에서 조각마다 상수인 함수 $f : I \to \mathbb{R}$과 $g : I \to \mathbb{R}$을 생각하자.

(a) $p.c.\int_I (f+g) = p.c.\int_I f + p.c.\int_I g$

(b) 임의의 실수 c에 대해 $p.c.\int_I (cf) = c\left(p.c.\int_I f\right)$이다.

(c) $p.c.\int_I (f-g) = p.c.\int_I f - p.c.\int_I g$

(d) 모든 $x \in I$에 대해 $f(x) \geq 0$이면 $p.c.\int_I f \geq 0$이다.

(e) 모든 $x \in I$에 대해 $f(x) \geq g(x)$이면 $p.c.\int_I f \geq p.c.\int_I g$이다.

(f) f가 모든 $x \in I$에 대해 상수함수 $f(x) = c$이면 $p.c.\int_I f = c|I|$이다.

(g) J가 I를 포함하는 유계구간(즉, $I \subseteq J$)이라 하고, 함수 $F : J \to \mathbb{R}$을 다음과 같이 정의하자.

$$F(x) := \begin{cases} f(x) & (x \in I) \\ 0 & (x \notin I) \end{cases}$$

그러면 F는 J에서 조각마다 상수인 함수이고 $p.c.\int_J F = p.c.\int_I f$이다.

(h) 구간 I를 두 구간 J, K로 나눈 분할 $\{J, K\}$를 생각하자. 그러면 함수 $f|_J : J \to \mathbb{R}$과 $f|_K : K \to \mathbb{R}$은 각각 J와 K에서 조각마다 상수인 함수이고 다음 관계식이 성립한다.

$$p.c.\int_I f = p.c.\int_J f|_J + p.c.\int_K f|_K$$

정리 11.2.16의 증명은 연습문제 4로 남긴다.

이제 조각별로 상수인 함수의 적분을 모두 살펴보았다. 이를 이용하여 유계함수를 어떻게 적분하는지에 관한 질문으로 넘어갈 것이다.

11.2 연습문제

1. 보조정리 11.2.7을 증명하라.

2. 보조정리 11.2.8을 증명하라.

힌트 보조정리 11.1.18과 보조정리 11.2.7을 사용하여 f와 g를 I의 **동일한** 분할에 대해 조각마다 상수인 함수로 만든다.

3. 명제 11.2.13을 증명하라.

힌트 먼저 정리 11.1.13을 사용하여 두 적분이 $p.c. \int_{[\mathbf{P} \# \mathbf{P}']} f$와 같음을 보인다.

4. 정리 11.2.16을 증명하라.

힌트 정리의 앞부분을 사용하여 이후 부분을 증명할 수 있다. 연습문제 2의 힌트도 도움이 될 것이다.

11.3 리만 상적분과 리만 하적분

이제 $f : I \to \mathbb{R}$을 유계구간 I에서 정의한 유계함수로 생각하자. 리만 적분 $\int_I f$를 정의하기 전에 리만 상적분 $\overline{\int}_I f$와 리만 하적분 $\underline{\int}_I f$ 개념을 먼저 정의해야 한다. 수열의 상극한과 하극한이 수열의 극한과 관련이 있듯이 리만 상적분과 리만 하적분도 리만 적분과 관련이 있다.

정의 11.3.1 함수 $f : I \to \mathbb{R}$, $g : I \to \mathbb{R}$을 생각하자.

- 모든 $x \in I$에 대해 $g(x) \geq f(x)$이면 I에서 함수 g가 f**보다 위에 있다(majorize)**고 한다.
- 모든 $x \in I$에 대해 $g(x) \leq f(x)$이면 I에서 함수 g가 f**보다 아래에 있다(minorize)**고 한다.

리만 적분 개념은 적분하려는 함수를 (적분법을 알고 있는) 조각마다 상수인 함수보다 위 또는 아래에 있게 한 뒤에 적분하는 것이다.

정의 11.3.2 리만 상적분과 리만 하적분

유계구간 I에서 정의한 유계함수 $f : I \to \mathbb{R}$을 생각하자. f의 리만 상적분과 리만 하적분을 각각 다음 공식으로 정의한다.

- **리만 상적분(upper Riemann integral)**

$$\overline{\int}_I f := \inf\{p.c. \int_I g : g\text{는 } f\text{보다 위에 있고, } I\text{에서 조각마다 상수인 함수}\}$$

- **리만 하적분(lower Riemann integral)**

$$\underline{\int}_I f := \sup\{p.c. \int_I g : g\text{는 } f\text{보다 아래에 있고, } I\text{에서 조각마다 상수인 함수}\}$$

다음 보조정리는 리만 상적분과 리만 하적분의 경계를 소개한다. 이 경계는 다소 조잡해보이지만 유용하다.

보조정리 11.3.3 유계구간 I에서 어떤 실수 M에 의해 유계인 함수 $f : I \to \mathbb{R}$을 생각하자. 즉, 모든 $x \in I$에 대해 $-M \leq f(x) \leq M$이라 하자. 그러면 다음 부등식이 성립한다.

$$-M|I| \leq \underline{\int}_I f \leq \overline{\int}_I f \leq M|I|$$

특히, 리만 상적분과 리만 하적분은 모두 실수이며 무한이 아니다.

증명

함수 $g : I \to \mathbb{R}$을 $g(x) = M$으로 정의하면 g는 상수함수이므로 조각마다 상수인 함수이며, f보다 위에 있다. 따라서 리만 상적분의 정의에 의해 $\overline{\int}_I f \leq p.c. \int_I g = M|I|$이다. 유사한 논증에 따르면 $-M|I| \leq \underline{\int}_I f$이다.

마지막으로 $\underline{\int}_I f \le \overline{\int}_I f$ 임을 보여야 한다. f보다 위에 있고 조각마다 상수인 임의의 함수 g를 생각하고, f보다 아래에 있고 조각마다 상수인 임의의 함수 h를 생각하자. 그러면 g는 h보다 위에 있으므로 $p.c.\int_I h \le p.c.\int_I g$이다. h에 상한을 취하면 $\underline{\int}_I f \le p.c.\int_I g$이다. 이어서 g에 하한을 취하면 $\underline{\int}_I f \le \overline{\int}_I f$이므로 증명을 마칠 수 있다. ■

이제 리만 상적분이 항상 리만 하적분보다 크거나 같음을 알았다. 만약 두 적분값이 서로 일치하면 리만 적분을 정의할 수 있다.

정의 11.3.4 리만 적분

유계구간 I에서 정의한 유계함수 $f: I \to \mathbb{R}$을 생각하자. 만약 $\underline{\int}_I f = \overline{\int}_I f$이면 f는 I에서 **리만 적분가능(Riemann integrable)**하다고 하고 다음 식으로 정의한다.

$$\int_I f := \underline{\int}_I f = \overline{\int}_I f$$

리만 상적분과 리만 하적분이 서로 일치하지 않으면, f는 **리만 적분불가능**하다고 한다.

참고 11.3.5 정의 11.3.4를 명제 6.4.12(f)에서 구성한 수열 a_n의 상극한, 하극한, 극한 사이의 관계와 비교해 보자. 상극한은 항상 하극한보다 크거나 같지만, 수열이 수렴할 때에만 두 값이 서로 일치하고 이때 그 값이 수열의 극한이다. 정의 11.3.4는 미분적분학 강의에서 도입한, 리만 합을 기반으로 한 정의와 다를 수 있다. 그런데 두 정의는 사실 동일하다. 명제 11.3.12를 참고하라.

참고 11.3.6 유계가 아닌 함수는 리만 적분가능성을 고려하지 않음에 주목하라. 유계가 아닌 함수를 포함한 적분을 **이상적분(improper integral)**이라고 한다. 이러한 적분은 (르베그 적분 같은) 정교한 적분 방법을 이용하면 계산할 수 있다. 구체적인 내용은 『TAO 해석학 II』의 8장을 참고하라.

리만 적분은 조각마다 상수인 함수의 적분과 일치하며 이를 대체할 수 있다.

보조정리 11.3.7 유계구간 I에서 조각마다 상수인 함수 $f: I \to \mathbb{R}$을 생각하자. 그러면 f는 리만 적분가능하고 $\int_I f = p.c.\int_I f$이다.

보조정리 11.3.7의 증명은 연습문제 3으로 남긴다.

참고 11.3.8 보조정리 11.3.7 덕분에 더이상 조각마다 상수인 함수의 적분 $p.c.\int_I$를 언급하지 않고 리만 적분 $\int_I$를 사용할 것이다.[7] 보조정리 11.3.7의 특별한 형태를 살펴보자. 만약 I가 한원소집합이거나 공집합이면 모든 함수 $f : I \to \mathbb{R}$에 대해 $\int_I f = 0$이다. 참고로 이런한 함수는 모두 자동으로 상수함수이다.

지금까지 조각마다 상수인 함수는 모두 리만 적분가능함을 살펴보았다. 하지만 리만 적분은 이보다 더 일반적인 개념이며, 더 다양한 함수를 적분할 수 있다. 이에 관해서는 곧 살펴보겠다. 지금은 방금 정의한 리만 적분을 (리만 적분을 정의하는 또 다른 방법인) **리만 합**과 연결할 것이다.

정의 11.3.9 리만 합

유계구간 I에서 정의한 함수 $f : I \to \mathbb{R}$과, 구간 I의 분할 $\mathbf{P}$를 생각하자. 리만 상합과 리만 하합을 각각 다음 공식으로 정의한다.

- **리만 상합(upper Riemann sum)** $U(f,\mathbf{P}) := \sum_{J\in\mathbf{P}: J\neq\varnothing} \left(\sup_{x\in J} f(x)\right)|J|$
- **리만 하합(lower Riemann sum)** $L(f,\mathbf{P}) := \sum_{J\in\mathbf{P}: J\neq\varnothing} \left(\inf_{x\in J} f(x)\right)|J|$

참고 11.3.10 정의 11.3.9에서 $J \neq \varnothing$이라는 제한이 필요하다. J가 공집합이면 $\inf_{x\in J} f(x)$와 $\sup_{x\in J} f(x)$ 값이 무한(혹은 음의 무한)이기 때문이다.

이제 정의 11.3.9의 리만 합을 리만 상적분과 리만 하적분에 연결하자.

보조정리 11.3.11 유계구간 I에서 유계함수 $f : I \to \mathbb{R}$을 생각하자.

- f보다 위에 있는 함수이며 I의 어떤 분할 $\mathbf{P}$에 대해 조각마다 상수인 함수 g를 생각하자. 그러면 다음이 성립한다.

$$p.c.\int_I g \geq U(f,\mathbf{P})$$

- f보다 아래에 있는 함수이며 I의 어떤 분할 $\mathbf{P}$에 대해 조각마다 상수인 함수 h를 생각하자. 그러면 다음이 성립한다.

$$p.c.\int_I h \leq L(f,\mathbf{P})$$

보조정리 11.3.11의 증명은 연습문제 4로 남긴다.

7 이 적분은 『TAO 해석학 II』의 8장에서 르베그 적분(Lebesgue integral)으로 대체된다.

명제 11.3.12 유계구간 I에서 유계함수 $f : I \to \mathbb{R}$을 생각하자. 그러면 각각 다음이 성립한다.

$$\overline{\int_I} f = \inf\{U(f, \mathbf{P}) : \mathbf{P}\text{는 } I\text{의 분할}\},$$
$$\underline{\int_I} f = \sup\{L(f, \mathbf{P}) : \mathbf{P}\text{는 } I\text{의 분할}\}$$

명제 11.3.12의 증명은 연습문제 5로 남긴다.

11.3 연습문제

1. 세 함수 $f : I \to \mathbb{R}$, $g : I \to \mathbb{R}$, $h : I \to \mathbb{R}$을 생각하자. 만약 f가 g보다 위에 있고 g가 h보다 위에 있으면, f가 h보다 위에 있음을 보여라. 만약 f가 g보다 위에 있고 g가 f보다 위에 있으면, 두 함수가 서로 같은 함수임을 보여라.

2. 세 함수 $f : I \to \mathbb{R}$, $g : I \to \mathbb{R}$, $h : I \to \mathbb{R}$을 생각하자. 만약 f가 g보다 위에 있으면 $f + h$가 $g + h$보다 위에 있는지의 여부를 밝혀라. $f \cdot h$가 $g \cdot h$보다 위에 있는지의 여부를 밝혀라. c가 실수이면, cf가 cg보다 뒤에 있는지의 여부를 밝혀라.

3. 보조정리 11.3.7을 증명하라.

4. 보조정리 11.3.11을 증명하라.

5. 명제 11.3.12를 증명하라.

힌트 보조정리 11.3.11이 전체 증명의 절반 정도만 수행할 수 있지만 이 보조정리가 필요할 것이다.

11.4 리만 적분의 기본 성질

극한, 급수, 미분과 마찬가지로 리만 적분을 조작하기 위한 기본 성질을 살펴보려고 한다. 이러한 법칙은 『TAO 해석학 II』의 명제 8.3.3에서 르베그 적분의 기본 성질로 대체될 것이다.

정리 11.4.1 리만 적분의 법칙

유계구간 I에서 리만 적분가능한 함수 $f : I \to \mathbb{R}$과 $g : I \to \mathbb{R}$을 생각하자.

(a) 함수 $f+g$가 리만 적분가능하고 $\int_I (f+g) = \int_I f + \int_I g$이다.

(b) 임의의 실수 c에 대해 함수 cf가 리만 적분가능하고 $\int_I (cf) = c\left(\int_I f\right)$이다.

(c) 함수 $f-g$가 리만 적분가능하고 $\int_I (f-g) = \int_I f - \int_I g$이다.

(d) 모든 $x \in I$에 대해 $f(x) \geq 0$이면 $\int_I f \geq 0$이다.

(e) 모든 $x \in I$에 대해 $f(x) \geq g(x)$이면 $\int_I f \geq \int_I g$이다.

(f) f가 모든 $x \in I$에 대해 $f(x) = c$인 상수함수이면 $\int_I f = c|I|$이다.

(g) I를 포함하는 유계구간$(I \subseteq J)$ J를 생각하자. 그리고 함수 $F : J \to \mathbb{R}$을 다음과 같이 정의하자.

$$F(x) := \begin{cases} f(x) & (x \in I) \\ 0 & (x \notin I) \end{cases}$$

그러면 F는 J에서 리만 적분가능하고 $\int_J F = \int_I f$이다.

(h) $\{J, K\}$가 구간 I를 두 구간 J와 K로 나누는 분할이라고 가정하자. 그러면 함수 $f|_J : J \to \mathbb{R}$과 $f|_K : K \to \mathbb{R}$은 각각 J와 K에서 리만 적분가능하고 다음이 성립한다.

$$\int_I f = \int_J f|_J + \int_K f|_K$$

정리 11.4.1의 증명은 연습문제 1로 남긴다.

참고 11.4.2 함수 f가 J보다 더 큰 정의역에서 정의되어 있긴 하지만 $\int_J f|_J$를 $\int_J f$로 간략하게 나타낼 수 있다. 정리 11.4.1(h)와 참고 11.3.8에서 관찰할 수 있듯이 만약 $f : [a,b] \to \mathbb{R}$이 닫힌구간 $[a,b]$에서 리만 적분가능하면 $\int_{[a,b]} f = \int_{(a,b]} f = \int_{[a,b)} f = \int_{(a,b)} f$이다.

정리 11.4.1은 임의의 두 리만 적분가능한 함수의 합 또는 차, 그리고 임의의 실수배도 리만 적분가능함을 설명한다. 이제 리만 적분가능한 함수를 만드는 몇 가지 방법을 소개한다.

정리 11.4.3 최댓값과 최솟값은 적분가능성을 보존한다

유계구간 I와 리만 적분가능한 함수 $f : I \to \mathbb{R}$과 $g : I \to \mathbb{R}$을 생각하자. 그러면 다음 두 함수도 리만 적분가능하다.

- $\max(f, g)(x) := \max(f(x), g(x))$로 정의한 함수 $\max(f, g) : I \to \mathbb{R}$
- $\min(f, g)(x) := \min(f(x), g(x))$로 정의한 함수 $\min(f, g) : I \to \mathbb{R}$

증명

여기에서는 함수 $\max(f, g)$에 대해서만 증명한다. $\min(f, g)$에 대해서도 유사하게 증명할 수 있다. 먼저 f와 g가 유계이기 때문에 $\max(f, g)$도 유계임을 알 수 있다.

$\varepsilon > 0$이라 하자. $\int_I f = \underline{\int}_I f$이므로, I에서 조각마다 상수인 함수이고 f보다 아래에 있는 어떤 함수 $\underline{f} : I \to \mathbb{R}$이 존재하며 다음 부등식을 만족한다.

$$\int_I \underline{f} \geq \int_I f - \varepsilon$$

비슷하게 I에서 조각마다 상수인 함수이고 g보다 아래에 있는 어떤 함수 $\underline{g} : I \to \mathbb{R}$이 존재하며 다음 부등식을 만족한다.

$$\int_I \underline{g} \geq \int_I g - \varepsilon$$

그리고 각각 f, g보다 위에 있는 조각마다 상수인 함수 $\overline{f}$, $\overline{g}$가 존재하며 각각 두 부등식을 만족한다.

$$\int_I \overline{f} \leq \int_I f + \varepsilon, \quad \int_I \overline{g} \leq \int_I g + \varepsilon$$

특히 함수 $h : I \to \mathbb{R}$을 $h := (\overline{f} - \underline{f}) + (\overline{g} - \underline{g})$로 정의한다면 h의 적분은 다음과 같다.

$$\int_I h \leq 4\varepsilon$$

반면에 $\max(\underline{f}, \underline{g})$는 I에서 조각마다 상수인 함수이고(그 이유는?) $\max(f, g)$보다 아래에 있다(그 이유는?). 그리고 $\max(\overline{f}, \overline{g})$는 I에서 조각마다 상수인 함수이고 $\max(f, g)$보다 위에 있다. 따라서 다음 부등식이 성립한다.

$$\int_I \max(\underline{f}, \underline{g}) \leq \underline{\int}_I \max(f, g) \leq \overline{\int}_I \max(f, g) \leq \int_I \max(\overline{f}, \overline{g})$$

그리고 이 부등식을 다시 정리하면 다음 부등식이 성립한다.

$$0 \leq \overline{\int}_I \max(f, g) - \underline{\int}_I \max(f, g) \leq \int_I \max(\overline{f}, \overline{g}) - \max(\underline{f}, \underline{g})$$

그런데 $\overline{f}(x)$와 $\overline{g}(x)$에 대해 각각 다음과 같은 관계가 성립한다.

$$\overline{f}(x) = \underline{f}(x) + (\overline{f} - \underline{f})(x) \le \underline{f}(x) + h(x),$$

$$\overline{g}(x) = \underline{g}(x) + (\overline{g} - \underline{g})(x) \le \underline{g}(x) + h(x)$$

두 식을 이용하면 다음과 같은 결론을 내릴 수 있다.

$$\max(\overline{f}(x), \overline{g}(x)) \le \max(\underline{f}(x), \underline{g}(x)) + h(x)$$

이 식을 앞의 부등식에 대입하면 다음 부등식을 얻는다.

$$0 \le \overline{\int}_I \max(f,g) - \underline{\int}_I \max(f,g) \le \int_I h \le 4\varepsilon$$

지금까지의 내용을 정리하면 모든 ε에 대해 다음 부등식이 성립한다.

$$0 \le \overline{\int}_I \max(f,g) - \underline{\int}_I \max(f,g) \le 4\varepsilon$$

$\overline{\int}_I \max(f,g) - \underline{\int}_I \max(f,g)$가 ε에 의존하지 않으므로 다음이 성립한다.

$$\overline{\int}_I \max(f,g) - \underline{\int}_I \max(f,g) = 0$$

그리고 $\max(f,g)$는 리만 적분가능하다. ■

따름정리 11.4.4 절댓값은 리만 적분가능성을 보존한다

유계구간 I를 생각하자. 함수 $f : I \to \mathbb{R}$이 리만 적분가능하면 f의 양의 부분 $f_+ := \max(f,0)$과 음의 부분 $f_- := \min(f,0)$도 I에서 리만 적분가능하다. 또한 $|f|(x) := |f(x)|$로 정의한 절댓값 $|f|$도 I에서 리만 적분가능하다.[8]

정리 11.4.5 곱은 적분가능성을 보존한다

유계구간 I를 생각하자. 함수 $f : I \to \mathbb{R}$과 $g : I \to \mathbb{R}$이 리만 적분가능하면 $fg : I \to \mathbb{R}$도 리만 적분가능하다.

증명

이 증명은 조금 더 까다롭다. 먼저 함수 f와 g를 양의 부분과 음의 부분으로 나누어 $f = f_+ + f_-$와 $g = g_+ + g_-$로 표현한다. 따름정리 11.4.4에 따르면 함수 f_+, f_-, g_+, g_-는 리만 적분가능하다. 함수 fg를 양의 부분과 음의 부분으로 나타내면 다음과 같다.

$$fg = f_+g_+ + f_+g_- + f_-g_+ + f_-g_-$$

8 $|f| = f_+ - f_-$라는 사실로부터 성립한다.

따라서 함수 f_+g_+, f_+g_-, f_-g_+, f_-g_-가 각각 리만 적분가능하면 증명을 마칠 수 있다. 함수 f_+g_+가 리만 적분가능함을 보이자. 나머지 세 함수는 비슷하게 증명할 수 있으므로 생략한다.

f_+와 g_+가 유계이고 양수이므로 M_1, $M_2(>0)$이 존재해서 모든 $x \in I$에 대해 다음 부등식을 만족한다.

$$0 \le f_+(x) \le M_1 \text{이고 } 0 \le g_+(x) \le M_2$$

$\varepsilon(>0)$을 임의로 생각하자. 그러면 정리 11.4.3의 증명에 따라 I에서 f_+보다 아래에 있고 조각마다 상수인 함수 $\underline{f_+}$와, I에서 f_+보다 위에 있고 조각마다 상수인 함수 $\overline{f_+}$를 찾을 수 있다. 이 두 함수는 각각 다음 부등식을 만족한다.

$$\int_I \overline{f_+} \le \int_I f_+ + \varepsilon, \quad \int_I \underline{f_+} \ge \int_I f_+ - \varepsilon$$

$\underline{f_+}$가 어떤 곳에서 음수일 수 있는 문제는 $\underline{f_+}$를 $\max(\underline{f_+}, 0)$으로 바꾸면 해결할 수 있다. 왜냐하면 $\max(\underline{f_+}, 0)$이 f_+보다 아래에 있고(그 이유는?), 그 적분값이 $\int_I f_+ - \varepsilon$보다 크거나 같기 때문이다(그 이유는?). 따라서 일반성을 잃지 않고 모든 $x \in I$에 대해 $\underline{f_+}(x) \ge 0$으로 가정할 수 있다. 유사하게 모든 $x \in I$에 대해 $\overline{f_+}(x) \le M_1$으로 가정할 수 있다. 따라서 모든 $x \in I$에 대해 다음 부등식이 성립한다.

$$0 \le \underline{f_+}(x) \le f_+(x) \le \overline{f_+}(x) \le M_1$$

비슷한 추론을 통해 I에서 g_+보다 아래에 있고 조각마다 상수인 함수 $\underline{g_+}$와, I에서 g_+보다 위에 있고 조각마다 상수인 함수 $\overline{g_+}$를 찾을 수 있다. 그리고 두 함수는 각각 다음 부등식을 만족한다.

$$\int_I \overline{g_+} \le \int_I g_+ + \varepsilon, \quad \int_I \underline{g_+} \ge \int_I g_+ - \varepsilon$$

그리고 모든 $x \in I$에 대해 다음 부등식이 성립한다.

$$0 \le \underline{g_+}(x) \le g_+(x) \le \overline{g_+}(x) \le M_2$$

$\underline{f_+g_+}$는 조각마다 상수인 함수이며 f_+g_+보다 아래에 있고, 반면에 $\overline{f_+g_+}$는 조각마다 상수인 함수이며 f_+g_+보다 위에 있음을 확인하자. 따라서 다음 부등식이 성립한다.

$$0 \le \overline{\int}_I f_+g_+ - \underline{\int}_I f_+g_+ \le \int_I \overline{f_+}\,\overline{g_+} - \underline{f_+}\,\underline{g_+}$$

그런데 모든 $x \in I$에 대해 다음이 성립한다.

$$\begin{aligned}\overline{f_+}(x)\overline{g_+}(x) - \underline{f_+}(x)\underline{g_+}(x) &= \overline{f_+}(x)(\overline{g_+} - \underline{g_+})(x) + \underline{g_+}(x)(\overline{f_+} - \underline{f_+})(x) \\ &\le M_1(\overline{g_+} - \underline{g_+})(x) + M_2(\overline{f_+} - \underline{f_+})(x)\end{aligned}$$

그러므로 다음과 같다.

$$0 \le \overline{\int_I} f_+ g_+ - \underline{\int_I} f_+ g_+ \le M_1 \int_I (\overline{g_+} - \underline{g_+}) + M_2 \int_I (\overline{f_+} - \underline{f_+})$$
$$\le M_1(2\varepsilon) + M_2(2\varepsilon)$$

즉, ε은 임의의 수이므로 이전과 마찬가지로 $f_+ g_+$가 리만 적분가능하다. 유사한 논증과정에 따르면 $f_+ g_-$, $f_- g_+$, $f_- g_-$도 리만 적분가능하며 이 함수들을 조합하면 fg도 리만 적분가능하다는 결론을 내릴 수 있다. ■

11.4 연습문제

1. 정리 11.4.1을 증명하라.

힌트 정리 11.2.16이 유용하다. 정리 11.4.1(b)를 증명하려면 먼저 $c > 0$일 때를 증명한다. 그 뒤에 $c = -1$일 때와 $c = 0$일 때를 각각 확인한다. 세 가지 경우를 사용하여 $c < 0$일 때를 유도한다. 정리의 앞부분을 이용하여 뒷부분을 증명할 수 있다.

2. 유계구간 I와 리만 적분가능한 함수 $f : I \to \mathbb{R}$, 그리고 구간 I의 분할 $\mathbf{P}$를 생각하자. 다음 식이 성립함을 보여라.

$$\int_I f = \sum_{J \in \mathbf{P}} \int_J f$$

3. 정리 11.4.3과 정리 11.4.5의 증명에서 생략한 부분이 이미 증명한 부분에 따라 자동으로 성립하는 이유를 짧게 설명하되, 증명에서 이미 제시한 계산을 반복하지 않도록 하라.

힌트 정리 11.4.1에 의해 f가 리만 적분가능하면 $-f$도 리만 적분가능하다.

11.5 연속함수의 리만 적분가능성

지금까지 리만 적분가능한 함수를 많이 언급했으나, 조각마다 상수인 함수를 제외하면 어떤 함수가 리만 적분가능한지에 관해 다루지 않았다. 이제 다양한 종류의 유용한 함수가 리만 적분가능함을 보여주려고 한다. 균등연속인 함수부터 시작하겠다.

정리 11.5.1 유계구간 I와 구간 I에서 균등연속인 함수 f를 생각하자. 그러면 f는 리만 적분가능하다.

증명

명제 9.9.15에 따르면 f는 유계이다. 이제 $\underline{\int}_I f = \overline{\int}_I f$ 임을 보이려고 한다.

만약 I가 한원소집합이거나 공집합이면 주어진 정리는 자명하게 성립한다. 따라서 어떤 실수 a, b(단, $a < b$)에 대해 네 구간 $[a, b]$, (a, b), $(a, b]$, $[a, b)$ 중 하나를 I로 생각하겠다.

양수 $\varepsilon > 0$을 임의로 생각하자. 균등연속성에 의해 어떤 $\delta > 0$이 존재해서 x, $y \in I$가 $|x - y| < \delta$일 때마다 $|f(x) - f(y)| < \varepsilon$을 만족한다. 아르키메데스 성질에 의해 어떤 정수 $N > 0$이 존재해서 $\frac{b-a}{N} < \delta$를 만족한다.

I를 길이가 각각 $\frac{b-a}{N}$인 N개의 구간 $J_1, \cdots, J_N$으로 분할할 수 있다. (어떻게 가능할까? $[a, b]$, (a, b), $(a, b]$, $[a, b)$일 때는 약간 다르게 만들 수 있다.) 명제 11.3.12에 따르면 다음 두 부등식이 성립한다.

$$\overline{\int}_I f \le \sum_{k=1}^{N} \left(\sup_{x \in J_k} f(x) \right) |J_k|,$$

$$\underline{\int}_I f \ge \sum_{k=1}^{N} \left(\inf_{x \in J_k} f(x) \right) |J_k|$$

따라서 두 부등식을 연립하면 다음 부등식이 성립한다.

$$\overline{\int}_I f - \underline{\int}_I f \le \sum_{k=1}^{N} \left(\sup_{x \in J_k} f(x) - \inf_{x \in J_k} f(x) \right) |J_k|$$

그러나 $|J_k| = \frac{b-a}{N} < \delta$이므로 모든 x, $y \in J_k$에 대해 $|f(x) - f(y)| < \varepsilon$이다. 특히

모든 x, $y \in J_k$에 대해 $f(x) < f(y) + \varepsilon$이다.

x에 상한을 취하자. 그러면 모든 $y \in J_k$에 대해 $\sup_{x \in J_k} f(x) \leq f(y) + \varepsilon$이다. y에 하한을 취하면 다음 부등식이 성립한다.

$$\sup_{x \in J_k} f(x) \leq \inf_{y \in J_k} f(y) + \varepsilon$$

이 경계를 예전 부등식에 대입하면 다음 부등식을 얻는다.

$$\overline{\int}_I f - \underline{\int}_I f \leq \sum_{k=1}^{N} \varepsilon |J_k|$$

그러나 정리 11.1.13에 따르면 위 부등식의 좌변은 다음을 만족한다.

$$\overline{\int}_I f - \underline{\int}_I f \leq \varepsilon(b-a)$$

여기서 $(b-a)$가 고정된 수인 반면에 $\varepsilon > 0$을 임의로 생각했다. 그러므로 $\overline{\int}_I f - \underline{\int}_I f$는 양수일 수 없다. 보조정리 11.3.3과 리만 적분가능성의 정의 때문에 f가 리만 적분가능하다는 결론을 내릴 수 있다. ■

정리 11.5.1과 정리 9.9.16을 결합하면 다음 따름정리를 얻는다.

> **따름정리 11.5.2** 닫힌구간 $[a,b]$와 연속함수 $f : [a,b] \to \mathbb{R}$을 생각하자. 그러면 f는 리만 적분가능하다.

따름정리 11.5.2는 $[a,b]$를 다른 형태의 구간으로 바꾸면 참이 아니다. $[a,b]$가 아닌 구간에서는 연속함수가 유계임을 알 수 없기 때문이다. 예를 들어 $f(x) := \frac{1}{x}$로 정의한 함수 $f : (0,1) \to \mathbb{R}$은 연속이지만 리만 적분불가능하다. 그러나 함수가 **연속이고 유계**라고 가정한다면 리만 적분가능성을 다시 생각할 수 있다.

> **명제 11.5.3** 유계구간 I와 유계이고 연속인 함수 $f : I \to \mathbb{R}$을 생각하자. 그러면 f는 I에서 리만 적분가능하다.

증명

만약 I가 한원소집합이거나 공집합이면 주어진 정리는 자명하게 성립한다. 만약 I가 닫힌구간이면 따름정리 11.5.2에 의해 성립한다. 따라서 어떤 실수 a, b(단, $a < b$)에 대해 세 구간 (a,b), $(a,b]$, $[a,b)$ 중 하나를 I로 생각하겠다.

f의 유계를 M이라 하면 모든 $x \in I$에 대해 $-M \leq f(x) \leq M$이다. 이제 $0 < \varepsilon < \frac{b-a}{2}$를 만족하는 충분히 작은 수 ε을 생각하자. 구간 $[a+\varepsilon, b-\varepsilon]$으로 제한된 함수 f가 연속이므로, 이

함수는 따름정리 11.5.2에 의해 리만 적분가능하다. 특히 구간 $[a+\varepsilon, b-\varepsilon]$에서 f보다 위에 있고 조각마다 상수인 함수 $h : [a+\varepsilon, b-\varepsilon] \to \mathbb{R}$을 찾을 수 있으며, 다음 부등식이 성립한다.

$$\int_{[a+\varepsilon,\, b-\varepsilon]} h \leq \int_{[a+\varepsilon,\, b-\varepsilon]} f + \varepsilon$$

이제 함수 $\tilde{h} : I \to \mathbb{R}$을 다음 식으로 정의하자.

$$\tilde{h}(x) := \begin{cases} h(x) & (x \in [a+\varepsilon, b-\varepsilon]) \\ M & (x \in I \setminus [a+\varepsilon, b-\varepsilon]) \end{cases}$$

$\tilde{h}$는 명백히 I에서 조각마다 상수인 함수이며 f보다 위에 있다. 정리 11.2.16에 따르면 다음 부등식이 성립한다.

$$\int_I \tilde{h} = \varepsilon M + \int_{[a+\varepsilon,\, b-\varepsilon]} h + \varepsilon M \leq \int_{[a+\varepsilon,\, b-\varepsilon]} f + (2M+1)\varepsilon$$

또한 f의 리만 상적분은 다음 부등식을 만족한다.

$$\overline{\int_I} f \leq \int_{[a+\varepsilon,\, b-\varepsilon]} f + (2M+1)\varepsilon$$

유사한 논증에 따르면 f의 리만 하적분은 다음 부등식을 만족한다.

$$\underline{\int_I} f \geq \int_{[a+\varepsilon,\, b-\varepsilon]} f - (2M+1)\varepsilon$$

따라서 두 부등식을 연립하면 다음을 얻는다.

$$\overline{\int_I} f - \underline{\int_I} f \leq (4M+2)\varepsilon$$

ε이 임의의 수이므로 정리 11.5.1의 증명과 같은 방법으로 f가 리만 적분가능하다는 결론을 내릴 수 있다. ■

명제 11.5.3은 유계인 연속함수가 리만 적분가능함을 보여준다. 즉, 많은 종류의 함수가 리만 적분가능하다. 그러나 유계이고 **조각마다** 연속인 함수도 리만 적분가능하도록 더욱 큰 대상까지 확장할 수 있다.

정의 11.5.4 유계구간 I와 함수 $f : I \to \mathbb{R}$을 생각하자. f가 I에서 **조각마다 연속(piecewise continuous)**일 필요충분조건은 I의 어떤 분할 $\mathbf{P}$가 존재해서 모든 $J \in \mathbf{P}$에 대해 $f|_J$가 연속인 것이다.

EX 11.5.5 함수 $f : [1,3] \to \mathbb{R}$을 다음과 같이 정의하자.

$$f(x) = \begin{cases} x^2 & (1 \le x < 2) \\ 7 & (x = 2) \\ x^3 & (2 < x \le 3) \end{cases}$$

함수 f는 $[1,3]$에서 연속이 아니지만 $[1,3]$에서 조각마다 연속인 함수이다. 왜냐하면 함수 f를 $[1,2)$, $\{2\}$, $(2,3]$으로 제한하면 연속이고, 세 구간은 $[1,3]$의 분할이기 때문이다.

명제 11.5.6 유계구간 I와, 조각마다 연속이며 유계인 함수 $f : I \to \mathbb{R}$을 생각하자. 그러면 f는 리만 적분가능하다.

명제 11.5.6의 증명은 연습문제 1로 남긴다.

11.5 연습문제

1. 명제 11.5.6을 증명하라.

힌트 정리 11.4.1(a)와 (g)를 사용한다.

2. 실수 a, b(단, $a < b$)를 생각하고, 연속이고 음이 아닌 함수 $f : [a,b] \to \mathbb{R}$을 생각하자. 즉, 모든 $x \in [a,b]$에 대해 $f(x) \ge 0$이다. $\int_{[a,b]} f = 0$으로 가정하자. 모든 $x \in [a,b]$에 대해 $f(x) = 0$임을 보여라.

힌트 귀류법을 사용한다.

11.6 단조함수의 리만 적분가능성

조각마다 연속인 함수 외에도 리만 적분가능한 함수가 있다. 바로 단조함수이다. 두 가지 예를 살펴보자.

명제 11.6.1 유계인 닫힌구간 $[a, b]$와 단조함수 $f : [a, b] \to \mathbb{R}$을 생각하자. 그러면 함수 f는 $[a, b]$에서 리만 적분가능하다.

참고 11.6.2 9.8절 연습문제 5에 따르면 조각마다 연속이 아닌 단조함수가 존재한다. 따라서 명제 11.6.1은 명제 11.5.6에 속하지 않는다.

명제 11.6.1의 증명

일반성을 잃지 않고 (단조감소하지 않고) 단조증가하는 f를 선택하자. 9.8절 연습문제 1에 의해 f는 유계이다. 정수 $N > 0$을 생각하고, $[a, b]$를 길이가 $\frac{b-a}{N}$인 $N-1$개의 반열린구간 $\left\{\left[a + \frac{b-a}{N}j,\, a + \frac{b-a}{N}(j+1)\right) : 0 \le j \le N-1\right\}$과 점 $\{b\}$로 분할하자. 명제 11.3.12에 의해 다음 부등식이 성립한다. (이때 점 $\{b\}$는 이 부등식에 기여하는 바가 없다.)

$$\overline{\int}_I f \le \sum_{j=0}^{N-1} \left(\sup_{x \in \left[a + \frac{b-a}{N}j,\, a + \frac{b-a}{N}(j+1)\right)} f(x) \right) \frac{b-a}{N}$$

함수 f가 단조증가하므로 다음 부등식이 성립한다.

$$\overline{\int}_I f \le \sum_{j=0}^{N-1} f\left(a + \frac{b-a}{N}(j+1)\right) \frac{b-a}{N}$$

이와 유사하게 다음 부등식이 성립한다.

$$\underline{\int}_I f \ge \sum_{j=0}^{N-1} f\left(a + \frac{b-a}{N}j\right) \frac{b-a}{N}$$

두 부등식을 연립하면 다음 부등식을 얻는다.

$$\overline{\int}_I f - \underline{\int}_I f \le \sum_{j=0}^{N-1} \left(f\left(a + \frac{b-a}{N}(j+1)\right) - f\left(a + \frac{b-a}{N}j\right) \right) \frac{b-a}{N}$$

보조정리 7.2.14의 망원급수를 이용하면 다음과 같다.

$$\overline{\int_I} f - \underline{\int_I} f \leq \left(f\left(a + \frac{b-a}{N}(N)\right) - f\left(a + \frac{b-a}{N}0\right)\right)\frac{b-a}{N}$$
$$= (f(b) - f(a))\frac{b-a}{N}$$

N이 임의의 수이므로 정리 11.5.1의 증명과 같은 방법으로 f가 리만 적분가능하다는 결론을 내릴 수 있다. ■

> **따름정리 11.6.3** 유계구간 I와 유계인 단조함수 $f : I \to \mathbb{R}$을 생각하자. 그러면 f는 I에서 리만 적분가능하다.

따름정리 11.6.3의 증명은 연습문제 1로 남긴다.

이제 단조감소하는 급수의 수렴성을 판정하는 유명한 적분 판정법을 소개한다.

> **명제 11.6.4 적분 판정법(integral test)**
> 단조감소하고 음이 아닌(즉, 모든 $x \geq 0$에 대해 $f(x) \geq 0$인) 함수 $f : [0, \infty) \to \mathbb{R}$을 생각하자. 그러면 급수 $\sum_{n=0}^{\infty} f(n)$이 수렴할 필요충분조건은 $\sup_{N>0} \int_{[0,\, N]} f$가 유한한 값인 것이다.

명제 11.6.4의 증명은 연습문제 3으로 남긴다.

> **따름정리 11.6.5** 실수 p를 생각하자. 그러면 $\sum_{n=1}^{\infty} \frac{1}{n^p}$은 $p > 1$일 때 절대수렴하고 $p \leq 1$일 때 발산한다.

따름정리 11.6.5의 증명은 연습문제 5로 남긴다.

11.6 연습문제

1. 명제 11.6.1을 사용하여 따름정리 11.6.3을 증명하라.

힌트 명제 11.5.3의 증명을 적용한다.

2. 조각별로 단조인 함수의 개념을 공식화하라. 그리고 유계이며 조각별로 단조인 함수는 모두 리만 적분가능함을 보여라.

3. 명제 11.6.4를 증명하라.

힌트 합 $\sum_{n=1}^{N} f(n)$과 합 $\sum_{n=0}^{N-1} f(n)$, 그리고 적분 $\int_{[0,\,N]} f$ 사이에 어떤 관계가 있는지 생각한다.

4. f가 단조감소임을 가정하지 않으면 적분 판정법의 필요조건과 충분조건이 모두 성립하지 않는다. 각각의 반례를 제시하라.

5. 명제 11.6.4를 사용하여 따름정리 11.6.5를 증명하라. 참고로 이 연습문제에서 미분적분학의 제2기본정리(정리 11.9.4 참고)를 사용할 수 있다. 정리 11.9.4를 증명할 때 따름정리 11.6.5를 사용하지 않으므로 순환 논리에 빠지지 않는다.

11.7 리만 적분할 수 없는 함수

지금까지 다양한 종류의 함수가 리만 적분가능함을 보였다. 그런데 유계함수이지만 리만 적분할 수 없는 함수가 존재한다.

명제 11.7.1 EX 9.3.21에서 소개한 불연속함수 $f : [0,1] \to \mathbb{R}$을 다시 생각하자.

$$f(x) := \begin{cases} 1 & (x \in \mathbb{Q}) \\ 0 & (x \notin \mathbb{Q}) \end{cases}$$

그러면 f는 유계함수이지만 리만 적분불가능하다.

증명

f는 확실히 유계이다. 따라서 f가 리만 적분불가능함을 보이려고 한다.

구간 $[0, 1]$의 분할 $\mathbf{P}$를 생각하자. 임의의 $J \in \mathbf{P}$에 대해 J가 한원소집합이나 공집합이 아니면 명제 5.4.14에 의해 f의 상한은 다음과 같다.

$$\sup_{x \in J} f(x) = 1$$

특히 다음이 성립한다.

$$\left(\sup_{x \in J} f(x)\right) |J| = |J|$$

참고로 J가 한 점일 때에도 성립하는데, 이때에는 양변이 모두 0이다. 또한 정리 11.1.13에 의해 리만 상합은 다음과 같다.

$$U(f, \mathbf{P}) = \sum_{J \in \mathbf{P}: J \neq \varnothing} |J| = |[0, 1]| = 1$$

참고로 공집합은 전체 길이에 아무 영향도 끼치지 않는다. 명제 11.3.12에 의해 $\overline{\int}_{[0,1]} f = 1$이다.

유사한 논증에 따르면 (한 점 또는 공집합이 아닌) 모든 J에 대해 f의 하한은 다음과 같다.

$$\inf_{x \in J} f(x) = 0$$

그러므로 리만 하합은 다음과 같다.

$$L(f, \mathbf{P}) = \sum_{J \in \mathbf{P}: J \neq \varnothing} 0 = 0$$

그러면 명제 11.3.12에 의해 $\underline{\int}_{[0, 1]} f = 0$이다. 따라서 리만 상적분과 리만 하적분이 서로 다른 값을 가지며, 이 함수는 리만 적분불가능하다. ■

참고 **11.7.2** 보시다시피 위의 예는 작위적으로 만든 리만 적분불가능한 유계함수이다. 그래서 대부분의 경우에 리만 적분으로도 충분하다. 그런데도 리만 적분을 더 일반화하고 성능을 향상시킬 수 있는 방법이 존재하는데, 대표적으로 『TAO 해석학 II』의 8장에서 다룰 **르베그 적분**이 있다. 다른 방법으로 단조증가하는 함수 $\alpha : I \to \mathbb{R}$에 대해 정의하는 **리만-스틸체스 적분** $\int_I f d\alpha$가 있다. 다음 절에서 이를 살펴보자.

11.8 리만-스틸체스 적분

유계구간 I와 단조증가하는 함수 $\alpha : I \to \mathbb{R}$, 그리고 함수 $f : I \to \mathbb{R}$을 생각하자. 그러면 리만 적분을 일반화한 **리만-스틸체스 적분(Riemann - Stieltjes integral)**이 존재한다. 이 적분은 리만 적분처럼 정의하지만 바로 구간 J의 길이 $|J|$ 대신 α-길이 $\alpha[J]$를 사용한다는 점에서 다르다.

정의 11.8.1 α-길이

유계구간 I와 I를 포함하며 (정의 9.1.15의 관점에서) 닫힌구간인 X, 그리고 단조증가하는 함수 $\alpha : X \to \mathbb{R}$을 생각하자. 즉, x, $y \in X$가 $y \geq x$일 때마다 $\alpha(y) \geq \alpha(x)$이다. 그러면 다음 규칙에 위해 I의 **α-길이(α-length)** $\alpha[I]$를 다음과 같이 정의한다.

(a) I가 공집합이면 $\alpha[I] := 0$이다.

(b) $I = \{a\}$가 한 점이면 $\alpha[I] := \lim_{x \to a^+ : x \in X} \alpha(x) - \lim_{x \to a^- : x \in X} \alpha(x)$이다.
a가 오른쪽 끝점일 때 $\lim_{x \to a^+ : x \in X} \alpha(x) = \alpha(a)$이고,
a가 왼쪽 끝점일 때 $\lim_{x \to a^- : x \in X} \alpha(x) = \alpha(a)$라는 관례를 적용한다.

(c) $I = (a, b)$이면 $\alpha[I] := \lim_{x \to b^- : x \in X} \alpha(x) - \lim_{x \to a^+ : x \in X} \alpha(x)$라 한다.

(d) $I = (a, b]$이면 $\alpha[I] := \alpha[(a, b)] + \alpha[\{b\}]$,
$I = [a, b)$이면 $\alpha[I] := \alpha[\{a\}] + \alpha[(a, b)]$,
$I = [a, b]$이면 $\alpha[I] := \alpha[\{a\}] + \alpha[(a, b)] + \alpha[\{b\}]$라 한다.

이 정의는 복잡하지만 특별히 α가 연속일 때 $a \leq b$이고 I가 (a, b), $(a, b]$, $[a, b)$, $[a, b]$ 중 하나이기만 하면 (11.1)과 같은 간단한 공식으로 나타낼 수 있다.

$$\alpha[I] = \alpha(b) - \alpha(a) \tag{11.1}$$

이 단순화된 공식을 사용하면 단조증가가 아닌 연속함수에 대해서도 $\alpha[I]$를 정의할 수 있다.

EX 11.8.2 $\alpha(x) := x^2$으로 정의한 함수 α: $[0, +\infty) \to \mathbb{R}$을 생각하자.
$\alpha[[2, 3]] = \alpha(3) - \alpha(2) = 9 - 4 = 5$, $\alpha[\{2\}] = 0$, $\alpha[\varnothing] = 0$이다.

EX 11.8.3 $\alpha(x) := x$로 정의한 항등함수 α: $\mathbb{R} \to \mathbb{R}$을 생각하자. 모든 유계구간 I에 대해 $\alpha[I] = |I|$이다(그 이유는?). 따라서 길이는 α-길이 개념의 특별한 경우이다.

간혹 $\alpha[[a,b]]$ 대신에 $\alpha\big|_a^b$ 또는 $\alpha(x)\big|_{x=a}^{x=b}$ 로 표기하기도 한다.

리만 적분 이론의 핵심 정리 중 하나를 꼽으면 길이와 분할에 관한 정리 11.1.13이라고 할 수 있다. 정리 11.1.13은 $\mathbf{P}$가 I의 분할일 때마다 $|I| = \sum_{J\in\mathbf{P}} |J|$ 임을 보여준다. 이를 간략히 일반화하자.

보조정리 11.8.4 유계구간 I와 I를 포함한 어떤 닫힌구간 X에서 단조증가하거나 연속인 함수 $\alpha : X \to \mathbb{R}$, 그리고 I의 분할 $\mathbf{P}$를 생각하자. 그러면 다음이 성립한다.

$$\alpha[I] = \sum_{J\in\mathbf{P}} \alpha[J]$$

보조정리 11.8.4의 증명은 연습문제 1로 남긴다.

정의 11.2.9에서 정의한 조각마다 상수인 함수의 적분을 일반화해보자.

정의 11.8.5 p.c. 리만–스틸체스 적분

유계구간 I와 I의 분할 $\mathbf{P}$를 생각하자. I를 포함한 어떤 닫힌구간 X에서 단조증가하거나 연속인 함수 $\alpha : X \to \mathbb{R}$와, $\mathbf{P}$에 대해 조각마다 상수인 함수 $f : I \to \mathbb{R}$을 생각하자. 그러면 조각마다 상수인 함수의 리만–스틸체스 적분을 $p.c. \int_{[\mathbf{P}]} f d\alpha$로 표기하고, 다음과 같이 정의한다.

$$p.c. \int_{[\mathbf{P}]} f d\alpha := \sum_{J\in\mathbf{P}} c_J \alpha[J]$$

이때 c_J는 J에서 f의 상숫값을 의미한다.

EX 11.8.6 다음과 같이 정의한 함수 $f : [1,3] \to \mathbb{R}$을 생각하자.

$$f(x) = \begin{cases} 4 & (x \in [1,2)) \\ 2 & (x \in [2,3]) \end{cases}$$

함수 $\alpha : [0,+\infty) \to \mathbb{R}$을 $\alpha(x) := x^2$이라 하고, 분할 $\mathbf{P} := \{[1,2),[2,3]\}$을 생각하자. 그러면 조각마다 상수인 함수 f의 리만–스틸체스 적분은 다음과 같다.

$$\begin{aligned} p.c. \int_{[\mathbf{P}]} f d\alpha &= c_{[1,2)}\alpha[[1,2)] + c_{[2,3]}\alpha[[2,3]] \\ &= 4(\alpha(2)-\alpha(1)) + 2(\alpha(3)-\alpha(2)) = 4\times 3 + 2\times 5 = 22 \end{aligned}$$

EX 11.8.7 $\alpha(x) := x$로 정의한 항등함수 $\alpha : \mathbb{R} \to \mathbb{R}$을 생각하자. 그러면 임의의 유계구간 I와 I의 임의의 분할 $\mathbf{P}$ 및 $\mathbf{P}$에 대해 조각마다 상수인 임의의 함수 f에 대해 $p.c. \int_{[\mathbf{P}]} f d\alpha = p.c. \int_{[\mathbf{P}]} f$이다(그 이유는?).

명제 11.2.13의 모든 적분 $p.c. \int_{[\mathbf{P}]} f$를 $p.c. \int_{[\mathbf{P}]} f d\alpha$로 대체하면 명제 11.2.13과 유사한 명제를 얻을 수 있다(연습문제 2 참고). 이와 유사하게 조각마다 상수인 임의의 함수 $f : I \to \mathbb{R}$과 구간 I를 포함하고 닫힌구간에서 정의된 임의의 함수 $\alpha : X \to \mathbb{R}$에 대해 $p.c. \int_I f d\alpha$를 정의할 수 있으며, 이 정의는 구간 I에 대한 임의의 분할 $\mathbf{P}$에 대해 성립하는 다음 공식에 따른다. 단, f는 구간 I에서 조각마다 상수이다.

$$p.c. \int_I f d\alpha := p.c. \int_{[\mathbf{P}]} f d\alpha$$

이제 α가 단조증가라고 가정하자. 이는 X의 모든 구간 I에 대해 $\alpha[I] \geq 0$임을 함의한다(그 이유는?). 이 사실로부터 적분 $p.c. \int_I f$가 $p.c. \int_I f d\alpha$로 바뀌고, 길이 $|I|$가 α–길이 $\alpha[I]$로 바뀌더라도 정리 11.2.16의 모든 결과가 여전히 성립함을 쉽게 알 수 있다(연습문제 3 참고).

함수 $f : I \to \mathbb{R}$이 유계이고 함수 α가 I를 포함하며 닫힌구간에서 정의될 때마다 리만–스틸체스 상적분 $\overline{\int}_I f d\alpha$와 리만–스틸체스 하적분 $\underline{\int}_I f d\alpha$를 다음 공식으로 정의할 수 있다.

- 리만–스틸체스 상적분

$$\overline{\int}_I f d\alpha := \inf\{p.c. \int_I g d\alpha : g\text{는 } I\text{에서 조각마다 상수이며 } f\text{보다 위에 있는 함수}\}$$

- 리만–스틸체스 하적분

$$\underline{\int}_I f d\alpha := \sup\{p.c. \int_I g d\alpha : g\text{는 } I\text{에서 조각마다 상수이며 } f\text{보다 아래에 있는 함수}\}$$

만약 리만–스틸체스 상적분과 리만–스틸체스 하적분의 값이 일치하면 f는 α에 대해 I에서 **리만–스틸체스 적분가능(Riemann–Stieltjes integrable)**하다고 하며, 이를 식으로 다음과 같이 표현한다.

$$\int_I f d\alpha := \overline{\int}_I f d\alpha = \underline{\int}_I f d\alpha$$

이전과 마찬가지로 α가 항등함수 $\alpha(x) := x$이면 리만–스틸체스 적분은 리만 적분과 일치한다. 따라서 리만–스틸체스 적분은 리만 적분의 일반화이다. (참고로 따름정리 11.10.3에서 두 적분을 다시 비교할 것이다.) 이 때문에 $\int_I f$를 $\int_I f dx$ 또는 $\int_I f(x)dx$로 쓰기도 한다.

나머지 리만 적분 이론은 (전부는 아니지만) 대부분 리만 적분을 리만–스틸체스 적분으로 바꾸고 길이를 α–길이로 바꾸어도 별 어려움 없이 성립한다. 몇몇 결과는 그렇지 않을 수도 있다. α가 주요 지점에서 불연속이면 정리 11.4.1(g), 명제 11.5.3, 명제 11.5.6은 꼭 참일 필요가 없다. 이를테면 f와 α가 같은 점에서 동시에 불연속이면 $\int_I f d\alpha$는 정의되지 않을 가능성이 높다. 그럼에도 정리 11.5.1은 여전히 참이다(연습문제 4 참고).

11.8 연습문제

1. 보조정리 11.8.4를 증명하라.

힌트 정리 11.1.13의 증명을 수정한다.

2. 명제 11.2.13을 리만–스틸체스 적분 형태로 바꾸어 서술하고, 그 명제를 증명하라.

3. 정리 11.2.16을 리만–스틸체스 적분 형태로 바꾸어 서술하고, 그 명제를 증명하라.

4. 정리 11.5.1을 리만–스틸체스 적분 형태로 바꾸어 서술하고, 그 명제를 증명하라.

5. 다음과 같이 정의한 부호함수 $\mathrm{sgn} : \mathbb{R} \to \mathbb{R}$을 생각하자.

$$\mathrm{sgn}(x) := \begin{cases} 1 & (x > 0) \\ 0 & (x = 0) \\ -1 & (x < 0) \end{cases}$$

그리고 연속함수 $f : [-1, 1] \to \mathbb{R}$을 생각하자. f가 부호함수 sgn에 대해 리만–스틸체스 적분 가능함을 보이고, 다음 식이 성립함을 보여라.

$$\int_{[-1,1]} f d\,\mathrm{sgn} = 2f(0)$$

힌트 임의의 $\varepsilon > 0$에 대해 f보다 위, 아래에 있는 조각마다 상수인 함수를 각각 찾는다. 이때 리만-스틸체스 적분값은 $2f(0)$의 ε-근방에 속한다.

11.9 미분적분학의 기본정리

이제 미분적분학의 기본정리를 통해 미분과 적분을 연결할 수 있는 충분한 도구가 갖춰졌다. 사실 미분적분학의 기본정리는 두 가지인데, 적분의 도함수를 포함하는 정리와 도함수의 적분을 포함하는 정리가 있다.

정리 11.9.1 미분적분학의 제1기본정리(first fundamental theorem of calculus)
실수 a, b(단, $a < b$)와 리만 적분가능한 함수 $f : [a, b] \to \mathbb{R}$을 생각하자. 함수 $F : [a, b] \to \mathbb{R}$은 다음과 같다고 하자.

$$F(x) := \int_{[a,\, x]} f$$

그러면 F는 연속이다. 또한 $x_0 \in [a, b]$이고 f가 x_0에서 연속이면 F는 x_0에서 미분가능하고 $F'(x_0) = f(x_0)$이다.

증명

f가 리만 적분가능하므로 (정의 11.3.4에 의해) 유계이다. 따라서 어떤 실수 M이 존재해서 모든 $x \in [a, b]$에 대해 $-M \le f(x) \le M$이다.

이제 $[a, b]$의 두 원소 x, y(단, $x < y$)를 생각하자. 그러면 정리 11.4.1(**h**)에 의해 다음 식이 성립한다.

$$F(y) - F(x) = \int_{[a,\, y]} f - \int_{[a,\, x]} f = \int_{[x,\, y]} f$$

정리 11.4.1(**e**)에 의해 다음 두 부등식이 성립한다.

$$\int_{[x,\, y]} f \le \int_{[x,\, y]} M = p.c. \int_{[x,\, y]} M = M(y - x),$$
$$\int_{[x,\, y]} f \ge \int_{[x,\, y]} -M = p.c. \int_{[x,\, y]} -M = -M(y - x)$$

두 식을 정리하면 다음 부등식이 성립하는데, $y > x$일 때 참이다.

$$|F(y) - F(x)| \le M(y - x)$$

이 부등식에서 x와 y를 바꾸면 $x > y$일 때 다음 부등식이 성립한다.

$$|F(y) - F(x)| \le M(x - y)$$

또한 $x = y$이면 $F(y) - F(x) = 0$이다. 세 가지 경우 모두 다음 부등식이 성립함을 의미한다.

$$|F(y) - F(x)| \le M|x - y|$$

이는 F가 균등연속임을 의미하고[9] 따라서 연속이다.

$x_0 \in [a, b]$이고 f가 x_0에서 연속이라 가정하고, 임의의 $\varepsilon > 0$을 선택하자. 연속성에 의해 구간 $I := [x_0 - \delta, x_0 + \delta] \cap [a, b]$에 속한 모든 x에 대해 $|f(x) - f(x_0)| \le \varepsilon$을 만족[10]하는 어떤 $\delta > 0$을 찾을 수 있다.

함수 F가 x_0에서 미분가능하고 도함수 값이 $F'(x_0) = f(x_0)$이기 때문에, 명제 10.1.7은 모든 $y \in I$에 대해 다음 식이 성립함을 증명한다.

$$|F(y) - F(x_0) - f(x_0)(y - x_0)| \le \varepsilon|y - x_0|$$

$y \in I$를 고정하면 세 가지 경우가 존재한다. 첫 번째는 $y = x_0$이면 $F(y) - F(x_0) - f(x_0)(y - x_0) = 0$이므로 구하려는 식이 자명하게 성립한다. 두 번째는 $y > x_0$이면 다음이 성립한다.

$$F(y) - F(x_0) = \int_{[x_0,\, y]} f$$

x_0, $y \in I$이고 I는 연결집합이므로 $[x_0, y]$는 I의 부분집합이다. 따라서

모든 $x \in [x_0, y]$에 대해 $f(x_0) - \varepsilon \le f(x) \le f(x_0) + \varepsilon$이다.

그러므로 다음 부등식도 성립한다.

$$(f(x_0) - \varepsilon)(y - x_0) \le \int_{[x_0,\, y]} f \le (f(x_0) + \varepsilon)(y - x_0)$$

특히 다음 부등식이 성립하며, 원하는 바를 얻었다.

$$|F(y) - F(x_0) - f(x_0)(y - x_0)| \le \varepsilon|y - x_0|$$

세 번째는 $y < x_0$인 경우를 증명하는 과정은 지금까지와 유사하므로 과제로 남긴다. ■

EX 11.9.2 9.8절 연습문제 5를 통해 모든 유리수에서 불연속이고 무리수에서 연속인 단조함수 $f : \mathbb{R} \to \mathbb{R}$을 구축한 바 있다. 명제 11.6.1에 따르면 이 단조함수는 $[0, 1]$에서 리만 적분가능하다. 만약 함수 $F : [0, 1] \to \mathbb{R}$을 $F(x) := \int_{[0,\, x]} f$로 정의하면 F는 연속함수이며 모든 무리수에서 미분가능하다. 반면에 F는 모든 유리수에서 미분불가능하다. 자세한 내용은 연습문제 1을 참고하라.

---

9 사실 이는 립시츠 연속임을 의미한다. 자세한 사항은 10.2절 연습문제 6을 참고하라.

10 즉, 모든 $x \in I$에 대해 $f(x_0) - \varepsilon \le f(x) \le f(x_0) + \varepsilon$이다.

간단하게 이해하면 미분적분학의 제1기본정리는 f가 몇 가지의 가정을 만족할 때 다음 식이 성립함을 보인다.

$$\left(\int_{[a,\,x]} f\right)'(x) = f(x)$$

대략적으로 이 식은 적분한 함수의 도함수가 원래 함수로 돌아온다는 뜻을 나타낸다. 이제 도함수를 적분한 함수도 원래 함수로 돌아옴을 보여줄 것이다.

정의 11.9.3 역도함수(antiderivative)

유계구간 I와 함수 $f : I \to \mathbb{R}$을 생각하자. 만약 F가 I에서 미분가능하고 I의 모든 집적점 x (단, $x \in I$)에서 $F'(x) = f(x)$이면 함수 $F : I \to \mathbb{R}$은 f의 **역도함수**라고 한다.

정리 11.9.4 미분적분학의 제2기본정리(second fundamental theorem of calculus)

실수 a, b(단, $a \le b$)와 리만 적분가능한 함수 $f : [a, b] \to \mathbb{R}$을 생각하자. $F : [a, b] \to \mathbb{R}$이 f의 역도함수이면 다음이 성립한다.

$$\int_{[a,\,b]} f = F(b) - F(a)$$

증명

$a = b$일 때는 자명하므로 $a < b$로 가정한다. 특히 $[a, b]$의 모든 점은 집적점이다.

리만 합을 사용하자. 증명의 아이디어는 $[a, b]$의 모든 분할 $\mathbf{P}$에 대해 다음 부등식이 성립함을 보이는 것이다.

$$U(f, \mathbf{P}) \ge F(b) - F(a) \ge L(f, \mathbf{P})$$

왼쪽 부등식은 $F(b) - F(a)$가 $\{U(f, \mathbf{P}) : \mathbf{P}$는 $[a, b]$의 분할$\}$의 하계임을 의미하고, 오른쪽 부등식은 $F(b) - F(a)$가 $\{L(f, \mathbf{P}) : \mathbf{P}$는 $[a, b]$의 분할$\}$의 상계임을 의미한다. 명제 11.3.12에 따르면 이는 다음 부등식이 성립함을 의미한다.

$$\overline{\int}_{[a,\,b]} f \ge F(b) - F(a) \ge \underline{\int}_{[a,\,b]} f$$

그러나 f가 리만 적분가능하다고 가정했으므로 리만 상적분과 리만 하적분 값이 모두 $\int_{[a,\,b]} f$로 일치하며, 주장이 성립한다.

이제 $F(b) - F(a)$에 대해 $U(f, \mathbf{P}) \geq F(b) - F(a) \geq L(f, \mathbf{P})$가 성립함을 보이자. 여기에서는 첫 번째 부등식인 $U(f, \mathbf{P}) \geq F(b) - F(a)$만 보일 것이다. 두 번째 부등식은 첫 번째 부등식을 보이는 과정과 유사하다.

$[a, b]$의 분할 $\mathbf{P}$를 생각하자. (명제 10.1.10에 따르면 F가 연속이므로) 보조정리 11.8.4로부터 다음 관계가 성립한다.

$$F(b) - F(a) = \sum_{J \in \mathbf{P}} F[J] = \sum_{J \in \mathbf{P}: J \neq \varnothing} F[J]$$

이다. 리만 상합의 정의(정의 11.3.9 참고)에 의해 다음이 성립한다.

$$U(f, \mathbf{P}) = \sum_{J \in \mathbf{P}: J \neq \varnothing} \sup_{x \in J} f(x)|J|$$

따라서 모든 $J \in \mathbf{P}$에 대해 다음 부등식이 성립함을 보이면 충분하다(다른 경우는 공집합이다).

$$F[J] \leq \sup_{x \in J} f(x)|J|$$

J가 한 점이면 양변이 모두 0이이므로 위 부등식은 자명하게 성립한다. 이제 어떤 c, d(단, $c < d$)에 대해 J가 $[c, d]$, $(c, d]$, $[c, d)$, (c, d) 중 하나라고 가정하자. 그러면 부등식의 좌변은 $F[J] = F(d) - F(c)$이다.[11] 평균값정리에 따르면 어떤 $e \in J$에 대해 $F[J]$와 $(d - c)F'(e)$가 서로 일치한다. $F'(e) = f(e)$이므로 다음과 같은 식을 얻는다.

$$F[J] = (d - c)f(e) = f(e)|J| \leq \sup_{x \in J} f(x)|J|$$

이로써 원하는 바를 확인했다. ■

물론 미분적분학의 제2기본정리를 사용하면 피적분함수(integrand) f의 역도함수를 구할 수 있기 때문에 적분을 비교적 쉽게 계산할 수 있다. 참고로 미분적분학의 제1기본정리는 **연속**이고 리만 적분가능한 함수는 모두 역도함수를 가짐을 보증한다. 불연속함수를 생각하면 상황은 좀 더 복잡해지며, 이는 대학원 수준의 실해석학 지식이 필요하기 때문에 지금은 다루지 않는다. 또한 역도함수를 가지는 모든 함수가 리만 적분가능한 것은 아니다. 예를 들어 $x \neq 0$일 때 $F(x) := x^2 \sin\left(\frac{1}{x^3}\right)$이고 $F(0) := 0$으로 정의한 함수 $F : [-1, 1] \to \mathbb{R}$을 생각하자. 그러면 F는 모든 곳에서 미분가능하고 (그 이유는?) F'이 역도함수를 가지지만, F'은 유계가 아니므로(그 이유는?) 리만 적분불가능하다.

마지막으로 역도함수는 상수 차이$(+C)$만큼의 모호성을 가짐을 언급하고자 한다.

11 F가 연속이므로 $F[J]$를 단순화한 식 (11.1)을 사용할 수 있다.

보조정리 11.9.5 유계구간 I와 함수 $f : I \to \mathbb{R}$을 생각하자. f의 두 역도함수 $F : I \to \mathbb{R}$과 $G : I \to \mathbb{R}$을 생각하자. 그러면 어떤 실수 C가 존재하며, 모든 $x \in I$에 대해 $F(x) = G(x)+C$이다.

보조정리 11.9.5의 증명은 연습문제 2로 남긴다.

11.9 연습문제

1. 9.8절 연습문제 5에서 정의한 함수 $f : [0,1] \to \mathbb{R}$을 생각하자. 모든 유리수 $q \in \mathbb{Q} \cap (0,1)$에 대해 $F(x) := \int_0^x f(y)dy$로 정의한 함수 $F : [0,1] \to \mathbb{R}$이 q에서 미분불가능함을 보여라.

2. 보조정리 11.9.5를 증명하라.

힌트 평균값정리, 따름정리 10.2.9, 명제 10.3.3을 함수 $F - G$에 적용한다. 미분적분학의 제2기본정리를 사용하여 보조정리 11.9.5를 증명할 수 있다(어떻게 할 수 있는가?). 그러나 이때 f가 리만 적분가능함을 가정하지 않기 때문에 주의한다.

3. 실수 a, b(단, $a < b$)와 단조증가하는 함수 $f : [a,b] \to \mathbb{R}$을 생각하자. 함수 $F : [a,b] \to \mathbb{R}$을 $F(x) := \int_{[a,x]} f$로 정의하고 (a,b)의 원소 x_0를 생각하자. F가 x_0에서 미분가능할 필요충분조건이 f가 x_0에서 연속인 것임을 보여라.

힌트 한쪽 방향은 미분적분학의 기본정리 중 하나를 주의하여 적용하면 증명할 수 있다. 다른 방향은 f의 좌극한과 우극한을 생각한 뒤 귀류법으로 증명한다.

11.10 미분적분학의 기본정리에 대한 응용

미분적분학의 기본정리를 응용하면 먼저 역도함수가 알려진 적분을 계산할 수 있다. 이 외에도 여러 가지 응용이 있으며, 이번 절에서 몇 가지 결과를 소개하려고 한다. 이미 잘 알고 있는 부분적분부터 소개한다.

명제 11.10.1 부분적분(integration by parts)
$I = [a, b]$를 생각하자. 그리고 I에서 미분가능한 함수 $F : [a, b] \to \mathbb{R}$과 $G : [a, b] \to \mathbb{R}$을 생각하자. 이때 F'과 G'은 I에서 리만 적분가능하다. 그러면 다음이 성립한다.

$$\int_{[a,\,b]} FG' = F(b)G(b) - F(a)G(a) - \int_{[a,\,b]} F'G$$

명제 11.10.1의 증명은 연습문제 1로 남긴다.

특정 상황에서는 리만–스틸체스 적분을 리만 적분으로 사용할 수 있다. 먼저 조각마다 상수인 함수로 시작하자.

정리 11.10.2 단조증가하는 함수 $\alpha : [a, b] \to \mathbb{R}$을 생각하자. α가 $[a, b]$에서 미분가능하며 α'이 리만 적분가능하다고 가정하자. 그리고 $[a, b]$에서 조각마다 상수인 함수 $f : [a, b] \to \mathbb{R}$을 생각하자. 그러면 $f\alpha'$은 $[a, b]$에서 리만 적분가능하고 다음이 성립한다.

$$\int_{[a,\,b]} f d\alpha = \int_{[a,\,b]} f\alpha'$$

증명

f가 조각마다 상수인 함수이므로 리만 적분가능하며, α'이 리만 적분가능하므로 정리 11.4.5에 의해 $f\alpha'$도 리만 적분가능하다.

f가 $[a, b]$의 어떤 분할 $\mathbf{P}$에 대해 조각마다 상수인 함수라고 가정하자. 일반성을 잃지 않고 $\mathbf{P}$가 공집합을 포함하지 않는다고 가정하자. 그러면 다음이 성립한다.

$$\int_{[a,\,b]} f d\alpha = p.c.\int_{[\mathbf{P}]} f d\alpha = \sum_{J \in \mathbf{P}} c_J \alpha[J]$$

이때 c_J는 J에서 f의 상숫값이다. 반면에 정리 11.4.1(h)[12]에 의해 다음이 성립한다.

$$\int_{[a,\,b]} f\alpha' = \sum_{J\in\mathbf{P}} \int_J f\alpha' = \sum_{J\in\mathbf{P}} \int_J c_J\alpha' = \sum_{J\in\mathbf{P}} c_J \int_J \alpha'$$

한편 미분적분학의 제2기본정리(정리 11.9.4 참고)에 의해 $\int_J \alpha' = \alpha[J]$이며, 증명이 끝난다. ■

> **따름정리 11.10.3** 단조증가하는 함수 $\alpha : [a, b] \to \mathbb{R}$을 생각하자. α가 $[a, b]$에서 미분가능하고 α'이 리만 적분가능하다고 가정하자. 그리고 $[a, b]$에서 α에 대해 리만–스틸체스 적분가능한 함수 $f : [a, b] \to \mathbb{R}$을 생각하자. 그러면 $f\alpha'$은 $[a, b]$에서 리만 적분가능하고 다음 관계가 성립한다.
>
> $$\int_{[a,\,b]} f d\alpha = \int_{[a,\,b]} f\alpha'$$

증명

f와 α'이 유계이므로 $f\alpha'$도 틀림없이 유계이다. 또한 α가 단조증가하고 미분가능하므로 α'은 음이 아니다.

$\varepsilon > 0$을 생각하자. $[a, b]$에서 f보다 위에 있으며 조각마다 상수인 함수 $\overline{f}$와 f보다 아래에 있으며 조각마다 상수인 함수 $\underline{f}$를 찾을 수 있다. 그리고 두 함수는 다음 부등식을 만족한다.

$$\int_{[a,\,b]} f d\alpha - \varepsilon \le \int_{[a,\,b]} \underline{f} d\alpha \le \int_{[a,\,b]} \overline{f} d\alpha \le \int_{[a,\,b]} f d\alpha + \varepsilon$$

이 부등식에 정리 11.10.2를 적용하면 다음을 얻는다.

$$\int_{[a,\,b]} f d\alpha - \varepsilon \le \int_{[a,\,b]} \underline{f}\alpha' \le \int_{[a,\,b]} \overline{f}\alpha' \le \int_{[a,\,b]} f d\alpha + \varepsilon$$

α'이 음이 아니고 $\underline{f}$가 f보다 아래에 있으므로 $\underline{f}\alpha'$도 $f\alpha'$보다 아래에 있다. 따라서 $\underline{\int}_{[a,\,b]} \underline{f}\alpha' \le \underline{\int}_{[a,\,b]} f\alpha'$이다(그 이유는?). 그러므로 다음 부등식이 성립한다.

$$\int_{[a,\,b]} f d\alpha - \varepsilon \le \underline{\int}_{[a,\,b]} f\alpha'$$

비슷하게 다음 부등식도 성립한다.

$$\overline{\int}_{[a,\,b]} f\alpha' \le \int_{[a,\,b]} f d\alpha + \varepsilon$$

12 이 정리는 길이가 임의로 된 분할로 일반화한 내용이다. 이 일반화가 사실인 이유를 확인해보라.

이러한 부등식들은 임의의 $\varepsilon(>0)$에 대해 참이므로 반드시 다음 부등식이 성립한다.

$$\int_{[a,\,b]} f d\alpha \le \underline{\int}_{[a,\,b]} f\alpha' \le \overline{\int}_{[a,\,b]} f\alpha' \le \int_{[a,\,b]} f d\alpha$$

이로써 증명을 완성하였다. ■

참고 11.10.4 간단하게 설명하면 따름정리 11.10.3은 α가 미분가능할 때 $fd\alpha$가 본질적으로 $f\dfrac{d\alpha}{dx}dx$와 동치임을 설명한다. 그러나 리만-스틸체스 적분은 α가 미분불가능할 때에도 사용할 수 있다는 장점이 있다.

이제 친숙한 치환적분(change of variables) 공식을 구성하려고 한다. 먼저 다음 보조정리를 살펴보자.

보조정리 11.10.5 치환적분 I

닫힌구간 $[a,b]$와 단조증가하는 연속함수 $\phi : [a,b] \to [\phi(a),\phi(b)]$를 생각하자. 그리고 $[\phi(a),\phi(b)]$에서 조각마다 상수인 함수 $f: [\phi(a),\phi(b)] \to \mathbb{R}$을 생각하자. 그러면 $f\circ\phi : [a,b] \to \mathbb{R}$ 또한 $[a,b]$에서 조각마다 상수인 함수이고 다음 관계가 성립한다.

$$\int_{[a,\,b]} f\circ\phi d\phi = \int_{[\phi(a),\,\phi(b)]} f$$

증명

지금은 증명의 개요만 서술한다. 증명을 구체적으로 채우는 과정은 연습문제 2로 남긴다.

$[\phi(a),\phi(b)]$의 분할 $\mathbf{P}$를 생각하자. 이때 f는 $\mathbf{P}$에 대해 조각마다 상수인 함수이다. 즉, $\mathbf{P}$는 공집합을 포함하지 않는다고 가정할 수 있다. 각각의 $J\in\mathbf{P}$마다, J에서 f의 상숫값인 c_J를 생각하자. 그러면 다음이 성립한다.

$$\int_{[\phi(a),\,\phi(b)]} f = \sum_{J\in\mathbf{P}} c_J|J|$$

각각의 구간 J마다, 집합 $\phi^{-1}(J) := \{x\in[a,b] : \phi(x)\in J\}$를 생각하자. 그러면 $\phi^{-1}(J)$는 연결집합이고(그 이유는?) 구간이다. 또한 c_J는 $\phi^{-1}(J)$에서 $f\circ\phi$의 상숫값이다(그 이유는?). 그러므로 $\mathbf{Q} := \{\phi^{-1}(J) : J\in\mathbf{P}\}$로 정의한다면 $\mathbf{Q}$는 $[a,b]$의 분할이고(그 이유는?), $f\circ\phi$는 $\mathbf{Q}$에 대해 조각마다 상수인 함수이다(그 이유는?). 따라서 다음이 성립한다.

$$\int_{[a,\,b]} f\circ\phi d\phi = \int_{[\mathbf{Q}]} f\circ\phi d\phi = \sum_{J\in\mathbf{P}} c_J\phi[\phi^{-1}(J)]$$

그러나 $\phi[\phi^{-1}(J)] = |J|$이므로(그 이유는?) 보조정리가 참이다. ■

명제 11.10.6 치환적분 II

닫힌구간 $[a, b]$와 단조증가하는 연속함수 $\phi : [a, b] \to [\phi(a), \phi(b)]$를 생각하자. 그리고 $[\phi(a), \phi(b)]$에서 리만 적분가능한 함수 $f : [\phi(a), \phi(b)] \to \mathbb{R}$을 생각하자. 그러면 함수 $f \circ \phi : [a, b] \to \mathbb{R}$은 $[a, b]$에서 ϕ에 대해 리만–스틸체스 적분가능하고 다음이 성립한다.

$$\int_{[a,\, b]} f \circ \phi d\phi = \int_{[\phi(a),\, \phi(b)]} f$$

증명

정리 11.10.2에서 따름정리 11.10.3을 얻는 방법과 유사한 방식으로 보조정리 11.10.5에서 이 명제를 얻을 수 있다. 먼저 f가 리만 적분가능하므로 f는 유계이므로 $f \circ \phi$도 반드시 유계임을 확인하자(그 이유는?).

$\varepsilon > 0$을 생각하자. 그러면 $[\phi(a), \phi(b)]$에서 f보다 위에 있으며 조각마다 상수인 함수 $\overline{f}$와 f보다 아래에 있으며 조각마다 상수인 함수 $\underline{f}$를 찾을 수 있다. 그리고 두 함수는 다음 부등식을 만족한다.

$$\int_{[\phi(a),\, \phi(b)]} f - \varepsilon \le \int_{[\phi(a),\, \phi(b)]} \underline{f} \le \int_{[\phi(a),\, \phi(b)]} \overline{f} \le \int_{[\phi(a),\, \phi(b)]} f + \varepsilon$$

이 부등식에 보조정리 11.10.5를 적용하면 다음을 얻는다.

$$\int_{[\phi(a),\, \phi(b)]} f - \varepsilon \le \int_{[a,\, b]} \underline{f} \circ \phi d\phi \le \int_{[a,\, b]} \overline{f} \circ \phi d\phi \le \int_{[\phi(a),\, \phi(b)]} f + \varepsilon$$

$\underline{f} \circ \phi$가 조각마다 상수이며 $f \circ \phi$보다 아래에 있으므로 다음 부등식이 성립한다.

$$\int_{[a,\, b]} \underline{f} \circ \phi d\phi \le \underline{\int}_{[a,\, b]} f \circ \phi d\phi$$

비슷하게 다음 부등식도 성립한다.

$$\int_{[a,\, b]} \overline{f} \circ \phi d\phi \ge \overline{\int}_{[a,\, b]} f \circ \phi d\phi$$

이 부등식들을 연립하면 다음이 성립한다.

$$\int_{[\phi(a),\, \phi(b)]} f - \varepsilon \le \underline{\int}_{[a,\, b]} f \circ \phi d\phi \le \overline{\int}_{[a,\, b]} f \circ \phi d\phi \le \int_{[\phi(a),\, \phi(b)]} f + \varepsilon$$

$\varepsilon(> 0)$이 임의의 수이므로 다음 부등식이 성립함을 의미한다.

$$\int_{[\phi(a),\, \phi(b)]} f \le \underline{\int}_{[a,\, b]} f \circ \phi d\phi \le \overline{\int}_{[a,\, b]} f \circ \phi d\phi \le \int_{[\phi(a),\, \phi(b)]} f$$

이로써 증명을 완성하였다. ■

명제 11.10.6을 따름정리 11.10.3과 결합하면 다음과 같이 친숙한 공식을 바로 얻을 수 있다.

명제 11.10.7 치환적분 III

닫힌구간 $[a, b]$와 단조증가하고 미분가능한 함수 $\phi : [a, b] \to [\phi(a), \phi(b)]$를 생각하자. 단, ϕ'은 리만 적분가능하다. $[\phi(a), \phi(b)]$에서 리만 적분가능한 함수 $f: [\phi(a), \phi(b)] \to \mathbb{R}$을 생각하자. 그러면 함수 $(f \circ \phi)\phi' : [a, b] \to \mathbb{R}$은 $[a, b]$에서 리만 적분가능하고 다음이 성립한다.

$$\int_{[a,\, b]} (f \circ \phi)\phi' = \int_{[\phi(a),\, \phi(b)]} f$$

11.10 연습문제

1. 명제 11.10.1을 증명하라.

힌트 먼저 따름정리 11.5.2와 정리 11.4.5를 사용하여 FG'과 $F'G$가 리만 적분가능함을 보인다. 그 다음 정리 10.1.13(d)에서 다룬 곱의 미분을 사용한다.

2. 보조정리 11.10.5의 증명에서 (그 이유는?)이라고 표시한 명제가 모두 참임을 보여라.

3. 실수 a, b(단, $a < b$)와 리만 적분가능한 함수 $f : [a, b] \to \mathbb{R}$을 생각하자. $g(x) := f(-x)$로 정의한 함수 $g : [-b, -a] \to \mathbb{R}$을 생각하자. g가 리만 적분가능함을 보이고, $\int_{[-b,\, -a]} g = \int_{[a,\, b]} f$ 임을 증명하라.

4. 명제 11.10.7에서 단조증가하는 ϕ를 단조감소하는 ϕ로 바꿀 때, 이 명제가 어떻게 바뀌는지 설명하라. (만약 ϕ가 단조증가하지도 않고 단조감소하지도 않으면 상황이 아주 복잡해질 수 있다.)

부록 A

수리논리학의 기초

The basics of mathematical logic

[부록 A]에서는 수학적 증명을 엄밀하게 하는 데 사용하는 언어인 **수리논리학**(mathematical logic)을 간략하게 소개한다. 수리논리학이 어떻게 작동하는지 안다면 수학적 사고 방식을 이해하는 데 대단히 도움이 된다. 이러한 논리 전개 방식에 익숙해지면 다양한 수학 개념과 (이 책의 수많은 증명 문제를 포함한) 문제에 명확하고 자신있게 접근할 수 있을 것이다.

논리적인 글쓰기는 대단히 유용한 기술이다. 논리적인 글쓰기는 글을 명확하고 효율적이며 설득력있게, 또 유익하게 쓰는 것과 어느 정도 관련은 있으나 완전히 동일하지는 않다. 방금 설명한 특징이 모두 한 번에 나타난다면 이상적이겠지만, 가끔은 몇 가지를 포기해야 할 때도 있다. 다만 꾸준하게 연습한다면 더 많은 특징이 드러나는 글을 작성할 수 있을 것이다. 논리적인 논증은 때로 다루기 힘들고 지나치게 복잡해 보이거나 설득력이 없어 보일 수도 있다. 그러나 논리적인 글쓰기는 모든 가설이 명확하고 단계가 논리적이라면 결론이 정확함을 전적으로 확신할 수 있다는 장점이 있다. 글을 다른 스타일로 쓴다면 무언가가 사실임을 합리적으로 납득(convinced)시킬 수 있으나, 납득하는 것과 **확신**(sure)하는 것 사이에는 차이가 있다.

논리적인 것은 글쓰기에서 유일하게 바람직한 특성이 아니다. 때때로 이는 글쓰기에 방해가 되기 때문이다. 이를테면 수학자들은 기나긴 세부내용을 모두 설명하지 않고 다른 수학자를 납득시키고 싶을 때 논리적으로 엄격하지 않지만 이해할 수 있는 수준에서 짧게 서술한 논증에 의존하는 경우가 많다. 수학자가 아닌 사람들도 마찬가지이다. 그러니 어떤 명제나 논증이 '논리적이지 않다'는 것이 반드시 나쁘다고는 할 수 없고, 논리적임을 강조하지 않아도 되는 이유가 타당한 상황도 많이 존재한다. 그러나 논리적 추론과 이해할 수 있을 정도의 논증 수단에는 차이가 있음을 알고 있어야 하며, 비논리적인 논증을 논리적으로 전달하려고 하면 안 된다. 특히 연습문제가 증명을 요구한다면 논리적인 답변을 기대하는 문제라는 뜻이다.

논리는 다른 기술과 마찬가지로 따로 배워야 한다. 그런데 우리 모두 일상적인 말하기나 (수학이 아닌) 내재적인 추론 등에서 무의식적으로 논리 법칙을 사용하는 것을 보면 논리는 선천적으로 가진 기술이기도 하다. 이렇게 타고난 기술을 인지하고 수학 증명과 같은 추상적인 상황에 적용하려면 어느 정도는 훈련과 연습이 필요하다. 논리는 타고난 것이므로 우리가 배우는 논리 법칙은 **의미가 있어야** 한다. 만약 논리 법칙이나 그 원리가 왜 성립하는지 이해하지 못하거나 머릿속에 '불이 들어오는 듯한' 느낌을 받지 못한 채 논리 법칙이나 원리를 외워야 한다고 해보자. 그러면 그러한 논리 법칙을 실제 상황에서 효과적이고 올바르게 사용할 수 **없을** 것이다. 그러므로 지금 다룰 '수리논리학'은 기말고사 전에 벼락치기하듯 공부하지 않았으면 한다. **형광펜을 치워버리고** 이 부록을 단순히 **공부한다**기보다는 **읽고 이해**하는 데 초점을 맞추길 바란다.

A.1 수학 명제

모든 수학 논증은 일련의 **수학 명제**(mathematical statement)로 진행된다. 수학 명제는 다양한 수학적 대상(수, 벡터, 함수 등)과 이들 사이의 연산(덧셈, 곱셈, 미분 등), 그리고 연산 사이의 관계(등식, 부등식 등)에 관한 정확한 설명을 의미한다. 이러한 수학적 대상은 상수이거나 변수일 수 있으며, 이에 관해서는 다음에 다룬다. 수학 명제는 참이거나 거짓인 문장이다.[1]

EX A.1.1 명제의 예

$2+2=4$는 참인 명제인 반면, $2+2=5$는 거짓인 명제이다.

수학 기호를 임의로 조합한다고 해서 명제가 될 수 있는 것은 아니다. 예를 들어 다음은 명제가 아니다.

$$= 2 + \ +4 = - = 2$$

이러한 식은 보통 **잘못 정의되었다**(ill–defined) 또는 **잘못 구성되었다**(ill–formed)고 한다. 반면에 EX A.1.1의 명제는 **잘 정의되었다**(well–defined) 또는 **잘 구성되었다**(well–formed)고 한다. 따라서 잘 구성된 명제는 참이거나 거짓이 될 수 있다. 반면에 잘못 구성된 명제는 참도 거짓도 아니라고 판단한다. (실제로는 일반적인 명제라고도 생각하지 않는다.) 좀 더 포착하기 어렵지만 잘못 구성된 명제의 예로 다음 식이 있다.

$$\frac{0}{0} = 1$$

이 명제는 0으로 나누는 것을 정의하지 않았으므로 잘못 구성되었다. 논리적인 논증은 잘못 구성된 명제를 포함하지 않는다. 이를테면 어떤 논증이 $\frac{x}{y} = z$라는 명제를 사용한다면, 먼저 $y \neq 0$임을 확인해야 한다. '$0 = 1$'이라던가 기타 거짓인 명제를 증명했다고 알려진 많은 것들은 '명제가 잘 구성되어야 한다'는 기준을 간과한 데에서 비롯한다.

많은 이들이 수학 문제를 풀 때 잘 구성되고 정확한 명제를 사용하려고 의도했지만 실제로는 잘못 구성되거나 부정확한 명제를 작성한 경험이 있을 것이다. 이는 문장에서 단어의 일부 철자를 틀리거나 혹은 문법에 어긋난 단어를 사용하는 것과 비슷하다.[2] 그리고 어느 정도까지는 이러한 잘못이 허용된다. 많은 경우에 수학 문제 풀이를 읽거나 채점을 하는 사람은 이러한 실수를 알아채고 수정할

---

1 엄밀하게 말하면 자유변수(free variable)가 없는 명제는 참이거나 거짓이다. 추후 자유변수에 관해 더 자세히 다룰 것이다.

2 영어 문장에서 동사 뒤에 부사를 쓰기 때문에 'She ran well.'이어야 하는데 형용사로 잘못 쓴 'She ran good.'과 같은 문장이 그 예이다.

수 있다. 그렇지만 이러한 풀이는 전문적이지 않아 보이며, 풀이를 작성한 사람은 자신이 무슨 말을 하는지 모른다는 것을 암시한다.

실제로 자신이 무슨 말을 하는지 잘 모르면서 수학 규칙이나 논리 규칙을 아무 생각 없이 적용한다면, 잘못 구성된 명제를 작성할 때마다 글쓰기가 더욱 혼란스러워질 것이며 말도 안 되는 내용으로 가득할 것이다. 그리고 수학 과제를 제출해도 좋은 점수를 받기 어려울 것이다. 따라서 어떤 과목을 이제 막 배우기 시작할 때, 명제를 잘 구성하고 명확하게 작성하는 데 각별한 주의를 기울여야 한다. 물론 실력이 늘고 자신감이 생긴다면 자신이 무슨 말을 하는지 이해하게 되고, 말도 안 되는 말을 할 위험이 줄어들기 때문에 다시 한 번 느슨하게 말할 여유를 가질 수 있다.

수리논리학의 기본 공리 중 "잘 구성된 명제는 모두 참이거나 거짓 중 하나만 성립하고, 참과 거짓이 동시에 성립하지 않는다."라는 공리가 있다. (만약 자유변수가 있다면 명제의 참 또는 거짓은 변수의 값에 따라 달라질 수 있다. 이는 나중에 자세히 설명한다.) 더불어 명제의 참 또는 거짓은 명제 자체에만 영향을 받으며, (모든 사람이 사용된 모든 정의와 표기법에 동의한다면) 명제를 보는 사람의 의견은 참 또는 거짓에 영향을 주지 않는다. 그러므로 어떤 명제가 참임을 증명하려면 그 명제가 거짓이 아님을 증명하면 충분하고, 반대로 어떤 명제가 거짓임을 보이려면 그 명제가 참이 아님을 증명하면 충분하다. 이것이 바로 **귀류법**이라는 **강력한 기술**이 기반이 된 원리이다.

적어도 원칙적으로, 객관적이고 일관적인 방식으로 참 또는 거짓을 판단할 수 있는 정확한 개념으로 작업하는 한 수리논리학 공리는 항상 유효하다. 그러나 매우 비수학적인 상황에서 작업한다면 이러한 공리는 훨씬 모호해지므로 비수학적인 상황에서 수리논리학을 적용하면 실수가 생길 수 있다. 이를테면 "이 바위의 무게는 52파운드이다."라는 명제는 아주 정확하고 객관적이므로 수학적 추론을 사용하여 명제를 조작해도 안전하다. 그러나 "이 바위는 무겁다.", "이 음악은 아름답다.", "신은 존재한다."와 같이 모호한 명제는 훨씬 더 문제가 될 수 있다. 이럴 때에도 실생활 현상에 관한 **수학적 모델**을 창조하여 논리(또는 논리와 유사한 원리)를 적용해보려고 할 수 있지만, 이는 수학이 아니라 과학 또는 철학의 영역이므로 여기에서는 더 이상 논의하지 않는다.

참고 A.1.2 양상논리(modal logic)나 직관논리(intuitionist logic), 퍼지 논리(fuzzy logic)처럼 확실히 참(definitely true)이 아니거나 확실히 거짓(definitely false)이 아닌 명제를 다루려고 시도하는 논리 모델이 따로 존재하지만, 이 책의 범위를 훨씬 넘어서는 내용이다.

어떤 명제가 참인 것은 그 명제가 **쓸모있다**(useful)고 하거나 **효율적이다**(efficent)고 하는 것과 다르다. 예를 들어 $2 = 2$는 참이지만 쓸모있는 명제는 아니다. 또 명제 $4 \leq 4$ 또한 참이지만, 효율적인 명제는 아니다. 효율성을 따지면 명제 $4 = 4$가 더 정확하기 때문이다. 가끔은 거짓이지만 여전히 쓸모있는 명제가 있다. 다음 명제를 살펴보자.

$$\pi = \frac{22}{7}$$

이 명제는 거짓이지만 π 값의 첫 번째 근삿값이므로 매우 쓸모 있는 명제이다.[3]

수학적인 추론 과정을 거칠 때에는 유용성과 효율성보다는 진실에만 관심을 두곤 한다. 그 이유는 바로 진실은 객관적(누구나 동의할 수 있음)이고 정확한 규칙 하에서 참인 명제를 끌어낼 수 있지만, 유용성과 효율성은 개인에 따라 차이가 있고 정확한 규칙을 따르지 않기 때문이다. 또한 논증 단계의 일부가 유용하지도 않고 비효율적이어도, 최종 결론은 꽤 자명하지 않은 사실이며 쓸모 있을 가능성이 높다(이는 실제로 꽤 흔한 일이다).

명제는 **식(expression)**과는 다른 개념이다. 명제는 참 또는 거짓이라는 결론을 내릴 수 있다. 반면에 식은 (수, 행렬, 함수, 집합 등) 어떤 수학적 대상을 값으로 표현하는 수학 기호의 나열이다. 다음 예를 보자.

$$2 + 3 \times 5$$

이것은 명제가 아니라 수를 계산한 값을 알려주는 식이다. 또다른 예를 보자.

$$2 + 3 \times 5 = 17$$

이것은 식이 아니라 명제이다. 따라서 $2 + 3 \times 5$가 참인지 거짓인지 물어보아도 의미가 없다. 명제와 마찬가지로 식도 잘 정의하거나 잘못 정의할 수 있다. 식 $2 + \frac{3}{0}$은 잘못 정의하였다. 잘못 정의한 식 중 더욱 감지하기 힘든 예로, 행렬에 벡터를 더하는 식이라던가 정의역이 아닌 곳에서 함숫값을 정의하는 $\sin^{-1}(2)$와 같은 식이 있다.

식을 명제로 만드는 방법에는 두 가지가 있다. 첫 번째는 $=$, $<$, $\leq$, $\in$, $\subset$ 등의 **관계**(relation)를 사용하는 방법이 있고, 두 번째는 "~은(는) 소수이다.", "~은(는) 연속이다.", "~은(는) 역함수가 존재한다." 등의 **성질**(property)을 사용하는 방법이 있다. "$30 + 5 \leq 42 - 7$"도 명제이지만 "$30 + 5$는 소수이다."도 명제이다. 이처럼 수학 명제에는 문자로 된 표현을 포함할 수 있다.

그리고(and), 또는(or), 부정(not), 함의(if-then), 동치(if and only if) 등과 같은 **논리연결사**(logical connective)를 사용하면 단순명제(primitive statement)를 **복합명제**(compound statement)로 만들 수 있다. 논리연결사의 몇 가지 예를 직관적인 순서대로 소개한다.

논리곱(conjunction)

만약 X와 Y가 명제이면 "X이고 Y이다."라는 명제는 X와 Y가 모두 참일 때에만 참이고 나머지는 거짓이다. 이를테면 "$2 + 2 = 4$이고 $3 + 3 = 6$이다."는 참인 명제이고, "$2 + 2 = 4$이고 $3 + 3 = 5$

3 (옮긴이) 고대 이집트인들이 $\frac{22}{7}$를 π의 근삿값으로 사용했다고 알려져 있다. 바빌로니아에서는 이보다 오차가 큰 $\frac{25}{8}$를 근삿값으로 사용하기도 했다.

이다."는 거짓인 명제이다. "$2 + 2 = 4$이고 $2 + 2 = 4$이다."도 다소 비효율적이긴 하지만 참인 명제이다. 논리는 효율적인지를 따지는 게 아니라 진실인지를 따지기 때문이다.

명제 "X이고 Y이다(X and Y)."는 "X이고 또한 Y이다(X and also Y)."라던가 "X와 Y 모두 참이다(Both X and Y are true)."와 같이 다양한 표현으로 나타낼 수 있다. 흥미롭게도 "X가 참이지만 Y도 참이다(X, but Y)."라는 명제는 논리적으로는 "X이고 Y이다(X and Y)."와 동일한 명제이지만, 실제로 함축된 의미가 다르다. 두 명제는 각각 X와 Y가 모두 참이라는 점에서 동일하지만 그 뉘앙스가 다르다. 전자는 X와 Y가 서로 대조적이라는 뜻이며, 후자는 X와 Y가 서로 뒷받침한다는 뜻이다.[4] 중요한 것은, 논리는 함축이나 제안이 아닌 진리를 다룬다는 점이다.

논리합(disjunction)

만약 X와 Y가 명제이면 "X 또는 Y이다(X or Y)."라는 명제는 X나 Y 중 한 개 이상(혹은 두 개 모두) 참일 때 참이다. 이를테면 "$2 + 2 = 4$ 또는 $3 + 3 = 5$이다."는 참인 명제이고, "$2 + 2 = 5$ 또는 $3 + 3 = 5$이다."는 거짓인 명제이다. "$2 + 2 = 4$ 또는 $3 + 3 = 6$이다."는 ("$2 + 2 = 4$이고 $3 + 3 = 6$이다."라는 더 강력한 명제가 존재하므로) 다소 비효율적이지만 참인 명제이다.

따라서 수리논리학에서 단어 '또는(or)'은 **논리합(inclusive or)**[5]으로 설정한다. 논리합으로 설정한다고 하는 이유는 "X 또는 Y이다."를 확인하려면 X나 Y 중 하나만 참인지를 확인해도 충분하기 때문이다. 즉, 두 명제 중 한 명제가 참이면 다른 명제가 거짓인지 확인할 필요가 없다는 뜻이다. 그래서 "$2 + 2 = 4$ 또는 $2353 + 5931 = 7284$이다."는 두 번째 식을 살펴볼 필요도 없이 참인 명제임을 알 수 있다. 앞에서 논의했듯이 "$2 + 2 = 4$ 또는 $2 + 2 = 4$이다."도 다소 비효율적이지만 참인 명제이다.

만약 정말로 배타적 논리합(exclusive or)[6]을 사용하고 싶다면 "X 또는 Y 중 하나만 참이지만, 둘 다 참은 아니다(Either X or Y is true, but not both)."라거나 "X 또는 Y 중 정확히 하나만 참이다(Exactly one of X or Y is true)."와 같은 명제를 사용해야 한다. 배타적 논리합은 수학에 등장하지만 논리합(inclusive or)처럼 자주 등장하지는 않는다.

부정(negation)

"X는 참이 아니다(X is not true)."라거나 "X는 거짓이다(X is false)." 또는 "X가 성립하지 않는다

4 **(옮긴이)** 예를 들어 "수학도 좋아하지만 게임도 좋아한다."와 "수학도 좋아하고 게임도 좋아한다."는 모두 두 가지를 좋아한다는 뜻이다. 다만 전자는 공부 과목인 수학과 놀이인 게임을 대조하려는 의도가 있다.

5 **(옮긴이)** 논리 연산의 하나로 두 변수의 한쪽 또는 양쪽이 모두 참이면 그 결과가 참이고, 양쪽 모두가 거짓일 때만 거짓이다. 이를 배타적 논리합과 구분하여 **포괄적 논리합**이라고도 한다.

6 **(옮긴이)** 논리 연산의 하나로 두 명제 중 한 명제만 참일 때 참으로 판단한다.

(It is not the case that X).”와 같은 명제를 X의 **부정**이라고 한다. X의 부정이 참일 필요충분조건은 X가 거짓인 것이고, X의 부정이 거짓일 필요충분조건은 X가 참인 것이다. 이를테면 “$2+2=5$는 성립하지 않는다.”는 명제는 참이다. 물론 이 명제를 “$2+2 \neq 5$”로 간단히 줄일 수 있다.

부정은 ‘그리고’를 ‘또는’으로 바꾸어 준다. 예를 들어 “영희는 머리카락이 검은색이고, 영희는 눈이 파란색이다.”의 부정은 “영희는 머리카락이 검은색이 아니고, 영희는 눈이 파란색이 아니다.”가 **아니라** “영희는 머리카락이 검은색이 아니거나 눈이 파란색이 아니다.”가 맞다(그 이유를 알겠는가?). 이와 비슷하게 x가 정수일 때 “x는 짝수이고 음수가 아니다.”의 부정은 “x는 홀수이고 음수이다.”가 아니라 “x는 홀수 또는 음수이다.”이다.[7] 또한 “$x \geq 2$이고 $x \leq 6$이다(즉, $2 \leq x \leq 6$).”의 부정은 “$x < 2$이고 $x > 6$이다.” 또는 “$2 < x > 6$”이 아니라 “$x < 2$ 또는 $x > 6$이다.”라고 나타내야 한다.

부정은 ‘또는’을 ‘그리고’로 바꾸어 준다. 예를 들어 “철수는 머리카락이 갈색이거나 검은색이다.”의 부정은 “철수는 머리카락이 갈색이 아니고, 철수는 머리카락이 검은색이 아니다.”이다. 이와 동치인 명제로 “철수는 머리카락이 갈색도 아니고 검은색도 아니다.”라고 표현할 수 있다. 만약 x가 실수일 때 “$x \geq 1$ 또는 $x \leq -1$이다.”의 부정은 “$x < 1$이고 $x > -1$이다(즉, $-1 < x < 1$).”라고 표현한다.

어떤 명제를 부정하면 참이 될 수 없는 명제가 나올 가능성이 아주 크다. x가 정수일 때 “x는 짝수이거나 홀수이다.”의 부정은 “x는 짝수도 홀수도 아니다.”인데, 이 명제는 참일 가능성이 전혀 없다. 그럼에도 거짓인 명제 또한 명제이며, 때로는 거짓 명제를 이용하여 참인 명제에 도달하는 논증을 사용할 수도 있음을 기억하자.[8]

다중 부정(multiple negation)이 존재하면 종종 부정을 직관적으로 다루기 어렵다. 특히 “x가 홀수가 아니거나 x가 3보다 크거나 같지 않은 것 중 하나만 해당되는 게 아니라 둘 다 해당되지 않는다.” 같은 명제는 사용하기에 좋지 않다. 다행히 부정은 서로를 상쇄할 때가 많으므로, 한 번에 한두 개 이상의 부정이 동시에 포함된 명제를 작업할 일은 거의 없다. 예를 들어 “X는 사실이 아니다.”의 부정은 “X는 사실이다.”라고 하거나 더 간단하게 “X이다.”라고 한다. 물론 ‘그리고’, ‘또는’ 등의 표현을 바꾸는 것같은 문제를 고려한다면 더욱 복잡한 표현을 부정할 때에는 주의해야 한다.

필요충분조건(if and only if, iff)

명제 X와 Y를 생각하자. X가 참일 때마다 Y가 참이고, Y가 참일 때마다 X가 참(즉, X와 Y가

7 여기서 ‘또는(or)’이 배타적 논리합보다는 포괄적 논리합을 의미한다는 사실이 중요하다.

8 이러한 논증 과정 중 귀류법이 있다. 아니면 경우를 나누어서 증명하는 방법도 있다. 증명 과정에서 경우 1, 경우 2, 경우 3을 상호배타적으로 나눌 때, 어떤 두 가지 경우가 거짓이면 나머지 한 경우는 참이다. 그러나 이러한 방법이 반드시 전체 증명이 잘못되었거나 결론이 거짓임을 의미하지는 않는다.

'동등하게 참')이면 "X가 참일 필요충분조건은 Y는 참인 것이다(X is true if and only if Y is true)." 라고 한다. 이 관계를 다르게 표현하면 "X와 Y는 논리적으로 동치명제이다." 또는 '$X \leftrightarrow Y$'이다.[9] 만약 x가 실수일 때, 명제 "$x = 3$일 필요충분조건은 $2x = 6$인 것이다."는 참인 명제이다. 이는 $x = 3$이 참이면 $2x = 6$도 참임을 의미하고, 반대로 $2x = 6$이 참이면 $x = 3$도 참임을 의미한다. 그런데 명제 "$x = 3$일 필요충분조건은 $x^2 = 9$인 것이다."는 거짓인 명제이다. 왜냐하면 $x^2 = 9$가 참일 때 자동으로 $x = 3$이 참인 것은 아니기 때문이다($x = -3$일 때를 생각하라).

동등하게 참인 명제는 동등하게 거짓이기도 하다. 만약 두 명제 X, Y가 논리적으로 동치이고 X가 거짓이면, Y도 거짓이어야 한다(만약 Y가 참이면 X도 참이어야 하기 때문이다). 역으로 두 명제가 동등하게 거짓이면 역시 논리적으로 동치이다. 따라서 $2 + 2 = 5$일 필요충분조건은 $4 + 4 = 10$인 것이다.

두 개 이상인 명제가 논리적으로 동치임을 보이는 것이 흥미로울 때가 있다. 예를 들어 세 명제 X, Y, Z가 논리적으로 동치임을 주장하려고 해보자. 이는 명제 중 하나가 참이면 모든 명제가 참임을 의미하고, 명제 중 하나가 거짓이면 모든 명제가 거짓임을 의미하기도 한다. 세 명제가 논리적으로 동치임을 보이려면 많은 논리적 함의를 증명해야 해야 할 것 같지만, 실제로는 X, Y, Z 사이의 논리적 함의를 충분히 증명하기만 해도 세 명제가 모두 논리적으로 동치라는 결론을 내릴 수 있다. 연습문제 5와 연습문제 6을 참고하자.

A.1 연습문제

1. "X 또는 Y 중 하나만 참이지만, 둘 다 참은 아니다."의 부정명제를 서술하라.

2. "X가 참일 필요충분조건은 Y가 참인 것이다."의 부정명제를 서술하라.

힌트 이 명제의 부정을 표현하는 방법은 다양하다.

3. X가 참일 때마다 Y가 참이고, X가 거짓일 때마다 Y는 거짓임을 증명했다고 가정하자. 그러면 X와 Y가 논리적으로 동치임을 증명했는지 밝히고, 이를 설명하라.

9 (옮긴이) 원문에서는 "X is true iff Y is true."도 소개하였으나 따로 번역하지 않았다.

4. X가 참일 때마다 Y가 참이고, Y가 거짓일 때마다 X가 거짓임을 증명했다고 가정하자. 그러면 X가 참일 필요충분조건이 Y가 참인 것임을 증명했는지 밝히고, 이를 설명하라.

5. X가 참일 필요충분조건이 Y가 참인 것과, Y가 참일 필요충분조건이 Z가 참인 것을 알고 있다고 가정하자. 그러면 X, Y, Z가 서로 논리적으로 동치임을 설명하기에 충분한지 밝히고, 이를 설명하라.

6. X가 참일 때마다 Y가 참이고, Y가 참일 때마다 Z가 참이며, Z가 참일 때마다 X가 참임을 알고 있다고 가정하자. 그러면 X, Y, Z가 서로 논리적으로 동치임을 설명하기에 충분한지 밝히고, 이를 설명하라.

A.2 함의

이제 직관이 가장 떨어지는 논리연결사인 함의(implication)를 알아보려고 한다. 만약 X, Y가 명제이면 "만약 X이면 Y이다(if X, then Y)."라는 명제를 X에서 Y로 가는 **함의**라고 한다. 이 명제는 "X가 참일 때 Y가 참이다."라고 하거나 "X는 Y를 함의한다." 또는 "X는 Y가 참일 때에만 참이다."[10]와 같은 명제로도 나타낼 수 있다.

명제 "만약 X이면 Y이다."의 참 또는 거짓은 X가 참인지 거짓인지의 여부에 의존한다. X가 참이라고 하자. Y가 참이면 "만약 X이면 Y이다."는 참이다. Y가 거짓이면 "만약 X이면 Y이다."는 거짓이다. 그런데 X가 거짓이라고 하자. Y의 참 또는 거짓과 관계없이 "만약 X이면 Y이다."는 **항상** 참이다. 이를 달리 설명해보자. X가 참일 때 명제 "만약 X이면 Y이다."는 Y가 참임을 함의한다. 그러나 X가 거짓일 때 명제 "만약 X이면 Y이다."는 Y가 참인지 거짓인지에 대한 정보를 제공하지 않는다. 즉, 이 명제는 **공진리**(vacuously true)이다. 즉, 가설(hypothesis)이 거짓이라는 사실을 제외하면 새로운 정보를 전달하지 않는다.

EX A.2.1 x가 정수이면 x가 실제로 2와 같은지의 여부와 상관없이 "만약 $x = 2$이면 $x^2 = 4$이다."는 참인 명제이다(다만 이 명제는 x가 **정말** 2와 같을 때에만 유효할 것 같다). 이 명제는 x가

10 이 명제의 뜻은 바로 와닿지 않을 것이다. 의미를 이해하려면 조금 더 생각할 필요가 있다.

2와 서로 같다고 주장하지 않고, x^2이 4와 서로 같다고 주장하지 않는다. 다만 x가 2와 서로 같다면 x^2이 4와 서로 같다고 주장한다. 만약 x가 2와 서로 같지 않으면 명제는 여전히 참이지만, x^2에 관한 어떤 결론도 제공하지 않는다.

함의 "만약 $x = 2$이면 $x^2 = 4$이다."에는 몇 가지 특별한 경우가 존재한다.

- 함의 "만약 $2 = 2$이면 $2^2 = 4$이다."는 참이다. (참이 참을 함의)
- 함의 "만약 $3 = 2$이면 $3^2 = 4$이다."는 참이다. (거짓이 거짓을 함의)
- 함의 "만약 $-2 = 2$이면 $(-2)^2 = 4$이다."는 참이다. (거짓이 참을 함의)

마지막 두 함의는 공진리이다. 왜냐하면 두 함의의 가설이 거짓이므로 새로운 정보를 제공하지 않기 때문이다. 그럼에도 증명에 공진리인 함의를 효과적으로 사용할 수 있다. 공진리인 명제도 참인 명제이기 때문이다. 추후 이러한 예를 짧게 살펴볼 것이다.

보시다시피 가설이 거짓이라고 해서 함의명제가 참인 것을 훼손하지 못한다. 오히려 그 반대의 역할을 한다. (가설이 거짓이면, 함의명제는 자동으로 참이다!) 함의명제가 거짓임을 보이는 유일한 방법은 가설이 참이지만 결론이 거짓임을 보이는 방법이 있다. 그러므로 "만약 $2+2=4$이면 $4+4=2$이다."는 거짓인 함의명제이다. (참은 거짓을 함의하지 않는다.)

"만약 X이면 Y이다."라는 명제를 "Y는 **적어도** X **만큼 참**이다."라고 생각할 수도 있다. 즉, 만약 X가 참이면 Y도 참이어야 하지만, X가 거짓이면 Y가 거짓일 수도 있으나 참일 수도 있기 때문이다. 이것이 X와 Y가 **동등하게 참**인 명제 "X일 필요충분조건은 Y인 것이다."와 구별해야 한다.

공진리인 함의명제는 일상적인 대화에서도 종종 사용되는데, 사람들은 때로 이 함의가 의미 없음을 알지 못한다. 엉뚱하지만 "날개가 있다면 돼지는 날 것이다."라는 예가 있다. 거짓인 가설을 선택한 "팔열지옥이 얼어붙는다."와 같은 명제도 있다. 조금 더 심각한 예로 "철수가 오후 5시에 퇴근했다면 지금쯤 여기 있을 것이다."가 있다. 이러한 명제는 가설과 결론이 모두 거짓일 때 종종 사용하는데, 그럼에도 이 함의명제는 참이다.

그런데 이 명제는 귀류법의 기술을 설명할 때 사용할 수 있다. "철수가 오후 5시에 퇴근했다면 지금쯤 여기 있을 것이다."를 믿고 "철수가 지금 여기에 없다."를 알고 있다면, "철수가 오후 5시에 퇴근하지 않았다."라는 결론을 내릴 수 있다. 왜냐하면 철수가 오후 5시에 퇴근했을 경우 이러한 명제 사이에 모순이 발생하기 때문이다. 이로써 유용한 진실을 도출할 때 공진리인 함의명제가 어떻게 사용되는지 참고하길 바란다.

지금까지의 내용을 요약하면, 함의명제는 가끔 공진리가 되지만 이는 논리학에서 문제가 되지 않는다. 이러한 함의명제는 여전히 참이며, 공진리인 함의명제는 논리적 논증 과정에서 유용하기 때문이다.

특히 가설 X가 실제로 참인지 거짓인지를 걱정할 필요 없이 (즉, 함의가 공진리이든 아니든 간에) "만약 X이면 Y이다."와 같은 명제를 안전하게 사용할 수 있다.

함의명제는 가설과 결론 사이에 인과관계가 없어도 여전히 참일 수 있다. "$1 + 1 = 2$이면 워싱턴 D.C는 미국의 수도이다."는 이상해 보이긴 하지만 참인 명제이다(참이 참을 함의). 비슷한 방식으로 "$2 + 2 = 3$이면 뉴욕은 미국의 수도이다."도 참인 명제이다(거짓이 거짓을 함의). 미국의 수도가 언젠가 바뀔 수도 있으니 이러한 명제는 불안정할 수 있지만, 적어도 현재에는 참인 명제이다.

논리적 논증에서 인과적인 함의를 사용할 수 있지만, 불필요한 혼란을 야기할 수 있으므로 추천하지 않는다. 예를 들어 거짓인 명제를 (참 또는 거짓인) 다른 명제를 함의하는 데 사용할 수 있지만, 임의로 그렇게 하면 학습하는 데 도움이 되지 않을 수 있다.

함의명제 "만약 X이면 Y이다."를 증명하려면, 일반적으로 먼저 X가 참이라고 가정하고 (다른 사실이나 이미 가정한 내용과 함께) 이로부터 Y를 도출한다. 이 방법은 X가 나중에 거짓으로 판명되더라도 여전히 유효한 절차이다. 이러한 함의는 X가 진실인지 아닌지에 관해서는 아무것도 보장하지 않기 때문이며, 단지 X가 먼저 참이라는 조건 하에 Y가 참임을 의미할 뿐이다. 예를 들어 다음에 소개하는 명제는 가설과 결론이 모두 거짓이더라도 명제 전체가 참임을 증명하는 유효한 증명을 제시한다.

명제 A.2.2 만약 $2 + 2 = 5$이면 $4 = 10 - 4$이다.

증명

$2 + 2 = 5$라고 가정하자. 양변에 2를 곱하면 $4 + 4 = 10$이다. 양변에서 4를 빼면 $4 = 10 - 4$를 얻는다. ■

반면에 함의명제를 증명하는 과정에서 가장 많이 하는 실수는 **결론**이 성립한다고 가정하고, 가설에 도달하는 것이다. 다음 명제는 참이지만 증명이 잘못되었다.

명제 A.2.3 만약 $2x + 3 = 7$이면 $x = 2$이다.

잘못된 증명

$x = 2$이면 $2x = 4$이다. 그러므로 $2x + 3 = 7$이다. ■

증명할 때에는 가설과 결론을 구분할 수 있어야 한다. 이 구분을 명확하게 하지 않으면 완전히 헷갈릴 위험이 발생한다.

다음 명제의 짧은 증명에서 공진리일 수 있는 함의를 사용한다.

> **정리 A.2.4** n이 정수라고 가정하자. $n(n+1)$은 짝수인 정수이다.

증명

n이 정수라면 n은 짝수이거나 홀수이다. 만약 n이 짝수이면 짝수의 배수는 짝수이기 때문에 $n(n+1)$도 짝수이다. 만약 n이 홀수이면 $n+1$은 짝수이므로 $n(n+1)$이 짝수임을 함의한다. 각각의 경우에서 모두 $n(n+1)$이 짝수이므로 증명을 마친다. ■

정리 A.2.4의 증명에는 함의가 두 개 있었음을 주목하자. 첫 번째는 "만약 n이 짝수이면 $n(n+1)$은 짝수이다."이고 두 번째는 "만약 n이 홀수이면 $n(n+1)$은 짝수이다."이다. n이 홀수인 동시에 짝수가 될 수 없으므로, 두 함의 중 하나는 가설이 거짓이며 따라서 공진리이다. 그럼에도 두 함의는 모두 참이며, n이 짝수인지 홀수인지 미리 알 수 없으므로 정리 A.2.4를 증명하려면 두 함의가 **모두** 필요하다. 설령 n이 짝수인지 홀수인지 미리 안다고 하더라도 이를 확인하는 작업이 번거로울 수 있다. 예를 들어 정리 A.2.4의 특수한 경우로 다음 따름정리를 바로 알 수 있다.

> **따름정리 A.2.5** $n = (253+142) \times 123 - (423+198)^{342} + 538 - 213$을 생각하자. 그러면 $n(n+1)$은 짝수이다.

이런 특수한 경우에는 n이 짝수인지 홀수인지 정확히 판별할 수 있으며, 정리 A.2.4의 함의 중 하나만 사용하고 공진리가 된 함의를 버릴 수 있다. 이 방법이 좀 더 효율적으로 보일 수 있지만 그다지 경제적이지는 않다. 주어진 n이 짝수인지 홀수인지를 결정해야 하는데 이 작업은 두 가지 함의를 모두 포함하여 증명하는 것보다 더 많은 노력을 기울여야 하기 때문이다. 다소 역설적으로 들리겠지만 증명 과정에 공진리이거나 거짓, 또는 '쓸모없는' 명제를 포함해둔다면 장기적으로는 오히려 노력을 절약할 수 있다. 물론 시간을 낭비하고 관련 없는 명제를 증명에 포함하라는 뜻이 아니다. 가설이 참인지 거짓인지와 관계없이 올바른 결론을 내릴 수 있도록 논증 과정이 구조화되어 있다면, 논증의 일부 가설이 정확하지 않을 수 있다는 점을 지나치게 걱정할 필요가 없다는 의미이다.

이번에는 명제의 역, 이, 대우와 귀류법에 관해 간략하게 살펴보겠다.

역

"만약 X이면 Y이다."라는 명제는 "만약 Y이면 X이다."라는 명제와 서로 같지 않다. 예를 들어 "만약 $x = 2$이면 $x^2 = 4$이다."는 참인 명제이지만, "만약 $x^2 = 4$이면 $x = 2$이다."는 $x = -2$일 수 있으므로 거짓인 명제이다. 이러한 관계에 있는 두 명제를 **역(converse)**이라고 한다. 그러므로 참인 함의명제의 역은 항상 또다른 참인 함의명제일 필요가 없다.

"X일 필요충분조건은 Y인 것이다."라는 명제는 "만약 X이면 Y이고, 만약 Y이면 X이다."라는 명제를 가리킨다. 그러므로 $x = 2$일 필요충분조건은 $2x = 4$인 것이라고 할 수 있다. 왜냐하면 $x = 2$이면 $2x = 4$이고, $2x = 4$이면 $x = 2$이기 때문이다. "X일 필요충분조건은 Y인 것이다." 라는 명제를 생각하는 한 가지 방법은 한 명제가 참이면 다른 명제도 참이고, 한 명제가 거짓이면 다른 명제도 거짓이라고 생각하면 된다. 이를테면 "$3 = 2$이면 $6 = 4$이다."라는 명제는 가설과 결론이 모두 거짓이므로 참이다.[11] 따라서 "X일 필요충분조건은 Y인 것이다." 대신 "X와 Y는 동등하게 참이다."라고 할 수 있다.

이

"만약 X가 참이면 Y는 참이다."라는 명제는 "만약 X가 거짓이면 Y는 거짓이다."라는 명제와 **서로 같지 않다**. 예를 들어 "$x = 2$이면 $x^2 = 4$이다."는 "$x \neq 2$이면 $x^2 \neq 4$이다."를 함의하지 않는다. 이때 $x = -2$라는 반례가 있기 때문이다. 따라서 함의(if-then)를 포함한 명제는 동치(if and only if)를 포함한 명제와 서로 같지 않다.[12] "만약 X가 거짓이면 Y가 거짓이다."라는 명제는 "만약 X가 참이면 Y가 참이다."라는 명제의 **이(inverse)**라고 한다. 따라서 참인 함의명제의 이는 항상 또다른 참인 함의명제일 필요가 없다.

대우

"만약 X가 참이면 Y가 참이다."라는 명제를 알고 있다면, "만약 Y가 거짓이면 X가 거짓이다."라는 명제도 참이다. 이는 Y가 거짓이면 X가 참일 수 없는데, 이로부터 Y가 참임을 다시 함의하므로 모순이다. 예를 들어 "$x = 2$이면 $x^2 = 4$이다."를 알고 있으면, "$x^2 \neq 4$이면 $x \neq 2$이다."도 알고 있는 것이다. 또한 "철수가 오후 5시에 퇴근했다면 지금쯤 여기 있을 것이다."를 알고 있으면, "철수가 지금 여기에 없으면 철수는 오후 5시에 퇴근하지 못한 것이다."라는 사실도 알고 있다. "만약 Y가 거짓이면 X가 거짓이다."라는 명제를 "만약 X가 참이면 Y가 참이다."라는 명제의 **대우(contrapositive)**라고 한다. 원래 명제와 대우 명제의 참, 거짓 여부는 동일하다.

귀류법

특히 X가 거짓이라 알려진 무언가를 함의함을 안다면, X 자체가 틀림없이 거짓이다. 이것이 바로

11 이러한 관점에서 "만약 X이면 Y이다."라는 명제는 'Y는 적어도 X만큼 참이다.'라는 명제로 간주할 수 있다.

12 만약 "X가 참일 필요충분조건은 Y가 참인 것이다."를 안다면 "X가 거짓일 필요충분조건은 Y가 거짓인 것이다."인 것도 안다.

귀류법(**proof by contradiction** 또는 **reductio ad absurdum**)의 기저에 있는 아이디어이다. 무언가가 거짓임을 보여주려면 먼저 그것이 참이라고 가정하고, 이미 거짓이라고 알려진 무언가를 함의함을 보여야 한다(즉, 이러한 명제는 참인 동시에 참이 아니게 된다). 이어지는 명제의 증명을 통해 귀류법을 살펴보자.

> **명제 A.2.6** x는 양수이고, $\sin(x) = 1$을 만족한다고 가정하자. 그러면 $x \geq \frac{\pi}{2}$이다.

증명

귀류법을 사용하여 $x < \frac{\pi}{2}$라고 가정하자. x가 양수이므로 $0 < x < \frac{\pi}{2}$이다. $0 \leq x \leq \frac{\pi}{2}$일 때 $\sin(x)$는 증가함수이고 $\sin(0) = 0$, $\sin\left(\frac{\pi}{2}\right) = 1$이므로 $0 < \sin(x) < 1$이다. 그런데 이는 $\sin(x) = 1$이라는 가정에 모순이다. 따라서 $x \geq \frac{\pi}{2}$이다. ■

귀류법을 사용한 증명은 증명의 어떤 시점에서 나중에 거짓으로 판명될 가설을 가정(이 경우에 $x < \frac{\pi}{2}$라고 가정함)한다는 특징이 있다. 그럼에도 이 논증은 유효하며, 참인 결론을 도출한다는 사실을 바꾸지 못한다는 점에 유의하라. 왜냐하면 최종 결론은 해당 가설이 참인 것에 의존하지 않기 때문이다(실제로는 가설이 거짓임에 의존했다).

귀류법을 사용한 증명은 '부정적'으로 서술된 명제를 증명할 때 특히 유용하다. 이를테면 "X는 거짓이다." 또는 "a와 b는 서로 같지 않다." 같은 명제가 그렇다. 그러나 명제가 긍정적으로 서술된 건지 부정적으로 서술된 건지 구분하기엔 다소 모소한 부분이 있다. $x \geq 2$는 긍정적인가? 아니면 부정적인가? 이 명제의 부정인 $x < 2$는 어떠한가? 따라서 귀류법은 어려우며 빠르게 사용할 수 있는 규칙은 아니다.

논리학자들은 특수한 기호를 사용하여 논리연결사를 표현하기도 한다. 다음 예를 보자.

- "X는 Y를 함의한다."는 "$X \Longrightarrow Y$"로 나타낼 수 있다.
- "X는 참이 아니다."는 "$\sim X$" 또는 "$!X$", 아니면 "$\neg X$"로 나타낼 수 있다.
- "X이고 Y이다."는 "$X \wedge Y$" 또는 "$X \,\&\, Y$"로 나타낼 수 있다.

이 외에도 여러 가지가 있다. 그러나 수학에서는 문장으로 표현했을 때 더 가독성이 높기도 하고, 공간도 아주 많이 차지하지는 않으므로 기호를 자주 사용하지 않는다. 또한 기호를 사용하면 식과 명제 사이의 경계가 모호해지는 경향도 있다. 이를테면 "$((x = 3) \wedge (y = 5)) \Longrightarrow (x + y = 8)$"은 "만약 $x = 3$이고 $y = 5$이면 $x + y = 8$이다."만큼이나 이해하기 쉽지 않다. 따라서 이러한 표현은 가급적 지양하는 게 좋다. 다만 $\Longrightarrow$는 매우 직관적이므로 종종 쓸 수도 있다.

A.3 증명 구조

명제를 증명할 때 가설을 가정하고 결론을 향해 나아가는 **직접증명법**을 사용하는 경우가 많다. 직접증명법의 몇 가지 예를 살펴보자.

명제 A.3.1 A이면 B이다.

증명

A가 참이라고 가정하자. A가 참이므로 C도 참이다. C가 참이므로 D도 참이다. D가 참이므로 B도 참이다. 이로써 증명이 끝났다. ■

명제 A.3.2 $x = \pi$이면 $\sin\left(\frac{x}{2}\right) + 1 = 2$이다.

증명

$x = \pi$라고 하자. $x = \pi$이므로 $\frac{x}{2} = \frac{\pi}{2}$이다. $\frac{x}{2} = \frac{\pi}{2}$이므로 $\sin\left(\frac{x}{2}\right) = 1$이다. $\sin\left(\frac{x}{2}\right) = 1$이므로 $\sin\left(\frac{x}{2}\right) + 1 = 2$를 얻는다. ■

두 명제를 증명할 때 가설에서 시작하여 점차 결론을 향해 나아갔다. 결론에서 거꾸로 시작해서 결론을 함의하는 데 무엇이 필요한지 찾는 방법도 가능하다. 그러면 명제 A.3.1의 증명을 이렇게도 생각해볼 수 있다.

명제 A.3.1의 다른 증명

B가 참임을 보이기 위해 D가 참임을 보이면 충분하다. C이면 D이므로 C가 참임을 보이면 충분하다. 한편 A가 참이므로 C가 참이다. ■

이를 이용하면 명제 A.3.2를 다른 방법으로 증명할 수 있다.

명제 A.3.2의 다른 증명

$\sin\left(\frac{x}{2}\right) + 1 = 2$임을 보이기 위해 $\sin\left(\frac{x}{2}\right) = 1$임을 보이면 충분하다. $\frac{x}{2} = \frac{\pi}{2}$이므로 $\sin\left(\frac{x}{2}\right) = 1$이다. 이제 $\frac{x}{2} = \frac{\pi}{2}$임을 보여야 한다. 그리고 이는 $x = \pi$이면 자동으로 성립한다. ■

논리적으로 말하면, 명제 A.3.2를 증명하는 두 가지 방법은 서로 동일한 증명을 다른 방식으로 배열했을 뿐이다. 이러한 증명 방법이 (명제 A.2.3의 잘못된 증명처럼) 결론부터 성립한다고 가정하여 그것이 의미하는 바를 보는 방법과 어떻게 다른지 생각해보자. 명제 A.3.2의 증명에서는 결론에서 시작하여 결론을 함의하는 데 필요한 바를 살펴본다.

결론에서 거꾸로 시작하는 증명법에 관한 다른 예를 살펴보자.

명제 A.3.3 실수 r(단, $0 < r < 1$)을 생각하자. 그러면 급수 $\sum_{n=1}^{\infty} nr^n$은 수렴한다.

증명

주어진 급수가 수렴함을 보이기 위해 비판정법을 이용하여 다음과 같은 비가 $n \to \infty$일 때 1보다 작은 수로 수렴함을 보이면 충분하다.

$$\left|\frac{r^{n+1}(n+1)}{r^n n}\right| = r\frac{n+1}{n}$$

r이 이미 1보다 작으므로 $\frac{n+1}{n}$이 1로 수렴함을 보이면 충분하다. 한편 $\frac{n+1}{n} = 1 + \frac{1}{n}$이므로 $\frac{1}{n} \to 0$임을 보이면 충분하다. 그리고 이는 $n \to \infty$이므로 당연히 성립한다. ■

증명할 때 가설에서 순차적으로 보이는 방법과 결론에서 거꾸로 보이는 방법을 조합할 수도 있다. 예를 들어 명제 A.3.1의 타당한 증명 중 하나이다.

명제 A.3.1의 또 다른 증명

B가 참임을 보이기 위해 D가 참임을 보이면 충분하다. 그러므로 D를 증명하자. 가설에 따르면 A가 참이므로 C가 참이다. C가 참이므로 D가 참이다. 이로써 증명이 끝났다. ■

즉, 논리적 관점에서 볼 때 이 증명은 이전에 제시한 증명과 완전히 동일하다. 그러므로 동일한 증명을 적는 방법이 다양하게 존재한다. 증명을 적는 방법은 여러분에게 달려 있지만 어떤 증명은 다른 증명보다 더 읽기 쉽고 자연스러우며, 배열을 달리하면 논증의 다른 부분을 강조하는 경향이 있다.[13]

지금까지 소개한 증명은 하나의 가정에서 하나의 결론을 도출하므로 아주 단순하다. 가설도 여러 개이고 결론도 여러 개라면 경우를 나누어 증명해야 하며, 이때 증명은 좀 더 복잡해진다. 다음에 소개하는 명제 A.3.4의 증명은 꼬여있다고 생각할 수 있다.

명제 A.3.4 A와 B가 참이라고 가정하자. 그러면 C와 D는 참이다.

13 보통은 수학적 증명에 입문한 단계라면 증명을 통해 결과를 도출하는 데 만족하고 그 증명 내용을 '최상'의 형태로 배치하는 데 크게 신경쓰지 않는다. 지금은 증명에 다양한 형태가 존재한다는 점을 강조하려고 한다.

증명

A가 참이므로 E도 참이다. E와 B에 따르면 F가 참이다. 또한 A를 감안하면 D를 보이기 위해서는 G만 보여도 충분하다. 이제 H와 I인 두 가지 경우를 증명해야 한다.

H가 참일 때를 생각하자. F와 H로부터 C가 참이다. 그리고 A와 H로부터 G가 참이다. 이번에는 I가 참일 때를 생각하자. I로부터 G가 참이고, I와 G로부터 C가 참이다.

두 가지 경우 모두 C와 G가 참임을 보였으므로, C와 D가 참이다. ■

명제 A.3.4의 증명을 훨씬 더 깔끔하게 정리할 수 있지만, 이로써 적어도 증명이 얼마나 복잡해질 수 있는지에 대해 알게 되었을 것이다. 함의를 증명하기 위해 몇 가지 방법을 알아보았다. 첫 번째는 가설에서 앞으로 나아가는 방법이다. 두 번째는 결론부터 거꾸로 오는 방법이다. 세 번째는 문제를 쉬운 서브문제로 쪼개기 위해 경우를 나누는 방법이다. 마지막은 귀류법으로 논증하는 것이다. 다음 예를 통해 살펴보자.

명제 A.3.5 A가 참이라고 가정하자. 그러면 B는 거짓이다.

증명

귀류법을 사용하기 위해 B가 참이라고 가정하자. 이것은 C가 참임을 의미한다. 하지만 A가 참이기 때문에 D가 참이다. 이 사실은 C가 참이라는 사실에 모순이다. 따라서 B는 거짓이어야 한다. ■

보시다시피 증명할 때 시도할 수 있는 몇 가지 방법이 있다. 경험이 쌓이면 어떤 접근법이 쉽게 성공할 수 있는지, 어떤 접근법이 성공할 가능성이 높아도 많은 노력을 들여야 하는지, 어떤 접근법이 실패할 가능성이 높은지 명확하게 알 수 있다. 실제로 많은 경우에 나아가야 할 확실한 방법은 하나만 있다. 물론 문제에 접근하는 방법은 다양하므로, 문제를 해결할 방법이 두 가지 이상 보인다면 가장 쉬워보이는 방법으로 시도할 수 있다. 그러나 그 방법으로 문제를 해결할 희망이 보이지 않는다면 다른 방법으로 전환할 준비가 되어 있어야 한다.

증명할 때에는 어떤 명제가 **참임을 알고**(known) 있고 어떤 명제를 **증명하고 싶은지**(desired) 계속 추적해두면 도움이 된다.[14] 알고 있는 명제와 증명할 명제를 혼동하면 증명할 때 길을 잃어버리는 나쁜 결과로 이어질 수 있다.

14 참임을 알고 있는 명제로는 가설이나 가설에서 파생된 명제, 또는 다른 정리나 결과에서 나온 명제 등이 있다. 증명하고 싶은 명제는 결론이나 결론을 유추하는 명제, 또는 결론을 얻는 데 유용한 중간 단계의 주장이나 보조정리 등이 있다.

A.4 변수와 한정기호

"$2 + 2 = 4$"라던가 "영희는 머리카락이 검은색이다."와 같은 단순명제로 시작해서 논리연결사를 사용하여 복합명제를 만들고, 여러 가지 논리 법칙을 적용하여 가설에서 결론으로 나아가는 것으로도 이미 논리학을 꽤 많이 했다고 할 수 있다. 이를 **명제논리학**(propositional logic) 또는 **부울 논리학**(Boolean logic)이라고 한다. 참고로 명제논리학의 법칙을 열 가지 정도 나열하는 건 어렵지 않다. 이러한 법칙만으로도 논리학에서 하고 싶은 것을 하기에 충분하겠지만, 그 법칙을 따로 소개하지 않기로 했다. 왜냐하면 목록이 나열되어 있다면 암기하고 싶다는 유혹을 받을 텐데, 이는 컴퓨터라던가 스스로 사고하지 않는 장치가 아닌 이상 이런 방식의 암기는 논리학을 배우는 데 전혀 도움이 되지 **않는다.** 그럼에도 논리학의 형식적 법칙이 무엇인지 정말 궁금하다면 도서관이나 인터넷에서 '명제논리학의 법칙(laws of propositional logic)'이나 이와 유사한 주제를 검색하면 알 수 있다.

그런데 수학을 하려면 이정도 수준의 논리학만 가지고서는 충분하지 않다. 왜냐하면 **변수**라는 기본 개념이 포함되지 않았기 때문이다. 변수는 x나 n과 같은 익숙한 기호로 표현한다. 변수는 알려지지 않았거나 어떤 값을 설정하고, 어떤 속성을 따른다고 가정하는 다양한 양(quantity)을 나타낸다. 실제로도 명제논리학의 일부 개념을 설명하기 위해 이미 이러한 변수 중 몇 가지를 슬쩍 도입한 바 있다. 여태까지 "$2+2 = 4$"라던가 "영희는 머리카락이 검은색이다."와 같이 변수가 없는 명제만 계속 다루었다면 이미 지루해지고도 남았을 것이다. 이렇게 보면 **수리논리학**은 명제논리학과 동일하지만 변수라는 요소가 추가된 학문이다.

변수(variable)는 n이나 x과 같은 기호이며, 정수, 벡터, 행렬과 같은 특정한 수학적 대상을 나타낸다. 거의 모든 상황에서 변수가 나타내는 수학적 대상은 어떤 유형인지 선언해야 한다. 그렇지 않으면 그 변수를 사용하여 잘 구성된 명제를 만들기 어렵다. 참고로 명제에 관련된 변수가 어떤 유형인지 모른 채 그 변수에 관한 명제가 참이 되도록 만들기는 어렵다. 이를테면 변수 x의 유형이 무엇이든지 간에 $x = x$가 성립하고, $x = y$임을 알고 있다면 $y = x$라는 결론을 내릴 수 있다. 그러나 x와 y가 어떤 유형의 수학적 대상이며, 이 수학적 대상 사이에 덧셈 연산이 성립하는지 알기 전까지는 함부로 $x+y = y+x$라고 할 수 없다. x가 행렬이고 y가 벡터라면 $x+y = y+x$는 잘못 구성된 명제이다. 따라서 실제로 유용한 수학을 하고 싶다면, 각 변수가 명시적으로 어떤 유형인지 선언해야 한다.

식과 명제는 변수를 포함하여 만들 수 있다. x가 실변수(실수인 변수)이면 $x+3$은 식이고 $x+3 = 5$는 명제인 식이다. 그런데 명제의 참, 거짓은 명제에 포함된 변수의 값에 따라 달라진다. 명제 $x+3 = 5$는 $x = 2$일 때만 참이고, $x \neq 2$이면 거짓이듯이 말이다. 따라서 변수를 포함한 명제의 참, 거짓은 명제의 **문맥**(context)에 따라, x가 무엇인가에 따라 달라진다. 이는 모든 명제가 확실히 참(definitely truth) 값을 가진다는 논리명제학의 규칙을 수정한 것이다.

가끔 변수를 (유형을 지정하는 것 말고) 아무 것도 설정하지 않을 때도 있다. 특정하지 않은 실수 x에 대한 명제 $x+3=5$를 생각해보자. 이때의 변수를 **자유변수**(free variable)라고 한다. 즉, x가 자유변수인 $x+3=5$를 생각할 수 있다. 자유변수를 포함한 명제는 특정하지 않은 변수에 의존하므로 확실한 참이 되지 않을 수 있다. x가 실수인 자유변수라면 x 값이 주어질 때마다 그 명제의 참, 거짓을 결정할 수 있겠지만 명제 $x+3=5$가 확실한 참인지 확실한 거짓인지는 명확하지 않다. 반면에 명제 $(x+1)^2=x^2+2x+1$은 모든 실수 x에 대해 참이다. 즉, x가 자유변수라도 이 명제를 참으로 간주할 수 있다.

보통 "$x=2$를 생각하자(Let $x=2$)." 또는 "x를 2라고 설정하자(Set x equal 2)."와 같은 명제를 사용하여 변수를 고정값과 같아지게 **설정**할 수 있다. 이때의 변수를 **종속변수**(bound variable)라고 한다. 또한 자유변수 없이 종속변수만 포함하는 명제에는 확실한 참이 존재한다. $x=342$라고 하면 명제 $x+135=477$은 확실한 참이다. 반면에 x가 실수인 자유변수라면 x 값에 따라 $x+135=477$은 참이 될 수도, 거짓이 될 수도 있다. 따라서 앞에서 설명했듯이 명제 $x+135=477$의 참, 거짓은 문맥에 따라 달라진다. 조금 더 자세히 말하면 x가 자유변수인지 종속변수인지에 따라 다르고, 만약 종속변수라면 어떤 값인지에 따라 다르다.

한정기호(quantifier)[15] '모든(for all)[16]'과 '어떤(for some)'을 사용하면 자유변수를 종속변수로 바꿀 수 있다. 다음과 같이 자유변수가 x 하나인 명제 $(x+1)^2=x^2+2x+1$을 생각하자. 이 명제는 확실한 참, 거짓을 가질 필요가 없다. 이번에는 다음과 같이 종속변수가 x 하나인 명제를 생각하자.

$$\text{모든 실수 } x\text{에 대해 } (x+1)^2=x^2+2x+1\text{이다.}$$

이 명제는 확실한 참, 거짓을 가진다(이 경우에 명제는 참이다).

이번에는 다음과 같이 자유변수가 x 하나인 명제 $x+3=5$를 생각하자. 이 명제는 확실한 참, 거짓을 가질 필요가 없다. 그러나 다음과 같은 명제를 생각하자.

$$\text{어떤 실수 } x\text{에 대해 } x+3=5\text{이다.}$$

이 명제는 참인데, $x=2$이면 참이기 때문이다. 반면에 다음 명제를 생각하자.

$$\text{모든 실수 } x\text{에 대해 } x+3=5\text{이다.}$$

이 명제는 거짓이다. $x+3$이 5가 아닌 어떤 실수 x가 존재하기 때문이다. 실제로는 그러한 실수가 아주 많다.

15 **(옮긴이)** 한정기호는 양화사, 전칭기호는 전칭양화사(보편양화사), 존재기호는 존재양화사로 표현하기도 한다.

16 **(옮긴이)** 이를 '임의의(arbitrary)'라고 표현하기도 한다.

전칭기호(universal quantifier)

자유변수 x에 의존하는 명제 $P(x)$를 생각하자. "T 유형인 모든 x에 대해 $P(x)$가 참이다."라는 명제는 T 유형인 x가 임의로 주어질 때 x의 정확한 값에 상관없이 명제 $P(x)$가 참임을 의미한다. 즉, 이 명제는 "만약 x가 T 유형이면 $P(x)$가 참이다."라고 하는 것과 동일하다. 따라서 이러한 명제를 증명하려면 일반적으로 x를 유형 T인 자유변수로 하고[17] 그 대상에 대해 $P(x)$가 참임을 증명하는 방법을 사용한다. 이 명제는 반례, x가 T 유형이지만 $P(x)$가 거짓일 때가 단 한 번만 존재해도 거짓으로 판명 난다. "모든 양수 x에 대해 x^2은 x보다 크다."라는 명제는 $x = 1$이나 $x = \frac{1}{2}$과 같이 x^2 값이 x보다 작거나 같은 반례가 존재하기 때문에 거짓이다.

반면에 $P(x)$가 **참인** 사례가 하나 있음을 보인다고 해서 $P(x)$가 **모든** x에 대해 참임을 보이는 것은 아니다. 방정식 $x + 3 = 5$의 해가 $x = 2$이지만 이를 가지고 모든 실수 x에 대해 $x + 3 = 5$가 성립함을 함의할 수 없다. 이는 단지 어떤 실수 x에 대해 $x + 3 = 5$가 성립함을 보여줄 뿐이다.

참고로 이는 다소 정확하지 않지만, 종종 인용되는 슬로건인 "어떤 예를 제시한다고 해서 명제가 참임을 증명할 수 없다."의 근거라고 볼 수 있다. 즉, 명제가 '모든(for all)' 경우에 대해 성립함을 사례를 들어 증명할 수 없다는 뜻이다. 그런데 명제가 '어떤(for some)' 경우에 대해 성립함은 사례를 들어 증명할 수 있다. 그리고 반례 하나로 '모든' 경우에 성립하는 명제를 **반증**(disprove)할 수 있다.

가끔 T 유형인 변수 x가 실제로 존재하지 않을 때도 있다. 그러면 "T 유형인 모든 x에 대해 $P(x)$가 참이다."라는 명제는 **공진리**이다. 이 명제는 참이지만 참을 만족하는 원소가 없기 때문이며, 이는 공진리인 함의와 유사하다. 다음 명제를 생각하자.

$$3 < x < 2\text{를 만족하는 모든 } x\text{에 대해 } 6 < 2x < 4\text{이다.}$$

이 명제는 참이고 쉽게 증명할 수 있지만, 공진리이다. 참고로 이렇게 공진리인 명제가 논증 과정에서 유용할 수 있긴 하지만, 자주 나타나지는 않는다.

'모든(for all)' 대신 '임의의(for every)'라거나 '각각의(for each)' 같은 문구를 대신 사용할 수 있다. 그러면 "모든 실수 x에 대해 $(x + 1)^2 = x^2 + 2x + 1$이다."를 "각각의 실수 x마다 $(x + 1)^2$은 $x^2 + 2x + 1$과 서로 같다."라고도 나타낼 수 있다. 논리학의 목적에 따르면 이렇게 재구성한 명제는 동치이다. 기호 $\forall$을 '모든(for all)' 대신 사용할 수 있으므로, 다음 두 명제를 서로 동일시할 수 있다.

- 모든 $x \in X$에 대해 $P(x)$가 참이다.
- $\forall x \in X$, $P(x)$가 참이다.[18]

17 이때 "T 유형인 임의의 수학적 대상 x를 생각하자."라고 한다.

18 (옮긴이) 영어로는 "$P(x)$ is true $\forall x \in X$." 또는 "$\forall x \in X : P(x)$ is true."로 표현한다.

존재기호(existential quantifier)

"T 유형인 어떤 x에 대해 $P(x)$가 참이다."라는 명제는 $P(x)$가 참이 되는, T 유형인 x가 적어도 하나 존재함을 의미한다. 이러한 x는 하나보다 더 많을 수도 있다. 참고로 참이 되는 x가 존재하며, 그 x가 유일함을 설명하고 싶다면 '어떤 x(for some x)' 대신 '정확히 x 하나(for exactly one x)'라고 나타내야 한다. 다시 돌아와서, "T 유형인 어떤 x에 대해 $P(x)$가 참이다."인 명제를 증명하려면 $P(x)$가 참이 되는 x를 하나만 찾아도 충분하다. 다음 명제를 생각하자.

어떤 실수 x에 대해 $x^2 + 2x - 8 = 0$이다.

이 명제를 증명하려면 $x = 2$처럼 $x^2 + 2x - 8 = 0$을 만족하는 실수 x를 하나만 찾아도 된다. 물론 $x = -4$를 찾아도 증명할 수 있지만, 두 값을 모두 찾을 필요는 없음을 참고하라.

'어떤(for some)'을 포함한 명제를 증명할 때는 x를 원하는 값으로 자유롭게 선택할 수 있다. 이는 '모든(for all)'을 포함한 명제를 증명하는 방법과 대조적인데, 이때는 임의의 x를 생각해야 한다는 차이점이 있다. 철수와 영희가 두 가지 게임을 한다고 생각하면서 두 명제를 비교해보자. 첫 번째 게임에서는 영희가 x가 무엇인지 고르고, 철수가 $P(x)$를 증명해야 한다. 만약 철수가 이 게임을 항상 이긴다면 철수는 **모든** x에 대해 $P(x)$가 참임을 증명한 것이다. 두 번째 게임에서는 **철수**가 x가 무엇인지 고르고, 철수가 $P(x)$를 증명해야 한다. 만약 철수가 이 게임에서 이긴다면 철수는 **어떤** x에 대해 $P(x)$가 참임을 증명한 것이다.

일반적으로 **모든** x에 대해 참인 것이 **어떤** x에 대해 참인 것보다 더 강력하다. 예외가 단 하나 있는데, x의 조건이 명제를 만족할 수 없다면, '모든'을 포함한 명제는 공진리이지만 '어떤'을 포함한 명제는 거짓이다. 다음 두 명제를 참고하라.

- $3 < x < 2$를 만족하는 모든 x에 대해 $6 < 2x < 4$이다. : 참
- $3 < x < 2$를 만족하는 어떤 x에 대해 $6 < 2x < 4$이다. : 거짓

'어떤(for some)' 대신 '적어도 하나 이상(for at least one)'이라거나 '$\cdots$ 가 존재해서 ~(There exists $\cdots$ such that ~)'와 같은 문구를 대신 사용할 수 있다. 그러면 "어떤 실수 x에 대해 $x^2 + 2x - 8 = 0$이다."를 "어떤 실수 x가 존재해서 $x^2 + 2x - 8 = 0$이다."라고도 나타낼 수 있다. 기호 ∃를 '$\cdots$가 존재해서 ~' 대신 사용할 수 있으므로, 다음 두 명제를 서로 동일시할 수 있다.

- 어떤 $x \in X$에 대해 $P(x)$가 참이다.
- $\exists x \in X$, $P(x)$가 참이다.

A.5 중첩된 한정기호

한정기호는 두 개 이상 중첩할 수 있다. 다음 명제를 생각해보자.

모든 양수 x에 대해 어떤 양수 y가 존재해서 $y^2 = x$이다.

이 명제는 무엇을 의미하는가? 각각의 양수 x마다 다음 명제가 참이라는 뜻이다.

어떤 양수 y가 존재해서 $y^2 = x$이다.

즉, 각각의 양수 x마다 x의 양의 제곱근을 찾을 수 있으므로 이 명제는 모든 양수가 양의 제곱근을 가짐을 나타낸다.

철수와 영희를 다시 불러 게임을 해보자. 이번 게임은 영희가 먼저 양수 x를 선택하고 철수가 양수 y를 선택한다. 만약 $y^2 = x$이면 철수가 게임에서 이긴다. 만약 영희가 무엇을 하더라도 철수가 항상 게임에서 이긴다면, 철수는 모든 양수 x에 대해 어떤 양수 y가 존재해서 $y^2 = x$임을 증명한 것이다.

전칭명제(universal statement)를 부정하면 존재명제(existential statement)가 나온다. "모든 백조는 하얗다."를 부정하면 "모든 백조는 하얗지 않다."가 아니라 "어떤 백조는 하얗지 않다."이다. 유사하게 "모든 $x\left(\text{단, } 0 < x < \frac{\pi}{2}\right)$에 대해 $\cos(x) \geq 0$이다."의 부정은 "모든 $x\left(\text{단, } 0 < x < \frac{\pi}{2}\right)$에 대해 $\cos(x) < 0$이다."가 **아니라** "어떤 $x\left(\text{단, } 0 < x < \frac{\pi}{2}\right)$에 대해 $\cos(x) < 0$이다."이다.

존재명제를 부정하면 전칭명제가 나온다. "검은 백조가 존재한다."를 부정하면 "검지 않은 백조가 존재한다."가 아니라 "모든 백조는 검지 않다."이다. 유사하게 "어떤 실수 x가 존재해서 $x^2+x+1=0$이다."의 부정은 "어떤 실수 x가 존재해서 $x^2 + x + 1 \neq 0$이다."가 **아니라** "모든 실수 x에 대해 $x^2 + x + 1 \neq 0$이다."이다. 이 상황은 '그리고(and)'와 '또는(or)'이 부정명제에서 보이는 양상과 유사하다.

모든 x에 대해 $P(x)$가 참임을 안다면, x를 원하는 값으로 자유롭게 선택할 수 있으며 $P(x)$는 그러한 x 값에 대해 참일 것이다. 이것이 바로 '모든(for all)'이 의미하는 바이다. 만약 다음이 성립함을 안다고 해보자.

"모든 실수 x에 대해 $(x+1)^2 = x^2 + 2x + 1$이다."

그러면 예시로 $(\pi + 1)^2 = \pi^2 + 2\pi + 1$이라는 결론을 도출할 수 있다. 아니면 모든 실수 y에 대해 ($\cos(y)$도 실수이므로) 다음을 도출할 수 있다.

$$(\cos(y) + 1)^2 = \cos(y)^2 + 2\cos(y) + 1$$

이뿐만 아니라 다양한 결론을 도출할 수도 있다. 그러므로 전칭명제는 적용 범위가 아주 넓다. 즉, 원하는 x에 대해 $P(x)$가 항상 참으로 유지된다.

그런데 존재명제는 다소 제한적이다. 만약 다음이 성립함을 안다고 해보자.

"어떤 실수 x에 대해 $x^2 + 2x - 8 = 0$이다."

이 명제에는 원하는 실수를 임의로 대입할 수 없다. 이를테면 π를 대입해서 $\pi^2 + 2\pi - 8 = 0$이라는 결론을 내릴 수 없다. 그러나 여전히 어떤 실수 x에 대해 $x^2 + 2x - 8 = 0$이라는 결론을 도출할 수 있다. 단지 x가 어떤 값인지 밝히지 않았을 뿐이다. 철수와 영희의 게임에 비유하자면, 철수는 $P(x)$가 성립하도록 유지할 수 있지만, 영희가 x를 대신 선택하는 것이며 철수는 직접 x를 선택할 수 없다는 뜻이다.

참고 A.5.1 논리학의 역사에서 한정기호는 부울 논리학이 등장하기 수천 년 전부터 공식적으로 연구되어 왔다. 실제로 아리스토텔레스(기원전 384–322)와 그의 학파에서 부흥한 **아리스토텔레스 논리학**은 수학적 대상과 그 속성, 그리고 '모든'과 '어떤' 같은 한정기호를 연구 대상으로 삼았다. 아리스토텔레스 논리학에서 다루는 전형적인 추론법으로 다음과 같은 **삼단논법**(syllogism)이 있다.

"모든 사람은 죽는다. 소크라테스는 사람이다. 그러므로 소크라테스는 죽는다."

아리스토텔레스 논리학은 수리논리학의 부분집합이지만 표현성이 다소 떨어지는데, 그리고(and), 또는(or), 함의(if–then)와 같은 논리연결사 개념이 부족하기 때문이다. 그런데 부정(not) 개념은 있다. 그리고 $=$나 $<$와 같은 이항관계[19] 개념도 부족하다는 문제가 있다.

두 한정기호의 순서를 바꾸는 것은 명제의 참, 거짓 여부에 영향을 미칠 수도 있고 미치지 않을 수도 있다. 한정기호 '모든'끼리 순서를 바꾸어도 무방하다. 예를 들어 두 명제는 논리적으로 동치이다.

- 모든 실수 a와 모든 실수 b에 대해 $(a+b)^2 = a^2 + 2ab + b^2$이다.
- 모든 실수 b와 모든 실수 a에 대해 $(a+b)^2 = a^2 + 2ab + b^2$이다.

그 이유는 무엇일까? 바로 항등식 $(a+b)^2 = a^2 + 2ab + b^2$이 실제로 참인지, 거짓인지는 아무런 상관이 없기 때문이다. 유사하게 한정기호 '존재한다'끼리 순서를 바꾸어도 무방하다. 이를테면 두 명제는 논리적으로 동치이다.

- 실수 a가 존재하고, 실수 b가 존재해서 $a^2 + b^2 = 0$이다.
- 실수 b가 존재하고, 실수 a가 존재해서 $a^2 + b^2 = 0$이다.

19 (옮긴이) 이항관계는 쉽게 설명하면 두 수 사이에 이루어지는 관계이다.

그러나 '모든'과 '존재한다'의 순서를 바꾸면 많은 차이점이 발생한다. 다음 두 명제를 생각하자.

(a) 모든 정수 n에 대해, 어떤 정수 m이 존재해서 m이 n보다 크다.

(b) 어떤 정수 m이 존재해서 모든 정수 n에 대해 m이 n보다 크다.

명제 (a)는 명백하게 참이다. 만약 영희가 정수 n을 건네주면, 철수는 n보다 더 큰 정수 m을 항상 찾을 수 있다. 그러나 명제 (b)는 거짓이다. 만약 철수가 m을 먼저 고르면, 그 m이 모든 정수 n보다 크다고 확신할 수 없다. 왜냐하면 영희는 게임을 이기기 위해 m보다 큰 수 n을 쉽게 정할 수 있기 때문이다.

두 명제가 결정적으로 다른 점은 다음과 같다. 명제 (a)는 정수 n을 **먼저** 선택하고, 정수 m은 n에 따라 선택할 수 있다. 반면에 명제 (b)는 n이 어떻게 될지 미리 알지 못한 채 m을 선택해야만 한다. 이를 요약하면 내부 변수가 바깥 변수에 의존할 수 있지만 바깥 변수는 내부 변수에 의존하지 않으므로 한정기호의 순서가 중요하다.

A.5 연습문제

1. 다음 명제가 의미하는 바를 각각 설명하고, 참인 명제를 찾아라. 이 명제를 게임에 비유하여 설명할 수 있는지 확인하고, 가능하면 설명하라.

(a) 모든 양수 x와 모든 양수 y에 대해 $y^2 = x$이다.

(b) 어떤 양수 x가 존재해서 모든 양수 y에 대해 $y^2 = x$이다.

(c) 어떤 양수 x가 존재하고, 어떤 양수 y가 존재해서 $y^2 = x$이다.

(d) 모든 양수 y에 대해 어떤 양수 x가 존재해서 $y^2 = x$이다.

(e) 어떤 양수 y가 존재해서 모든 양수 x에 대해 $y^2 = x$이다.

A.6 증명과 한정기호의 예

이제 한정기호 '모든(for all)'과 '존재한다(there exists)'를 포함한 몇몇 증명을 간단하게 살펴본다. 증명 결과는 간단하지만, 한정기호를 어떻게 배열하고 증명을 어떻게 구조화하는지에 주목하자.

명제 A.6.1 모든 $\varepsilon > 0$에 대해, 어떤 $\delta > 0$이 존재해서 $2\delta < \varepsilon$이다.

증명

$\varepsilon > 0$을 임의로 생각하자. 어떤 $\delta > 0$이 존재해서 $2\delta < \varepsilon$이 성립함을 보여야 한다. 그러면 이러한 δ를 선택하기만 하면 된다. $\delta := \frac{\varepsilon}{3}$으로 선택하면 되는데, 왜냐하면 $2\delta = \frac{2\varepsilon}{3} < \varepsilon$이기 때문이다. ■

모든 ε에 대해 무언가를 증명하기 때문에 ε이 임의여야 함에 주목하자. 반면에 원하는 바를 수행하는 δ가 **존재한다**는 것만을 증명하기만 하면 되기 때문에, δ는 원하는 대로 선택할 수 있다. δ가 ε에 의존한다는 점도 참고하라. 왜냐하면 한정기호 δ는 한정기호 ε 내부에 중첩되어 있기 때문이다. 만약 한정기호가 거꾸로 있다고 해보자. 즉, "어떤 $\delta > 0$이 존재해서 모든 $\varepsilon > 0$에 대해, $2\delta < \varepsilon$이다."를 증명해야 한다고 치면 ε이 주어지기 전에 δ를 **먼저** 선택해야 한다. 이때 이 명제는 거짓이므로(그 이유는?) 증명할 수 없다.

'존재한다'를 포함한 명제, 즉 "어떤 $\varepsilon > 0$이 존재해서 X가 참이다."와 같은 명제를 증명해야 할 때, 일반적으로는 ε을 주의깊게 선택한 뒤 그 ε에 대해 X가 참임을 보이는 방식으로 진행한다. 그러나 이 방법은 때로 많은 예지력이 필요하며, ε이 만족해야 하는 성질이 더욱 명확해질 때까지 ε을 선택하는 과정을 논증의 후반부로 미루는 게 좋다. 한 가지 유의해야 할 사항은 ε이 X 내부에 중첩된 어떤 종속변수에도 의존하지 않음을 확인해야 한다는 점이다. 다음 명제를 살펴보자.

명제 A.6.2 어떤 $\varepsilon > 0$이 존재해서 모든 x(단, $0 < x < \varepsilon$)에 대해 $\sin(x) > \frac{x}{2}$이다.

증명

구체적인 $\varepsilon > 0$은 나중에 정하기로 하고 x(단, $0 < x < \varepsilon$)를 생각하자. $\sin(x)$의 도함수가 $\cos(x)$이므로 평균값정리(따름정리 10.2.9 참고)에 따르면 어떤 y(단, $0 < y < x$)에 대해 다음 식이 성립한다.

$$\frac{\sin(x)}{x} = \frac{\sin(x) - \sin(0)}{x - 0} = \cos(y)$$

그러므로 $\sin(x) > \frac{x}{2}$ 임을 보장하려면 $\cos(y) > \frac{1}{2}$ 임을 보이는 것으로 충분하다. $\cos(y) > \frac{1}{2}$ 임을 보이기 위해서는 $0 \le y < \frac{\pi}{3}$ 임을 보장하면 된다.[20] $0 < y < x$ 이고 $0 < x < \varepsilon$ 이므로 $0 \le y < \varepsilon$ 이다. 만약 $\varepsilon := \frac{\pi}{3}$ 라고 하면 원하는 대로 $0 \le y < \frac{\pi}{3}$ 가 성립한다. 그러므로 모든 x(단, $0 < x < \varepsilon$)에 대해 $\sin(x) > \frac{x}{2}$ 임을 보장할 수 있다. ■

증명 과정에서 마지막에 선택한 ε 값은 중첩된 변수 x, y에 의존하지 않는다. 따라서 이 증명은 타당하다. 사실 아무것도 뒤로 미룰 필요가 없도록 증명을 다음과 같이 재정렬할 수 있다.

명제 A.6.2의 다른 증명

$\varepsilon := \frac{\pi}{3}$ 라 하자. 그러면 $\varepsilon > 0$ 임이 명확하다. 이제 모든 $x\left(\text{단, } 0 < x < \frac{\pi}{3}\right)$에 대해 $\sin(x) > \frac{x}{2}$ 임을 보여야 한다. 이제 임의의 $x\left(\text{단, } 0 < x < \frac{\pi}{3}\right)$를 생각하자. 평균값정리에 따르면 어떤 y(단, $0 \le y \le x$)에 대해 다음 식이 성립한다.

$$\frac{\sin(x)}{x} = \frac{\sin(x) - \sin(0)}{x - 0} = \cos(y)$$

$0 \le y \le x$ 이고 $0 < x < \frac{\pi}{3}$ 이므로 $0 \le y < \frac{\pi}{3}$ 이다. 코사인함수가 구간 $\left[0, \frac{\pi}{3}\right]$ 에서 감소함수이므로 $\cos(y) > \cos\left(\frac{\pi}{3}\right) = \frac{1}{2}$ 이다. 따라서 $\frac{\sin(x)}{x} > \frac{1}{2}$ 이고, 이로써 원하는 바인 $\sin(x) > \frac{x}{2}$ 가 성립한다. ■

만약 ε을 x와 y에 의존하도록 선택했다면 ε은 외부 변수이고 x와 y는 내부에 중첩된 변수이기 때문에 이 논증은 타당하지 않다.

A.7 등식

이전에 언급했듯이 $2 \times 3 + 5$와 같은 식(expression)에서 시작하여 그 식이 특정한 성질을 만족하는지, 또는 두 식이 일종의 관계($=$, $\le$, $\in$ 등)에 있는지를 묻는 방식으로 명제를 만들 수 있다. 관계에는 다양한 종류가 있지만 그중 **등식(equality)**이 가장 중요하다. 등식은 일정 시간을 할애해서 그 개념을 검토할 만한 가치가 있다.

20 $\cos(0) = 1$ 이고 $\cos\left(\frac{\pi}{3}\right) = \frac{1}{2}$ 이며 코사인함수는 0과 $\frac{\pi}{3}$ 사이에서 감소함수이기 때문이다.

등식은 유형이 T로 동일한 두 수학적 대상 x, y(두 정수, 두 행렬, 두 벡터 등)를 연결하는 관계이다. 이러한 두 수학적 대상 x, y가 주어질 때, 명제 $x = y$는 참일 수도, 거짓일 수도 있다. 이 명제의 참, 거짓은 x, y 값과 고려 중인 수학적 대상의 집합류(class)가 정의되는 방식에 따라 달라진다. 이를테면 실수에서 $0.9999\cdots$ 와 1은 서로 같다. 법 10(mod 10)인 합동 산술에서 12와 2는 서로 같은 수, $12 = 2$로 생각한다(법 10에서는 어떤 수를 10으로 나눈 나머지로 여긴다). 물론 일반적인 산술에서는 두 수는 서로 같지 않다.

등식을 정의하는 방법은 고려 중인 수학적 대상의 집합류 T에 따라 달라지며, 어느 정도는 정의하는 방법의 문제일 뿐이다. 그러나 논리학의 목적을 생각하면 등식은 다음과 같은 네 가지 **상등공리(axioms of equality)**를 만족해야 한다.

- **반사공리**(reflexive axiom) : 임의의 수학적 대상 x에 대해 $x = x$이다.
- **대칭공리**(symmetry axiom) : 임의의 동일한 두 수학적 대상 x, y에 대해 $x = y$이면 $y = x$이다.
- **추이공리**(transitive axiom) : 임의의 동일한 세 수학적 대상 x, y, z에 대해 $x = y$이고 $y = z$이면 $x = z$이다.
- **치환공리**(substitution axiom) : 임의의 동일한 두 수학적 대상 x, y에 대해 $x = y$이면 모든 함수 또는 연산 f에 대해 $f(x) = f(y)$이다. 유사하게 x에 의존하는 임의의 성질 $P(y)$에 대해 $x = y$이면 $P(x)$와 $P(y)$는 동치인 명제이다.

처음 세 가지 공리는 명확하며, 이 세 공리를 합치면 등식이 **동치관계(equivalence relation)**임을 주장할 수 있다. 몇 가지 예를 통해 치환공리를 살펴보자.

EX A.7.1 실수 x와 y를 생각하자. 만약 $x = y$이면 $2x = 2y$이고 $\sin(x) = \sin(y)$이다. 또한 임의의 실수 z에 대해 $x + z = y + z$이다.

EX A.7.2 정수 n과 m을 생각하자. 만약 n이 홀수이고 $n = m$이면, m은 반드시 홀수이다. 만약 세 번째 정수 k가 있고, $n > k$와 $n = m$이 성립한다면 $m > k$도 성립한다.

EX A.7.3 실수 x, y, z를 생각하자. 만약 $x = \sin(y)$이고 $y = z^2$이라면 (치환공리의 첫 번째 형태를 사용하여) $\sin(y) = \sin(z^2)$이다. 따라서 (추이공리에 의해) $x = \sin(z^2)$이 성립한다. 치환공리의 두 번째 형태를 사용하여 조금 더 직접적으로 $x = \sin(z^2)$을 얻을 수 있다.

그러므로 논리학의 관점에서 다음 두 조건을 만족하는 수학적 대상의 집합류에서 원하는 대로 등식을 정의할 수 있다.

- 등식이 반사공리, 대칭공리, 추이공리를 따른다.
- 치환공리가 모든 연산에 대해 참이라는 의미에서 논의 중인 수학적 대상의 집합류에서 정의된 다른 모든 연산과 등식에 일관성이 있다.

이를테면 12와 2가 서로 같은 수가 되도록 정수를 수정하기로 했다고 하자. 그러면 2와 12가 서로 같은 수임을 확인하고 수정된 정수에서 동작하는 모든 연산 f에 대해 $f(2) = f(12)$임을(예를 들어 $2+5 = 12+5$임을) 확인해야만 한다. 참고로 예시로 설명한 추론을 계속한다면 결국 법 10인 합동 산술로 이어질 것이다.

해석학의 응용 분야에서는 유형이 서로 다른 수학적 대상을 비교할 일이 거의 없다. x가 집합이고 y가 수라면 $x = y$가 참인지 거짓인지에 대한 질문은 생각할 필요가 없다. 그러나 집합론을 한다는 목적에서는 x와 y가 다른 유형일 때 명제 $x = y$가 자동으로 거짓이라는 관습을 따르는 것이 편하다. 자연수와 벡터를 다른 유형의 수학적 대상으로 다룬다면, 자연수는 벡터와 서로 같지 않을 것이다. 그러나 때로는 어떤 유형의 수학적 대상을 다른 유형의 어떤 수학적 대상으로 식별함으로써 이러한 관습을 무시하기도 한다. 이를테면 자연수를 정수에서 대응하는 대상으로 식별하거나 정수를 유리수에서 대응하는 대상으로 식별하는 등이 있다. 이는 기술적으로 '기호를 남용'하는 일이지만, 그렇게 해도 상등공리를 위배하지 않음이 확인된다면 얼마든지 용인할 수 있다. 때로는 기호 $x \equiv y$로 표기하여 수학적 대상 x가 수학적 대상 y로 식별됨을 나타낸다.

A.7 연습문제

1. 실수 a, b, c, d가 있다고 가정하고, $a = b$이고 $c = d$임을 알고 있다고 하자. 본문에 소개한 상등공리 네 가지를 사용하여 $a + d = b + c$임을 유도하라.

부록 B

십진법

the decimal system

2장, 4장, 5장에서 자연수, 정수, 유리수, 실수와 같이 수학의 기본 수체계를 공들여 구성했다. 자연수는 존재하며 다섯 가지 공리를 따른다고 단순하게 가정했다. 정수는 자연수의 (형식적인) 차를 통해 구성했다. 이어서 유리수는 정수의 (형식적인) 몫을 통해 구성했고, 실수는 유리수의 (형식적인) 극한을 통해 구성했다.

이 방법은 매우 훌륭하고 좋지만, 수에 대한 기존 경험과 비교하면 다소 이질적이다. 특히 숫자 0, 1, 2, 3, 4, 5, 6, 7, 8, 9를 결합하여 수를 나타내는 방식인 **십진법(decimal system)**을 거의 사용하지 않았다. 사실 주요 구성 과정에서 필수가 아니었던 몇몇 예를 제외하면 십진법에서 실제로 사용한 수는 0, 1, 2밖에 없다. 게다가 1과 2는 0++와 (0++)++로 다시 쓸 수도 있다.

십진법을 사용하지 않은 근본적인 이유는 바로 **십진법 자체가 수학에서 필수가 아니기 때문**이다. 십진법은 계산하기에 매우 편리하고 천 년 동안 사용했기에 익숙한 체계이다. 그러나 수학사에서 보면 십진법은 비교적 최근에 고안된 개념이다. 동굴 벽에 긁힌 자국으로 시작하면 수의 역사는 약 만 년 정도이다. 수를 현대의 인도–아라비아(Hindu–Arabic) 십진법으로 나타내기 시작한 시기는 대략 11세기이다. 일부 초기 문명에서는 다른 진법을 사용했다. 바빌로니아에서는 60진법을 사용했으며 지금도 이 수체계는 시, 분, 초의 시간 단위나 도, 분, 초 등의 각도 단위로 사용된다.

고대 그리스인들은 두 자리 수를 계산하기에도 끔찍한 로마 숫자(I, II, III, IV, $\cdots$)를 쓰고 있었지만, 상당히 진보된 수학을 할 줄 알았다. 물론 현대 컴퓨팅은 2진법, 16진법, 256진법[1]에 기반한 산술에 의존한다지만 계산자(slide rule) 같은 아날로그 컴퓨터는 수를 표현하는 체계에 전혀 의존하지 않는다. 사실 컴퓨터가 수 연산을 할 수 있게 되었으므로 현대수학에서 십진법을 거의 사용할 일이 없다. 또한 현대수학에서 한 자리 수 또는 (e, π, i와 같은) 한 자리 분수가 아닌 수를 명시적으로 사용하는 경우는 거의 없다. 더 복잡한 수는 보통 n과 같은 포괄적인 이름으로 표현한다.

그렇지만 십진법은 일상에서 수학을 사용할 때 아주 중요하다. 즉, 실수를 나타낼 때 "수열 a_n이 $a_1 = 3.1$, $a_2 = 3.14$, $a_3 = 3.141$, $\cdots$ 일 때 $\mathrm{LIM}_{n\to\infty} a_n$"이라는 투박한 표현보다 $3.14159\cdots$ 와 같은 표현을 사용하고 싶어한다. 이러한 면에서 십진법은 부록에서 다룰 만한 가치가 있다.

먼저 양의 정수에서 십진법을 어떻게 사용하는지 살펴본 뒤 실수로 넘어갈 것이다. 이번 부록에서는 앞에서 배운 모든 결과를 자유롭게 사용할 것이다.

1 (옮긴이) 1byte는 8bit이므로, 1byte로 0에서 255까지 표현할 수 있다.

B.1 자연수의 십진법 표현

이번 절에서는 34가 3×4로 잘못 해석되는 사례를 피하기 위해 $a \times b$에서 곱셈을 생략하여 ab로 나타내는 일반적인 관례를 적용하지 않겠다.

정의 B.1.1 숫자(digit)

숫자는 열 개의 기호 $0, 1, 2, 3, \cdots, 9$ 중 하나이다. 공식 $0 \equiv 0$, $1 \equiv 0{+}{+}$, $2 \equiv 1{+}{+}$, $\cdots$, $9 \equiv 8{+}{+}$를 이용하여 숫자를 자연수와 같게 만든다. 이제 '십(ten)'이라는 수를 십 $:= 9{+}{+}$로 정의한다.[2]

정의 B.1.2 양의 정수인 십진수(positive integer decimal)

양의 정수인 십진수는 숫자로 구성된 임의의 문자열 $a_n a_{n-1} \ldots a_0$이다. 이때 $n(\geq 0)$은 자연수이며, 첫 번째 숫자 a_n은 0이 아니다. 3049는 양의 정수인 십진수이지만 0493 또는 0은 양의 정수인 십진수가 아니다. 양의 정수인 십진수와 양의 정수를 다음 공식으로 같게 만들 수 있다.

$$a_n a_{n-1} \cdots a_0 \equiv \sum_{i=0}^{n} a_i \times \text{십}^i$$

참고 B.1.3 정의 B.1.2는 다음 관계를 함의한다.

$$10 = 0 \times \text{십}^0 + 1 \times \text{십}^1 = \text{십}$$

그러므로 십 대신에 친숙한 표현인 10을 사용할 수 있다. 한 자릿수 십진법 표현은 숫자 그 자체와 완전히 같다. 예를 들어 정의 B.1.2에 따르면 십진법 3은 다음 식과 동일하다.

$$3 = 3 \times \text{십}^0 = 3$$

따라서 한 자릿수 숫자와 한 자릿수 십진법 표현을 혼동할 일은 없다. 참고로 두 개념엔 미묘한 차이만 있어서 크게 고민할 필요가 없다.

이제 이 십진법이 실제로 양의 정수를 나타낸다는 사실을 보일 것이다. 정의 B.1.2에 따르면 양의 십진법 표현은 모두 양의 정수를 나타내는데, 이는 그 합이 완전히 자연수로만 구성되고 마지막 항인 $a_n \times \text{십}^n$은 0이 아니기 때문이다.

---

2 아직은 십을 십진수 표현인 10으로 나타낼 수 없는데, 십진법에 대한 지식이 전제되어야 하므로 순환 논리에 빠질 수 있다.

정리 B.1.4 십진법 표현의 존재성과 유일성

모든 양의 정수 m은 정확히 한 가지 십진법 표현과 서로 같다.

증명

명제 2.2.14의 강한 귀납적 원리를 $m_0 := 1$이라 하고 적용한다. 임의의 양의 정수 m에 대해, $P(m)$을 명제 "m은 정확히 한 가지 십진법 표현과 서로 같다."라고 한다. 모든 양의 정수 m'(단, $m' < m$)에 대해 $P(m')$이 참임을 알고 있다고 가정하자. 이제 $P(m)$을 증명해야 한다.

첫 번째는 $m \geq$ 십 또는 $m \in \{1, 2, 3, 4, 5, 6, 7, 8, 9\}$임을 확인한다. 이는 보통 귀납법으로 쉽게 증명할 수 있다. 먼저 $m \in \{1, 2, 3, 4, 5, 6, 7, 8, 9\}$라고 가정하자. m은 명백히 숫자 한 개로 구성된 양의 정수인 십진수와 서로 같으며, m과 같은 한 자릿수 십진법 표현은 단 하나 존재한다. 또한 두 숫자 이상으로 구성된 십진법 표현은 m과 같을 수 없는데, $n > 0$이고 $a_n \cdots a_0$가 이러한 십진법 표현이라면 다음 관계가 성립하기 때문이다.

$$a_n \cdots a_0 = \sum_{i=0}^{n} a_i \times \text{십}^i \geq a_n \times \text{십}^n \geq \text{십} > m$$

이제 $m \geq$ 십이라 가정하자. 명제 2.3.9의 유클리드 알고리즘에 따르면, 양의 정수 s와 $r \in \{0, 1, 2, 3, 4, 5, 6, 7, 8, 9\}$에 대해 m을 다음과 같이 나타낼 수 있다.

$$m = s \times \text{십} + r$$

$s < s \times \text{십} \leq s \times \text{십} + r = m$이므로 강한 귀납적 원리의 가설을 사용하여 $P(s)$가 참이라는 결론을 내린다. 특히, s를 십진법으로 다음과 같이 나타낼 수 있다.

$$s = b_p \cdots b_0 = \sum_{i=0}^{p} b_i \times \text{십}^i$$

위 식의 양변에 십을 곱하면 다음과 같다.

$$s \times \text{십} = \sum_{i=0}^{p} b_i \times \text{십}^{i+1} = b_p \cdots b_0 0$$

이제 r을 더하면 다음과 같다.

$$m = s \times \text{십} + r = \sum_{i=0}^{p} b_i \times \text{십}^{i+1} + r = b_p \cdots b_0 r$$

따라서 m의 십진법 표현은 적어도 한 개 있다. 이제 m의 십진법 표현이 최대 한 개임을 증명하자.

귀류법을 사용하기 위해 m의 십진법 표현이 다음과 같이 두 가지가 있다고 가정한다.

$$m = a_n \cdots a_0 = a'_{n'} \cdots a'_0$$

먼저, 앞의 계산 과정을 이용하면 다음과 같이 두 식이 성립한다.

$$a_n \cdots a_0 = (a_n \cdots a_1) \times 십 + a_0,$$
$$a'_{n'} \cdots a'_0 = (a'_{n'} \cdots a'_1) \times 십 + a'_0$$

두 식의 양변을 빼고 식을 적절히 이항하면 다음과 같다.

$$a'_0 - a_0 = (a_n \cdots a_1 - a'_{n'} \cdots a'_1) \times 십$$

이 식의 우변은 십의 배수이고, 좌변은 $-$십과 $+$십 사이의 수이다. 따라서 양변은 반드시 0이어야 한다. 이는 $a_0 = a'_0$이고 $a_n \cdots a_1 = a'_{n'} \cdots a'_1$ 임을 의미한다. 그러나 앞의 논증 과정에서 우리는 $a_n \cdots a_1$이 $a_n \cdots a_0$보다 작은 정수임을 알고 있다. 따라서 강한 귀납법의 가설에서, $a_n \cdots a_1$의 십진법 표현은 단 하나이다. 즉, $n' = n$일 수밖에 없고 모든 $i = 1, \cdots, n$에 대해 $a'_i = a_i$여야 함을 의미한다. 그러므로 십진법 표현 $a_n \cdots a_0$와 $a'_{n'} \cdots a'_0$는 완전히 일치하고, 이는 십진법 표현이 서로 다르다는 가정에 모순이다. ■

정리 B.1.4에 주어진 십진법을 m의 **십진법 표현(decimal representation)**이라 한다. 이러한 십진법 표현이 존재하면 세로 덧셈(long addition)과 세로 곱셈(long multiplication)의 일반적인 규칙을 도출해서 $x+y$ 또는 $x \times y$의 십진법 표현을 x, y의 십진법 표현에 연결할 수 있다(연습문제 1 참고).

양의 정수를 십진법 표현으로 나타낼 수 있으면, 마이너스 부호(−)를 사용하여 음의 정수를 십진법 표현으로 나타낼 수 있다. 마지막으로 십진수로 0을 생각하자. 그러면 모든 정수에 대해 십진법 표현을 만들 수 있다. 모든 유리수는 $\frac{335}{113}$ 또는 $-\frac{1}{2}$과 같이 두 십진수의 비로 나타낸다. 당연히 유리수의 분모는 0이 아니어야 한다. 그리고 두 수의 비를 $\frac{6}{4} = \frac{3}{2}$처럼 여러 가지 방법으로 나타낼 수 있다.

십 $= 10$이므로 이제부터 관습을 따라 십 대신 10을 사용할 것이다.

B.1 연습문제

1. 이 연습문제는 그림 B.1처럼 초등학교에서 배운 세로 덧셈이 실제로 타당함을 보이려고 한다. 양의 정수인 십진수 $A = a_n \cdots a_0$, $B = b_m \cdots b_0$를 생각하자. 또한 $i > n$이면 $a_i = 0$으로, $i > m$이면 $b_i = 0$으로 표기하는 관습을 받아들이자. $A = 372$이면 $a_0 = 2$, $a_1 = 7$, $a_2 = 3$, $a_3 = 0$, $a_4 = 0$ 등으로 표기하는 식이다. 이어지는 **세로 덧셈 알고리즘**(long addition algorithm)에 따라 c_0, c_1, $\cdots$ 과 ε_0, ε_1, $\cdots$ 을 재귀적으로 정의한다.

- $\varepsilon := 0$이라 한다.
- 어떤 $i \geq 0$에 대해 ε_i가 이미 정의되어 있다고 가정한다. 만약 $a_i + b_i + \varepsilon_i < 10$이면 $c_i := a_i + b_i + \varepsilon_i$이고 $\varepsilon_{i+1} := 0$이라 한다. 만약 $a_i + b_i + \varepsilon_i \geq 10$이면 $c_i := a_i + b_i + \varepsilon_i - 10$이고 $\varepsilon_{i+1} := 1$이라 한다. 수 ε_{i+1}은 숫자를 십진법의 i번째 자리에서 $i+1$번째 자리로 '받아올림(carry)'한다.

수 c_0, c_1, $\cdots$ 이 모두 숫자(digit)임을 증명하라. 그리고 l이 존재해서 모든 $i > l$에 대해 $c_l \neq 0$이고 $c_i = 0$임을 증명하라. 이때 $c_l c_{l-1} \cdots c_1 c_0$가 $A + B$의 십진법 표현임을 증명하라.

실제로 이 알고리즘을 사용하여 덧셈을 **정의**할 수 있지만, 매우 복잡해 보인다. 또한 $(a+b)+c = a+(b+c)$와 같은 간단한 사실을 이 알고리즘으로 증명하기 어려울 수 있다. 이것이 자연수를 구성하는 데 십진법을 사용하지 않는 여러 이유 중 하나이다. 긴 곱셈 또는 긴 뺄셈, 긴 나눗셈의 절차를 엄밀하게 설명하기란 더 어렵기 때문에 여기에서 다루지 않는다.

$$\begin{array}{r} {\scriptstyle 1} \\ 87 \\ +5 \\ \hline 92 \end{array}$$

[그림 B.1] 세로 덧셈의 예

B.2 실수인 십진수

이제 새로운 기호인 **소숫점(decimal point)** '.'을 도입하자.

정의 B.2.1 실수인 십진수(real decimal)

실수인 십진수는 숫자와 소숫점으로 구성된 임의의 수열이며, 다음처럼 배열된다.

$$\pm a_n \cdots a_0.a_{-1}a_{-2}\cdots$$

이때 소숫점의 왼쪽은 유한하고(즉, n은 자연수) 소숫점의 오른쪽은 무한하며, 기호 $\pm$는 $+$ 또는 $-$를 의미한다. 그리고 $a_n \cdots a_0$는 자연수인 십진수이다(양의 정수인 십진수 또는 0이다). 이러한 십진수와 실수를 다음 공식으로 같게 만들 수 있다.

$$\pm a_n \cdots a_0.a_{-1}a_{-2}\cdots \equiv \pm 1 \times \sum_{i=-\infty}^{n} a_i \times 10^i$$

이 급수는 항상 수렴한다(연습문제 1 참고). 다음으로 모든 실수의 십진법 표현은 적어도 한 가지 있음을 증명한다.

정리 B.2.2 십진법 표현의 존재성

모든 실수 x는 다음과 같은 십진법 표현이 적어도 한 가지 있다.

$$\pm a_n \cdots a_0.a_{-1}a_{-2}\cdots$$

증명

먼저 $x = 0$은 십진법 표현으로 $0.000\cdots$ 이다. 이제 x의 십진법 표현을 찾으면 부호 $\pm$를 바꾸어서 $-x$의 십진법 표현도 자동으로 얻을 수 있다. 그러므로 명제 5.4.4에 의해 양의 실수 x에 대해 명제가 성립함을 보이면 충분하다.

임의의 자연수 $n \geq 0$을 생각하자. 아르키메데스 성질(따름정리 5.4.13 참고)에 따르면 자연수 M이 존재해서 $M \times 10^{-n} > x$이다. $0 \times 10^{-n} \leq x$이므로 자연수 s_n이 반드시 존재해서 $s_n \times 10^{-n} \leq x$이고 $s_n{+}{+} \times 10^{-n} > x$를 만족한다. 참고로 그러한 자연수가 존재하지 않는다면 귀납법을 사용하여 모든 자연수 s에 대해 $s \times 10^{-n} \leq x$임을 보일 수 있으며, 이는 아르키메데스 성질에 모순이다.

이제 수열 s_0, s_1, s_2, $\cdots$ 를 생각하자. 그러면 다음 관계가 성립한다.

$$s_n \times 10^{-n} \le x < (s_n + 1) \times 10^{-n}$$

따라서 다음이 성립한다.

$$(10 \times s_n) \times 10^{-(n++)} \le x < (10 \times s_n + 10) \times 10^{-(n++)}$$

다른 한편으로는 다음 식이 성립한다.

$$s_{n+1} \times 10^{-(n+1)} \le x < (s_{n+1} + 1) \times 10^{-(n+1)}$$

그러므로 $10 \times s_n < s_{n+1} + 1$이고 $s_{n+1} < 10 \times s_n + 10$이다. 두 부등식을 이용하면 다음을 알 수 있다.

$$10 \times s_n \le s_{n+1} \le 10 \times s_n + 9$$

즉, 숫자 a_{n+1}을 찾을 수 있으며 $s_{n+1} = 10 \times s_n + a_{n+1}$이 성립한다. 따라서 다음이 성립한다.

$$s_{n+1} \times 10^{-(n+1)} = s_n \times 10^{-n} + a_{n+1} \times 10^{-(n+1)}$$

이 항등식과 귀납법에 따르면 다음 공식을 얻는다.

$$s_n \times 10^{-n} = s_0 + \sum_{i=0}^{n} a_i \times 10^{-i}$$

(연습문제 1을 사용하여) 양변에 극한을 취하면 다음과 같다.

$$\lim_{n \to \infty} s_n \times 10^{-n} = s_0 + \sum_{i=0}^{\infty} a_i \times 10^{-i}$$

한편으로는 모든 n에 대해 $x - 10^{-n} \le s_n \times 10^{-n} \le x$이므로 조임정리(따름정리 6.4.14 참고)에 의해 다음 극한이 성립한다.

$$\lim_{n \to \infty} s_n \times 10^{-n} = x$$

따라서 x는 다음과 같이 나타낼 수 있다.

$$x = s_0 + \sum_{i=0}^{\infty} a_i \times 10^{-i}$$

s_0는 정리 B.1.4에 의해 이미 양의 정수인 십진수가 있으므로 x가 원하는 십진법 표현을 가진다는 결론을 내릴 수 있다. ■

십진법에는 약간의 결함이 존재한다. 바로 실수 하나에 십진법 표현이 두 개일 수 있다는 것이다.

명제 B.2.3 십진법 표현은 유일하지 않다

1에는 서로 다른 두 십진법 표현 $1.000\cdots$ 과 $0.999\cdots$ 가 존재한다.

증명

$1 = 1.000\cdots$ 임은 명확하다. 이제 $0.999\cdots$ 를 계산하자. 정의 5.3.1에 의해 1은 다음과 같은 코시 수열의 극한이다.

$$0.9, 0.99, 0.999, 0.9999, \cdots$$

이 수열의 극한은 명제 5.2.8에 의해 1이다. ∎

$1.000\cdots$ 과 $0.999\cdots$ 는 1에 대한 단 두 개의 십진법 표현임이 알려져 있다(연습문제 2 참고). 실제로 모든 실수는 십진법 한 개 또는 두 개를 가진다. 실수가 유한소수이면 십진법 표현이 두 개이고, 그렇지 않으면 한 개이다(연습문제 3 참고).

B.2 연습문제

1. 만약 $a_n \cdots a_0.a_{-1}a_{-2}\cdots$ 가 실수인 십진수이면, 수열 $\sum_{i=-\infty}^{n} a_i \times 10^i$ 이 절대수렴함을 증명하라.

2. 1의 십진법 표현이 다음과 같다고 하자.

$$1 = \pm a_n \cdots a_0.a_{-1}a_{-2}\cdots$$

이러한 표현은 $1 = 1.000\cdots$ 과 $1 = 0.999\cdots$ 만 있음을 보여라.

3. 어떤 정수 n, m에 대해 $x = \dfrac{n}{10^{-m}}$ 으로 나타낼 수 있는 실수 x를 **유한소수(terminating decimal)**라고 한다. 만약 x(단, $x \neq 0$)가 유한소수이면 x의 십진법 표현이 정확히 두 개임을 증명하라. x(단, $x \neq 0$)가 유한소수가 아니면 x의 십진법 표현이 정확히 한 개임을 증명하라.

4. 십진법을 사용하여 따름정리 8.3.4의 다른 증명을 제시하라.

찾아보기

찾아보기

ㅈ

찾아보기

찾아보기

찾아보기

찾아보기